军地建筑设施防水防潮防腐工程修缮手册

主　　编　曹征富
副 主 编　赖明华　岳晓红　左勇志
技术顾问　叶林标

中国建筑工业出版社

图书在版编目（CIP）数据

军地建筑设施防水防潮防腐工程修缮手册/曹征富
主编；赖明华，岳晓红，左勇志副主编. —北京：中
国建筑工业出版社，2021.10（2023.4重印）
ISBN 978-7-112-26599-2

Ⅰ.①军…　Ⅱ.①曹…②赖…③岳…④左…　Ⅲ.
①军用建筑-建筑防水-修缮加固-手册②军用建筑-防
潮-修缮加固-手册③军用建筑-防腐-修缮加固-手册
Ⅳ.①TU29-62

中国版本图书馆CIP数据核字（2021）第188892号

责任编辑：高　悦　张　磊
责任校对：姜小莲

军地建筑设施防水防潮防腐工程修缮手册
主　编　曹征富
副 主 编　赖明华　岳晓红　左勇志
技术顾问　叶林标

*

中国建筑工业出版社出版、发行（北京海淀三里河路9号）
各地新华书店、建筑书店经销
北京科地亚盟排版公司制版
北京盛通印刷股份有限公司印刷

*

开本：787毫米×1092毫米　1/16　印张：32　字数：792千字
2022年4月第一版　　2023年4月第四次印刷
定价：**98.00**元
ISBN 978-7-112-26599-2
（38126）

《军地建筑设施防水防潮防腐工程修缮手册》

编委会

主　　编	曹征富
副 主 编	赖明华　　岳晓红　　左勇志
技术顾问	叶林标

编　　委	杜　昕　李小溪　邱小佩　李　勇　许　宁
	李军伟　高剑秋　蒋正武　肖　兰　陈士林
	陈森森　向宗煜　韩　锋　伍盛江　卢长江
	张茂成　郝广英　叶　吉　李冰茹　陈虬生
	章伟晨　吴　飞　余建平　闫金香　陈　斌
	蒋颖健　翟　鹏　冯　永　孙德民　东胜军
	孙玉红　朱米清　罗　琴　申一彤　杨　洋
	周吉龙　范增昌　韩培亮　李　强　张二芹
	刘世波　李现修　吴月宾

主编单位

中国建筑学会建筑防水学术委员会

军事科学院国防工程研究院

北京市建筑工程研究院有限责任公司

副主编单位

北京圣洁防水材料有限公司

深圳市卓宝科技股份有限公司

北京市建国伟业防水材料有限公司

3

青岛天源伟业保温防水工程有限公司

北京澎内传国际建材有限公司

广州市泰利斯固结补强工程有限公司

佛山市泰迪斯材料有限公司

北京东方雨虹防水技术股份有限公司

东方雨虹建筑修缮技术有限公司

同济大学

参编单位

南京康泰建筑灌浆科技有限公司

京德益邦（北京）新材料科技有限公司

西牛皮防水科技有限公司

中国人民解放军海军后勤部工程质量监督站

中科沃森防水保温技术有限公司

青岛天晟防水建材有限公司

北京世纪禹都防水工程有限公司

广东科顺修缮建筑技术有限公司

大禹伟业（北京）国际科技有限公司

中外合资华鸿（福建）建筑科技有限公司

北京城荣防水材料有限公司

中建友（唐山）科技有限公司

北京森聚柯高分子材料有限公司

安徽德淳建设工程有限公司

江苏凯伦建材股份有限公司

上海绿塘净化设备有限公司

北京晟翼佳工程技术有限公司

江苏邦辉化工科技实业发展有限公司

北京新亿科化土建工程咨询有限公司

陕西上坤蓝箭科技有限公司

河南东骏建材科技有限公司

通普科技（北京）有限公司

云南围城新材料科技有限公司

河南省四海防腐集团有限公司

前　言

　　随着我国经济建设飞速发展和城镇化建设的推进，我国现有总建筑面积已达 700 亿 m^2，其中城镇既有住宅建筑约 230 亿 m^2，既有公共建筑约 100 亿 m^2，存量市场体量巨大。庞大的既有建筑，正在改变突飞猛进高速发展、以新建为主导的建筑市场发展走向，建筑设施在正常环境中的自然损坏、由地震及狂风暴雨等不可抗拒灾害引起的破坏、工作质量造成的工程质量缺陷等，使建筑设施修缮工程量日益增多，在建筑市场中占比越来越高。为贯彻落实习主席关于军民融合、科研创新的指示精神，促进军地双方对建筑工程设施与房屋修缮维护工作科学有序地开展，以方便军地房屋管理人员、机关企事业单位、施工单位与物业管理部门能够针对建筑设施的修缮，快速判断缺陷部位、准确分析产生原因、合理选择材料、正确制定技术方案，高效规范完成修缮工作，使人们有一个安全、舒适、美好的生产、工作、学习、生活环境，为此，由中国建筑学会建筑防水学术委员会、军事科学院国防工程研究院和北京市建筑工程研究院有限责任公司共同发起，组织军地相关单位与专家共同编制本手册。

　　本手册针对地方及部队建筑设施的防水防潮防腐工程的修缮，在提出技术先进、科学合理、节能环保、经济适用的技术方案的同时，推荐适用的修缮材料与设备。成书后由中国建筑工业出版社出版发行，适应军地建筑工程设施防水防潮防腐修缮的建设需要，符合国家节能减排、节约资源、保护环境等政策导向，可作为军地建筑设施修缮与新建工程选材、招标、预结算的重要参考依据，是技术性、实操性较强的建筑设施修缮类实用指导书，是营房物业管理人员的必备实用工具手册。

　　全手册分为防水防潮工程修缮，防腐工程修缮，工程案例，防水防潮防腐修缮材料、设备四篇，由行业资深专家和著名企业专业技术人员担任执笔人，编写工作于 2019 年 3 月 28 日正式启动，经过两年多的调研、走访、考察、收集资料和编写，正式与广大读者见面了。

　　由于建筑防水防腐技术在不断发展，我们编制人员水平有限，本手册在应用过程中如发现不妥之处，欢迎业内专家、同仁和广大读者批评指正，不胜感谢。

《军地建筑设施防水防潮防腐工程修缮手册》编委会

2022 年 2 月

目　录

第3篇 工程案例

第 4 篇　防水防潮防腐修缮材料、设备

第 1 篇　防水防潮工程修缮

第1章　屋面防水工程修缮

1.1　概述

1.1.1　屋面类型、基本防水构造、防水等级与设防要求

1.1.1.1　屋面类型

随着我国建筑技术的快速发展，屋面工程做法越来越多，形成了各种各样的屋面工程。就我国屋面工程的现状看，屋面基本上可分为四种类型。

1. 按屋面外观形状划分，可分为平屋面、坡屋面、球形屋面、拱形屋面、折叠屋面、异形屋面等。

2. 按屋面构造形式划分，可分为正置式屋面、倒置式屋面、单层屋面等。

3. 按屋面使用功能划分，可分为非上人屋面、上人屋面、采光屋面、种植屋面、蓄水屋面、有保温屋面、无保温屋面等。

4. 按材料构成划分，可分为混凝土屋面、金属板屋面、瓦屋面、涂膜防水屋面、卷材防水屋面、膜结构屋面等。

1.1.1.2　屋面基本防水构造

不同类型的屋面有不同的构造层次，所采用的防水材料和施工做法也会因工程而异，屋面基本构造层次如下。

1. 混凝土结构平屋面基本构造层次类型（自上而下）。

（1）保护层、隔离层、防水层、找平层、找坡层、保温层、随浇随抹的混凝土结构层。

（2）种植隔热层、保护层、耐根穿刺防水层、普通防水层、找平层、找坡层、保温层、随浇随抹的混凝土结构层。

（3）架空隔热层、防水层、找平层、找坡层、保温层、随浇随抹的混凝土结构层。

（4）蓄水隔热层、保护层、防水层、找平层、找坡层、保温层、随浇随抹的混凝土结构层。

2. 瓦屋面基本构造层次类型（自上而下）。

（1）块瓦、挂瓦条、顺水条、持钉层、防水层或防水垫层、找平层、保温层、结构层。

（2）沥青瓦、持钉层、防水层或防水垫层、找平层、保温层、结构层。

3. 金属板屋面基本构造层次类型（自上而下）。

（1）压型金属板、防水垫层、保温层、承托网、支承结构。

（2）面层压型金属板、防水垫层、保温层、底层压型金属板、支承结构。

（3）金属面绝热夹芯板、支承结构。

4. 玻璃采光顶基本构造层次类型（自上而下）。

（1）玻璃面板、金属框架、支承结构。

（2）玻璃面板、点支承装置、支承结构。

1.1.1.3　防水等级与设防要求

1. 屋面防水是屋面工程中极其重要的一个环节，屋面防水工程的质量好坏，关系到功能保证、结构安全和人们的居住质量。现行《屋面工程技术规范》GB 50345、《屋面工程质量验收规范》GB 50207、《坡屋面工程技术规范》GB 50693、《硬泡聚氨酯保温防水工程技术规范》GB 50404 等国家标准和《倒置式屋面工程技术规程》JGJ 230、《种植屋面工程技术规程》JGJ 155 等行业标准，对屋面工程防水设计工作年限和防水等级做出了明确规定。

（1）屋面工程防水设计工作年限不小于 20 年。

（2）重要建筑和高层建筑的屋面，防水等级应为Ⅰ级；种植屋面防水等级应为Ⅰ级，普通防水层上应设置耐根穿刺防水构造层。

（3）一般建筑屋面，防水等级为Ⅱ级。

（4）简易性、临时性建筑屋面，防水等级为Ⅲ级。

2. 屋面防水做法规定。

（1）平屋面工程防水等级与防水做法见表 1.1-1。

平屋面防水等级与防水做法　　　　　　　　　　　　　　表 1.1-1

防水等级	防水做法
一级	三道卷材、二道卷材＋涂料、卷材＋二道涂料
二级	卷材＋卷材、卷材＋涂料
三级	卷材或涂料

（2）坡屋面工程防水等级与防水做法见表 1.1-2。

坡屋面防水等级与防水做法　　　　　　　　　　　　　　表 1.1-2

防水等级	防水做法
一级	瓦＋防水层
二级	瓦＋防水垫层

（3）檐口、檐沟和天沟、女儿墙和山墙、水落口、变形缝、伸出屋面管道、出入口、设施基座等屋面细部构造部位，其设计与施工均应采用多道设防、复合用材、连续密封、局部增强等措施，并应满足温差变形和便于施工操作等要求。屋面细部构造附加层最小厚度应符合表 1.1-3 的要求。

细部构造附加层最小厚度（mm）　　　　　　　　　　　　表 1.1-3

材料	附加层最小厚度	备注
合成高分子防水卷材	1.2	涂膜附加层应夹铺胎体增强材料，胎体增强材料宜采用聚酯无纺布或耐碱玻纤网格布等
高聚物改性沥青防水卷材（聚酯胎）	3.0	
合成高分子防水涂膜	1.5	
聚合物水泥防水涂膜	1.5	
高聚物改性沥青防水涂膜	2.0	

（4）屋面找平层分格缝等部位，宜设置空铺卷材或非固化橡胶沥青涂料与卷材复合的附加层，其宽度不宜小于100mm。

3. 特别重要或对防水有特殊要求的建筑屋面，应进行专项防水设计。

1.1.1.4 屋面防水材料的选择应适应建筑物的建筑造型、使用功能、环境条件

1. 外露使用的防水层，应选用耐紫外线、耐老化、耐候性好的防水材料。

2. 上人屋面，应选用耐霉烂、拉伸强度高的防水材料。

3. 长期处于潮湿环境的屋面，应选用具有耐腐蚀、耐霉变、耐穿刺、耐长期水浸等性能的防水材料。

4. 薄壳、装配式结构、钢结构及大跨度建筑屋面，应选用具有自重轻、耐候性和适应变形能力强的防水材料。

5. 倒置式屋面应选用具有适应变形、接缝密封保证率高的防水材料。

6. 坡屋面应选用适应基层变形能力强、感温性小的防水材料。

7. 屋面接缝密封防水，应选用与基材粘结力强、耐候性和适应位移能力强的密封材料。

8. 防水层的材料与相邻材料应具有相容性，包括卷材或涂料与基层处理剂、卷材与胶粘剂或胶粘带、卷材与卷材叠合使用、卷材与涂料复合使用、密封材料与接缝基材等。

1.1.2 屋面防水工程修缮基本原则与基本程序

1.1.2.1 屋面防水工程修缮基本原则

1. 应遵循"因地制宜、按需选材、复合增强、综合治理"的原则，以迎水面修缮为主，采取防、排结合的修缮措施。

2. 屋面防水工程局部渗漏宜采用局部修复的措施；如发生大面积渗漏，局部修复不能满足房屋正常使用、建筑物结构安全与使用寿命时，应采取整体翻修的治理措施。

3. 屋面防水工程修缮应尽量减少对具有防水功能的原有防水层的破坏，尽量减少渣土的产生和对环境的污染。

4. 屋面防水工程修缮不得损害原建筑结构安全。

1.1.2.2 屋面防水工程修缮基本程序

1. 现场查勘和查阅资料。

2. 分析渗漏原因。

3. 编制修缮方案。

4. 修缮施工。

5. 工程质量检查验收。

1.1.3 屋面渗漏现状查勘与资料查阅

1.1.3.1 现场查勘

屋面防水工程修缮前应进行现场查勘，了解、掌握与屋面渗漏相关情况。

1. 现场查勘宜包括以下内容：

（1）屋面类型、防水构造、保护层现状。

（2）渗漏部位、渗漏程度、渗漏水的变化规律。

（3）防水层现状。

（4）工程所在区域周围环境、使用条件、气候变化及自然灾害对屋面防水工程的影响。

2. 现场查勘重点宜包括以下项目：

（1）屋面渗漏点较为普遍、渗漏程度较为严重时，应查勘防水层质量，包括防水构造、防水材料、防水施工质量等。

（2）在大面防水层完好、无破损、无老化的情况下，查找的重点应为细部构造，包括：

1）管根、墙根、通风口根部、设备基座根部等泛水部位；

2）防水层收头部位；

3）防水卷材搭接缝、变形缝部位；

4）水落口、反梁过水孔部位；

5）天沟、檐沟部位；

6）女儿墙、山墙、高低跨墙等部位。

（3）渗漏水对保温层的影响。

（4）上人屋面还应检查保护层材料与做法、施工质量、现在状况及缺陷对防水层的影响程度。

（5）查勘屋面排水坡度和排水系统状况。

3. 现场查勘宜采用以下基本方法：

（1）背水面主要查勘渗漏部位、渗漏影响范围、渗漏程度。

（2）迎水面主要查勘屋面防水工程现状，查找缺陷部位。

（3）迎水面查找范围应大于背水面渗漏范围。

（4）根据工程渗漏不同情况，可采用观察、测量、仪器探测、局部拆除等方法查勘，必要时可通过淋水、蓄水或在雨后观察的方法查勘。

1.1.3.2　资料查阅

屋面防水工程修缮前不仅应进行现场查勘，同时还应查阅相关资料。资料查阅宜包括以下内容：

1. 屋面防水等级、屋面构造层次、防水设防措施与排水系统设计。

2. 屋面工程使用的防水材料及质量证明资料。

3. 防水施工组织设计、施工方案、技术措施、技术交底、相关洽商变更等技术资料。

4. 防水工程施工中间检查记录、质量检验资料和验收资料等。

5. 屋面防水工程维修记录，包括维修范围、维修方法、使用材料、维修效果等。

1.1.4　屋面常见渗漏原因

1.1.4.1　常见设计缺陷

1. 防水做法与防水等级不匹配，高防水等级采用低防水做法。

2. 女儿墙、与结构连接的设施基座、屋脊、泛水、天沟、檐沟、管根、天窗等细部防水构造存在缺陷，未设计整体防水措施，屋面防水层未形成闭合的、连续的防水体系。

3. 刚性保护层与女儿墙之间未留置缝隙，女儿墙被挤裂。

4. 未按"因地制宜、按需选材"的原则选用防水材料，设施基座多、构造复杂、变截面多的屋面选用卷材做防水层。

5. 不宜外露防水层未设计保护层。

1.1.4.2 常见施工质量缺陷

1. 防水层的基层不坚实、不平整，存在酥松、起砂、起皮、开裂等缺陷。

2. 屋面找坡不合理，存在倒坡、积水现象。

3. 防水层在细部构造部位施工不规范。

4. 卷材防水层搭接缝和防水层收头密封不严，存在张口、翘边等缺陷。

5. 交叉施工破坏防水层，又未能给予修补。

1.1.4.3 常见维护管理缺陷

1. 对防水层保护不当，人为造成防水层的损坏。

2. 屋面不能定期检查维修，不能及时清除水落口、雨水管堵塞的垃圾，维护管理存在缺陷。

3. 老化、破损防水层及块瓦材料出现破损未能及时进行维修。

1.1.4.4 不可抗拒力造成对防水体系的破坏

1.1.4.5 防水层自然老化，失去防水功能

1.1.5 制定屋面防水工程修缮方案

屋面防水工程修缮方案是保证修缮质量的前提，是修缮施工的依据，屋面防水工程修缮方案编制应具有针对性、技术先进性、施工可操作性、安全环保性、节能和经济合理性。

1.1.5.1 修缮方案编制依据

1. 屋面防水工程相关技术规范和验收规范；

2. 屋面渗漏范围、渗漏程度、渗漏原因；

3. 环境特点；

4. 使用要求；

5. 施工条件等因素。

1.1.5.2 屋面防水工程修缮方案类型

1. 屋面女儿墙、水落口、管根、设施基座、檐口、天沟、檐沟、变形缝等细部构造部位局部渗漏，宜采用局部修复方案。

2. 渗漏点较为普遍、渗漏程度较为严重的屋面，应采用整体翻修方案。

1.1.5.3 屋面防水工程修缮方案宜包括内容

1. 渗漏治理类型；

2. 防水构造及找平、找坡、保温、保护等相关构造层次；

3. 排水系统；

4. 材料要求；

5. 施工技术要点；

6. 质量要求；

7. 安全注意事项与环保措施等。

1.1.5.4　屋面防水工程修缮选用的材料应符合规定

1. 屋面防水工程修缮选用防水材料应遵循因地制宜、按需选材的原则。

2. 选用的防水、密封材料及与防水层相关的找平层、隔离层、保温层、保护层材料，应与工程的原设计相匹配，符合防水等级规定，满足使用要求，适应施工环境条件和具备工艺的可操作性。

3. 局部维修时选用的防水材料与原防水层材料应具有相容性；多种材料复合使用时，相邻材料之间应具有相容性。

4. 整体翻修时，外露防水层应选用耐紫外线、热老化、耐酸雨、耐穿刺性能优良的防水材料；上人屋面、蓄水屋面、种植屋面、倒置式屋面防水层应选用耐腐蚀、耐霉烂、耐穿刺性能优良、拉伸强度和接缝密封保证率高的防水材料；轻体结构、钢结构等大跨度建筑屋面，应选用自重轻、耐热性好和适应变形能力优良的防水材料；屋面接缝密封防水，应选用与基层粘结力强、耐高低温性能优良，并有一定适应位移能力的密封材料。

5. 用于屋面防水工程修缮的防水、密封材料应有出厂合格证、技术性能检测报告和相关质量证明资料，材料的技术性能指标应符合国家相关标准的规定；必要时进入现场的防水、密封材料应进行见证抽样复验，复验合格后方可用于工程。

1.1.6　施工

1.1.6.1　施工准备

1. 技术准备

屋面防水工程修缮施工前应对渗漏工程进行查勘，编制防水渗漏修缮深化和细化的施工方案，提出细部构造与技术要求，经相关方面审核后实施，方案实施前应向操作人员进行安全和技术交底。

2. 材料准备

根据修缮方案确定的材料、施工顺序和工期进度安排，有计划地准备材料。防水材料及配套材料进场后，应检查产品的品种、型号、规格、产品合格证、出厂检测报告等相关资料，对主要防水材料应根据用量多少和工程重要程度，与有关方面协商是否需要进行现场见证取样复验。但不管是否进行现场抽样检测，不合格产品不得用于屋面修缮工程。

3. 机具准备

屋面修缮施工机具主要包括以下种类，实际施工时根据需要准备：

(1) 拆除、清理工具；

(2) 抹灰、找平机具；

(3) 防水、密封施工机具；

(4) 运输车辆。

4. 人员准备

屋面防水工程修缮应由专业的防水队伍承担，操作人员应经过专业培训后上岗。屋面工程修缮施工所需用人员应根据工程量和施工内容确定，大面积翻修或工程量较大屋面渗漏治理，人员准备应包括：

(1) 项目负责人；

(2) 技术负责人；

（3）质量负责人；

（4）经过培训的专业施工人员；

（5）安全负责人。

5. 屋面防水工程修缮施工现场应具备的基本条件

（1）防水基层应坚实、平整，排水顺畅，不得有空鼓、开裂、起砂等缺陷，基层应符合相应防水材料施工要求，经验收合格。

（2）与防水修缮相关的穿透防水层的管道、设施和预埋件等细部构造，应在防水修缮施工前进行防水增强处理。

（3）对易受施工影响的作业区域应进行遮挡与防护。

（4）作业区域应有可靠的安全防护措施，施工人员应具有安全防护服装、设备。

（5）施工环境温度宜为 5～35℃，不得在雨雪天、四级风以上天气进行露天作业，冬期施工时应采取相应措施

1.1.6.2　施工基本程序

1. 屋面工程局部渗漏修缮施工基本程序：

（1）拆除渗漏部位的覆盖层至原防水层，将破损的、空鼓的、已老化失效的防水层拆除切割掉，拆除、切割范围从渗漏区域分水岭向外延伸不宜小于 500mm。

（2）渗漏治理部位的基面应坚实、牢固、干净，采用热熔法铺设卷材或涂刷溶剂型涂料做防水层时，防水层的基面应干燥。

（3）渗漏部位防水层修补施工，应选用与原防水层相同或相容的防水材料修补，新旧防水层应结合紧密，收头搭接不应小于 150mm，并应粘结牢固，封闭严密。

（4）渗漏治理部位经雨后或蓄水、淋水检验，不渗漏时再依次恢复原状。

2. 屋面渗漏整体翻修施工基本程序，应根据工程的实际情况确定，并应符合国家现行标准《屋面工程技术规范》GB 50345、《房屋渗漏修缮技术规程》JGJ/T 53 的相关规定。

1.1.6.3　保护层施工

1. 屋面防水层局部修复时，防水层的保护层应与原设计协调。

2. 整体翻修的屋面保护层做法应与国家现行标准《屋面工程技术规范》GB 50345 相协调：

（1）采用涂料做保护层时，保护层应选用与防水层材料相容、耐紫外线、能反射阳光的浅色涂料，涂层应涂刷均匀、覆盖完全。

（2）采用块体材料或水泥砂浆、细石混凝土作保护层时，应在防水层与保护层之间设置隔离层；隔离层可干铺塑料膜、土工布或油毡，也可铺抹低强度等级的砂浆等；刚性材料保护层应留置分格缝。

（3）上人屋面防水层的保护层可采用细石混凝土或块体材料，并应设置分格缝；细石混凝土保护层分格缝间距不应大于 4m，加筋细石混凝土保护层分格缝间距不应大于 6m；块体材料保护层分格缝间距不宜大于 10m；分格缝宽度宜为 20mm，缝内应嵌填密封材料。

（4）不上人屋面防水层的保护层选用水泥砂浆时，水泥砂浆应设表面分格缝，分格面积宜为 1m²。

（5）刚性保护层与女儿墙、山墙或高跨墙之间，应留置宽度不小于 30mm 的缝隙，缝内宜填塞挤塑聚苯乙烯泡沫塑料或聚乙烯泡沫棒，缝口应嵌填厚度不小于 15mm 的密封材料，嵌填应饱满、密实。

（6）种植屋面耐根穿刺卷材防水层上应浇筑细石混凝土保护层。

1.1.7　质量检查与验收

1. 屋面防水工程修缮用防水材料进场抽样复验应根据用量多少和工程的重要性来确定。一般屋面工程的渗漏治理，同一品种、型号和规格的卷材用量在 200 卷以上时，同一品种、型号的防水涂料用量在 5t 以上时，应进行抽样复验；重要的、特殊的屋面防水工程修缮所用防水材料的复验，可不受材料品种和用量的限定。

2. 工程质量检验批量应符合下列规定：

（1）屋面整体翻修，按屋面防水面积，每 100m² 抽查一处，不足 100m² 按 100m² 计，每处 10m²，且不得少于 3 处。

（2）屋面防水局部修复，应全数进行检查。

（3）接缝密封防水，每 50m 应抽查一处，不足 50m 按 50m 计，每处 5m，且不得少于 3 处。

3. 屋面防水工程修缮质量验收应提供以下资料：

（1）渗漏查勘报告。

（2）修缮治理方案及施工洽商变更。

（3）施工方案、技术交底。

（4）防水材料的质量证明资料。

（5）隐检记录。

（6）施工专业队伍的相关资料及主要操作人员的上岗证书等。

4. 屋面防水工程修缮质量应符合下列规定：

（1）防水主材及配套材料应符合修缮渗漏治理方案设计要求，性能指标应符合相关标准规定。

检验方法：检查出厂合格证、质量检验报告和现场见证抽样复验报告。

（2）修缮部位不得有渗漏和积水现象。

检验方法：雨后或蓄水、淋水检验。

（3）防水构造应符合修缮方案设计要求。

检验方法：观察检查和检查隐蔽工程验收记录。

（4）屋面防水修缮工程其他质量应符合修缮设计方案要求和我国现行屋面相关规范规定。

检验方法：观察检查和检查隐蔽工程验收记录。

1.1.8　使用、维护注意事项

有病治疗，无病预防，这是保持身体健康基本常识。建筑防水修缮工程投入使用后的维护与管理，是建筑物正常使用的重要保障。应根据工程重要性、使用环境、使用条件等工程特点，建立工程维修、维护制度，及时发现工程修缮时未暴露的防水缺陷，及时发现刮风下雨对建筑物正常使用的影响，使因不可抗拒或防水层正常老化造成的渗漏能够得到及时维修。

1. 屋面防水工程维护应主要由物业管理部门负责，工程在保修期间，施工单位有回访义务和保修内容的修复责任。

2. 雨季之前应对屋面排水系统进行检查与维修，保持排水系统正常运行。

3. 防水检查与维修，不得破坏屋面防水层的完整性。

1.2 整体修缮

1.2.1 卷材屋面

卷材屋面，是指屋面采用卷材做防水层，上面裸露或选用浅色涂料做保护层的屋面，整体修缮分以下类型：

1. 原防水层已严重老化（图 1.2-1）、大量空鼓（图 1.2-2），完全不具有防水功能时，整体翻修方案：

（1）应全部铲除卷材防水层。

（2）对防水基层进行检查，防水层基层存在严重开裂、酥松时（图 1.2-3），应铲除防水基层，重新按原设计要求做防水基层；如防水基层局部存在缺陷，可采用局部修补方法处理，使其符合防水层施工条件。

（3）对保温层进行检查，如保温层浸水严重，不具备设计要求的保温功能，应对保温层进行整体翻修，拆除原保温层，重新施作新的保温层；如保温层局部存在缺陷，可采用与原保温层相同或相似的保温材料进行局部修补方法处理。

（4）按国家现行标准《屋面工程技术规范》GB 50345 的规定选用防水材料和保护层材料，并进行相应施工。

图 1.2-1　改性沥青卷材　　　图 1.2-2　改性沥青卷材　　　图 1.2-3　防水层基层
　　　　防水层严重老化　　　　　　　防水层大量空鼓　　　　　　　开裂、酥松

2. 高分子防水卷材屋面整体翻修方案：

（1）应整体拆除高分子卷材防水层（图 1.2-4）。

（2）对防水基层、保温层检查与处理见本节 1.2.1 相应做法。

（3）按国家现行标准《屋面工程技术规范》GB 50345 的规定选用防水材料和保护层材料，并进行相应施工。

3. 原防水层为改性沥青类卷材，仍具备一定防水功能时，整体翻修方案：

（1）宜保留原防水层，作为新防水层的防水增强层（图 1.2-5）。

（2）面层采用相容的防水涂料作界面处理（图 1.2-6）。

图 1.2-4　严重老化高分子卷材防水层

图 1.2-5　保留改性沥青卷材防水层　　　　　　图 1.2-6　面层处理

（3）按国家现行标准《屋面工程技术规范》GB 50345 的规定选用防水材料和保护层材料，并进行相应施工。其中采用喷涂橡胶沥青涂料、水性橡胶高分子复合防水涂料、高聚物改性沥青卷材与非固化橡胶沥青涂料复合等防水层是较佳的选择（图 1.2-7、图 1.2-8）。

图 1.2-7　新做涂膜防水层

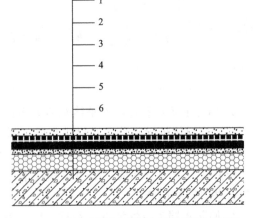

图 1.2-8　保留原卷材层的屋面修缮后防水构造
1—保护层；2—新防水层；3—原卷材防水层修补、表面清理、界面处理；4—原防水基层；5—保温层；6—结构层

1.2.2　涂料屋面

涂料屋面，是指屋面采用涂料做防水层，上面裸露或选用浅色涂料做保护层的屋面，整体翻修分以下类型：

1. 涂料防水层已严重老化、空鼓、破损、开裂时（图1.2-9），整体翻修方案：

（1）应全部铲除涂料防水层。

（2）对防水基层、保温层检查与处理见本节1.2.1相应做法。

（3）按国家现行标准《屋面工程技术规范》GB 50345的规定，选用防水材料和保护层材料，并进行相应施工（图1.2-10）。

图1.2-9　严重老化、开裂、翘皮涂膜防水层

图1.2-10　新做防水层

2. 涂膜防水层局部空鼓、破损、开裂时，整体翻修方案：

（1）铲除空鼓、破损、开裂的涂料防水层，并清理干净。

（2）对铲除部位采用与原防水层相同或相容的防水涂料进行修补，修补时防水层中应夹铺胎体增强材料。

（3）按国家现行标准《屋面工程技术规范》GB 50345的规定选用防水材料和保护层材料，并进行相应施工（图1.2-11）。其中喷涂橡胶沥青涂料、水性橡胶高分子复合防水涂料等防水材料是新防水层较佳的选择。

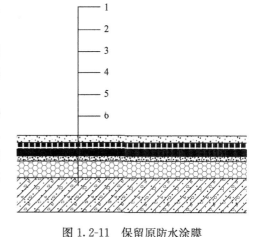

图1.2-11　保留原防水涂膜
修缮后的屋面防水构造
1—保护层；2—新防水层；3—原涂膜防水层
修补、表面清理、界面处理；4—原防水基层；
5—保温层；6—结构层

1.2.3　细石混凝土保护层屋面

1.2.3.1　不拆除细石混凝土保护层的整体翻修方案

1. 不拆除细石混凝土保护层的前提条件：

（1）屋面荷载允许；

（2）保温层不需要翻修；

（3）混凝土保护层大面完好。

2. 基本方案：

（1）细石混凝土面层清理干净（图1.2-12）。

（2）疏松混凝土剔除，开裂部位剔凿成 20mm 宽、30mm 深的凹槽，剔除、剔凿部位清理干净，洒水湿润，采用聚合物水泥砂浆修补密实、平整。

（3）修补处理后的细石混凝土保护层作防水基层（图 1.2-13），再按国家现行标准《屋面工程技术规范》GB 50345 和《单层防水卷材屋面工程技术规程》JGJ/T 316 的相关规定进行选材与施工（图 1.2-14、图 1.2-15）。

图 1.2-12 原细石混凝土　图 1.2-13 修补后作新　图 1.2-14 防水层
　保护层　　　　　　　防水层的基层　　　　施工

1.2.3.2 拆除细石混凝土保护层的整体翻修方案

1. 具备下列三个前提条件之一，就应拆除细石混凝土保护层：

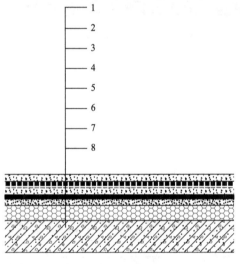

图 1.2-15 保留混凝土保护层
修缮后屋面防水构造
1—保护层；2—新防水层；3—原细石混凝土修补、表面清理、界面处理；4—原隔离层；5—原防水层；
6—原找平层；7—保温层；8—结构层

（1）屋面荷载不允许再增加重量；

（2）保温层需要翻修；

（3）混凝土保护层破损严重。

2. 基本方案：

（1）首先拆除细石混凝土保护层。

（2）保温层需要翻修时，同时拆除旧防水层、保温层，检查防水基层质量，防水基层整体质量存在问题时也应进行翻修，局部缺陷采用聚合物水泥砂浆局部修补处理；再按国家现行标准《屋面工程技术规范》GB 50345 的规定与屋面防水等级要求，进行相关选材与相应施工。

（3）保温层不需要翻修时，应检查原防水层质量，防水层已无防水功能时应全部铲除；防水基层整体质量存在问题时应进行翻修，局部缺陷宜采用聚合物水泥砂浆局部修补处理；再按国家现行标准《屋面工程技术规范》GB 50345 的规定与屋面防水等级要求，进行相关选材与相应施工。

（4）原防水层仍具有防水功能、与基层粘结较好时，防水层缺陷修补后，再按国家现行标准《屋面工程技术规范》GB 50345 的规定与屋面防水等级要求，采用与原防水层相同或相容的防水材料作整体防水层。

1.2.4 块体材料保护层屋面

1. 块体材料做保护层屋面，块体材料整体性差，应拆除保护层和无防水功能的旧防水层；在屋面保温层也需要翻修情况下，应拆除块体材料保护层、原防水层、防水基层、保温层。

2. 对防水基层是否需要处理，应根据具体情况确定：

(1) 如存在局部缺陷，可采用聚合物水泥砂浆进行局部修补处理。

(2) 如整体酥松，局部修补不能满足防水层施工要求，应整体拆除，再按原设计要求和相关规范规定，重新做防水基层。

3. 按国家现行标准《屋面工程技术规范》GB 50345 的规定与屋面防水等级要求，进行相关选材与相应施工，防水层完成验收合格后恢复屋面相关构造（图 1.2-16）。

图 1.2-16 块体材料做保护层屋面

1.2.5 水泥砂浆保护层屋面

1. 水泥砂浆保护层一般 20mm 厚左右，比较薄，易开裂、空鼓，翻修时不宜保留，应予拆除。

2. 防水层如为改性沥青类卷材时，整体修缮分两种情况：

(1) 卷材防水层如出现大量空鼓、破损，已丧失防水功能，应拆除全部卷材防水层，再按国家现行标准《屋面工程技术规范》GB 50345 的规定进行相关选材与施工。

(2) 卷材防水层如整体基本完整，有少量空鼓、破损现象，可局部拆除卷材防水层；对拆除部位采用与原防水层相容的防水涂料或防水卷材作修补处理（其中面层整体喷涂速凝橡胶沥青防水涂料作新的防水层是一个很好的防水方案），新旧防水层应顺槎搭接，搭接宽度应不小于 100mm。再按国家现行标准《屋面工程技术规范》GB 50345 的规定选用防水材料、保护层材料与相应施工。

3. 防水层如为防水涂料时，应铲除空鼓、破损防水层，对防水基层进行修补处理后，采用与原防水层相容的防水涂料或防水卷材作新的防水层，按国家现行标准《屋面工程技术规范》GB 50345 的规定进行相应施工。

1.2.6 油毡瓦屋面

1. 应拆除屋面油毡瓦、防水垫层至防水基层（图 1.2-17、图 1.2-18）。

图 1.2-17 油毡瓦屋面，防水基层疏松

图 1.2-18 油毡瓦破损

2. 对防水基层进行检查与修补，使其符合坚实、平整、干净、干燥要求。

3. 采用质量符合国家相关标准规定、规格尺寸及外观与原设计相同的油毡瓦重新铺设防水垫层与油毡瓦。

1.2.7　烧结瓦、水泥瓦屋面

1. 应拆除屋面块瓦至原防水层或防水垫层。

2. 原防水层为涂膜防水层时，应将破损、失效涂膜防水层铲除，表面清理干净，重新采用相容防水涂料或防水卷材做防水层或防水垫层。

3. 原防水层或防水垫层为卷材时，应将老化、破损卷材拆除，基面清理干净，重新采用相容防水涂料或防水卷材做防水层或防水垫层，新做防水层施工技术应符合相关规范规定。

4. 细部构造应进行增强处理，屋面应形成完整、闭合防水体系。

5. 烧结瓦、水泥瓦局部更换时，其规格尺寸应与屋面采用的块瓦相同；烧结瓦、水泥瓦整体更换时，应符合相关规范规定。

1.2.8　金属坡屋面

1. 金属板不宜继续使用时，应予整体更换；原来设置的防水垫层亦应同时更换（图 1.2-19）。

图 1.2-19　锈蚀金属屋面板应予整体更换

2. 不更换金属板整体翻修方案：

（1）基面应进行除锈处理和清理干净，面层选用耐紫外线老化的防水涂料或可焊接高分子防水卷材整体覆盖。

（2）面层选用涂料防水层构造类型（图 1.2-20）：

1）2mm 厚 SJK 单组分聚脲防腐防水层或白色单组分脂肪族聚氨酯涂料防水层。

2）2.5mm 厚 LEAC 丙烯酸聚合物水泥涂料防水层，防水层内应夹铺胎体增强材料，表面为白色。

3）2.5mm 厚水性橡胶沥青涂料防水层或喷涂速凝橡胶沥青涂料防水层，防水层内应夹铺胎体增强材料。

（3）面层选用卷材做防水层时，金属板上采用挤塑聚苯板找平，宜选用 TPO、PVC 等可焊接高分子卷材机械固定，搭接缝采用热风焊接法施工（图 1.2-21）。

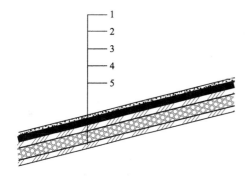

图 1.2-20　不拆除金属板采用涂料
修复坡屋面防水构造

1—保护层；2—涂料防水层；3—金属板
（除锈处理）；4—保温层；5—承托板及相关构造

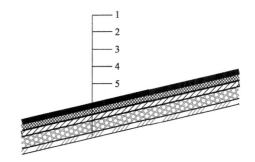

图 1.2-21　不拆除金属板采用卷材
修复坡屋面防水构造

1—高分子卷材防水层机械固定；2—挤塑板找平；
3—金属板（除锈处理）；4—保温层；5—承托板及相关构造

3. 细部构造应进行增强防水处理。

4. 屋面应形成完整、闭合防水体系。

5. 新做防水层施工技术应符合相关规范规定，屋面外观应与原设计及周围环境协调。

1.3　局部修复

1.3.1　女儿墙防水修复

1. 混凝土压顶低女儿墙未作整体防水构造造成的渗漏（图 1.3-1、图 1.3-2），应采用与原防水层相容的防水涂料或防水卷材，将原防水层延伸至压顶下固定、密封，新旧防水层顺搓搭接，搭接宽度不应小于 100mm，防水层厚度应符合相关标准规定；压顶应作防水处理，压顶宜选用聚合物水泥砂浆或聚合物水泥涂料做防水层；压顶内侧应设置鹰嘴或滴水槽（图 1.3-3）。

2. 金属盖板压顶低女儿墙未作整体防水构造造成的渗漏，应拆除金属盖板，采用与原防水层相容的防水涂料或防水卷材将防水层延伸至压顶顶部平面外缘，经检查验收合格后恢复金属盖板。

3. 无压顶低女儿墙未作整体防水构造造成的渗漏，应采用与原防水层相容的防水涂料或防水卷材将女儿墙作全包防水处理，防水层收头在女儿墙顶部平面的外缘固定、密封（图 1.3-4）。

4. 高女儿墙泛水上部墙体未作整体防水处理造成的渗漏（图 1.3-5），应对泛水上部墙体作整体防水处理（图 1.3-6）。

（1）防水材料可选用防水涂料、防水兼装饰功能的外墙涂料、聚合物水泥防水砂浆等。

（2）防水层厚度应符合相应标准规定，新旧防水层搭接宽度不应小于 100mm。

（3）新防水层与屋面原防水层不相容时，搭接部位应采用与新旧防水层均相容的双面粘丁基橡胶密封胶带进行粘结密封处理。

（4）保护层应选用与建筑整体外观协调的相应材料。

图 1.3-1 女儿墙压顶未作防水处理

图 1.3-2 砖混结构女儿墙未作防水处理

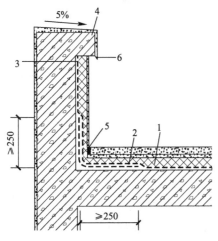

图 1.3-3 混凝土压顶低女儿墙防水构造
1—防水层；2—附加层；3—防水层收头；
4—压顶；5—嵌缝材料；6—鹰嘴

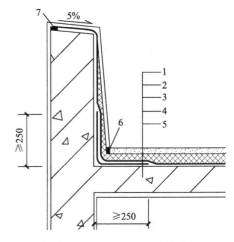

图 1.3-4 无压顶低女儿墙防水构造
1—保护层；2—保温层；3—防水层；4—附加层；
5—结构层；6—嵌缝材料；7—防水层收头

图 1.3-5 高女儿墙未做整体防水处理

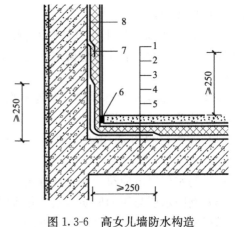

图 1.3-6 高女儿墙防水构造
1—保护层；2—保温层；3—防水层；4—附加层；5—结
构层；6—嵌缝材料；7—泛水防水层收头；8—墙体防水层

1.3.2　水落口防水修复

1. 因重力式排水水落口的防水层和附加层伸入水落口杯内造成的渗漏修复。

防水层和附加层伸入重力式排水水落口内容易出现的问题：（1）因水落口杯口径小，防水层、附加层伸入水落口杯施工可操作性差，与杯口粘贴不紧密，防水层收头极易出现张口等现象；（2）使水落口杯直径变小，影响排水能力，见图1.3-7～图1.3-9；（3）难以做保护层；（4）日常维修容易损坏防水层。

图1.3-7　防水层、附加层　　　图1.3-8　防水层、附加层　　　图1.3-9　清除堵塞在水落
延伸进入直式水落口杯内　　　延伸进入横式水落口杯内　　　口杯内防水层、附加层

水落口渗漏修复时，应将水落口杯内原防水层与附加层切割、清除，选用与原防水层相容的防水涂料重新做防水层，新旧防水层顺槎搭接，防水层收头应在水落口杯压边下粘结牢固，密封严密（图1.3-10、图1.3-11）。

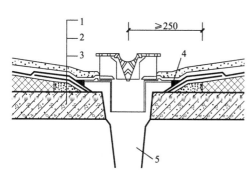
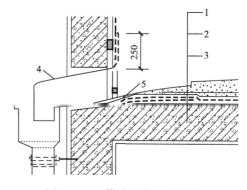

图1.3-10　直式水落口防水构造　　　　　　图1.3-11　横式水落口防水构造
1—保护层；2—防水层；3—附加层；　　　　　1—保护层；2—防水层；3—附加层；
4—密封材料；5—落水口　　　　　　　　　　4—落水口；5—密封材料

2. 因横式水落口突出墙体、屋面安装（图1.3-12、图1.3-13），使汇水不能顺畅排走等现象造成的渗漏修复时，应将横式水落口拆除，重新按规范规定嵌入女儿墙安装，并选用与原防水层相容的密封材料或防水涂料重新作防水密封处理，防水层收头应在水落口杯压边下粘结牢固，密封严密，防水构造见图1.3-11。

3. 水落口处排水坡度不正确、积水造成的渗漏，应将积水部位面层拆除、清理至防水基层，宜采用聚合物水泥砂浆对积水部位找坡、找平，水落口周围直径500mm范围内的坡度不应小于5%，再按原设计恢复防水层。

图 1.3-12 横式水落口突出墙体安装

图 1.3-13 横式水落口突出屋面安装

1.3.3 檐沟、天沟防水修复

1. 因檐沟排水坡度不正确造成渗漏，应将檐沟清理干净，宜选用聚合物水泥砂浆找坡，坡度应不小于 1‰。

2. 因天沟、檐沟防水层缺陷造成渗漏，应将有缺陷部位清理干净，并选用与原防水层相容的防水材料修补，新旧防水层搭接宽度应不小于 100mm；天沟、檐沟的防水层应与屋面防水层顺槎搭接，形成连续的防水整体（图 1.3-14～图 1.3-19）。

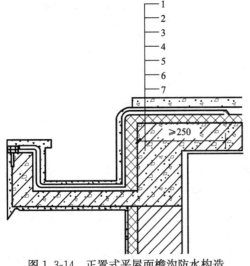

图 1.3-14 正置式平屋面檐沟防水构造
1—保护层；2—隔离层；3—防水层；4—附加层；
5—保温层；6—找平（坡）层；7—结构层

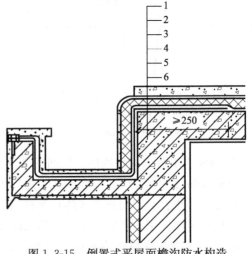

图 1.3-15 倒置式平屋面檐沟防水构造
1—保护层；2—保温层；3—防水层；
4—附加层；5—找平（坡）层；6—结构层

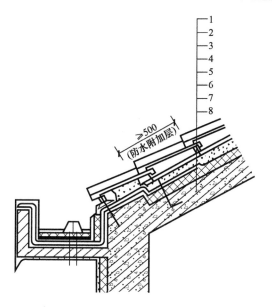

图 1.3-16 正置式坡屋面檐沟防水构造
1—烧结瓦或混凝土瓦；2—挂瓦条；
3—顺水条；4—持钉层；5—防水层；
6—附加层；7—保温层；8—结构层

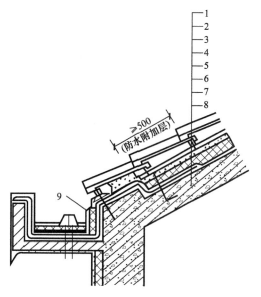

图 1.3-17 倒置式坡屋面檐沟防水构造
1—烧结瓦或混凝土瓦；2—挂瓦条；
3—顺水条；4—持钉层；5—保温层；6—防水层；
7—附加层；8—结构层；9—泄水管

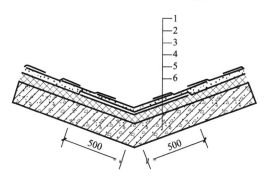

图 1.3-18 正置式沥青瓦屋面檐沟防水构造
1—沥青瓦；2—找平层兼持钉层；3—防水层；
4—附加层；5—保温层；6—结构层

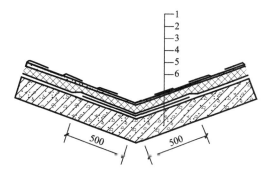

图 1.3-19 倒置式沥青瓦屋面檐沟防水构造
1—沥青瓦；2—找平层兼持钉层；3—保温层；
4—防水层；5—附加层；6—结构层

1.3.4 管根防水修复

1. 管道卷材防水层收头未用金属箍固定、防水层出现张口现象造成渗漏，应将张口部位清理干净，用相容的密封材料嵌填到缝口内，然后恢复卷材防水层。防水层的收头应用金属箍箍紧，并在金属箍上沿涂刷相容的防水涂料或密封材料封闭严密。

2. 管根防水层出现空鼓、破损现象造成渗漏，应将空鼓、破损的防水层拆除至基层并清理干净，涂刷相容的基层处理剂，采用与屋面防水层材料相同或相容的防水材料恢复防水层，管根防水层与屋面防水层应顺槎搭接，搭接宽度应不小于 100mm。管道上采用卷材做防水层时，收头部位应用金属箍箍紧，并用与其相容的密封材料封闭严密；管道上采用防水涂料时应夹铺胎体材料作增强处理，收头部位应用钢丝绑扎固定，再用防水涂料封严

（图 1.3-20、图 1.3-21）。

图 1.3-20 管根防水不规范

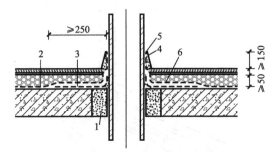

图 1.3-21 伸出屋面管道防水构造
1—细石混凝土；2—防水层；3—附加层；
4—保护层；5—收头粘牢封严；6—保温层

1.3.5 变形缝防水修复

1. 等高变形缝两侧挡墙防水层破损造成的渗漏，应采用与原防水层相同或相容的防水材料修补。

2. 变形缝防水层和密封材料已经老化，失去防水功能，应予整体翻修（图 1.3-22、图 1.3-23）。变形缝整体翻修基本方法：

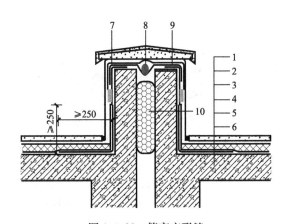

图 1.3-22 等高变形缝
1—保护层；2—保温层；3—防水层；4—附加层；
5—找平（坡）层；6—结构层；7—混凝土盖板；
8—衬垫材料；9—封盖卷材；10—不燃保温材料

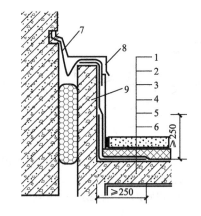

图 1.3-23 高低跨变形缝
1—保护层；2—保温层；3—防水层；4—附加层；
5—找平（坡）层；6—结构层；7—封盖卷材；
8—金属盖板；9—不燃保温材料

（1）拆除压顶盖板、原防水层和原密封材料。

（2）检查缝内填充材料，填放聚乙烯发泡体背衬材料。

（3）嵌填密封材料（聚氨酯、聚硫密封胶、非固化橡胶沥青材料等），其厚度应为变形缝宽度的 0.5～0.7 倍。

（4）铺贴 300mm 宽延伸性好、可焊接的高分子防水卷材，卷材凹进缝内 20mm 左右，凹槽内填放聚乙烯泡沫棒衬垫；上面再用一层与上述相同的卷材封盖，卷材两侧与屋面防水层顺槎搭接。当新做高分子卷材防水层与屋面原防水层不相容时，搭接部位应采用双面粘丁基橡胶防水密封胶带进行粘结密封处理。

（5）恢复压顶盖板。

1.3.6 屋面泛水部位渗漏修复

1. 防水层未施做在泛水结构层或水泥砂浆找平层上造成渗漏，应拆除泛水部位相应构造层，将防水层设置在泛水结构层或水泥砂浆找平层上，再按原设计恢复拆除的构造层。

2. 卷材防水层收头固定不牢、密封不严、卷材张口等缺陷造成渗漏，应将维修部位的基层清理干净，卷材防水层收头处应用相容的胶粘剂粘贴牢固并用金属压条钉压固定，压条的上部应用相容的密封材料封闭严密。

3. 泛水防水层空鼓、破损等缺陷造成渗漏，应将空鼓、破损防水层拆除，基层清理干净，涂刷相容基层处理剂，采用与屋面原防水层相同或相容的防水材料修补，修补范围应外延100mm（图1.3-24～图1.3-26）。

图1.3-24 泛水防水层　　　　图1.3-25 泛水防水层　　　　图1.3-26 修缮后泛水
　　未固定、密封　　　　　　　　脱落　　　　　　　　　防水层

1.3.7 设施基座渗漏修复

1. 与结构连接的设施基座未做全包防水构造发生渗漏时，应将未做防水部位清理干净，涂刷相容基层处理剂，采用与屋面原防水层相容的防水涂料做防水层，全包裹设施基座，并与屋面防水层顺槎搭接形成整体的防水层，搭接宽度应不小于100mm，防水层上应做保护层（图1.3 27～图1.3 30）。

图1.3-27 防水层未全　　　　图1.3-28 涂膜防水层全　　　　图1.3-29 泛水以上墙体作
　　覆盖设施基座　　　　　　　包裹设施基座　　　　　　　　防水处理

2. 在防水层上放置设施基座的部位发生渗漏时，应选用与屋面防水层相容的防水涂料全包裹在设施基座上，并与屋面防水层顺槎覆盖形成整体的防水层，防水层上应做保护层（图1.3-31）。

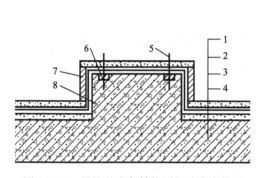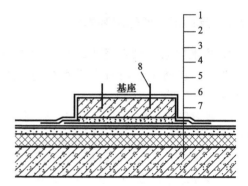

图 1.3-30　设施基座与结构层相连防水构造
1—保护层；2—新防水层；3—找平层；
4—混凝土结构；5—地脚螺栓；6—密封材料；
7—基座侧面保护层；8—设施基座

图 1.3-31　设施基座设置于防水层上防水构造
1—保护层；2—新防水层；3—附加层；
4—原防水层；5—找平层；6—保温层；
7—混凝土结构；8—地脚螺栓

1.3.8　出入口部位渗漏修复

1. 垂直出入口部位渗漏修复，应拆除原保护层和防水层，修补基层后再用与原防水层相同或相容的防水材料按图1.3-32修复，防水层应顺槎搭接，最后恢复保护层。

2. 水平出入口部位渗漏，宜选用延伸性好、可焊接的高分子防水卷材维修，并与屋面防水层顺槎搭接形成整体防水层（图1.3-33）。

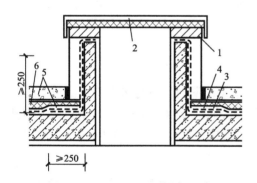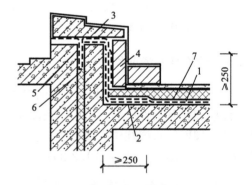

图 1.3-32　垂直出入口防水构造
1—混凝土压顶圈；2—上人孔盖；3—防水层；
4—附加层；5—保护层；6—保温层

图 1.3-33　水平出入口防水构造
1—防水层；2—附加层；3—踏步；4—护墙；
5—防水卷材封盖；6—不燃保温材料；7—保护层

1.3.9　檐口渗漏修复

1. 因檐口外侧下端未设置滴水构造造成的渗漏，应按规范要求设置鹰嘴或滴水槽（图1.3-34、图1.3-35）。

2. 因防水层未做至檐口外缘造成的渗漏，宜选用与屋面原防水层相容的防水涂料将防水层延伸至檐口外缘粘牢封严。

3. 因檐口防水层收头粘结不牢、密封不严造成的渗漏，应将缺陷部位清理干净，选用与屋面原防水层相容的防水涂料或密封材料将防水层收头粘牢封严。

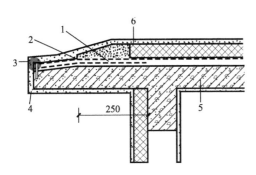 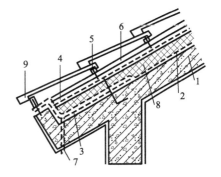

图 1.3-34 平屋面檐口防水构造　　　　　图 1.3-35 坡屋面檐口防水构造
1—防水层；2—防水附加层；　　　　　　1—结构层；2—防水层；3—附加层；
3—防水层收头；4—滴水；　　　　　　　4—持钉层；5—挂瓦条；6—顺水条；
5—结构层；6—保护层　　　　　　　　7—泄水管；8—保温层；9—烧结瓦或混凝土瓦

1.3.10 卷材、涂膜防水屋面局部渗漏修复

1. 拆除需要修复部位的保护层和空鼓、破损的防水层，拆除范围从有缺陷部位向外延伸不得小于 500mm。

2. 将防水基面清理干净，基面有缺陷时宜采用聚合物水泥砂浆进行修补处理。

3. 基面涂刷与原防水层相容的基层处理剂。

4. 选用与原防水层相同或相容的防水涂料、防水卷材，对拆除部位作修补处理，防水层的厚度应符合相关标准规定，新旧防水层应顺槎搭接，搭接宽度应不小于 100mm。

5. 按原设计恢复保护层。

1.3.11 坡屋面细部构造渗漏水局部修复

1. 坡屋面的屋脊、檐沟、泛水、管根、天窗等细部构造出现渗漏，应采用局部修复方案，并与屋面防水层顺槎紧密搭接，形成完整防水体系。

2. 有防水要求的烧结瓦或水泥瓦出现破损造成渗漏，应采用与设计相同的瓦块更换（图 1.3-36～图 1.3-38）。

图 1.3-36 瓦块开裂　　　　图 1.3-37 瓦块破损　　　　图 1.3-38 瓦块缺失

3. 金属屋面搭接板缝渗漏，应将基层清理、擦拭干净，宜选用与原屋面颜色相近的丁基橡胶密封胶粘带、高延伸涂料、密封材料单独或复合处理，防水层的宽度应根据缝的宽度确定，缝两侧延伸不得小于 30mm（图 1.3-39、图 1.3-40）。

图 1.3-39　锈蚀金属屋面板应进行除锈处理　　　图 1.3-40　金属屋面板局部防水修复处理

1.3.12　保温层局部维修施工

1. 拆除屋面维修部位的保护层、防水层及失去保温功能的保温层。

2. 将积存在保温层内的渗漏水清理干净并晾干。

3. 按原设计要求修补与恢复保温层、防水层、保护层等各构造层次，新旧防水层搭接宽度应不小于 100mm。

4. 维修区域设置排汽管，排汽管之间间距不宜大于 6m，并应形成互相连通的网络。

第 2 章　外墙防水工程修缮

2.1　概述

2.1.1　外墙防水基本知识

2.1.1.1　外墙类型

1. 从墙体结构上分，有现浇钢筋混凝土外墙、预制混凝土板装配式外墙、砖混结构外墙、框架结构轻集料砌块外墙、膜结构外墙等。

2. 从保温方式上分，有外保温外墙、内保温外墙、无保温外墙。

3. 从外墙装饰方式上分，有水泥砂浆抹面外墙、涂料外墙、瓷砖外墙、玻璃幕墙、石材幕墙、金属板材幕墙等。

2.1.1.2　外墙防水定义与防水必要性

1. 外墙防水定义。

外墙防水就是将雨水、雪水阻挡在墙体之外，防止墙体侵蚀，提高建筑物的使用功能和耐久性，节约能源。

2. 外墙防水必要性。

(1) 高层建筑外墙，受雨水、雪水和风力影响大。

(2) 平屋面，外墙受雨、雪水浇、淋的几率大。

(3) 外保温外墙易于浸水。

(4) 外墙渗漏，影响室内居住环境和使用环境，影响建筑节能，影响外墙乃至整个建筑的使用寿命。

2.1.1.3　建筑外墙防水设防类型

1. 墙面整体防水。墙面整体防水适用于：南方地区，沿海地区，降雨量大和风压强的地区，有外保温的建筑外墙。在合理使用和正常维护的条件下，有下列情况之一的建筑外墙，宜进行墙面整体防水：

(1) 年降水量大于等于 800mm 地区的高层建筑外墙。

(2) 年降水量大于等于 600mm 且基本风压大于等于 0.50kN/m² 地区的建筑外墙。

(3) 年降水量大于等于 400mm 且基本风压大于等于 0.40kN/m² 地区有外保温的外墙。

(4) 年降水量大于等于 500mm 且基本风压大于等于 0.35kN/m² 地区有外保温的外墙。

(5) 年降水量大于等于 600mm 且基本风压大于等于 0.30kN/m² 地区有外保温的外墙。

2. 墙面节点构造防水。

除上述整体墙面防水的建筑外，年降水量小于等于 400mm 地区的其他建筑外墙应采用节点构造防水措施。

3. 墙面整体防水中包含墙面节点构造防水。

2.1.1.4 外墙防水基本原则

1. 建筑外墙防水除应具有阻止雨水、雪水侵入墙体基本功能外，并应具有抗冻融、耐高低温、承受风荷载等性能。

2. 建筑外墙防水层应设置在迎水面，外保温外墙防水层应设置在外墙面结构层或结构找平层上，保温层上应设置防水抗裂砂浆层。

3. 南方地区多雨，沿海地区多风，北方地区寒冷，环境、气候的影响、高空作业及墙体的多样性，要求外墙防水设防措施、防水材料选用、防水施工技术应具备适应性、可操作性好和施工、使用安全性。

2.1.1.5 外墙防水材料选用

建筑外墙防水所使用的材料包含防水材料、密封材料和配套材料三类。

1. 防水材料。

主要有普通防水砂浆、聚合物水泥防水砂浆、聚合物水泥防水涂料、聚合物乳液防水涂料、聚氨酯防水涂料、喷涂速凝橡胶沥青防水涂料、防水透气膜等。

2. 密封材料。

主要有硅酮建筑密封胶、聚氨酯建筑密封胶、聚硫建筑密封胶、丙烯酸酯建筑密封胶等。

3. 配套材料。

主要有耐碱玻璃纤维网格布、界面处理剂、热镀锌电焊网、密封胶粘带等。

4. 建筑外墙防水所使用材料的性能指标应分别符合相应材料标准的要求。

2.1.1.6 建筑外墙防水要求

1. 外墙工程防水设计工作年限不应低于25年。

2. 混凝土或砌块建筑外墙工程的防水等级和防水做法见表2.1-1。

建筑外墙防水等级与防水做法　　　　　　　　表2.1-1

防水等级	防水做法	防水措施	
		外墙防水节点构造	外墙整体防水
一级	不应少于二道	应选	防水砂浆＋防水涂料
二级	不应少于一道	应选	防水砂浆或防水涂料

3. 外墙门窗口处节点防水要求：

(1) 外墙防水层应延伸至门窗框与墙体间的缝隙内；缝隙内应采用聚合物水泥防水砂浆或发泡聚氨酯填充，并应预留凹槽，凹槽应嵌填密封材料。

(2) 门窗洞口上楣应设置滴水。

(3) 内窗台应高于外窗台20mm，外窗台处应设置披水板等排水和密封措施，排水坡度不应小于5%。

(4) 门窗产品应满足水密性要求。

4. 突出外墙的雨篷、阳台、空调室外机搁板等部位防水要求：

(1) 雨篷应设置外排水，坡度不应小于2%，且外口下沿应设置滴水；雨篷与外墙交接处的防水层应连续；雨篷防水层应沿外口下翻至滴水部位。

（2）阳台坡向水落口的排水坡度不应小于 1%，水落口周边应留置凹槽，槽内应嵌填密封材料；阳台外口下沿应设置滴水。

（3）空调室外机搁板处应采取防雨水倒灌及防水措施。

5. 外墙变形缝、穿墙管道、女儿墙、外墙预埋件等节点处防水要求：

（1）变形缝部位应设置卷材附加层，卷材两侧应满粘于墙体，满粘的宽度不应小于 150mm，并应钉压固定和采用密封材料封严。

（2）穿墙管道套管应内高外低，坡度不应小于 5%，套管内外应作防水密封处理。

（3）女儿墙压顶应向内找坡，且坡度不应小于 5%；当采用混凝土压顶时，外墙防水层应延伸至压顶内侧的滴水部位。

（4）外墙预埋件和预制构件四周应用密封材料封严，密封材料应连续、饱满。

6. 装配式混凝土结构接缝以及与窗洞口交接部位，应采用密封胶、止水材料、专用防水配件和防渗漏构造等措施进行防水设防。

2.1.2　外墙渗漏修缮基本原则与基本程序

2.1.2.1　外墙防水工程修缮基本原则

1. 以迎水面修缮为主。

2. 局部渗漏宜采用局部修复措施；如发生大面积渗漏时，应采取整体翻修的措施。

3. 局部修复时，外观应与原设计协调。

4. 修缮施工不得损害建筑结构安全。

2.1.2.2　外墙防水工程修缮基本程序

1. 现场查勘和查阅资料。

2. 分析渗漏原因。

3. 编制修缮方案。

4. 修复施工。

5. 工程质量检查验收。

2.1.3　外墙渗漏现状查勘与资料查阅

2.1.3.1　现场查勘

外墙防水工程修缮前应进行现场查勘，了解与掌握与外墙渗漏相关的情况。

1. 现场查勘宜包括以下内容：

（1）外墙类型、构造、现状。

（2）渗漏部位、渗漏程度、渗漏水的变化规律。

（3）工程所在区域周围环境、使用条件、气候变化及自然灾害对外墙防水工程的影响。

2. 现场查勘宜采用以下基本方法：

（1）背水面主要查勘渗漏部位、渗漏范围、渗漏程度，迎水面主要查找缺陷部位。

（2）整体防水外墙出现较为普遍渗漏点及渗漏程度较为严重时，应查勘防水层质量，包括防水构造、防水材料、防水施工质量等。

（3）无外保温外墙渗漏宜对应查勘，有外保温外墙大面积渗漏应从女儿墙开始查勘。

（4）根据工程渗漏不同情况，可采用观察、测量、仪器探测、局部拆除等方法查勘，必要时可通过淋水或在雨后观察的方法查勘。

2.1.3.2　资料查阅

资料查阅宜包括以下内容：

1. 外墙防水类型、外墙构造层次。

2. 防水材料及质量证明资料。

3. 防水技术资料、防水施工资料。

4. 外墙维修资料。

2.1.4　外墙常见渗漏部位与渗漏原因

2.1.4.1　外墙渗漏部位、类型

1. 外墙面渗漏。

2. 外墙门窗口渗漏。

3. 雨篷和外露阳台与外墙连接处渗漏。

4. 外墙面变形缝渗漏。

5. 穿墙管（洞）部位渗漏。

6. 装配式外墙板结构接缝渗漏。

2.1.4.2　外墙常见渗漏原因

环境、气候及外墙类型的多样化，出现渗漏水情况也呈多样化，外墙渗漏与外墙结构形式、保温方式、外墙装饰层、防水设防措施及外墙细部构造有着密切的关系，外墙常见渗漏原因主要有：

1. 设防措施薄弱，应做整体防水设防的墙面仅采用节点构造防水，尤其是南方地区、沿海地区、降雨量大和风压强的地区、有外保温的建筑外墙，不做整体防水必然会出现渗漏。

2. 设防措施不正确，有外保温的外墙防水层未设置在主体墙上。外墙外保温材料大多为挤塑聚苯保温板，防水做法是在保温层上铺贴网格布、抹防水抗裂砂浆，防水抗裂砂浆一旦出现开裂、墙面压顶防水不完整或其他质量问题，水极易进入保温层和主体墙之间，水进入容易，出去很难，不易挥发，不易干燥，必然会向主体墙内洇、渗，使外墙内侧墙面潮湿发霉。

3. 相关设计不配套：

（1）外墙材料选用不合适，将吸水率高、易开裂材料用于外墙。

（2）有外保温的女儿墙未设置压顶，女儿墙顶部保温层与墙体之间存在缝隙，造成雨雪水灌入，引起外墙渗漏。

（3）外墙门窗口、阳台和雨篷与墙体结合部、穿墙管洞、变形缝、预埋件、装配式外墙板板缝等细部构造防水与材料防水不配套。

4. 严格执行操作规程和施工工艺不够：

（1）抹灰墙面基层湿润程度不够，抹灰后养护不到位，易出现空鼓、开裂现象。

（2）粘贴瓷砖、石材外墙，粘贴不牢固，勾缝不密实。

2.1.5 编制外墙渗漏修缮方案

外墙渗漏修缮应根据外墙构造、渗漏部位、渗漏程度、渗漏原因确定治理措施。编制的外墙防水工程修缮方案应具有针对性，做到技术先进、可操作性强、质量可靠、施工安全、节能环保、经济合理。

2.1.5.1 修缮方案编制依据

1. 外墙类型与原防水设防措施。
2. 外墙渗漏部位、渗漏程度、渗漏原因。
3. 环境、气候特点。
4. 施工条件。
5. 相关技术规范、标准。

2.1.5.2 外墙防水工程修缮方案类型

1. 局部修复方案：外墙门窗口、阳台和雨篷与墙体结合部、穿墙管洞、变形缝、预埋件、装配式外墙板板缝等细部构造防水密封存在缺陷，宜采用局部修复方案。
2. 整体翻修方案：渗漏点较为普遍、渗漏程度较为严重的外墙，有保温外墙大面积进水，水泥砂浆抹灰墙面开裂、空鼓严重等，应采用整体翻修方案。

2.1.5.3 外墙防水工程修缮方案宜包括以下内容

1. 渗漏治理类型。
2. 材料选用与性能要求。
3. 墙面相关构造层次。
4. 施工技术与质量要求。
5. 安全注意事项与环保措施等。

2.1.5.4 外墙防水工程修缮选用的材料应符合以下规定

1. 外墙防水工程修缮选用的材料类型：

（1）防水材料。

外墙防水材料主要有聚合物水泥防水砂浆、高分子益胶泥、C0PROX（确保时）防水涂料、水性橡胶高分子复合防水涂料、聚合物水泥防水涂料、聚合物乳液防水涂料、聚氨酯防水涂料、防水透气膜等。

（2）密封材料。

主要有硅酮建筑密封胶、聚氨酯建筑密封胶、聚硫建筑密封胶、丙烯酸酯建筑密封胶等。

（3）配套材料。

主要有耐碱玻璃纤维网格布、界面处理剂、热镀锌电焊网、自粘丁基橡胶密封胶带等。

2. 局部维修时，选用的防水、密封材料及与防水层相关材料，应与工程的原设计相匹配。
3. 选用的材料相邻间应具有相容性。
4. 选用的材料应适应施工环境条件和具备工艺的可操作性。
5. 用于外墙防水工程修缮的防水、密封材料应有出厂合格证、技术性能检测报告和相关质量证明资料，材料的技术性能指标应符合国家相关标准的规定；进入现场的防水、密封材料应按规定进行见证抽样复验，复验合格后方可用于工程。

2.1.6 施工

1. 建筑外墙防水修缮，由于部位的特殊性，修缮施工有较大难度，具有很强的专业性，外墙防水修缮施工应由专业施工队伍承担，操作人员应经过专业培训后上岗。

2. 外墙防水工程修缮施工前应对修缮工程进行查勘，编制防水渗漏修缮施工方案，经相关方面审核后实施，方案实施前应向操作人员进行安全和技术交底。

3. 外墙防水工程修缮施工现场应具备下列基本条件：

（1）施工现场设置安全作业区，作业区域应有可靠安全防护措施，施工人员应配备安全防护服装、设备。

（2）施工现场应做好成品保护，易污染部位应进行围挡与防护。

（3）施工环境温度宜为 5～35℃，不得在雨雪天、四级风以上天气进行露天作业。

4. 外墙防水工程修缮基本程序

（1）先对外墙门窗框周围、伸出外墙的管道、设备或预埋件、雨篷、挑板、板缝等细部进行修缮，后对大面进行修缮。

（2）外墙面宜由上向下顺序修缮。

（3）先修缮外墙的迎水面，后修缮外墙的背水面。

5. 外墙防水修缮施工工艺应符合选用的防水材料、修缮方案要求和相关标准规范的规定。

6. 外墙装饰层恢复

（1）外墙防水层局部修复时，外墙装饰层应与原设计相一致。

（2）整体翻修时，外墙装饰层应与原设计及周围环境协调。

7. 外墙防水修缮应严格施工过程质量控制和质量检查，应建立各道工序的自检、交接检和专职人员检查的"三检"制度，每道工序完成后应经监理单位（或建设单位）检查验收，合格后方可进行下道工序的施工。

2.1.7 质量检查与验收

1. 外墙防水工程修缮用防水材料进场抽样复验应根据用量多少和工程的重要性来确定。一般外墙工程的渗漏治理，同一品种、型号和规格的防水、装饰涂料用量在 5t 以上时，应进行抽样复验；重要的、特殊的外墙工程修缮所用防水材料进场后的复验，可不受材料品种和用量的限定。

2. 工程质量检验批应符合下列规定：

（1）外墙面整体翻修，按防水面积每 100m² 抽查一处，不足 100m² 按 100m² 计，每处 10m²，且不得少于 3 处。

（2）外墙防水局部修复，应全数进行检查。

（3）接缝密封防水，每 50m 应抽查一处，不足 50m 按 50m 计，每处 5m，且不得少于 3 处。

3. 外墙防水工程修缮质量验收应提供以下资料：

（1）查勘报告。

（2）修缮方案及施工洽商变更单。

（3）施工方案、技术交底。

（4）防水材料的质量证明资料。

（5）隐检记录。

（6）施工专业队伍的相关资料及主要操作人员的上岗证书等。

4. 外墙防水工程修缮质量应符合下列规定：

（1）防水主材及配套材料应符合修缮方案设计要求，性能指标应符合相关标准规定。

检验方法：检查出厂合格证、质量检验报告和现场见证抽样复验报告。

（2）修缮部位不得有渗漏现象。

检验方法：雨后或淋水检验。

（3）防水构造应符合修缮方案设计要求。

检验方法：观察检查和检查隐蔽工程验收记录。

（4）外墙防水层局部修复时，外墙装饰层应与原设计相一致；整体翻修时，外墙装饰层应与原设计及周围环境协调。

检验方法：观察检查。

（5）外墙防水修缮工程其他质量应符合修缮设计方案要求和相关规范规定。

检验方法：观察检查和检查隐蔽工程验收记录。

2.1.8 使用、维护注意事项

1. 建筑外墙防水修缮工程投入使用后应建立工程维修、维护制度，及时发现问题及时维修。

2. 防水检查与维修，不得破坏外墙防水层的完整性。

2.2 整体修缮

2.2.1 外墙无外保温

2.2.1.1 涂料饰面

1. 基面处理：

（1）铲除破损、空鼓、剥离的涂料饰面与防水涂层。

（2）采用高分子益胶泥或聚合物水泥防水砂浆等材料修补墙面缺陷。

2. 防水层施工：

（1）防水材料宜选用聚合物水泥、水性橡胶高分子复合防水涂料、单组分白色聚氨酯等防水涂料。

（2）采用喷涂或滚涂、涂刷等方法施工。

（3）涂层应涂布均匀，总厚度应符合设计要求和相关规范规定。

3. 饰面涂料应选用具有防水和装饰功能的丙烯酸酯类外墙涂料，涂布均匀，色彩符合设计要求。

4. 外墙背水面装饰层因渗漏水造成的破坏，应根据原设计要求和工程现状进行修复。

2.2.1.2 水泥防水砂浆墙面渗漏修缮

1. 整体剔除墙面防水砂浆抹灰层修缮方法：

（1）剔除墙面防水砂浆抹灰层并清理干净。

（2）重新抹压水泥防水砂浆：

1）水泥防水砂浆可选用聚合物水泥防水砂浆、内掺水泥基渗透结晶型防水剂防水砂浆、抗裂纤维水泥防水砂浆等。

2）基层洒水湿润、湿透。

3）基层涂布结合层。

4）水泥防水砂浆配合比应符合设计和产品说明书的要求，采用砂浆搅拌机搅拌均匀。

5）在涂布结合层的基层上，随即抹压搅拌均匀的水泥防水砂浆；水泥防水砂浆应分遍铺抹完成，每遍铺抹厚度不宜大于10mm；用抹子抹压时，应沿着一个方向，在压实的同时抹平整，一次成活；水泥防水砂浆层内夹铺钢丝网或耐碱玻纤网格布时，钢丝网或网格布应设置在水泥防水砂浆层的中间；水泥防水砂浆层要求抹压密实，与基层粘结紧密。

6）水泥防水砂浆层达到硬化状态时，应进行洒水养护，养护时间应不小于168h。

2. 局部剔除墙面水泥防水砂浆抹灰层修缮方法：

（1）将空鼓、破损的水泥防水砂浆剔除至墙体结构面，裂缝的水泥防水砂浆采用切割机切割成U形槽。

（2）剔凿、切割部位清理干净，洒水湿润湿透，涂刷水泥防水砂浆结合材料。

（3）剔凿、切割部位抹压水泥防水砂浆，水泥防水砂浆的类型、配比、搅拌、抹压、养护等见本条"1."中相应的要求。

（4）墙面涂布具有防水和装饰功能的丙烯酸酯类外墙涂料，涂布应均匀，色彩应与周围环境协调，或符合专项设计要求。

3. 外墙背水面装饰层因渗漏水造成的破坏，应根据原设计要求和工程现状进行修复。

2.2.1.3 砖混清水外墙渗漏修缮

1. 保留砖混清水外墙原貌的修缮方法：

（1）风化、剥落的砖块采用原砖更换。

（2）空鼓、不密实的砖缝应采用聚合物水泥砂浆勾缝、修补。

（3）砖混清水外墙的顶端宜采用钢筋混凝土压顶，压顶两侧分别宽出墙体应不小于80mm，压顶向内的排水坡度不应小于5%，压顶表面应涂刷聚合物水泥涂料防水层，其内侧下端应做滴水处理。

（4）采用有机硅树脂、单组分脂肪族聚氨酯等无色、透明、耐老化的防水涂料，喷涂在砖混清水外墙上，反复多次至饱和状态。

2. 如不需保留外墙原外观式样，可采用整体铺抹水泥防水砂浆或喷涂防水砂浆的修缮方案。

3. 外墙背水面装饰层因渗漏水造成的破坏，应根据原设计要求和工程现状进行修复。

2.2.1.4 瓷砖（包括石材、文化石等块体材料）饰面外墙渗漏修缮

1. 铲除瓷砖饰面层的修缮技术：

（1）瓷砖表面出现风化、剥离现象，或瓷砖粘贴不牢、大量空鼓，应铲除瓷砖及粘结层。

（2）采用聚合物水泥防水砂浆对基面进行找平修补。

（3）采用C0PROX（确保时）防水涂料或高分子益胶泥等作为防水层及瓷砖粘结层（图2.2-1、图2.2-2）。

（4）瓷砖缝隙及施工缝采用 COPROX（确保时）防水材料或高分子益胶泥等嵌填与勾缝密实。

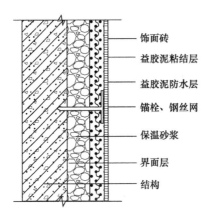

饰面砖
益胶泥粘结层
益胶泥防水层
锚栓、钢丝网
保温砂浆
界面层
结构

图 2.2-1　高分子益胶泥等作
防水层及瓷砖粘结层

2.2-2　高分子益胶泥等作
层及瓷砖粘结层工程案例

2. 不铲除瓷砖饰面层修缮技术：

（1）瓷砖粘贴牢固、无空鼓现象，表面无风化、无剥离现象，可以不铲除瓷砖层。

（2）采用 COPROX（确保时）或高分子益胶泥等防水材料对墙面瓷砖勾缝缺陷进行修补（图 2.2-3～图 2.2-7）。

（3）采用无色、透明的有机硅树脂或单组分脂肪族聚氨酯等防水涂料对瓷砖外墙面作整体防水处理，涂布应均匀，覆盖完全（图 2.2-8、图 2.2-9），单位面积材料用量符合设计要求。

图 2.2-3　文化石外墙

图 2.2-4　勾缝不密实

图 2.2-5　勾缝不完全

图 2.2-6　石材表面
裂缝

图 2.2-7　修缮施工，
细部处理

图 2.2-8　喷涂无色、透明
防水涂料

图 2.2-9　外墙渗漏，瓷砖不拆除修缮后效果

3. 外墙背水面装饰层因渗漏水造成的破坏，应根据原设计要求和工程现状进行修复。

2.2.1.5　幕墙（包括玻璃幕墙、石材幕墙、金属板幕墙）饰面渗漏修缮

1. 拆除幕墙修缮技术：

（1）拆除幕墙材料。

（2）在主体墙面清理干净后，喷涂聚合物水泥防水涂料或聚合物乳液防水涂料、聚氨酯防水涂料等做防水层。

（3）按原设计要求恢复或更换幕墙板材，并进行相应的密封处理。

2. 不拆除幕墙修缮技术：

（1）清除板材接缝材料。

（2）拆除需要更换的幕墙板材。

（3）按照相关规范规定和设计要求，对幕墙板缝彻底清理干净后，采用建筑幕墙用硅酮结构密封胶进行嵌填和密封处理。

（4）幕墙压顶应作防水密封处理。

3. 外墙背水面装饰层因渗漏水造成的破坏，应根据原设计要求和工程现状进行修复。

2.2.2　外墙有外保温

2.2.2.1　涂料饰面

1. 基面处理：

（1）铲除破损、空鼓、剥离的涂料饰面与防水涂层。

（2）采用高分子益胶泥或聚合物水泥防水砂浆、纤维抗裂砂浆等材料修补墙面缺陷。

2. 防水层施工：

（1）防水材料宜选用聚合物水泥或单组分白色聚氨酯、水性橡胶高分子复合防水涂料等防水材料。

（2）采用喷涂或滚涂、涂刷等方法施工。

（3）涂层厚度应均匀，总厚度应符合设计要求。

3. 饰面涂料应选用具有防水和装饰功能的丙烯酸酯类外墙涂料，涂布应均匀，色彩应符合设计要求（图 2.2-10、图 2.2-11）。

4. 外墙背水面装饰层因渗漏水造成的破坏，应根据原设计要求和工程现状进行修复。

图 2.2-10 墙面防水修缮

图 2.2-11 墙面恢复涂料饰面层

2.2.2.2 幕墙饰面

1. 拆除幕墙修缮技术：

（1）拆除幕墙材料。

（2）当外墙保温层选用矿棉时，宜采用防水透气膜做防水层；当外墙保温层为挤塑聚苯板时，保温层上应作抗裂砂浆保护层；在抗裂砂浆保护层上喷涂聚合物水泥或聚合物乳液、聚氨酯等涂料做防水层。

（3）按原设计要求恢复或更换幕墙板材，并进行相应的嵌缝密封处理。

2. 不拆除幕墙修缮技术：

（1）清除板材接缝密封材料。

（2）更换有缺陷的幕墙板材。

（3）按照相关规范规定和设计要求，对板缝重新采用耐候硅酮结构密封胶进行嵌填和密封处理。

（4）幕墙压顶应作防水密封处理。

3. 外墙背水面应根据原设计要求和工程现状进行修复。

2.3 局部修复

2.3.1 外墙门窗口渗漏修缮

安装在外墙上的窗户、外露阳台或露台墙面上的门窗，直接受到风吹雨淋，安装固定方式不正确或防水密封不规范，极易造成渗漏。外墙门窗口渗漏常见的有门窗口四周渗漏、门窗上口渗漏、门窗下口渗漏等几种情况，使外墙内侧墙面出现渗漏水、潮湿或洇水现象，造成室内相应部位装饰层被破坏，影响室内环境（图 2.3-1～图 2.3-4）。

1. 有些外墙门窗安装不符合规范要求，将门窗框外侧与外墙面完全齐平，窗框与外墙之间未做好密封处理，门窗上口又不设置雨篷或披水板，下雨时雨水及墙面的流水直接流到门窗上，使门窗框四周及门窗扇出现渗漏（图 2.3-5）。由外墙门窗框安装位置不正确引起的渗漏修缮方案：

图 2.3-1　窗户四周渗漏　　　　　　　　　　图 2.3-2　窗台渗漏

图 2.3-3　窗户上口渗漏　　　　　　　　　图 2.3-4　门口下框部位渗漏

　（1）方案 1，拆除门窗，在靠外墙体中间重新安装，在门窗框与墙体接缝处采用密封材料封闭严实，门窗洞的上口应设置滴水（图 2.3-6、图 2.3-7）。

　（2）方案 2，在门窗洞上口设置雨篷或披水板，使墙面的流水不能直接流淌和冲击到门窗上。

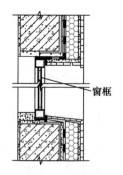

窗框

图 2.3-5　窗框安装不正确　　　图 2.3-6　窗框正确安装　　　图 2.3-7　窗框安装构造

　2. 由门窗框四周防水密封处理不当，引起渗漏的修缮技术重点：

　（1）外墙防水层应延伸至门窗框与外墙体之间缝隙内，不应小于 30mm。

　（2）门窗框与主体墙之间缝隙内应用发泡聚氨酯填缝剂填充饱满，外口留置 5～10mm 深凹槽。

　（3）凹槽内嵌填硅酮或聚氨酯建筑密封胶。

（4）门窗框与外墙保温层结合缝应采用密封材料处理（图 2.3-8）。

3. 由门窗洞上楣未设置滴水，墙面雨水顺着上楣口流向门窗引起的渗漏（图 2.3-9），修缮方案：

（1）方案 1，在上楣用切割机切割成 20mm×20mm 滴水槽（图 2.3-10）。

（2）方案 2，安装 20mm×30mm 的 L 形金属（塑料）构件作滴水鹰嘴（图 2.3-10）。

4. 由外窗台高、内窗台低、雨水由窗下框部位渗进室内的修缮（图 2.3-11），应调整内外窗台的标高，使内窗台高于外窗台不小于 20mm：

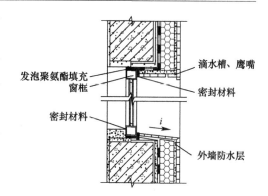

图 2.3-8　门窗框防水构造

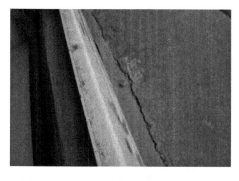

图 2.3-9　窗洞上口未设置滴水槽

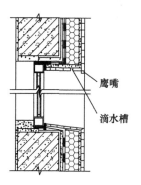

图 2.3-10　窗洞上口滴水做法

（1）剔凿内窗台装修层至结构层。

（2）采用密封材料嵌填窗下框与窗台结构之间缝隙。

（3）采用具有防水功能的聚合物水泥细石混凝土将内窗台提高到高出外窗台 20mm；或采用高分子益胶泥满粘方法铺贴石材压板（图 2.3-12）。

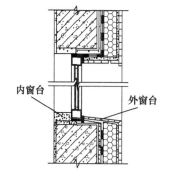

图 2.3-12　窗台内高外低构造

图 2.3-11　窗台外高内低，安装不正确

5. 外窗台向外没有排水坡度，由外窗台积水造成向室内渗漏，修缮时应调整外窗台排水坡度：

（1）外窗台结构层以上构造层有降低空间时，应拆除相应构造层，重新设计外窗台构造层，恢复后的外窗台坡度宜不小于5%。

（2）外窗台结构层以上构造层无降低空间时，应采用聚合物水泥防水砂浆或高分子益胶泥等材料找坡，首先满足外窗台不积水的要求，在标高允许的范围内抹出不小于5%的排水坡度。

6.窗户下框滑槽留置的泄水孔偏高，使进入滑槽及窗框空腔内雨水不能及时排除，并从固定窗框的螺栓孔及窗框的拼缝处向室内渗漏，由窗框泄水孔标高引起的渗漏，修缮时应降低泄水孔，使进入滑槽及窗框空腔内的雨水能顺畅排除，同时应对窗框的螺栓孔及窗框的拼缝进行密封处理。

2.3.2　雨篷、外露阳台与外墙连接处渗漏的修缮

雨篷与外墙连接处渗漏，会造成室内相对应的墙面潮湿；外露阳台与外墙连接处渗漏，不仅会造成同层室内渗漏，同时还会造成下一层室内相应部位渗漏。

1.泛水部位防水层设置位置不正确（泛水部位防水层设在外墙的保温层或装饰层上，收头未与结构墙固定和进行密封处理）引起的渗漏修缮：

（1）拆除泛水部位外墙的保温层及装饰层至结构墙。

（2）采用与原防水层相容的防水材料将泛水部位的防水层延伸至结构墙上，泛水部位防水层高度不应小于250mm，收头处应固定牢固并用密封材料封严。

（3）泛水以上墙体防水层与泛水部位防水层应顺槎搭接，搭接宽度不应小于100mm。

（4）防水修缮完成后再按原设计要求恢复外墙的保温层及装饰层。

2.雨篷、外露阳台排水坡度不合理及泛水部位积水等造成室内渗漏的修缮：

（1）拆除积水部位保护层、防水层、保温层等构造层，拆除部位清理干净。

（2）采用聚合物水泥砂浆找坡，坡度不应小于2%，使雨水能顺畅排除（图2.3-13、图2.3-14）。

（3）按原设计恢复拆除的构造层，新旧防水层应顺槎搭接，搭接宽度不应小于100mm。

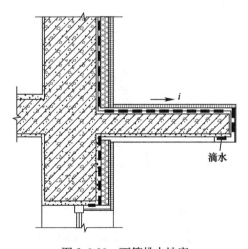

图2.3-13　雨篷排水坡度

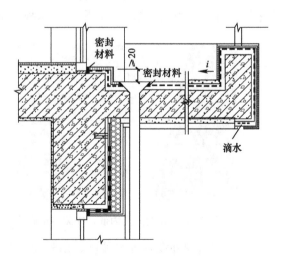

图2.3-14　雨篷、外露阳台排水坡度

2.3.3　变形缝渗漏修缮

变形缝渗漏引起墙体潮湿、洇水，影响到两侧室内房间使用环境，常见的有两种类型：一是屋面水平变形缝渗漏，造成建筑断面相邻两侧的墙体潮湿、洇水；二是外墙竖向变形缝渗漏，造成变形缝两侧的墙角处墙体局部潮湿、洇水。墙体变形缝渗漏修缮方法：

1. 屋面水平变形缝渗漏修缮方法，见本篇第一章屋面防水工程变形缝渗漏修缮的相应内容。

2. 外墙竖向变形缝渗漏修缮：

（1）拆除变形缝盖板。

（2）清理变形缝失效的防水层及填充材料。

（3）嵌填挤塑聚苯板或泡沫聚乙烯棒材作填充层与背衬材料。

（4）外贴搭接缝采用可焊接的高分子防水卷材，缝口部位卷材呈 U 形，两边卷材与外墙防水层搭接，并粘结牢固、封闭严密；屋面水平变形缝防水层应覆盖在立面变形缝防水层之上，顺槎搭接（图 2.3-15）。

（5）恢复变形缝面层金属盖板，金属盖板上下应顺槎搭接。

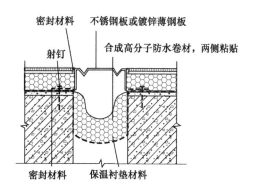

图 2.3-15　外墙变形缝防水构造

2.3.4　穿墙管、洞部位渗漏的修缮

2.3.4.1　穿透外墙管线用的预埋套管周围渗漏修缮

1. 穿透外墙管线用的预埋套管周围渗漏修缮时，迎水面具备施工条件的应首先在迎水面处理：

（1）套管周围剔凿成 20mm 宽、30mm 深的凹槽，并清理干净。

（2）凹槽内嵌填 10mm 厚聚氨酯或聚硫建筑密封胶，然后再嵌填 20mm 厚聚合物水泥砂浆，压实抹平。

（3）聚合物水泥砂浆面层上涂刷与墙面防水层相容的防水涂料，防水涂层与墙面防水层搭接，并返到套管上。

（4）套管与管线之间的缝隙应嵌填聚氨酯或聚硫建筑密封胶封闭严密（图 2.3-16）。

（5）套管周围装修按原设计恢复。

2. 在迎水面不具备施工条件时，可在背水面处理：

（1）套管周围剔凿成 20mm 宽、20mm 深的凹槽，并清理干净。

（2）凹槽内埋置注浆针头，灌注聚氨酯发泡材料；灌注聚氨酯发泡材料时应注意压力和材料用量，不得将聚氨酯浆料溢至外墙。

（3）凹槽内清理溢出的聚氨酯发泡体后，嵌填聚合物水泥砂浆，压实抹平。

（4）套管与管线之间的缝隙应嵌填聚丙烯酸酯建筑密封胶，封闭严密。

（5）套管周围装修按原设计恢复。

2.3.4.2　安装空调管线用的管洞渗漏修缮

1. 空调管线的管洞坡度应外低里高，防止雨水顺着管线倒灌到室内（图 2.3-16）。

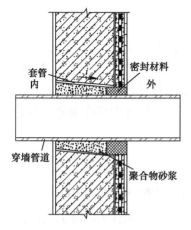

套管内　　密封材料外

穿墙管道　　聚合物砂浆

图2.3-16　穿墙管道防水构造

2. 迎水面具备施工条件时应首先在迎水面处理：洞内灌注单组分聚氨酯泡沫填缝剂，洞口周边嵌填硅酮或聚氨酯建筑密封胶封堵洞口外加盖管线护口并密封粘牢。

3. 在迎水面不具备施工条件时，可在背水面处理：洞内灌注单组分聚氨酯泡沫填缝剂，洞口周边预留凹槽，槽内嵌填聚丙烯酸酯建筑密封胶，封闭严密，套管周围装修按原设计恢复。

2.3.4.3　脚手架管洞渗漏修缮

脚手架管洞封堵不密实，水泥砂浆抹在洞口，渗漏部位隐蔽在外墙内侧的墙面上，渗漏时内墙面对应部位开始是点状潮湿，随着时间延长，渗漏痕迹逐步扩大。修缮时应剔开洞口，用聚合物水泥砂浆嵌填密实，面层收光。

2.3.5　装配式外墙板缝渗漏的修缮

装配式外墙板板缝一般采用构造防水和密封材料防水相结合的设防措施，由于外墙板在生产、运输、存放和安装中，容易损坏空腔的排水槽、滴水线、挡水台、排水坡，使构造防水作用受到影响；同时，在工程使用中，板缝密封材料出现老化、破损，也会影响材料防水的密封效果。

外墙板缝渗漏是装配式外墙板建筑渗漏的通病，修缮时，在设计工作年限内的建筑应保证空腔构造防水功能的完整性，超出设计工作年限内的建筑满足空腔构造防水功能的完整性有困难时，可由空腔构造防水改为侧重密封材料防水。

1. 空腔构造防水应符合原设计要求，保证防水、排水体系的完整性。

2. 外墙板缝渗漏治理应由空腔构造防水改为密封材料防水的修缮施工基本做法：

（1）对板缝进行清理，清除空腔内原有的嵌填材料，并洗刷干净。

（2）板缝两侧应用聚合物水泥砂浆或环氧砂浆修补，留出顺直、宽度一致的缝隙。

（3）空腔内塞入泡沫聚乙烯棒材作背衬材料。

（4）缝口嵌填厚度为缝宽度0.5~0.7倍的聚氨酯或聚硫建筑密封胶，嵌填的密封胶应连续、饱满、不得裹入空气，并埋置注浆针头。

（5）缝内灌注单组分聚氨酯泡沫填缝剂。

2.3.6　女儿墙压顶渗漏修缮

女儿墙压顶构造及防水措施对外墙防水质量有直接影响。常见砖混女儿墙、外保温女儿墙未采用现浇钢筋混凝土或金属盖板压顶，在采用现浇混凝土压顶时，也未作防水处理，都会造成渗漏（图2.3-17~图2.3-19）。

女儿墙压顶渗漏修缮做法：

1. 所有女儿墙都应设置钢筋混凝土或金属盖板压顶。

2. 女儿墙采用金属盖板作压顶时，外墙防水层应做到盖板的下部，金属盖板应采用专用金属配件固定，压顶板的板缝应嵌填密封材料封严（图2.3-20）。

3. 女儿墙采用混凝土压顶时，外墙防水层宜上翻至压顶内侧的滴水部位，压顶应作防水处理；压顶防水层应与屋面防水层、外墙防水层连接，防水材料应与屋面防水层、外墙防水层的材性相容；压顶应向内找坡，坡度不应小于 5％（图 2.3-21）。

图 2.3-17　女儿墙混凝土
压顶无防水处理

图 2.3-18　砖混墙
无压顶

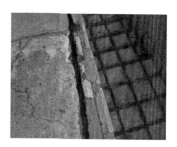

图 2.3-19　女儿墙保温
层开裂

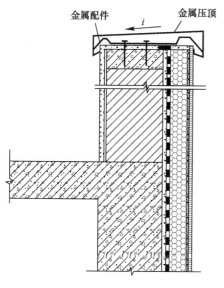

图 2.3-20　女儿墙金属板压顶
防水构造

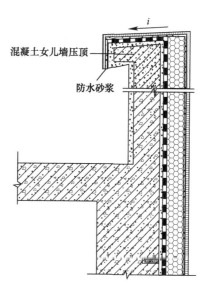

图 2.3-21　女儿墙现浇混凝土压顶
防水构造

2.3.7　外墙防水层与地下空间侧墙防水层交接部位渗漏修缮

外墙防水层与地下空间侧墙防水层交接部位不闭合，未形成建筑外墙完整防水体系，造成交接部位渗漏水，既会渗漏到地下空间，又会使地上建筑室内潮湿、泅水、渗漏。修缮方法：

1. 拆除防水交接部位保护层至防水层，并将防水层表面清理干净。

2. 地下空间侧墙防水层在自然地坪上 300mm 部位收头、固定、密封，外墙防水层覆盖在地下空间侧墙防水层上，搭接宽度不应小于 150mm。

3. 保护层、保温层按原设计恢复。

4. 散水与墙体之间的缝隙应嵌填密封材料封严（图 2.3-22）。

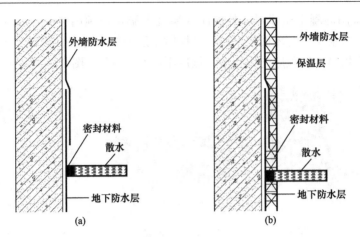

图 2.3-22　外墙墙根防水构造

(a) 无外保温；(b) 有外保温

2.4　注意事项

1. 防水修缮后外墙的外观应符合原设计要求，并与周围环境相协调；
2. 外墙修缮施工应做好安全防护，防止意外事故发生。

第3章　室内防水工程修缮

3.1　概述

3.1.1　室内防水工程类型、设防要求

3.1.1.1　室内防水工程类型

1. 水池，包括自来水水池、消防水池等。

2. 泳池，包括住宅室内小型游泳池，训练、比赛、健身游泳池，游乐戏水池等。

3. 商业经营专用的洗浴房，有水区域主要为淋浴间、浴池、洗手间和配套的厕所。

4. 住宅楼厕浴间，包括彼此相互有关联的、配套的厕所、淋浴房和盥洗间，普通的住宅楼厕所、淋浴设施和盥洗设置在一个房间里，建筑面积一般不会超过 $10m^2$；档次较高的住宅楼厕所、淋浴房和盥洗间分开设置，建筑面积相对较大，每间有几平方米、十几平方米、几十平方米甚至面积更大的。

5. 大型厨房操作间。

6. 洗衣房。

7. 地暖地面。

8. 有防水设防要求的楼地面、房间。

9. 冰场。

3.1.1.2　室内防水工程设防要求

1. 建筑室内防水工程具有建筑空间小、长期处于有水或潮湿环境，穿透防水层的管道多、转角部位多，以及环境变化小等特点。室内工程防水应遵循"防排结合、合理选材、技术先进、绿色环保、确保质量"的原则，室内工程防水设计工作年限不应低于25年。

2. 水池、泳池类防水工程，应采用防水混凝土结构；埋置在地下池类工程迎水面、背水面面均应设置防水层。

3. 厕浴间、洗衣房、有防水设防要求的房间及有防水设防要求的楼地面：

（1）底板和泛水应为现浇钢筋混凝土结构，排水坡度宜为 $0.5\% \sim 1\%$，地漏周围50mm范围内的排水坡度宜为 $3\% \sim 5\%$。

（2）厕浴间、洗衣房、有防水设防要求的房间及有防水设防要求的楼地面的完成面宜低于相邻空间地面20mm左右，如有水地面的完成面与相邻空间地面同高或高于相邻空间地面时，门口应设置挡水门槛，挡水门槛的防水层与室内防水层应连接成完整的防水体系；防水层在门口处应水平向外延展，延展的宽度不应小于500mm。

（3）楼地面防水区域有暗埋管道时，防水层应设置到暗埋管道背面，并与大面防水层连接形成整体；聚氨酯、聚脲防水涂料严禁与塑料给水管直接接触。排水立管不应穿越下层住户的居室；当厨房设有地漏时，地漏的排水支管不应穿过楼板进入下层住户的居室。穿透防

水层的管道设置套管时，套管应高出地面完成面20mm，套管内外均应做密封处理。

（4）地漏应设在地面最低处；有填充层地面、下沉式厕浴间地面、安装地暖的厕浴间地面或地漏部位应采用双层排水构造。

（5）有填充层厕浴间地面、下沉式厕浴间地面、安装地暖的厕浴间地面应设置两道防水层，第一道防水层设置在结构层上，第二道防水层设置在地面装饰层的下面，两道防水层在墙面部位应连接闭合。

4. 厕浴间、洗衣房、有防水设防要求的房间，地面完成面向上墙面防水层高度：

（1）拖布池临墙部位的防水层高度不应低于900mm。

（2）洗面器和洗碗器等临墙部位的防水层高度不应低于1200mm。

（3）小便器临墙部位的防水层高度不应低于1300mm。

（4）淋浴房喷洒部位的墙面防水层高度不应低于2000mm。

（5）蹲坑部位墙面的防水层高度在蹲台完成面向上不应低于400mm。

（6）其他墙面防水层的高度不应低于250mm。

5. 厕浴间、洗衣房、有防水设防要求的房间顶板受水蒸气影响时，应进行防潮处理；有冷凝水时，应在顶棚处采取防水措施。

6. 室内需进行防水设防的区域，不应跨越变形缝、防震缝等部位。

3.1.1.3 建筑室内工程防水等级与防水做法（表3.1-1）

室内工程防水等级与防水做法 表3.1-1

防水等级	防水做法	防水措施		
		防水砂浆	防水涂料	防水卷材
一级	二道	应选二道		
二级	一道	应选一道		

3.1.2 室内防水主要材料

1. 材料要求：

室内由于面积小、管道多、平面结构复杂，长期处于有水或潮湿环境，人员接触较多，选用的防水材料应满足下列要求：

（1）耐水性好，适应长期有水和潮湿环境。

（2）便于施工，可操作性强。

（3）绿色、环保，施工与使用中对人体无害，对环境无影响，不得选用溶剂型涂料。

（4）饮用水池选用的防水材料应符合饮用水相关规定。

2. 主要防水材料：

（1）主要柔性涂膜防水材料有：单组分聚氨酯防水涂料，聚合物乳液防水涂料（丙烯酸防水涂料），聚合物水泥防水涂料（JS复合防水涂料），水性橡胶高分子复合防水涂料，高聚物改性沥青防水涂料（氯丁胶乳沥青防水涂料、SBS改性沥青防水涂料），刷涂型聚脲防水涂料，喷涂速凝橡胶沥青防水涂料等。

（2）主要刚性防水材料有：水泥基渗透结晶型防水材料，聚合物水泥防水砂浆等。

（3）主要刚柔复合型防水材料有：高分子益胶泥系列防水材料。

（4）主要防水卷材有：聚乙烯丙纶防水卷材复合防水层，聚酯胎基（PY 类）自粘聚合物改性沥青防水卷材、高分子膜基自粘聚合物改性沥青防水卷材等。

3. 辅助材料：

用于附加层的胎体增强材料，宜选用 $30\sim50g/m^2$ 的聚酯纤维无纺布、聚丙烯纤维无纺布或耐碱玻璃纤维网格布等。

3.1.3　现状查勘

1. 室内防水工程修缮前应进行现场查勘，现场查勘宜包括以下内容：

（1）渗漏部位、渗漏状况、渗漏程度。

（2）渗漏水的变化规律。

（3）原防水构造做法。

（4）工程使用环境。

2. 现场查勘宜采用以下基本方法：

（1）背水面主要查勘渗漏部位、渗漏范围、渗漏程度。

（2）迎水面主要查勘室内防水工程现状，查找缺陷部位。

（3）现场查勘可采用观察、测量、仪器探测、局部拆除、淋水或蓄水等方法。

3. 修缮时需要查阅资料，宜包括以下内容：

（1）防水设防措施、防水构造与排水系统设计。

（2）防水材料及质量证明资料。

（3）防水施工方案与技术交底等技术资料。

（4）防水工程施工中间检查记录、质量检验资料和验收资料等。

3.1.4　渗漏原因分析

1. 设计方面，主要分析防水方案是否合理、选材是否正确、操作工艺是否科学、质量要求是否明确等方面，常见设计缺陷：

（1）防水构造未形成完整的防水体系，有填充层的有水楼地面采用单道防水设计；地暖地面无防水设防。

（2）易振动的细部节点采用刚性材料处理。

（3）立面防水设防高度不够。

（4）厕浴间、厨房、洗衣房等门槛未设计防挡水措施或设计闭合防水体系。

（5）地漏设置高于防水层，使填充层内长期积水。

（6）涂料做防水层时，只要求涂刷几遍，没有涂层厚度要求。

2. 施工方面，主要分析：施工程序是否合理，施工做法是否符合设计要求，防水基层、防水层、保护层等施工是否规范，成品保护是否到位，常见施工缺陷：

（1）防水层厚度与立面防水层高度不符合设计要求。

（2）地漏、管根、防水层转角部位等细部构造防水密封存在缺陷。

（3）在不合格的防水基层上施工。

（4）不能严格按照施工工艺要求施工，防水涂层未完全固化即进行后道工序施工。

（5）交叉施工等防水层成品保护不够，造成防水层破坏。

3. 维护方面：

(1) 缺少完善的维护制度，不能及时发现和处理使用中出现的问题。

(2) 改造施工时，破坏防水层的闭合体系。

3.1.5 制定渗漏水修缮方案

1. 室内渗漏修缮方案宜包括以下内容：

(1) 工程类型。

(2) 防水构造。

(3) 材料要求。

(4) 防水基层、排水坡度、防水保护层等要求。

(5) 施工技术要点。

(6) 质量要求。

(7) 安全注意事项与环保措施等。

2. 室内工程渗漏修缮应遵循以下基本原则：

(1) 局部渗漏宜局部修缮，防水层整体失效时应进行整体修缮。

(2) 整体修缮，应在迎水面进行；局部修缮，可采用迎水面修复与背水面封堵处理相结合的措施。

(3) 室内渗漏治理应选用耐水、便于操作、绿色环保、施工中及工程使用中对人体无害的防水材料，涂料类的防水材料应不含有机溶剂。

(4) 局部修复采用的防水、堵漏材料与原防水层材料应具有相容性。

(5) 室内防水工程渗漏治理应尽量减少对具有防水功能的原防水层的破坏，不得损害建筑物结构安全。

3.1.6 施工

1. 室内防水工程渗漏修缮整体翻修施工应符合下列规定：

(1) 应关闭拆除部位水源、电源。

(2) 应拆除影响防水翻修施工的设备、器具、锈蚀管件和糜烂及老化的防水层，拆除时不得破坏室内结构。

(3) 防水基层应坚实、平整。

(4) 防水层与基层应采用满粘法施工，粘结紧密，不得空鼓。

(5) 墙面防水层与楼地面防水层应顺槎搭接。

(6) 细部防水构造应增强处理。

(7) 墙地面设置管线时，管线与防水基层之间应设置防水层。

(8) 墙面防水层设防高度应符合我国现行室内防水相关标准规定。

(9) 室内渗漏水整体翻修时，新做的防水层宜设在原防水层部位。

(10) DP-R等塑料给水管不得直接接触聚氨酯防水涂料。

2. 室内防水工程渗漏局部修复施工应符合下列规定：

(1) 防水材料应与原防水层材料相容。

(2) 新旧防水层应顺槎搭接，搭接宽度不应小于100mm。

(3) 保护层、饰面层恢复应与原外观协调。

3.1.7　质量检查与验收

1. 材料进场抽样复验批次应符合相关规定。

2. 室内防水工程整体翻修，工程质量检验批量按防水面积每 100m² 抽查一处，每处 10m²，且不得少于 3 处；不足 100m² 按 100m² 计。

3. 室内工程防水局部修复，应全数进行检查。

4. 室内防水工程修缮质量验收应提供下列资料：

（1）渗漏查勘报告。

（2）渗漏治理方案及施工洽商变更。

（3）施工方案、技术交底。

（4）防水材料的质量证明资料。

（5）隐检记录。

（6）施工专业队伍的资质证书及主要操作人员的上岗证书等。

5. 室内防水工程修缮质量应符合下列规定：

（1）防水主材及配套材料应符合修缮方案设计要求，性能指标应符合相关标准规定。

检验方法：检查出厂合格证、质量检验报告和现场见证抽样复验报告。

（2）楼地面防水修缮部位不得有渗漏和积水现象。

检验方法：蓄水检验，测量坡度。

（3）墙面防水修缮部位不得有渗漏现象。

检验方法：淋水检验。

（4）防水构造应符合渗漏修缮方案设计要求。

检验方法：观察检查和检查隐蔽工程验收记录。

（5）室内防水工程渗漏修缮其他质量应符合渗漏治理设计方案要求和我国现行室内防水标准相关规定。

检验方法：观察检查和检查隐蔽工程验收记录。

3.1.8　使用、维护注意事项

1. 室内防水修缮工程投入使用后应建立工程维修、维护制度，及时发现问题及时维修。

2. 保持排水系统畅通，不得出现堵塞现象。

3. 防水检查与维修，不得破坏防水层的完整性。

3.2　住宅厕浴间防水工程修缮

3.2.1　整体修缮

3.2.1.1　整体拆除修缮

住宅厕浴间投入使用时间较长、渗漏范围大、渗漏程度严重，应采用整体拆除修缮方案。整体拆除修缮施工基本方法步骤：

1. 拆除：

（1）拆除前应关闭拆除部位水源、电源，对地漏、排水口等敞开管口应做临时封堵和保护措施，应做好现场成品保护。

（2）应拆除影响防水修缮施工的设备、器具、洁具，拆除需要更换的管道、管件。

（3）剔除装饰层、粘结层、防水保护层、防水层、填充层等相关构造层至防水层的基层。

（4）拆除时不得破坏结构的安全性。

2. 基层处理：

（1）防水基层应坚实、平整，排水坡度应不小于0.5%。

（2）基层的阴、阳角部位宜抹成圆弧形。

（3）地漏和相关给排水管安装要求：

1）地漏不宜高出防水层完成面，如果高出防水层完成面，地漏部位应设置双排水措施。

2）给水排水管道与防水基层之间应留置防水层施工空间。

3）地面套管应高出地面装饰面不小于20mm。

3. 细部构造增强处理：

（1）阴阳角、地漏、穿透防水层的管根部位应进行防水增强处理，附加层宽度宜为300mm，厚度应符合相应材料相关规定。

（2）防水区域墙、地面埋置管线时，防水层应施作在管线与防水基层之间，不得仅在管线上覆盖防水层（图3.2-1），应防止管线跑、冒、滴、漏及冷凝水造成渗漏。

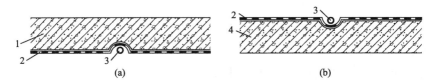

图 3.2-1　墙、地面暗埋管道部位防水构造

（a）墙面埋管防水构造；（b）地面埋管防水构造

1—结构墙体；2—防水层；3—暗埋管道；4—地板结构

（3）套管与管道之间的缝隙应采用柔性密封材料密封；套管与混凝土结构之间的缝隙应采用密封材料嵌填密实，墙地面防水层应包裹套管，并不得高出装修层完成面（图3.2-2、图3.2-3）。

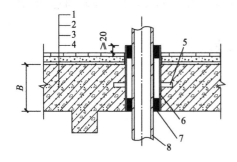

图 3.2-2　设置套管的管根防水构造

1—瓷砖饰面层；2—瓷砖粘结层与防水保护层；3—防水层；
4—结构层；5—止水环；6—套管；7—柔性密封材料；8—管道

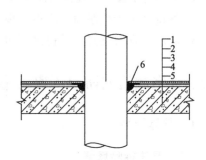

图 3.2-3　未设置套管的管根防水构造

1—瓷砖饰面层；2—瓷砖粘结层与防水保护层；
3—防水层；4—附加层；5—结构层；6—密封材料

（4）卫生间门口部位应采取防止卫生间水向相邻空间渗水、溢水的措施；门口设置门槛时，卫生间地面防水层应包裹门槛，并与门洞口两侧墙面防水层交圈、连接，门槛上的装饰层、粘结层应具有防水功能；当门口未设置门槛时，门口部位防水层与饰面层之间的构造层应具有防水功能（图 3.2-4）。

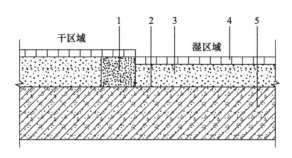

图 3.2-4　门槛部位防水构造

1—挡水门槛；2—防水层；3—水泥砂浆垫层；4—面砖；5—混凝土结构

4. 防水层施工：

（1）防水层施工工艺、质量要求，应符合选用的防水材料施工工艺要求和相关规范规定。

（2）无论采用何种防水材料，防水层与基层均应采用满粘法施工，与基层粘结紧密，不得空鼓。

（3）整体修缮新做防水层宜设在原防水层部位，平面防水层与立面防水层应顺槎搭接。

（4）设置填充层或地暖层的厕浴间楼地面，应设置两道防水层；第一道防水层设在结构层上或结构找平层上，第二道防水层设在填充层的找平层上或地暖层的保护上；两道防水层在立面应连接闭合（图 3.2-5、图 3.2-6）。

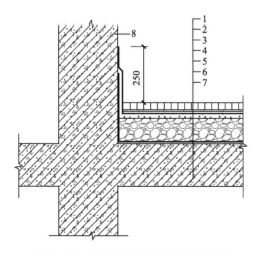

图 3.2-5　设置填充层楼地面防水构造

1—面砖；2—面砖粘结层与防水保护层；3—第二道防水层；
4—找平层；5—填充层；6—第一道防水层；
7—楼地面混凝土结构；8—墙体混凝土结构

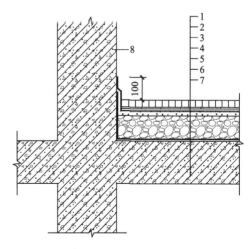

图 3.2-6　设置地暖的楼地面防水构造

1—面砖；2—面砖粘结层与防水保护层；3—第二道防水层；
4—细石混凝土保护层；5—地暖；6—第一道防水层；
7—楼地面混凝土结构；8—墙体混凝土结构

（5）墙面防水层设防高度应符合我国现行室内防水相关标准规定，喷洒临墙部位的防水层高度应在地面完成面上不小于 2000mm，拖布池临墙部位的防水层高度不应低于 900mm，洗面器和洗碗器等临墙部位的防水层高度不应低于 1200mm，小便器临墙部位的防水层高度不应低于 1300mm，蹲坑部位墙面的防水层高度在蹲台完成面向上不应低于 400mm，其他墙面防水层高度应在地面完成面上不应小于 250mm。

5. 防水层完成，经检查质量符合设计要求和相关规范规定后，应进行淋水和蓄水试验，无渗漏时再施工保护层和装饰层。

6. 铺贴瓷砖装饰层，宜选用具有防水与粘结功能的高分子益胶泥或专用配套材料作为瓷砖粘结层。

7. 装饰层完成后应进行第二次淋水和蓄水试验，无渗漏时为合格。

3.2.1.2　住宅厕浴间渗漏无拆除修缮方案

1. 住宅厕浴间渗漏采用无拆除修缮方案，应具备的基本条件：

（1）装饰面层为瓷砖、石材等材料，饰材面层无风化、粉化现象。

（2）采用水泥砂浆湿铺工艺，灰浆饱满。

（3）能解决渗漏。

（4）性价比高。

2. 材料选用：

（1）面层应选用无色、透明、环保、耐水、耐磨和渗透性强的液体材料，如有机硅涂料、渗透型防水剂、单组分透明聚氨酯涂料等。

（2）嵌缝、勾缝应选用耐水、粘结性好、环保的材料，如高分子益胶泥、"确保时"粉料、水泥基渗透结晶型防水涂料等。

3. 施工基本方法步骤：

（1）将面层清理、清洗干净，饰面层及块材缝隙无附着物、无灰尘。

（2）有缺陷的饰面层及块材缝隙嵌填、勾缝缺陷进行修补处理，地漏、管根等部位渗漏应采用局部堵漏修复方法处理。

（3）面层涂布防水涂料时，应分遍涂布至饱和状态；涂层涂布均匀，不堆积、不流挂，覆盖完全。

（4）涂层完全固化、干燥后，采用蓄水、淋水方法检验，无渗漏时为合格。

4. 住宅厕浴间渗漏，采用无拆除修缮方案优点：

（1）施工工艺简便，施工速度快，工期短。

（2）不拆除，无噪声，无施工垃圾，节能环保。

（3）防水层无需做保护层，构造层次少，工序少，综合成本低，性价比高。

3.2.2　局部修缮

3.2.2.1　地漏部位渗漏修缮

1. 卫生间采用同层排水设计时，地漏部位渗漏应在迎水面修缮（图 3.2-7）：

（1）拆除地漏周围 300mm 范围内装饰层、保护层等构造层至结构层。

（2）排水管周围剔凿成 20mm×20mm 的凹槽，凹槽采用与原防水层相容的柔性密封材料嵌填密实。

（3）面层涂刷与原防水层及密封材料相容的防水涂料，并紧密粘结，新旧防水层搭接宽度不应小于 100mm；防水层应在地漏杯口周围粘牢、封严，不得将防水层及防水附加层伸入杯口内。

（4）维修部位蓄水试验不渗漏后恢复相应构造层。

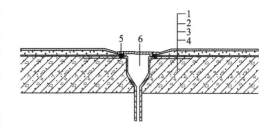

图 3.2-7　地漏防水构造
1—面砖；2—砂浆垫找坡及粘结层；3—防水层与附加层；4—结构层；5—密封材料；6—地漏

2. 卫生间采用下层排水设计时，地漏部位渗漏修缮：

（1）迎水面修缮，方法步骤见本书上述同层排水地漏部位渗漏修缮相应内容。

（2）背水面具备施工条件时，可在背水面采取修复措施。

1）将地漏管根部位的缝隙及周围 300mm 范围内清理干净。

2）采用聚合物水泥防水砂浆、细石混凝土或刚性堵漏材料嵌填密实的同时，埋置注浆针头。

3）采用环氧注浆材料或不收缩聚氨酯注浆材料注浆，将管道周围缝隙堵塞、封严。

4）管根周围 300mm 范围内涂刷 1.0mm 厚水泥基渗透结晶型防水涂料或 1.5mm 厚单组分聚脲涂层。

5）装修层恢复按原设计。

3.2.2.2　管根部位渗漏修缮

管根部位渗漏修缮方法步骤见本书"3.2.2.1 地漏部位渗漏修缮"相应内容。

3.2.2.3　套管部位渗漏修缮

1. 套管外围部位渗漏修缮方法步骤见本书"3.2.2.1 地漏部位渗漏修缮"相应内容。

2. 套管与管道之间缝隙渗漏，应在迎水面将套管与管道之间缝隙内原嵌填的密封材料清理 20mm 左右深，采用聚氨酯密封胶、聚硫密封胶等柔性密封材料重新嵌填密实。

3.2.2.4　门槛部位渗漏修缮

1. 门槛部位渗漏类型：

（1）楼上住户向楼下住户渗漏，造成楼下住户对应位置出现渗漏现象。

（2）同层渗漏，即厕浴间水透过门槛过门石下无防水功能的构造层渗、洇到相邻空间，造成同层空间洇水、潮湿或渗漏到对应的楼下住户房间内。

2. 修缮基本方法步骤：

拆除门槛过门石或其他装饰层、保护层至防水层，拆除门口内侧地面 200mm 宽、墙面 200mm 高的装饰层及砂浆粘结层至防水层。

3. 采用与原防水层相容防水涂料修补拆除部位的防水层，新旧防水层搭接宽度不应小于 100mm；设置挡水门槛时，防水层应包裹挡水门槛。

4. 蓄水试验。

5. 蓄水试验 24h 以上不渗漏时，采用聚合物水泥砂浆作砂浆垫层，采用高分子益胶泥等具有防水功能的粘结材料恢复拆除部位的瓷砖、石材等门槛部位的构造层，使防水层与门槛装饰层之间的构造层均具有防水功能。

3.2.3　质量要求

1. 修缮选用的防水、密封材料应符合设计要求与相关标准规定。
2. 防水层铺设施工质量应符合设计要求与相关规范规定。
3. 防水层的厚度应符合设计要求与相关规范规定。
4. 地面装饰层排水坡度应正确，地面不得有积水或倒坡现象。
5. 给水排水系统运行正常，不得有堵塞现象。
6. 修缮后的厕浴间不得有向下渗漏和同层渗漏现象。

3.2.4　其他卫生间防水工程修缮方案及施工方法步骤

宾馆、饭店、工厂、学校、机关等卫生间工程，渗漏水修缮方案及施工方法步骤可参照本章"3.2 住宅厕浴间防水工程修缮"相应技术措施。

3.3　大型厨房操作间防水工程修缮

3.3.1　整体修缮

1. 拆除：

（1）大型厨房操作间长期处于潮湿环境，为保证施工安全，拆除前应关闭拆除部位水源，防止给水管损坏跑水、漏水；应切断拆除部位电源，防止拆除造成线路破损引起漏电、触电事故；对地漏、排水口等敞开管口应做临时封堵和保护措施，防止施工垃圾造成排水系统堵塞；同时，应做好现场成品保护，避免不必要的损失与浪费。

（2）排水沟槽是大型厨房操作间汇水集中处，也是主要渗漏部位，整体修缮时，排水沟槽无论是成品还是砌筑类型，都应拆除；同时还应拆除影响防水修缮施工的设备、器具和需要更换的管道、管件等。

（3）剔除装饰层、粘结层、填充层、防水保护层、防水层，防水层下的基层有缺陷时应拆除至结构层。

（4）拆除施工不得破坏结构的安全性。

2. 基层处理：

（1）防水基层应坚实、平整，地面排水坡度应不小于 0.5%，排水沟槽坡度应不小于1.0%。

（2）基层的阴、阳角部位宜抹成圆弧形。

（3）地漏、排水沟槽和相关给水排水管安装要求：

1）地漏不宜高出防水层完成面，如果高出防水层完成面，地漏部位应设置双排水构造；排水口应低于防水层完成面，地漏、排水口部位不得有积水现象。

2）设置在地面填充层和墙体内的暗埋给水排水管道与防水基层之间应留置防水层施工空间。

3）地面套管应高出地面装饰面不小于 20mm。

4）地面排水沟槽，无论是现场砌筑，还是安装成品、构件，管沟与结构层之间应设置防水层。

3. 细部构造增强处理：

（1）阴阳角、地漏、排水口、穿透防水层的管根部位应进行防水增强处理，附加层宽度宜为 300mm，厚度应符合选用材料的相关规定。

（2）地面填充层和墙体内的暗埋给水排水管道与防水基层之间，防水层应施作在管线与防水基层之间，不得覆盖在管线上，防止管线跑、冒、滴、漏影响厨房操作间正常使用；套管与管道之间缝隙应采用柔性密封材料密封，套管与结构之间缝隙应嵌填密实。

（3）地面排水沟槽与地面之间铺设的防水层，应与地面防水层连接形成防水整体；排水沟槽内防水层与地面填充层上防水层应连接形成防水整体。

（4）门槛部位应设置防止厨房操作间水向相邻空间渗水、溢水的构造，防水层与饰面之间的构造层应具有防水功能。

4．防水层施工：

（1）无论采用何种防水材料，防水层与基层均应采用满粘法施工，与基层粘结紧密，不得空鼓；防水层施工工艺、质量要求，应符合选用的防水材料施工工艺要求和相关规范规定。

（2）地面下设有管道和填充层时，应设置两道防水层，第一道防水层设在结构层上或结构找平层上，第二道防水层设在填充层的找平层上，两道防水层在立面连接闭合，立面防水层覆盖在平面防水层上。

（3）经常用水清洗的墙面应作整体防水，其他墙面防水层高度应在地面完成面上不小于 250mm。

5．每道防水层完成，经检查质量符合设计要求和相关规范规定后，应进行淋水和蓄水试验，无渗漏时再施工保护层和装饰层。

6．铺贴瓷砖装饰层，宜选用具有防水与粘结功能的高分子益胶泥或专用配套材料作为瓷砖粘结层。

7．装饰层完成后进行第二次淋水和蓄水试验，无渗漏时为合格。

3.3.2 质量要求

大型厨房操作间局部防水修缮方法步骤及大型厨房操作间防水修缮工程质量要求，见本章"3.2 住宅厕浴间防水工程修缮"相应内容。

3.4 游泳池、戏水池防水工程修缮

3.4.1 整体修缮

1．拆除：

（1）剔凿、拆除前应关闭拆除部位水源、电源，对地漏、排水口等敞开管口应做临时封堵和保护措施。

（2）应拆除影响防水修缮施工的设备和需要更换的管道、管件。

（3）剔除装饰层、粘结层、防水保护层、防水层、保温层、填充层等相关构造层。

（4）拆除不得破坏池体结构的安全性。

2．基层处理：

（1）防水基层应坚实、平整。

（2）基层的阴、阳角部位宜抹成圆弧形。

（3）防水层施工前相关给水排水管应安装完成。

3．细部构造增强处理：

（1）阴阳角、溢水沟、穿透防水层的管根部位应进行防水增强处理，附加层宽度宜为300mm，厚度应符合相关规定。

（2）防水区域墙、地面埋管时，埋管与防水基层之间应设置防水层，并与整体防水层连接。

（3）套管内外应采用柔性密封材料密封。

（4）干湿区域应设置挡水措施。

4．防水层施工：

（1）游泳池、戏水池防水层与基层均应采用满粘法施工，与基层粘结紧密，不得有空鼓现象；防水层施工工艺、质量要求，应符合选用的防水材料施工工艺要求和相关规范规定。

（2）游泳池与戏水池池内防水层、池台地面（包括溢水沟）防水层、墙面防水层应连接交圈，平面防水层与立面防水层应顺槎搭接。

（3）架空的游泳池、戏水池等池底设置管道层时，管道层应设置两道防水层，第一道防水层设在池体结构层上或结构找平层上，第二道防水层设在管道填充层的找平层上，两道防水层在立面应连接闭合。

（4）游泳池、戏水池池体设置内保温时，游泳池、戏水池应设置两道防水层，第一道防水层设在池体结构层上或结构找平层上，第二道防水层设在保温层的找平层上，两道防水层在收头部位应连接闭合。

（5）架空的游泳池、戏水池，池体周围地面设置填充层、保温层或地暖时，地面应设置两道防水层，第一道防水层设在地面结构层上或结构找平层上，第二道防水层设在填充层、保温层或地暖层的找平层上，两道防水层收头应在立墙上连接闭合（图3.4-1）。

（6）游泳池、戏水池周围墙面，设防高度应不小于250mm，经常用水清洗部位的墙面应作防水设防。

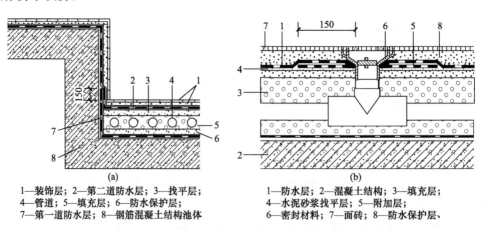

1—装饰层；2—第二道防水层；3—找平层；
4—管道；5—填充层；6—防水保护层；
7—第一道防水层；8—钢筋混凝土结构池体

1—防水层；2—混凝土结构；3—填充层；
4—水泥砂浆找平层；5—附加层；
6—密封材料；7—面砖；8—防水保护层、

图3.4-1　游泳池防水构造

5．游泳池、戏水池顶板高度较低，有冷凝水时，顶板应作防水、防潮处理。

6．防水层完成，经检查质量符合设计要求和相关规范规定后，进行淋水和蓄水试验，无渗漏时再施工保护层和装饰层。

7. 铺贴瓷砖装饰层，宜选用具有防水与粘结功能的高分子益胶泥或专用配套材料作为瓷砖粘结层。

8. 装饰层完成后进行第二次淋水和蓄水试验，无渗漏时为合格。

3.4.2　局部修缮

1. 溢水沟渗漏修缮：

(1) 拆除溢水沟渗漏部位保护层至防水层，拆除范围大于渗漏范围。

(2) 采用与原防水层相容的防水涂料修补和重新施做防水层，新做防水层与溢水沟周围地面防水层连接，搭接宽度不应小于 100mm。

(3) 修缮部位经蓄水试验不渗漏时，恢复保护层和装饰面层。

2. 架空的游泳池、戏水池池体局部渗漏，可在背水面修复：

(1) 疏松、不密实混凝土部位渗漏修复：

1) 剔除疏松、不密实的混凝土直至坚实部位，缺陷部位外延 300mm 范围清理干净。

2) 采用水泥基类防水堵漏材料（水泥基渗透结晶型堵漏材料、"确保时"堵漏材料及水不漏、堵漏灵等）与水配制成半干粉团，嵌填到渗漏部位，压实、挤紧，直至不渗漏。

3) 不渗漏后，嵌填部位表面涂刷由水泥基类防水堵漏材料与水配制的底涂浆料后，随即抹压聚合物水泥防水砂浆或水泥基渗透结晶型防水砂浆、高分子益胶泥等刚性防水层。

4) 外围外延部位表面涂刷 1.0mm 厚水泥基渗透结晶型防水涂料，材料用量应不小于 1.5kg/m²。

5) 修补完成应适时进行养护。

6) 渗漏部位选用渗透改性环氧材料作结构补强时，应在不渗漏状态时进行；补强部位涂刷高渗透改性环氧涂料，在涂层处于粘结状态时，嵌填渗透改性环氧材料配制的水泥防水砂浆，表面抹平、压实、压光。

(2) 混凝土裂缝渗漏修复：

1) 混凝土裂缝部位凿成 20mm×20mm 的凹槽，埋置注浆针头。

2) 凹槽嵌填采用水泥基类防水堵漏材料（水泥基渗透结晶型堵漏材料、高分子益胶泥、"确保时"堵漏材料及水不漏、堵漏灵等）与水配制成的半干粉团，挤紧、压实。

3) 灌注丙烯酸盐注浆材料堵缝。

4) 缝两侧各 200mm 范围清理干净，表面涂刷渗透改性环氧涂料或水泥基渗透结晶型防水涂料。

3.4.3　质量要求

1. 修缮选用的防水、密封材料应符合设计要求与相关标准规定。

2. 防水层铺设施工质量应符合设计要求与相关规范规定。

3. 防水层厚度应符合设计要求与相关规范规定。

4. 地面装饰层排水坡度应正确，地面不得有积水或倒坡现象。

5. 给水排水系统运行正常，不得有堵塞现象。

6. 修缮完成后的游泳池、戏水池不应有渗漏现象。

3.5 蓄水池、消防水池防水工程修缮

3.5.1 整体修缮

1. 蓄水池、消防水池防水整体修缮应在迎水面进行；选用封闭环境易于施工的防水材料，如：水性橡胶高分子复合防水涂料、聚合物水泥防水涂料、高分子益胶泥防水材料、水泥基渗透结晶型防水涂料、"确保时"防水材料、聚合物水泥防水砂浆等防水材料；饮用水水池选用的防水材料应符合饮用水标准规定。

2. 蓄水池、消防水池防水迎水面整体修缮，应拆除池内保护层，防水层易于清理时应予铲除，基层应清理干净。

3. 防水层的基层应进行检查，有缺陷时应进行修补，使其符合防水基层要求。

4. 防水层施工：

(1) 防水层施工应符合选用的防水材料施工工艺要求和相关规范规定。

(2) 池内防水层施工应采用机械通风，保持空气流通。

(3) 防水层养护应符合选用的防水材料特性。

(4) 防水层的保护层应根据选用的防水材料特性确定，刚性防水层可不做保护层，柔性材料保护层可选用聚合物水泥砂浆内夹钢丝网做法。

3.5.2 局部修缮

1. 蓄水池、消防水池渗漏局部修缮宜在背水面进行；可选用水泥基渗透结晶型防水涂料、高分子益胶泥、"确保时"防水材料、水不漏、堵漏灵等水泥基刚性防水堵漏材料作为修补材料。

2. 结构混凝土裂缝渗漏修复：

(1) 将裂缝剔凿成 20mm×20mm 的凹槽。

(2) 凹槽嵌填采用水泥基类防水堵漏材料与水配制成的半干粉团，挤紧、压实。

(3) 缝两侧各 200mm 范围清理干净，表面涂刷渗透改性环氧涂料或水泥基渗透结晶型防水涂料；水泥基渗透结晶型防水涂层厚度应不小于 1.0mm，材料用量应不小于 $1.5kg/m^2$；渗透改性环氧涂料涂刷遍数宜不少于 3 遍，材料用量应不小于 $0.5kg/m^2$。

3. 疏松、不密实混凝土部位渗漏修复：

(1) 剔除疏松、不密实混凝土至坚实部位，缺陷部位外延 300mm 范围清理干净。

(2) 采用水泥基类防水堵漏材料（水泥基渗透结晶堵漏材料、高分子益胶泥、"确保时"堵漏材料及水不漏、堵漏灵等）与水配制成的半干粉团，嵌填到渗漏部位，压实、挤紧，直至不渗漏。

(3) 不渗漏后，嵌填部位表面涂刷由水泥基类防水堵漏材料与水配制的底涂浆料后，随即抹压聚合物水泥防水砂浆或水泥基渗透结晶防水砂浆、高分子益胶泥等刚性防水层。

(4) 外围外延部位表面涂刷 1.0mm 厚水泥基渗透结晶型防水涂料，材料用量应不小于

$1.5 kg/m^2$。

（5）修补完成应适时喷雾状水保湿养护。

4. 渗漏部位选用渗透改性环氧材料作结构补强时，应在无渗漏状态时进行；补强部位涂刷高渗透改性环氧涂料，在涂层处于粘结状态时，嵌填渗透改性环氧材料配制的水泥防水砂浆，表面抹平、压实、压光。

3.5.3 质量要求

1. 修缮选用的防水、密封材料应符合设计要求与相关标准规定。
2. 防水层铺设施工质量应符合设计要求与相关规范规定。
3. 防水层厚度应符合设计要求与相关规范规定。
4. 修缮完成后的水池不应有渗漏现象。

3.6 楼地面防水工程修缮

3.6.1 整体修缮

1. 楼地面防水工程拆除、基层处理、细部构造增强处理的方法步骤见本章"3.2 住宅厕浴间防水工程修缮"相应内容。

2. 防水层施工：

（1）防水层与基层应采用满粘法施工，与基层粘结紧密，不得空鼓；防水层施工工艺、质量要求，应符合选用的防水材料施工工艺要求和相关规范规定。

（2）设置填充层或地暖层的楼地面，应设置两道防水层；第一道防水层设在结构层上或结构找平层上，第二道防水层设在填充层的找平层上或地暖层的保护层上；两道防水层应在立面连接闭合。

（3）楼地面暗埋的给水排水、地暖管不得有渗漏现象，锈蚀、老化、破损的管道应予更换，水平管道下设置的防水层应与设在楼地面结构层上或结构找平层上的第一道防水层连接形成整体。

（4）楼地面与墙面连接部位泛水防水层设防高度应在地面完成面上不小于 250mm，有防水要求的墙面防水层高度应符合我国现行室内防水相关标准规定。

（5）防水层完成，经检查质量符合设计要求和相关规范规定后，应进行淋水和蓄水试验，无渗漏时再施工保护层和装饰层。

（6）铺贴瓷砖装饰层，宜选用具有防水与粘结功能的高分子益胶泥或专用配套材料作为粘结层。

（7）装饰层完成后应进行第二次淋水和蓄水试验，无渗漏时为合格。

3.6.2 局部修缮

楼地面局部渗漏修缮见本章"3.2 住宅厕浴间防水工程修缮"相应内容。

3.6.3 质量要求

1. 修缮选用的防水、密封材料应符合设计要求与相关标准规定。

2. 防水层铺设施工质量应符合设计要求与相关规范规定。

3. 防水层厚度应符合设计要求与相关规范规定。

4. 地面装饰层排水坡度应正确，地面不得有积水或倒坡现象。

5. 修缮后的楼地面不得有渗漏现象。

3.7　室内防水修缮常用防水材料施工技术

3.7.1　高分子益胶泥施工技术

3.7.1.1　高分子益胶泥材料

高分子益胶泥是一种以硅酸盐水泥、掺合料、细砂为基料，加入多种可分散的高分子材料改性，经工厂化生产方式制成的具有防水、抗渗功能和粘结性能的匀质、干粉状、可薄涂施工的单组分防水和渗漏治理的材料，属多种可分散聚合物改性水泥砂浆。主要物理力学性能应符合表 3.7-1 的要求。

高分子益胶泥的主要物理力学性能　　　　　　　　表 3.7-1

序号	项目		技术要求	
			Ⅰ型	Ⅱ型
1	凝结时间	初凝（min）≥	180	
		终凝（min）≤	660	
2	抗折强度（MPa，28d）≥		4.0	
3	抗压强度（MPa，28d）≥		12.0	
4	柔韧性（mm，横向变形）≥		1.0	
5	涂层抗渗压力（MPa，7d）≥		0.5	
6	拉伸粘结强度（MPa，28d）≥		1.0	1.0
7	浸水后拉伸粘结强度（MPa，28d）≥		1.0	1.0
8	热老化后拉伸粘结强度（MPa，28d）≥		1.0	1.0
9	晾置时间 20min 拉伸粘结强度（MPa，28d）≥		0.5	1.0
10	收缩率（%）≤		0.30	

3.7.1.2　防水构造及构造特点

1. 高分子益胶泥涂料做防水层，施作在混凝土结构层或结构的水泥砂浆找平层上。

2. 高分子益胶泥涂料做防水层的同时，可采用高分子益胶泥作防水区域瓷砖、石材面层装饰材料的粘结材料。

3. 高分子益胶泥涂料为水泥基类防水材料，与基层相容性好，潮湿基层可以施工，防水层上不做保护层即可进行后道工序施工；采用高分子益胶泥涂料作瓷砖、石材面层装饰材料的粘结材料，增强防水的可靠性和块体材料粘结的牢固性，施工方便，质量可靠。

3.7.1.3　防水基层要求

1. 防水基面应坚实、平整，无浮浆、起砂、裂缝现象，潮湿但不得有明水。

2. 与基层相连接的各类管道、地漏、预埋件等应安装牢固，管根、地漏与基层的交接部位，应预留宽 10mm、深 10mm 的环形凹槽，槽内应嵌填密封材料。

3. 基层的阴、阳角部位宜抹成圆弧形。

3.7.1.4　益胶泥浆料配制

益胶泥与水按 1∶0.35 的比例，将粉料徐徐倒入备好水量的料桶内，用电动搅拌器搅拌约 5min，静置 5～10min 待用。

3.7.1.5　**涂布益胶泥防水层**

1. 涂布方法：涂刮、喷涂等。

2. 涂布第一遍涂层：将搅拌均匀的益胶泥浆料涂布在基面上，涂布应均匀，厚度 1.5mm 左右。

3. 涂布第二遍涂层：第二遍益胶泥防水涂层施工应在第一遍涂层表面初凝以后、终凝之前进行，第二遍涂层涂布方向应与第一遍涂层涂刮的方向垂直，涂层厚度 1.5mm 左右。

4. 涂层应密实、平整，覆盖完全，不得有明显接槎，在涂布过程中，应不断检查涂布质量，检查涂层覆盖率。如有缺陷应进行修复，涂刮完毕后在常温下养护。

5. 涂层的总厚度不应小于 3mm。

3.7.1.6　**养护**

在第二遍涂层表干、面层开始发白呈现缺水状态时即进行养护，初期应采用背负式喷雾器喷雾状水养护，不得用水管直接冲洒养护，以免损坏防水层；待防水涂层终凝、完全固化后，可采用喷、洒水等方法养护；防水层养护 72h 以后方可进行下道工序施工。

3.7.1.7　**粘贴块材饰面层**

益胶泥涂料防水层上采用高分子益胶泥粘贴瓷砖、石材等块材饰面层时，应在益胶泥防水涂层终凝、完全固化并养护完成后进行，粘结料应饱满，厚度宜不小于 3mm；块材饰面层应用高分子益胶泥勾缝密实。

3.7.1.8　**施工注意事项与质量要求**

1. 施工注意事项：

(1) 严格按操作工艺要求施工，掌握好每道工序、每遍涂层的交叉与间隔时间。

(2) 益胶泥防水涂层施工环境温度宜为 5～35℃。

(3) 应重视成品保护，防水涂层涂刮后 24h 以内不得有明水浸泡；防水涂层失水过快时应及时进行喷雾状水养护。

2. 质量要求：

(1) 益胶泥防水涂层应涂布均匀，覆盖完全，与基层粘结牢固，不得有漏刮、空鼓、开裂、粉化等现象。

(2) 益胶泥防水涂层平均厚度应符合设计要求，最小厚度不应小于设计厚度的 80%。

(3) 防水层养护方法和养护时间应符合设计要求。

(4) 益胶泥防水层不得有渗漏水现象。

3.7.2　**水泥防水砂浆施工技术**

3.7.2.1　**防水构造**

水泥防水砂浆包括聚合物水泥防水砂浆、内掺水泥基渗透结晶型防水剂水泥防水砂浆等，做在结构层上，做刚性防水层兼找平层，细部构造采用柔性防水涂料或密封材料处理。

3.7.2.2　构造特点

水泥防水砂浆铺抹在结构层上，做刚性防水层兼找平层，与结构层之间粘结牢固，避免了普通水泥砂浆找平层与结构层之间往往粘结不牢，容易出现空鼓、裂缝和起砂等缺陷，施工方便，质量可靠，加快施工进度，减少工程成本。

3.7.2.3　防水基层要求

1. 防水基面应坚实、平整，无浮浆、起砂、裂缝现象，潮湿但不得有明水。

2. 与基层相连接的各类管道、地漏、预埋件等应安装牢固，管根、地漏与基层的交接部位，应预留宽 10mm、深 10mm 的环形凹槽，槽内应嵌填密封材料。

3.7.2.4　铺抹水泥防水砂浆

水泥防水砂浆按说明书规定比例与水进行配合，机械搅拌均匀，无结块现象，用灰抹将水泥防水浆料分遍铺抹在基层上，压实抹平，每遍厚度不超过 10mm，总厚度应符合设计要求，防水砂浆终凝后，应及时进行保湿养护 168h。

3.7.2.5　施工注意事项与质量要求

1. 配制后的水泥防水砂浆应在规定时间内用完，在使用过程中出现有沉淀时应随时搅拌均匀。

2. 水泥防水砂浆应分遍抹压密实、平整，与基层粘结紧密。

3. 水泥砂浆防水层的平均厚度应符合设计要求，最小厚度不应小于设计厚度的 80%。

4. 细部构造应符合设计要求，防水层不得有渗漏水现象。

5. 施工环境温度宜为 5～35℃。

3.7.3　水性橡胶高分子复合防水涂料施工技术

3.7.3.1　水性橡胶高分子复合防水涂料

水性橡胶高分子复合防水涂料为固体橡胶、增粘树脂、软化剂等原材料混合改性后，乳化制成乳液，在乳液中添加功能性填充料制成高固体含量的防水涂料。水性橡胶高分子防水涂料物理力学性能指标见表 3.7-2。

水性橡胶高分子防水涂料物理力学性能　　　　　　　　　　表 3.7-2

序号	项目		技术指标
1	表干时间（h）　≤		2.0
2	实干时间（h）　≤		5.0
3	固体含量（%）　≥		70
4	耐热性（90℃，5h）		无流淌、滑动、滴落
5	低温柔性（-20℃）		无裂纹
6	不透水性（0.3MPa，30min）		不透水
7	抗窜水性（0.6MPa）		无窜水
8	粘结强度（MPa）　≥	与水泥砂浆基面（无处理）	0.4
		与水泥砂浆基面（浸水处理）	
		与金属基面	
9	应力松弛（%）　≤		35
10	接缝变形能力		1000 次循环无破坏
11	桥接裂缝能力（mm）　≥		0.75

续表

序号	项目		技术指标
12	热老化 （70℃，168h）	外观	无裂纹、无分层
		低温柔性（－15℃）	无裂纹
		不透水性（0.3MPa，30min）	不透水
13	碱处理［0.1％NaOH＋ 饱和 Ca（OH）$_2$ 溶液，168h］	外观	无裂纹、无分层
		低温柔性（－15℃）	无裂纹
		不透水性（0.3MPa，30min）	不透水
14	盐处理 （10％NaCl 溶液，168h）	外观	无裂纹、无分层
		低温柔性（－15℃）	无裂纹
		不透水性（0.3MPa，30min）	不透水
15	抗冻性		无开裂、无剥落

注：用于地下工程时，第 6 项不透水性检测时间为 120min。

3.7.3.2　防水构造

水性橡胶高分子防水涂料防水层由底涂剂与防水涂料组成，底涂剂涂布在防水基层上，防水涂料涂布在底涂层上。

3.7.3.3　防水基层要求

防水基层表面应坚实、平整、干净，无浮浆，无明水。

3.7.3.4　涂布防水层

1. 涂布底涂剂：

（1）底涂剂是水性橡胶高分子防水涂料加水稀释而成，其重量比一般为涂料∶水＝3∶1，将水和涂料混合搅拌 5～10min，充分搅拌均匀。

（2）底涂剂配制后应在 2h 内用完，如放置时间过久，应重新搅拌均匀后使用。

（3）底涂剂采用喷涂或涂刷、滚涂方法涂布在基层上，涂层应均匀一致，不流淌、不堆积，不得有露白现象。

2. 涂布防水层：

（1）底涂层表干后即可进行防水层施工。

（2）底涂剂采用喷涂或涂刷、滚涂方法施工。

（3）水性橡胶高分子防水涂料应分层施工，前后两遍涂料的涂布方向应相互垂直；涂层应均匀，不得漏刷漏涂。

（4）细部构造应增强处理。涂层中夹铺胎体材料应铺贴平整，涂料应充分浸透胎体并覆盖完全，施工完毕的防水层不得有翘边、露白等现象。

（5）涂膜总厚度应符合设计要求。

3.7.3.5　施工注意事项与质量要求

水性橡胶高分子防水材料施工环境温度宜为 5～35℃；雨天、雪天及四级大风以上天气不得进行露天施工。

3.7.4　聚合物水泥防水涂料施工技术

聚合物水泥防水涂料施工技术见本节"3.7.3 水性橡胶高分子防水涂料施工技术"相应内容。

3.7.5 刚、柔涂料复合防水层施工技术

3.7.5.1 适用材料

1. 刚性防水涂料：

高分子益胶泥、"确保时"粉料及其他水泥基防水涂料等。

2. 柔性防水涂料：

聚合物水泥（JS）防水涂料、水性橡胶高分子复合防水涂料、"确保时"防水胶、喷涂速凝橡胶沥青防水涂料及其他丙烯酸防水涂料等。

3. 材料要求：

（1）聚合物水泥（JS）防水涂料、高分子益胶泥、水性橡胶高分子复合防水涂料等的质量应符合本书相应要求。

（2）"确保时"涂料无毒、无味、阻燃、环保，分为粉料和胶料两种类型。粉料为无机防水材料，抗折、抗压、抗渗力强，耐磨、耐腐蚀、耐酸碱，用水调拌涂刮，潮湿基面可施工，迎水面或背水面均可作业；"确保时"防水胶为水基系统制品类丙烯酸防水涂料，具有弹性和较强的柔韧性，适用于泳池、水池、卫生间、厨房等防水工程。

"确保时"防水粉料主要性能指标应符合表3.7-3的要求。"确保时"防水胶主要性能指标应符合表3.7-4的要求。

"确保时"防水粉主要性能指标 表3.7-3

序号	项目		性能要求
1	凝结时间	初凝(min) ≥	10
		终凝(min) ≤	360
2	抗压强度（MPa，3d）≥		13.0
3	抗折强度（MPa，3d）≥		3.0
4	涂层抗渗压力（MPa，7d）≥		0.4
	试件抗渗压力（Mpa，7d）≥		1.4
5	粘结强度（MPa，7d）≥		0.6
6	耐热性（100℃，5h）		无开裂、起皮、脱落
7	冻融循环（20次）		无开裂、起皮、脱落

"确保时"防水胶主要性能指标 表3.7-4

序号	检测项目	标准要求
1	拉伸强度（MPa）≥	1.0
2	断裂延伸率（%）≥	300
3	低温柔性（绕10mm棒弯180°）	−10℃，无裂纹
4	不透水性（0.3MPa，30min）	不透水
5	固体含量（%）≥	65

（3）喷涂速凝橡胶沥青防水涂料的物理力学性能应符合表3.7-5的规定。

喷涂速凝橡胶沥青防水涂料物理力学性能　　　　表 3.7-5

序号	项目		指标	试验方法
1	固体含量（%）　≥		55	
2	凝胶时间（s）　≤		5	
3	实干时间（h）　≤		24	
4	耐热度（120±2℃）		无流淌、滑动、滴落	
5	不透水性（0.3MPa，120min）		无渗水	
6	粘结强度ᵃ（MPa）　≥	干燥基面	0.40	
		潮湿基面	0.40	
7	弹性恢复率（%）　≥		85	
8	钉杆自愈性		无渗水	
9	吸水率（%，24h）　≤		2.0	按现行国家标准《建筑防水涂料试验方法》GB/T 16777 的规定方法进行
10	低温柔性ᵇ	无处理（-20℃）	无裂纹、断裂	
		碱处理（-15℃）		
		酸处理（-15℃）		
		盐处理（-15℃）		
		热处理（-15℃）		
		紫外线处理（-15℃）		
11	拉伸性能	拉伸强度（MPa）≥ 无处理	0.80	
		断裂伸长率（%）≥ 无处理	1000	
		碱处理		
		酸处理	800	
		盐处理		
		热处理		
		紫外线处理		

注：a. 粘结基材可以根据供需双方要求采用其他基材。
　　b. 供需双方可以商定更低温度的低温柔性指标。

3.7.5.2　防水构造

刚、柔涂料复合防水构造，刚性防水层设置在底层，柔性防水层设置在上层。刚性防水层材料与基层材料材性相容，适应性强，粘结性能好，同时又可修补基层细小缺陷，嵌填管根的缝隙；柔性防水层延伸性好，可以做整体防水层，对基层伸缩变形的适应能力较强，刚柔结合，优势互补，有利于提高厕浴间的防水工程质量。

3.7.5.3　防水基层要求

1. 防水基面应坚实、平整，无浮浆、起砂、裂缝现象，可潮湿但不得有明水。

2. 与基层相连接的各类管道、地漏、预埋件等应安装牢固，管根、地漏与基层的交接部位的缝隙应用密封材料嵌填密实。

3. 基层的阴、阳角部位宜抹成圆弧形。

3.7.5.4　施工技术

1. 施工工艺流程：

基层清理→基层洒水湿润→细部构造处理→刚性涂料防水层施工→柔性涂料防水层施工→检查验收。

2. 刚性防水涂料施工：

（1）浆料配制：刚性防水涂料的粉料与水按各自说明书要求的比例，将粉料徐徐倒入备好水量的料桶内，用电动搅拌器搅拌约5min，静置5～10min待用。

（2）基层洒水湿润：防水基层应洒水湿润，但表面不得有明水（图3.7-1）。

（3）细部处理：管根、地漏及阴阳角部位应采用刚性浆料进行密封处理（图3.7-2）。

（4）涂布刚性涂料防水层：刚性防水涂层应分两遍施工完成，第二遍涂层应在第一遍涂层表面初凝以后、终凝之前进行；将搅拌均匀的浆料涂布在基面上，第二遍涂层涂布方向宜与第一遍涂层的涂布方向垂直；涂层应密实、平整，覆盖完全，不得有明显接槎，涂层总厚度应符合设计要求；在涂布过程中，应不断检查涂布质量，检查涂层覆盖率，如有缺陷，应及时修复涂布应均匀（图3.7-3）。

（5）刚性防水层养护：在第二遍涂层表干、面层开始发白呈现缺水状态时即进行养护，初期应采用背负式喷雾器喷雾状水养护（图3.7-4），不得用水管直接冲洒养护，以免损坏防水层；待防水涂层终凝、完全固化后，可采用洒水、淋水等方法养护，同时可进行柔性防水涂层施工；如果不能及时进行柔性防水层施工，刚性防水涂层养护时间不宜小于168h。

3. 柔性防水涂层施工：

（1）管根、地漏、阴阳角等部位应做附加层，附加层厚度宜为1.0mm，附加层内应夹铺40g/m² 左右的胎体增强材料（图3.7-5、图3.7-6）。

（2）喷涂速凝橡胶沥青防水涂料可一次性喷涂至设计要求的厚度，其他柔性防水层应分层涂布，在前一道涂层表干不粘脚时进行后一道涂层施工。

（3）涂层应均匀，覆盖完全，涂层总厚度应符合设计要求。

（4）厕浴间门口防水层外延不小于500mm宽（图3.7-7）。

（5）防水层完成后应进行蓄水试验（图3.7-8）。

图3.7-1　刚性防水层
基层喷水湿润

图3.7-2　细部作
密实处理

图3.7-3　涂布刚性
防水涂层

图3.7-4　刚性防水层
喷水养护

图3.7-5　柔性防水层
附加层施工

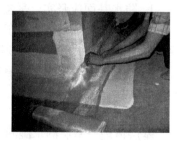

图3.7-6　附加层内夹铺
胎体材料

图 3.7-7　厕浴间门口防水层外延 500mm 宽　　　　图 3.7-8　蓄水试验

3.7.5.5　施工注意事项与质量要求

1. 施工注意事项：

（1）严格按施工工艺要求施工，掌握好每道工序、每遍涂层的交叉与间隔时间。

（2）施工环境温度宜为 5～35℃。

2. 质量要求：

（1）防水涂层应涂布均匀，覆盖完全，与基层粘结牢固，不得有漏涂、空鼓等现象。

（2）防水涂层平均厚度应符合设计要求，最小厚度不应小于设计厚度的 80%（厚度检查：测厚仪检测、针测法或割取 20mm×20mm 涂膜，实样用卡尺测量）。

（3）应重视成品保护，防水涂层涂布后 72h 以内不得有明水浸泡。

（4）刚柔防水层不得有渗漏水现象。

第4章 地下空间防水工程修缮

4.1 概述

4.1.1 地下防水工程类型

4.1.1.1 地下防水工程类型

1. 工业与民用地下工程，主要包括建筑地下室、地下人防工程、地下停车场、地下商场、地下仓库、地下水池等。

2. 市政工程，主要包括城市地下综合管廊、地下轨道交通等。

3. 与铁路、公路、引水工程相关的隧道工程。

4. 与战备相关的洞库工程。

4.1.1.2 地下防水工程特点

1. 耐久性：

地下建筑大多为永久性建筑，其寿命都在百年以上，防水耐用年限要求与建筑物寿命同步。防水耐用年限的长久性，要求地下工程防水设防标准非常严格，设防措施必须科学可靠；选用的防水材料应具有耐久性、耐水性，适应地下环境使用；施工应由专业队伍承担，制定完善的防水施工方案，精心施工；在施工管理上要到位，保证与防水相关工序质量，才能满足地下防水工程的质量要求。

2. 复杂性：

（1）环境复杂性。地下建筑受到地下水、上层滞水、毛细管水、地表水作用，长期处在潮湿或水浸的环境中；地下水含有多种物质，易使防水材料受到侵害和腐蚀。

（2）构造复杂。地下工程变形缝、后浇带、穿墙管道、桩基础等构造复杂，防水难点多。

（3）施工难度大。地下工程大多深坑、低洼、隐蔽作业，环境差，作业条件差，施工难度大。

3. 修复困难：

地下工程结构以外的防水层设在结构的迎水面，隐蔽较深，一旦发生渗漏，迎水面治理困难大，不一定解决问题；背水面治理成本高。

4. 渗漏危害大：

地下工程渗漏，不仅影响建（构）筑物正常使用，给人们的日常生活、工作和相关活动带来影响，更重要的是地下工程渗漏，使混凝土结构被水浸透，容易加速混凝土的碱骨料反应和造成钢筋锈蚀；钢筋锈蚀导致混凝土胀裂，混凝土胀裂又会使渗漏加重。恶性循环使建（构）筑物寿命缩短。

4.1.1.3 地下工程防水设计与施工的基本原则

1. 防、排、截、堵原则：

防、排、截、堵是地下工程防水的基本方式，四种方式并不是任何一项地下工程都要采用，是采用其中的一种方式还是多种方式，应因工程而异。在新建工程中防是最主要、最重要的方式，防不能满足要求时才采取排、截、堵的方式，如复建式地下建筑几乎就是采用防的措施，并不考虑排除地下水方法，更不用截、堵措施；隧道工程、洞库工程的防水设计，仅靠防的措施不一定很完善，就应采用防、排、截、堵多种设防措施。

2. 刚柔相济原则：

地下工程迎水面主体结构应采用防水混凝土，并应根据防水等级的要求采取其他防水措施。其钢筋混凝土结构达到抗渗 P8 的指标，即可满足自防水要求。然而由于防水混凝土的质量涉及材料配比、混合料搅拌、运输及现场浇筑振捣、养护等施工全过程的每一个环节，大面积的防水混凝土很难没有一点缺陷，混凝土越厚，强度等级越高，水化热越大，收缩裂缝越多；另外，防水混凝土虽然不透水，但透湿量还是相当大的。故对防水、防潮要求较高的地下工程，必须在混凝土的迎水面做刚性或柔性防水层。

刚柔相济就是刚性防水与柔性防水相结合，优势互补。它包含六种类型：

（1）钢筋混凝土结构自防水＋迎水面设置一道或多道柔性防水层。

（2）钢筋混凝土结构自防水＋迎水面设置一道刚性防水层和一道柔性防水层。

（3）钢筋混凝土结构自防水＋迎水面设置一道柔性防水层＋背水面设置一道刚性防水层。

（4）钢筋混凝土结构自防水＋迎水面设置刚性防水层＋细部构造采用柔性防水做法。

（5）钢筋混凝土结构自防水＋背水面设置刚性防水层＋细部构造采用柔性防水做法。

（6）钢筋混凝土结构自防水＋内掺水泥基渗透结晶型防水剂＋细部构造采用柔性防水做法。

3. 因地制宜原则：

因地制宜原则主要是指地下工程防水的设计、选材和施工，应从地下工程的类型、特点、所处环境和使用要求等综合因素考虑，设计出适合工程特点的最佳设防措施，选用适合工程使用的最佳防水材料，制定出满足工程质量要求的最佳施工方案。地下工程的防水设计、选材、施工不能千篇一律，照搬照抄，具体情况具体对待，一个工程一个方案。

（1）地下工程桩头多、密度大时，选用卷材做防水层，裁剪太多、搭接太多，细部防水密封量大、面广，很容易出现质量问题，质量保证难度大，不宜选用卷材做防水层。宜选用整体性好的涂膜防水层，施工性好，质量易于保证。

（2）卷材铺贴施工方法根据部位来确定，才能适应各自的特点，满足不同部位的质量要求。

地下工程的底板采用卷材做防水层时，可以采用满粘法，也可以采用空铺法、条粘法或点粘法。

地下工程外墙采用卷材做外防外贴以及顶板做卷材防水层时，必须采用满粘法，不可以采用空铺法、条粘法或点粘法施工。

（3）地下工程外墙采用卷材做防水层时，宜采用外防内贴、预铺反粘的施工工艺，形成与结构紧密粘结、不窜水的防水层。

4. 综合治理原则：

（1）防水工程是一个系统工程，防水工程质量与设计、选材、施工、管理等各个方面密切相关。杜绝渗漏，确保地下防水工程质量的不断提高，整体设计与施工上应符合技术先进、保证质量、经济合理、安全可靠、节能环保、满足使用的要求；在选材上应推广使用质量可靠、技术先进、性能指标符合国家相关标准的优质防水材料；在施工技术上应采用能保证施工质量、技术先进的新工艺、新技术，严格操作工艺；管理上应科学，监管到位，保证合理工期，保证合理造价。

（2）与防水相关的各个工序、各个层面、各个环节上均应有利于防水工程质量的保证和工程投入使用后正常运行：

1）地下工程保温和通风应符合设计要求，保持室内正常湿度，避免将冷凝水误判为渗漏水。

2）地下工程室外回填应符合设计要求，采用黄土、泥土分层夯实，使回填土成为一道外围防线，杜绝地表水对外墙的威胁。

3）地下工程室外排水系统应顺畅，建筑周围不得积水，减轻对地下工程的水压力，降低地表水向地下工程渗透的几率。

4.1.1.4 地下工程防水等级

地下工程的防水等级是根据工程的重要性和使用中对防水设防的要求来划分的，地下工程防水等级分为三级。各等级防水标准要求见表 4.1-1。

地下工程防水等级与防水标准　　　　　　　　　　　　表 4.1-1

防水等级	防水标准
一级	不允许渗水，结构表面无湿渍
二级	建筑地下工程：不允许滴漏、线漏，可以有零星分布的湿渍和渗水点；结构表面可有少量湿渍；总湿渍面积不应大于总防水面积（包括顶板、墙面、地面）的 1/1000；任意 100m² 防水面积上的湿渍和渗水点不应超过 2 处，单个湿渍的最大面积不大于 0.1m²；渗漏水总量应包括湿渍和渗水点渗水总量
二级	隧道及其他地下工程：不允许线漏，可以有湿渍和零星分布的滴漏、渗水点；总湿渍面积不应大于总防水面积的 2/1000；任意 100m² 防水面积上的湿渍、渗水点不应超过 3 处，单个湿渍或渗水点的面积不应大于 0.2m²；平均漏水量不大于 0.10L/(m²·d)，任意 100m² 防水面积上的渗水量不应大于 0.15L/(m²·d)；渗漏水总量应包括湿渍、渗水点和滴漏渗水总量
三级	有少量渗水和漏水点，不得有线流和漏泥砂；任意 100m² 防水面积上的漏水或湿渍点数不超过 7 处，单个漏水点的最大漏水量不大于 2.5L/d，单个湿渍或渗水点的最大面积不应大于 0.3m²；渗漏水总量应包括湿渍、渗水点和滴漏渗水总量

4.1.1.5 不同防水等级适用范围

地下工程防水等级应根据工程重要性和使用中对防水的要求选定。地下工程有商店、机房、办公、储藏、人防、隧洞、轨道交通等不同的使用功能，所以对防水的要求不同。有的室内不得潮湿，有的可以允许有零星分布的湿渍和渗水点，根据不同的要求应设不同的防水等级。地下工程不同防水等级的适用范围见表 4.1-2。

地下工程防水等级适用范围　　　　　　　　　　　　表 4.1-2

防水等级	适用范围
一级	人员长期停留场所；因有少量湿渍会使物品变质、失效的贮物场所及严重影响设备正常运转和危及工程安全运营的部位
二级	人员经常活动场所；在有少量湿渍的情况下不会使物品变质、失效的贮物场所及基本不影响设备正常运转和工程安全运营的部位
三级	人员临时活动场所

4.1.1.6　地下工程防水设防要求

1. 地下工程的防水设防要求，应根据工程的使用功能、使用年限、水文地质、结构形式、环境条件、施工方法及材料性能等因素确定。

地下工程防水设计工作年限不应低于工程结构设计工作年限，采用混凝土结构自防水与材料防水相结合的设防措施。

为了保证防水等级的质量，必须采取不等道数的设防，以多道设防提高防水的安全度。明挖法地下工程有工作面的混凝土结构设防要求见表 4.1-3，结构接缝的防水细部构造见表 4.1-4，矿山法地下工程防水做法见表 4.1-5，矿山法地下工程二次衬砌接缝的防水细部构造见表 4.1-6。

明挖法有工作面的混凝土结构地下工程防水做法　　　　表 4.1-3

防水等级	防水做法	混凝土结构自防水	防水措施		
			卷材	有机涂料	水泥基防水材料
一级	不应少于三道	应选	不应少于二道		
二级	不应少于二道	应选	不应少于一道		
三级	二道	应选	应选一道		

明挖法地下工程结构接缝的防水细部构造　　　　表 4.1-4

防水等级	施工缝		变形缝		后浇带		诱导缝	
	水泥基渗透结晶型防水涂料和混凝土界面剂	预埋注浆管、遇水膨胀止水条（胶）、中埋式止水带、外贴式止水带	中埋式中孔型止水带	外贴式中孔型止水带、可卸式止水带、密封嵌缝材料、外贴防水卷材或外涂防水涂料	补偿收缩混凝土	预埋注浆管、遇水膨胀止水条（胶）、外贴式止水带	中埋式止水带	防水密封材料、外贴式止水带、外贴防水卷材或外涂防水涂料
一级	应选	不应少于两种	应选	不应少于两种	应选	应选两种	应选	应选两种
二级、三级	应选	不应少于一种	应选	应选两种	应选	不应少于一种	应选	不应少于一种

矿山法地下工程防水做法　　　　表 4.1-5

防水等级	防水做法	防水措施		
		二衬模筑混凝土结构自防水	塑料防水板	预铺高分子防水卷材
一级	应选二道	应选	应选一道	
二级		应选	应选一道	
三级		应选	应选	—

矿山法地下工程二次衬砌结构接缝的防水细部构造　　　　表 4.1-6

防水等级	二次衬砌结构施工缝		二次衬砌结构变形缝	
	水泥基渗透结晶型防水涂料或混凝土界面剂	外贴式止水带、预埋注浆管、遇水膨胀止水条（胶）、中埋式止水带	中埋式中孔型橡胶止水带	外贴式中孔型止水带、防水嵌缝材料
一级	应选	不应少于两种	应选	不应少于两种
二级	不应少于两种		应选	不应少于一种
三级	不应少于一种		应选	不应少于一种

2. 我国地下水特别是浅层地下水受污染严重，对地下工程的侵蚀破坏是一个不容忽视的问题，因此，处于侵蚀性介质中的工程，应采用耐侵蚀的防水混凝土、防水砂浆、防水卷材或防水涂料等防水材料。

3. 处于冻融侵蚀环境中的地下工程，其混凝土抗冻融循环不得少于 300 次。

4. 结构刚度较差或受振动作用的工程，宜采用延伸率较大的卷材、涂料等柔性防水层。

5. 房屋高层建筑及重要建筑的地下室及地下车库等，应按防水等级一级进行防水设防；地下工程种植顶板应按一级防水设防。

4.1.2　地下工程渗漏类型、渗漏原因、渗漏修缮基本原则

4.1.2.1　地下工程渗漏类型

1. 按地下工程渗漏水部位划分：

（1）顶板渗漏（图 4.1-1）。

（2）侧墙渗漏（图 4.1-2）。

（3）底板渗漏（图 4.1-3）。

（4）变形缝渗漏（图 4.1-4）。

（5）施工缝渗漏（图 4.1-5）。

（6）后浇带渗漏（图 4.1-6）。

（7）穿防水层管根及埋设件处渗漏（图 4.1-7）。

图 4.1-1　顶板渗漏　　　　图 4.1-2　侧墙渗漏　　　　图 4.1-3　底板渗漏

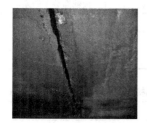

图 4.1-4　变形缝　　　　图 4.1-5　施工缝　　　　图 4.1-6　后浇　　　　图 4.1-7　管根
　　　　渗漏　　　　　　　　渗漏　　　　　　带渗漏　　　　及埋设件处渗漏

2. 按地下工程渗漏水形式划分：

（1）点状渗漏，渗漏部位较小，各点相对独立，彼此之间未连成线状或面状。大多数出现在钢筋头外露处、模板对拉螺栓孔、结构混凝土的孔洞及管根等部位，一般的点状渗漏面积不大于 $0.1m^2$（图 4.1-8）。

（2）缝的渗漏，包括施工缝、变形缝、后浇带缝、结构混凝土的裂缝处出现的渗漏，渗漏部位清晰，渗漏水比较集中（图 4.1-9）。

（3）面的渗漏，混凝土浇筑不密实，存在疏松、蜂窝、孔洞、麻面等缺陷部位，渗漏、潮湿部位面积较大，内在毛细管、缝隙互相连通，表面渗漏水、湿渍、洇水彼此连成一片（图 4.1-10）。

图 4.1-8　墙面渗漏点　　　　图 4.1-9　底板裂缝渗漏　　　　图 4.1-10　墙面大面积渗漏

3. 按地下工程渗漏水量来划分：

（1）慢渗，结构表面有湿渍，可见明水，但无线流（图 4.1-11）。

（2）快渗，结构表面有明水，并可见水的移动（图 4.1-12）。

（3）漏水，底板结构表面有积水，顶板、侧墙可见线流或听到滴水声音（图 4.1-13）。

（4）涌水，严重渗漏，水压较大，可见水头、涌水或漏泥砂现象（图 4.1-14）。

  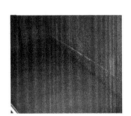

图 4.1-11　慢渗　　　　图 4.1-12　快渗　　　　图 4.1-13　漏水　　　　图 4.1-14　涌水

4.1.2.2　渗漏原因分析

地下防水工程渗漏应从与防水工程质量相关的方面进行排查、分析原因。

1. 设计方面：

（1）设计方面分析重点：

1）分析防水等级定级是否准确，是否符合工程的重要性、工程所处环境和工程特点。

2）分析设防措施是否可靠，是否符合防水等级设防要求，是否具有技术先进性、施工可操作性。

3）分析选材是否合理，选用的防水材料是否适用本工程，材料之间是否具有相容性、不窜水性、优势互补性。

4）分析防水构造是否科学，防水层设防道数、防水层设防位置、与防水层相关联的防水基层、防水隔离层、防水保护层是否合理，是否符合规范规定。

（2）常见设计缺陷：

1）认识存在误区，认为地下工程防水就是防地下水，在地下水位以上的部位就可以不作防水设防。忽视了地表水、雨雪水、绿地浇灌水、市政管网漏水对地下工程的影响；

忽视了上层滞水的危害。

2）结构设计不合理：

① 结构混凝土未采用防水混凝土，按普通混凝土设计，无抗渗等级要求，甚至有些别墅地下室采用砖混结构。

② 变形缝留置不合理，一是超长结构不设变形缝，也未采用后浇带、诱导缝等防裂和适应变形的措施；二是变形缝留置位置不合理，将变形缝设置在水池、喷泉的底板上，渗漏后维修难度很大；三是地下室顶板平面变形缝两侧无挡水墙；四是结构变形缝中无中埋式止水带。

3）防水设防措施不当：

① 不按防水等级设防，对重要工程的防水按一般工程防水设计，使防水功能减弱。

② 单建式的地下工程，未采用连续、全封闭的防水设防措施，如在地下室底板采用内防水而侧墙则采用外防水，未形成连续整体的防水层而导致渗漏。

③ 工程中的变形缝、施工缝、后浇带等特殊部位，未根据工程特点采取多道设防和复合增强的防水措施。

④ 地下工程防水设防高度低于规范规定，甚至防水设防高度在散水以下。

4）选材不当：

① 在多道设防中，涂料与涂料、涂料与卷材、卷材与卷材连接未考虑相容性和采取相应的措施。

② 在地下工程中选用耐水性、抗渗性差的防水材料。

③ 在结构易变形的部位未选用弹性防水密封材料。

④ 在突出基面构造较多、变截面多的地下工程中，选用了不便于施工作业的卷材做防水层。

⑤ 在长期处于振动状态下的工程，选用刚性材料做防水层。

5）细部构造不明确：

① 有些图纸对防水工程只标明所用防水材料，但无性能指标要求。

② 对涂料只提涂刷几道，无厚度要求。

③ 对地下工程的细部构造，如变形缝、后浇带、穿墙管（盒）、埋设件、预留通道接头、桩头、孔口、坑池等细部构造无节点详图，使施工时依据不准确。

2. 材料方面：

（1）材料方面分析重点：

1）选用的防水材料是否符合设计要求。

2）性能指标是否符合相关标准规定。

3）选用的防水材料是否具有适应性、施工可操作性。

（2）常见材料缺陷：

1）假冒伪劣产品或低档产品用于工程。

2）防水主材与辅助材料不配套。

3）阴阳角、管根等细部构造的构件不配套。

3. 施工方面：

（1）施工方面分析重点：

1）施工技术资料包括施工方案、技术交底是否齐全，技术内容是否正确。

2）工程质量控制资料是否齐全。

3）施工工艺是否符合材料特点和工程特点。

4）防水混凝土质量、防水基层质量、防水层施工质量、保护层做法是否符合设计要求与相关规范规定。

（2）常见施工质量缺陷：

1）防水混凝土施工质量差：

① 水泥用量少于规定值，使混凝土难以达到抗渗等级、强度等级和耐久性的要求。

② 水胶比大于 0.50。

③ 混凝土振捣不密实，出现酥松、蜂窝、孔洞等缺陷。

④ 施工缝未做界面处理。

⑤ 混凝土养护不到位，尤其是立墙养护，很少采用保湿措施，使混凝土出现贯通裂缝甚至表面出现粉化现象。

2）防水基层质量不符合规范要求：

① 基层不坚实、平整，存在酥松、开裂、麻面、起砂、起粉等现象。

② 水泥基防水材料基层未湿润，热熔施工、自粘施工溶剂型涂料基层干燥程度不能满足选用材料施工要求。

③ 盲目抢工期、保进度，在不具备进行防水层施工条件的基层上强行施工。

3）对防水设计方案未进行深化设计：

防水专业施工队伍，未根据图纸设计、工程概况和特点、所选用材料特性和施工工艺及操作要求，对防水设计方案进行深化和优化设计，不能发现和及时纠正设计方案中的缺陷。

4）施工工艺程序存在不合理、施工不规范的问题，如：聚氨酯涂膜、聚合物水泥防水涂料一次涂刷完成设计厚度，使防水涂层不能完全固化；侧墙卷材防水层未达到满粘贴的要求，也未采取固定措施，出现整体滑落。

5）细部构造的防水措施不当：

① 易发生渗漏水的薄弱部位未施工防水附加层，或附加层的宽度不够、附加层与基层及主体防水层粘结不牢固、封闭不严密等。

② 防水层搭接的宽度不够，或搭接缝粘（焊）结不牢、封闭不密实。

③ 管根混凝土不密实，或管根周围未密封、管根防水高度不够等。

④ 防水层收头与基层粘结不牢，或卷材防水层收头未进行固定和密封处理、防水层出地面收头高度不够等。

⑤ 后浇带预留槽内清理不干净，混凝土浇筑质量差等。

6）成品保护不重视，防水施工过程中交叉作业及防水层施工完成后未及时保护等。

7）施工队伍素质不高，许多工程防水由非专业施工队伍和未经专业培训的施工人员施工，不熟悉防水施工专业技术，不熟悉施工规范和工艺，粗放施工。

4. 使用环境方面：

（1）工程所在区域环境、周围环境状况包括水源、水榭、市政管沟、排水系统对工程的影响。

（2）工程在使用中运营条件、季节变化、自然灾害对工程的影响。

5. 质量监管方面：

主要查阅质量控制资料。

（1）材料质量是否符合设计要求与对应标准规定。

（2）施工过程质量控制资料是否齐全。

（3）工程验收标准是否符合规范规定。

6. 维护管理方面：

（1）是否有维护管理制度。

（2）是否履行正常维护管理。

（3）维护管理方法是否正确。

4.1.2.3 地下工程渗漏修缮基本原则

1. 防、堵、排结合的原则：

（1）迎水面具备施工条件，又能解决渗漏问题时，应优先考虑迎水面治理，避免和减轻结构浸水。

（2）当迎水面不具备施工条件时，应在背水面治理。

（3）条件允许及工程必要时，应在迎水面与背水面同时治理。

（4）迎水面侧重采用防、排结合措施，背水面侧重采用堵、防与有条件的排相结合措施。

特别提示：建筑室内渗漏治理采用排水方法，是一个临时性辅助手段，不应作为主要治漏措施。地下工程的钢筋混凝土结构是一种非匀质并均有多孔和显微裂缝的物体，其内部存在许多在水泥水化时形成的氢氧化钙，故使其呈现 pH 为 12～13 的强碱性能，氢氧化钙对钢筋可起到钝化和保护的作用。当混凝土结构体发生渗漏水时，水会将混凝土结构内部的氢氧化钙溶解和流失，碱性降低。当 pH 值小于 11 时，混凝土结构体内钢筋表面的钝化膜会被活化而生锈，所形成的氧化亚铁或三氧化二铁等铁锈的膨胀应力的作用，使结构体开裂增加水和腐蚀性介质的侵入，造成了恶性循环，最终将影响到结构安全和建筑使用寿命。

2. 因地制宜的原则：

（1）修缮方案设计应因地制宜，应根据渗漏工程所在的地区、所处的环境、工程的类型、工程特点和渗漏的部位、渗漏的程度、渗漏的原因和使用要求等具体的情况，设计出适合工程特点的最佳修缮方案，采取有针对性的修缮措施；修缮方案不可千篇一律，照搬照抄。

（2）选材应因地制宜，选用适合工程使用的最佳防水材料：

1）用于地下工程的防水、堵漏材料，应具有耐水性、耐久性、耐腐蚀性、耐菌性、适应性，无毒、无害，材料的性能指标应符合相关标准的规定。

2）迎水面宜选用柔性防水卷材及柔性防水涂料，背水面宜选用水泥基类刚性防水材料、环氧防水材料。

3）堵漏止水宜选用聚氨酯、丙烯酸盐、水泥-水玻璃等材料，结构补强宜选用改性环氧、水泥基类灌浆材料。

4）易活动部位应选用延展性能好的柔性材料。潮湿基面应选用耐水性或水泥基类防水材料，多道设防时，不同的防水材料应具有相容性。

3. 刚柔相济的原则：

迎水面修缮宜采用柔性防水材料，背水面治理宜采用刚性防水层，当采用刚性防水时，在管根周围、预埋件周围等部位宜采用柔性材料与刚性材料复合的修缮措施，以达到优势互补的目的。

4. 综合治理的原则：

（1）从修缮方案方面，应从设计、选材、施工、维护等方面全面考虑，对修缮工程的混凝土主体防水及建筑物周围的排水、回填土、散水、市政管网等与防水工程有关方面进行逐一分析排查，凡与渗漏有关方面均应进行治理，避免头痛医头、脚痛医脚的治理方法，从根本上解决渗漏问题。

（2）从修缮技术方面，基础加固、帷幕防水、结构注浆、结构补强、刚性材料堵漏、面层防水、细部构造处理也需要综合考虑，多种措施并举。

4.1.3　地下防水工程渗漏修缮方案编制

4.1.3.1　地下防水工程渗漏修缮方案编制依据

1. 现场查勘资料与查阅的资料。
2. 工程现状。
3. 渗漏原因。
4. 使用要求。
5. 现场条件。
6. 相关规范规定。

4.1.3.2　地下防水工程渗漏修缮方案主要内容

1. 修缮范围：明确是局部修复还是整体修复。
2. 修缮方式：明确迎水面修复还是背水面修复，或迎水面、背水面同时处理。
3. 防水、堵漏材料及性能要求。
4. 技术要求。
5. 施工工艺。
6. 工程质量要求。

4.1.3.3　现场查勘

1. 现场查勘宜包括以下内容：

（1）地下工程类型等工程概况。

（2）渗漏水的现状：渗漏水的部位、渗漏形式、渗漏程度和渗漏水量。

（3）渗漏水的变化规律：是否有周期性、季节性、阶段性、偶然性、长期稳定性。

（4）渗漏水水源：分析水的来源是地下水、上层滞水，还是市政管网漏水、雨水、雪水、绿地用水、生活用水等。

（5）防水层材料现状。

（6）防水混凝土质量现状。

（7）建筑周围、地面排水情况。

（8）渗漏水维修情况。

2. 现场查勘基本方法：

（1）背水面主要查勘渗漏部位、渗漏范围、渗漏程度。

（2）迎水面主要查勘建筑周围环境、河流、水系、市政管道对地下工程影响、地面排水情况及防水层出地面收头情况。

（3）根据工程渗漏不同情况，可采用观察、测量、仪器探测、局部剔凿、岩心取样等方法查勘，必要时可通过在雨后观察的方法查勘。

4.1.3.4　资料查阅

地下防水工程修缮前不仅应进行现场查勘，同时还应查阅相关资料。资料查阅宜包括以下内容：

1. 工程类别、结构形式；主体混凝土的强度等级、抗渗等级；混凝土浇筑质量，施工缝、变形缝、后浇带的设置情况等。

2. 地下水位、防水设防等级、防水设防措施、防水构造、洽商变更、工程防排水系统。

3. 防水施工组织设计或施工方案、技术交底、相关洽商变更等技术资料。

4. 工程使用的原防水材料说明书、性能指标、试验报告等材料质量证明资料。

5. 防水工程施工中间检查记录、质量检验和验收资料等。

6. 地下防水工程维修记录等。

4.1.4　施工

4.1.4.1　地下防水工程修缮施工准备与施工条件

1. 地下防水工程修缮施工前应在对渗漏工程查勘的基础上编制防水修缮施工方案。

2. 地下防水工程修缮应由专业的防水队伍承担，施工前对施工操作人员应进行技术交底和技术培训。

3. 地下防水工程修缮施工作业区域应有可靠的安全防护措施，施工人员应具备必要安全防护服装、设备。

4. 对易受施工影响的作业区应进行遮挡与防护。

5. 施工环境温度应符合选用的防水堵漏材料和相应施工工艺要求。

6. 地下防水修缮所选用的防水堵漏材料应按规定进行检查和复验。

4.1.4.2　施工顺序

1. 室内、室外同时修缮时，应先施工室外后施工室内。

2. 室内修缮施工时，应先高后低、先易后难、先堵后防。

3. 室外修缮施工时，应先下后上、先排后防。

4.1.4.3　背水面修缮施工，采用结构堵漏与面层防水相结合的方法

1. 排水（引水）。

室内渗漏治理，为背水面的被动防水、堵漏，应尽量在无水状态下施工，如果带水作业，应尽量在无压状态下进行，或在水的压力尽量小的情况下进行。室内渗漏治理采用排水方法，主要是为了利于渗漏治理施工，是临时性措施。

2. 堵漏。

堵漏是工程治理渗漏中经常使用的一种方法，堵漏分为刚性材料堵漏和化学灌浆堵漏两种类型。

刚性材料堵漏既可作为独立的治漏方法，又可作为大面积防水的前期工作。表面渗漏可采用刚性材料封堵，结构性的渗漏，宜选用注浆方式封堵止水。在实际工程渗漏治理施工中，基本采用刚性材料堵漏与化学注浆堵漏相结合的方法。

（1）刚性材料堵漏的基本方法：

1）查找渗漏点与渗漏水源。

2）通过钻孔、剔凿方法引水、疏水，使面漏、线漏变点漏；通过减压，尽量使堵漏施工在无水或低水压状态下进行。

3）基层处理。铲除装饰层、水泥砂浆面层至混凝土结构表面；剔除不密实的、疏松的混凝土至坚实部位；混凝土渗漏裂缝宜剔凿成宽 20mm、深 30mm 的 U 形凹槽。剔凿部位清理干净。

4）材料选用。刚性堵漏材料选用凝结速度可调的水泥基渗透结晶型防水堵漏材料、高分子益胶泥堵漏材料、"确保时"堵漏材料及水不漏、堵漏灵、水泥-水玻璃等堵漏材料。

5）按堵漏材料的凝结速度和操作手施工速度分次配制用料量，将粉料与水按比例混合，拌制成手握可以成团的半干型的堵塞用料，塞填在需堵漏的孔、洞、缝隙、凹槽里，塞紧压实。带水压施工时，堵漏材料嵌填封堵后应采用施加压力的措施。

6）对堵漏后的部位进行修平处理，再按面层防水的要求进行后道工序的施工。

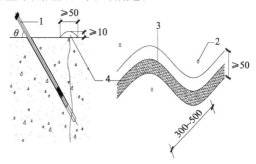

图 4.1-15　跨缝钻孔注浆示意图
1—注浆针头；2—注浆止水钻孔；
3—裂缝；4—封缝材料

（2）化学灌浆的基本施工方法：

1）钻孔，注浆范围为渗漏区域边缘向外延伸宜不小于 500mm 范围内。

2）埋置注浆针头，注浆针头间距宜为 300～500mm。

3）封缝，注浆针头埋置后，缝隙用速凝堵漏材料封堵并留出排气孔（图 4.1-15、图 4.1-16）。

4）注浆应饱满，由下至上进行。注浆压力，宽缝注浆压力宜用 0.2～0.3MPa，细缝宜用 0.3～0.5MPa。

5）面层处理，注浆完成 72h 后，对注浆部位进行表面处理，清除溢出的注浆液，切除并磨平注浆针头。

6）当地下工程大面积且严重渗漏时，应用冲击钻打孔并穿透结构进行帷幕注浆堵漏处理（图 4.1-17）。

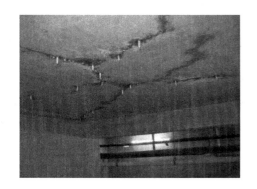

图 4.1-16　骑缝钻孔注浆示意图

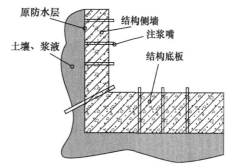

图 4.1-17　帷幕灌浆示意图

3. 面层防水。

刚性堵漏和结构注浆止水后，应进行面层防水处理，根据工程环境、现场条件等因素涂刷与基层粘结力强、抗渗、抗压性能好、可在潮湿基面施工的防水涂料，如高渗透改性环氧树脂防水涂料、水泥基渗透结晶型防水涂料、水性环氧防水涂料、单组分聚脲防水涂料或铺抹聚合物水泥防水砂浆等做防水层。

4.1.4.4　室外修缮

地下工程渗漏修缮，室外具备施工条件，又能起到有效修缮作用时，应优先考虑室外治理的方案。对埋置不深地下工程顶板防水缺陷和外墙防水设防高度不够的修补、卷材防水层出地坪收头钉压不牢与密封不严的缺陷，应在室外修复；埋置不深的穿外墙管洞渗漏及半地下室外墙渗漏，宜在迎水面修复。室外修缮方法主要是修复地下工程外墙和顶板渗漏的缺陷。

1. 地下工程渗漏治理室外施工，需要降、排水时，首先进行降水和排水，水位应低于需要进行防水修缮施工部位 500mm。

2. 挖土方前应对施工部位进行勘察，对树木花草做好移栽，对地下管线进行标注。开挖时应用人工挖土或小型机械挖土，避免损坏原防水层和损坏地下管线、市政设施，沟槽应合理放坡和安全支护，防止塌方。

3. 室外防水修复应选用与原防水层相同或相容的防水材料。

4. 地下工程防水室外局部修复施工技术要求：

（1）查找渗漏点、破损点，切除起鼓、破损防水层。

（2）防水层修复范围应大于破损范围，从破损点边缘处外延不小于 500mm。

（3）清理需修补的防水基面，擦净泥土。

（4）防水层与基层应满粘，新施工的防水层与原防水层搭接宽度不应小于 150mm，粘结紧密，不得有张口、翘边等现象。

（5）修补的防水层厚度不得低于原设计要求。

5. 防水层整体翻修技术要求：

（1）应拆除老化、空鼓、破损防水层；新旧防水层接槎部位，原防水层应留出 150mm 搭接宽度。

（2）选用防水材料时，应选用与原防水层相同或相容的防水材料，同时应优先采用与基层紧密粘结、不窜水的防水构造。

（3）防水基层应坚实、平整，质量符合相关标准规定。

（4）防水层施工工艺应符合选用的防水材料相应施工工艺和相应规范规定。

6. 地下工程防水室外修缮施工完成，防水层经验收合格后应及时施工保护层，保护层的材料及施工做法应符合原设计的要求。

7. 室外挖开的沟槽、基坑回填前，不得有积水、污泥，回填土应选用过筛的黄土、黏土或灰土，按设计要求进行配比拌匀，不得将施工渣土、垃圾、石块、砖块作为回填土使用，回填土干湿程度应有利于夯实，其含水量应以手握成团、手松可散开为宜，回填土应分层夯实，每层厚度宜为 300mm 左右，机械夯填时不得损坏防水层。

4.1.5　质量检查与验收

1. 地下防水工程修缮用防水材料进场抽样复验应根据用量多少和工程的重要性来

确定。同一品种、型号和规格的防水材料抽样复验批次应符合相关标准规定；重要的、特殊的地下防水工程修缮所用防水材料的复验，可不受材料品种和用量的限定。

2. 工程质量检验批量应符合下列规定：

（1）地下防水工程大面积修缮，按防水面积每 $100m^2$ 抽查一处，不足 $100m^2$ 按 $100m^2$ 计，每处 $10m^2$，且不得少于 3 处。

（2）地下防水工程局部修复，应全数进行检查。

（3）细部构造防水修复，应全数进行检查。

3. 地下防水工程修缮质量验收应提供以下资料：

（1）渗漏查勘报告。

（2）修缮治理方案及施工洽商变更。

（3）施工方案、技术交底。

（4）防水材料的质量证明资料。

（5）隐检记录。

（6）施工专业队伍的相关资料及主要操作人员的上岗证书等。

4. 地下防水工程修缮质量应符合下列规定：

（1）防水主材及配套材料应符合修缮渗漏治理方案设计要求，性能指标应符合相关标准规定。

检验方法：检查出厂合格证、质量检验报告和现场见证抽样复验报告。

（2）修缮部位质量应符合相应防水等级规定和修缮方案中的质量要求。

检验方法：观察检查、检查隐蔽工程资料、仪器检测、雨后观察检查等。

（3）防水构造应符合修缮方案设计要求。

检验方法：观察检查和检查隐蔽工程验收记录。

（4）地下防水工程修缮其他质量应符合修缮设计方案要求和我国现行地下工程相关规范规定。

检验方法：观察检查和检查隐蔽工程验收记录。

4.1.6　使用、维护注意事项

1. 地下建筑防水工程修缮完成投入使用后，应建立工程维修、维护制度，发现问题及时维修。

2. 雨季之前应对建筑周围排水系统进行检查与维修，保持排水系统正常运行。

3. 防水检查与维修，不得破坏防水层的完整性。

4.2　地下工程渗漏修缮技术

4.2.1　顶板渗漏修缮

4.2.1.1　附建式地下工程顶板

附建式地下工程顶板出现渗漏，主要有两种类型：一是顶板对应上方室内有水房间（如厨房、卫生间、淋浴房、洗衣房、游泳池、戏水池、水池等）防水设防存在缺陷；二是顶板对应上方设备层存在有水设备（如给水排水管、暖气管、水池），设备层防水设防存在缺陷。

　　附建式地下工程顶板渗漏修缮，主要在迎水面解决有水房间、设备层（如果有）防水缺陷问题，背水面做一些辅助堵漏措施。

　　1. 对顶板对应上方室内有水房间、设备层（如果有）防水质量进行检查，查找渗漏部位、渗漏原因，根据渗漏原因、渗漏程度等因素，确定修缮方法。修缮方案及修缮施工方法步骤见本篇第3章相应内容。

　　2. 顶板对应上方室内有水房间、设备层（如果有）作迎水面防水修缮的同时，顶板的背水面混凝土浇筑不密实，0.2mm以上裂缝也进行修缮处理，修缮方案及修缮施工方法步骤见本篇第3章相应内容。

4.2.1.2　单建式地下工程顶板

　　1. 单建式地下工程顶板对应地面设置和用途类型比较多，常见的有：

　　（1）种植顶板类型，包括简单式种植绿地、花园式种植顶板、花园式小区庭院等。

　　（2）广场类型，主要为人员集会、休闲、活动场地，局部有种植花草树木及景观山水等。

　　（3）停车场，主要用于停放车辆，局部有种植花草树木。

　　（4）人工土山。

　　2. 修缮类型：

　　单建式地下工程顶板对应地面设置类型多，出现渗漏水问题，应根据顶板对应地面设置类型、渗漏部位、渗漏程度、渗漏原因等因素制定修缮方案，采用相应施工方法。

　　（1）顶板渗漏比较普遍、渗漏程度严重、原防水层基本不起作用时，应予整体修缮；细部节点及顶板有局部渗漏时，应采用局部修缮方案。

　　（2）单建式地下工程顶板整体修缮时，对应地面为广场、停车场、简单式种植顶板、景观水榭等设置，具备以下条件可在迎水面修缮：

　　1）顶板埋置不深，覆土宜不超过700mm，地面设置不复杂，具有施工可操作性。

　　2）迎水面修缮不影响建筑安全。

　　3）有利于彻底解决渗漏，保证修缮效果。

　　4）经济、合理。

　　（3）单建式地下工程顶板整体修缮，遇有对应地面为花园式种植顶板、花园式小区庭院、土山等复杂设置，迎水面施工工程量大、难度大、成本高，背水面治理完全可以解决渗漏问题，则应在背水面修缮。

　　3. 迎水面整体修缮基本方法步骤：

　　（1）移栽树木花草，拆除地面影响防水施工的设施；对暗埋管线、市政设施进行标注和保护。

　　（2）拆除地面装饰层、垫层，挖开、运走覆土，失效的防水层、保温层应一并拆除，将防水基层清理干净。

　　（3）检查防水基层，对防水基层进行修补处理，基层应符合坚实、平整、排水坡度正确等要求。

　　（4）按原设计防水等级、现行种植顶板、种植屋面的相关规定和工程特点、使用要求，重新设计防水层、保温层及相关构造层次和选用材料，并按相关规范规定进行施工。

（5）防水层施工完成，应按相关规范标准检查验收合格后恢复保护层覆土、种植层、装饰层及相关构造与设施。

4.背水面整体修缮基本方法步骤：

（1）顶板背水面整体修缮宜避开雨季，如在雨期施工，渗漏水严重、渗漏量大的部位，应首先采用临时引水措施，尽量排走顶板上保温层、覆土层内的积水，使背水面的防水、堵漏应尽量在无水状态或无压状态下进行。

（2）正在渗漏部位，可选用聚氨酯注浆材料钻孔注浆快速止水。

（3）顶板原采用卷材防水层，渗漏区域可选用丙烯酸盐注浆材料或非固化橡胶沥青防水涂料，钻孔灌浆至顶板混凝土结构与卷材防水层之间，形成新的防水、止水层；顶板原采用涂料防水层，渗漏区域可选用丙烯酸盐注浆材料，钻孔灌浆至顶板涂膜防水层外侧，形成防水帷幕（图4.2-1、图4.2-2）。

图 4.2-1 骑缝钻孔注浆示意图

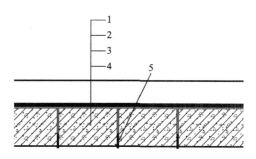

图 4.2-2 防水层与顶板之间注浆示意图

1—保护层、保温层、覆土层等；2—防水层；

3—注浆材料；4—顶板；5—注浆针头

（4）剔除顶板不密实的、疏松的混凝土，清理干净后，采用改性环氧树脂防水砂浆、聚合物水泥防水砂浆等抹压密实，修补平整。

（5）0.2mm以上的混凝土裂缝，切割、剔凿宽20mm、深30mm的U形凹槽，缝内可采用钻孔注浆或贴嘴灌注改性环氧树脂材料封堵；注浆完成后，凹槽可选用改性环氧树脂胶泥、聚合物水泥防水砂浆、水泥基渗透结晶型防水堵漏材料、高分子益胶泥防水材料等嵌填密实。修补平整。

（6）面层防水：

1）顶板背水面面层防水应在渗漏部位止水和混凝土缺陷修补完成后进行。

2）面层应清理至结构层。

3）面层防水材料，应根据工程环境、现场条件等因素，涂刷与基层粘结力强、抗渗、抗压性能好、可在潮湿基面施工的防水涂料（如：高渗透改性环氧树脂防水涂料、水泥基渗透结晶型防水涂料、水性环氧防水涂料、单组分聚脲等）或铺抹聚合物水泥防水砂浆等做防水层，施工方法步骤应符合选用的防水材料施工工艺和相关要求。

（7）面层防水层完成后可直接作涂料装饰层，无需再做其他保护层。

5.背水面局部修缮基本方法步骤：

（1）顶板背水面局部修缮，主要修缮渗漏部位和顶板混凝土有缺陷部位。

（2）顶板背水面局部修缮，只要具备施工条件，不受季节限制。

（3）顶板正在渗漏部位，可选用刚性堵漏材料与聚氨酯注浆材料钻孔注浆相结合的方法快速止水，面层应选用渗透改性环氧树脂防水涂料、水泥基渗透结晶型防水涂料、高分子益胶泥、"确保时"、水性环氧防水涂料、单组分聚脲等涂料类防水材料。

（4）顶板混凝土不密实、疏松的部位应剔除，清理干净后，采用改性环氧树脂防水砂浆、聚合物水泥防水砂浆等修补，抹压密实、平整。

（5）0.2mm以上的混凝土裂缝，切割、剔凿宽20mm、深30mm的U形凹槽，缝内可采用钻孔注浆或贴嘴灌注改性环氧树脂材料封堵；注浆完成后，凹槽可选用改性环氧树脂防水砂浆、聚合物水泥防水砂浆、水泥基渗透结晶型防水堵漏材料、高分子益胶泥防水材料等嵌填密实、平整。凹槽两侧各200mm宽范围清理干净，涂刷水泥基类防水涂料，施工工艺与质量要求应符合相关标准规定。

（6）顶板管根渗漏，管根周围应剔凿成宽20mm、深30mm的U形凹槽，缝内可采用钻孔灌注聚氨酯或丙烯酸盐浆液止水；凹槽可选用改性环氧树脂防水砂浆、聚合物水泥防水砂浆、水泥基渗透结晶防水堵漏材料、高分子益胶泥防水材料等嵌填密实、平整，周围200mm宽范围清理干净，涂刷水泥基渗透结晶型防水涂料，施工工艺与质量要求应符合相关标准规定。

（7）顶板变形缝渗漏，应在变形缝中埋式止水带两侧混凝土上钻斜孔至止水带迎水面，注入丙烯酸盐或聚氨酯灌浆材料、非固化橡胶沥青防水涂料封堵阻挡水；变形缝背水面缝内应填充背衬材料，缝口内嵌填20mm厚的密封材料，缝口外安装金属盖板；必要时，可安装金属接水槽。

（8）面层装修恢复应与原设计协调。

4.2.2　侧墙渗漏修缮

4.2.2.1　迎水面修缮

1. 选择迎水面修缮必须具备施工的可行性：

（1）建筑周围具备开挖施工合理距离和相应场地。

（2）建筑周围开挖不会影响建筑安全及相关区域其他建筑安全。

（3）侧墙防水层原设计为外防外贴（涂）做法。

（4）能彻底解决渗漏，综合成本合理。

2. 选择迎水面修缮类型：

（1）侧墙防水设防高度不够的修补、防水层出地坪收头固定不牢与密封不严的缺陷应在迎水面修缮，不宜在背水面修缮。

（2）埋置不深的穿侧墙管洞渗漏、半地下工程侧墙渗漏，迎水面具备开挖施工的可行性，应优先考虑迎水面修缮方案。

（3）背水面修缮难度极大，又不能彻底解决渗漏，迎水面具备修缮施工的可行性，可考虑迎水面修缮方案。

（4）建筑周围排水不畅，存在积水或向地下工程倒灌水时，必须在迎水面修缮。

3. 迎水面修缮基本方法步骤：

（1）降、排水。

地下工程侧墙渗漏治理室外施工，需要降、排水时，首先应进行降水和排水，降水深度应低于需要进行防水修复施工部位 500mm。

（2）挖土方。

挖土方前应对施工部位进行勘察，对树木花草做好移栽，对地下管线进行标注。开挖时应用人工挖上或小型机械挖土，避免损坏原防水层和损坏地下管线、市政设施，沟槽应合理放坡和安全支护，防止塌方。

（3）拆除保护层。

（4）原防水层处理：

1）刚性涂料防水层：拆除粉化、剥离、空鼓、破损涂料防水层。

2）水泥砂浆防水层：铲除空鼓、开裂、破损防水层。

3）柔性涂料防水层：铲除失效、剥离、空鼓、破损涂料防水层。

4）卷材防水层：拆除失效、空鼓、破损卷材防水层。

（5）细部构造修缮：

1）穿墙管与墙体结合部位存在渗漏问题时，管根周围应剔凿成宽 20mm、深 30mm 的 U 形凹槽，缝内应采用与侧墙防水层相容的防水密封材料嵌填密实、平整，周围 200mm 宽范围清理干净，涂刷与侧墙相容的防水涂料作附加层，面层覆盖侧墙防水层，管根的防水构造应符合相关规范规定。

2）变形缝：

① 清理变形缝外侧封盖材料及缝内塞填的材料至中埋式止水带。

② 紧贴中埋式止水带安装注浆管。

③ 缝内填塞挤塑板，缝口 20mm 深嵌填柔性密封材料（聚氨酯密封胶、聚硫密封胶等），露出设置止水阀门的注浆管口。

④ 通过注浆管口向缝内注浆管灌注丙烯酸盐注浆材料至饱和状态。

⑤ 变形缝外侧封盖柔性防水附加层与防水层。

（6）防水层缺陷修补与增强防水做法：

1）清理需修补的防水层，擦净泥土，查找渗漏点、破损点，清理范围应大于破损范围，从破损点边缘处外延不小于 500mm。

2）防水层缺陷修补材料应选用与原防水层材料相同或相容的材料，刚性材料防水层、柔性涂料防水层修补均应选用原设计防水材料；改性沥青类卷材防水层可选用相同卷材或改性沥青涂料修补；防水层修补施工做法应符合设计要求和相关标准规定。

3）防水层缺陷修补后，重新覆盖一道防水层增强。刚性材料防水层上可选用聚乙烯丙纶卷材与聚合物水泥防水粘结料、水性橡胶高分子复合防水涂料、喷涂速凝橡胶沥青涂料等作新增防水层；柔性涂料防水层上可选用相同防水涂料或水性橡胶高分子复合防水涂料、喷涂速凝橡胶沥青涂料等作新增防水层；改性沥青类卷材防水层可选用相同卷材或水性橡胶高分子复合防水涂料、喷涂速凝橡胶沥青涂料、改性沥青涂料等作新增防水层。

（7）新做防水层。

应根据工程防水等级、原防水层材料和工程环境特点，选用新做防水层材料。重新做防水层材料应选用不易窜水的防水材料与防水构造：

1）涂料类：可选用水性橡胶高分子复合防水涂料、喷涂速凝橡胶沥青涂料、聚氨酯防水涂料、聚脲防水涂料、聚合物水泥防水涂料等，防水涂层厚度及施工做法应符合设计要求和相关标准规定。

2）复合防水层可选用：聚乙烯丙纶卷材与聚合物水泥防水粘结料复合防水层，聚乙烯丙纶卷材＋聚合物水泥防水粘结料＋喷涂速凝橡胶沥青涂料复合防水层，非固化橡胶沥青防水涂料与改性沥青卷材复合防水层，热熔型橡胶沥青涂料与改性沥青卷材复合防水层（图 4.2-3）等。复合防水层厚度及施工做法应符合设计要求和相关标准规定。

图 4.2-3　地下工程复合防水层

（8）保护层。

地下工程侧墙防水层需作保护层，防水层施工完成验收合格后及时作保护层施工，保护层的材料及施工做法应符合原设计的要求和相关规范规定。

（9）回填土：

1）室外挖开的沟槽回填前，沟槽底部不得有积水、污泥，沟槽内不得有垃圾、杂物。

2）回填土选用应符合设计要求，不得将施工渣土、垃圾、石块、碎砖块作为回填土使用。

3）回填土干湿程度应有利于夯实，其含水量应以手握成团、手松可散开为宜。

4）回填土应分层夯实，每层厚度宜为 300mm 左右，机械夯填时不得损坏防水层。

（10）质量要求：

1）防水等级及防水层厚度不得低于原设计要求。

2）防水材料及配套材料应符合设计要求和相关标准规定。

3）防水层施工工艺应符合设计要求和相关标准规定。

4）修缮后侧墙不应有渗漏现象，并应符合相应防水等级的防水标准。

4.2.2.2　背水面修缮

地下防水工程侧墙渗漏迎水面具备修缮条件的不是很多，大量的渗漏还是在背水面采取修缮措施。地下防水工程侧墙背水面修缮基本方法步骤：

1. 排水措施。

地下工程渗漏严重、水压较大时，背水面修缮施工难度大，通过排水措施，可以解除或减轻水的压力，为后道工序进行堵漏、防水创造良好的施工条件。地下工程背水面排水是渗漏修缮施工期间临时采用的一个辅助措施，不应作为治漏主要方法。混凝土结构渗漏采用长期排水措施，会引起钢筋的锈蚀而膨胀，钢筋的锈蚀、膨胀又会加大混凝土结构的开裂和加重渗漏，如此往复形成恶性循环，缩短建筑物的使用寿命。

排水的主要方法：

（1）安装引水管。

需要引水的部位剔凿或钻孔成与引水管径大小相同的洞口，可直接将引水管插入，用速凝刚性材料固定，将水引入排水沟或集水井。

（2）设置渗水沟。

地面与侧墙连接的阴角部位设置渗水沟，并与集水井连通，将墙面渗漏水有组织收拢排至集水井。

（3）设置集水井。

集水井为引水管、渗水沟的配套设施，当引水管、渗水沟的水不能直接引入市政管网或不能通过其他途径排走时，应设置集水井。地下工程原设计了集水井，能满足使用，就不用再设置集水井。集水井应设在标高较低、便于集水的位置，集水井应进行防水处理。集水井应安装向室外抽水的抽水泵。

2. 堵漏。

堵漏是侧墙渗漏中常采用的主要修缮措施，既可作为独立的治漏方法，又可作为大面积防水的前期工序。表面轻微渗漏可采用刚性材料封堵，结构性的渗漏，应选用注浆方式封堵。在实际工程修缮中，基本均采用刚性材料堵漏与注浆堵漏结合方法。堵漏施工时宜先易后难，先高后低。

（1）刚性材料堵漏：

1）材料选用：

应选用防渗抗裂、凝结速度可调、与基层易于粘结、可带水作业的堵漏材料，常用的有水泥基渗透结晶型堵漏涂料、高分子益胶泥、"确保时"、水不漏、堵漏灵等。

2）刚性材料堵漏的基本方法：

① 查找渗漏点与渗漏水源。

② 渗漏严重部位安装引水管，疏水减压，尽量使堵漏施工在无压力水或低压力状态下进行。

③ 剔凿渗漏部位不密实的、疏松的混凝土至坚实部位，按堵漏材料的凝结速度和使用量调配用料，塞填在剔凿部位及需堵漏的孔、洞部位，至渗漏水完全被封堵。

④ 0.2mm 以上裂缝切割、剔凿成宽 20mm、深 30mm 左右的 U 形凹槽，在凹槽内嵌填配制好的刚性堵漏材料。

⑤ 带压施工时，堵漏材料嵌填应饱满、密实并采用外力施压措施至堵漏材料固结。

⑥ 对堵漏后的部位进行修平处理，再按面层防水的要求进行后续工序的施工。

（2）灌浆堵漏：

1）材料选用：

快速堵漏止水可选用聚氨酯、丙烯酸盐、水泥-水玻璃等注浆材料，结构补强可选用渗透改性环氧树脂浆液、超细水泥浆等水泥基类材料。

2）灌浆堵漏施工的基本方法：

① 打孔，埋置注浆针头；注浆针头间距根据渗漏部位、渗漏程度和混凝土厚度及浇筑质量确定，一般 500mm 左右；注浆针头埋置深度宜不小于结构厚度的 1/2

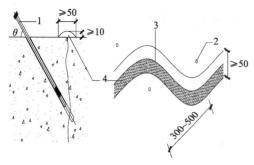

图 4.2-4　钻孔注浆示意图

1—注浆嘴；2—钻孔；3—裂缝；4—封缝材料

3）结构外围注浆：

① 地下工程的侧墙外围出现基础不实、洞穴、沉降现象时，应灌注水泥浆稳定、加固基础。

② 地下工程的侧墙渗漏严重，可采取结构外围注浆措施。采用配套钻头打穿结构层，采用专用灌浆设备，将浆液注入注浆孔内挤到结构外侧，从迎水面形成拦截、阻挡水的构造。

A 侧墙采用卷材外防外贴施工工艺，注浆孔只打穿结构层，注浆料注到结构外侧与卷材防水层之间，使注浆料与卷材防水层、侧墙结构面形成不窜水防水构造，在迎水面拦截、阻挡水进入混凝土结构（图 4.2-5）。

B 侧墙采用卷材预铺反粘施工工艺或为涂料防水层，注浆孔应打穿结构层、防水层，注浆料注到防水层与保护层之间，形成拦截、阻挡水进入防水层的构造。

C 侧墙渗漏严重、渗漏压力较大或出现涌水等情况时，注浆孔宜打穿结构层、防水层、保护层，注浆料灌注至填土层内，在结构外围形成防水帷幕（图 4.2-6）。

3. 细部节点渗漏修缮。

（1）穿墙管根。

穿透侧墙防水层的管道根部渗漏修缮基本方法：

1）管根部周围混凝土剔成宽 20mm、深 30mm 的凹槽，凹槽内埋置注浆针头。

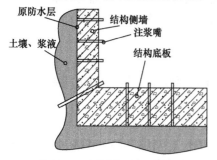

图 4.2-6　帷幕注浆示意图

（图 4.2-4）。

② 注浆范围：渗漏区域及向外延伸不小于 500mm。

③ 注浆针头埋置后，缝隙用速凝堵漏材料封堵，并留出排气孔。

④ 注浆压力宜为静水压力 1.5～2.0 倍。

⑤ 注浆应饱满，并应反复多次进行。

⑥ 注浆液完全固化后，对注浆部位进行表面处理，清除溢出的注浆液，切除并磨平注浆针头。

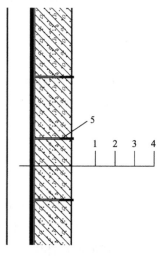

图 4.2-5　卷材防水层与侧墙结构之间注浆示意图

1—保护层、回填土等；2—防水层；
3—注浆材料；4—侧墙结构；
5—注浆针头

2）凹槽清理干净，嵌填 20mm 厚高分子益胶泥或"确保时"防水材料、改性环氧树脂防水砂浆、水泥基渗透结晶型防水堵漏材料、聚合物水泥防水砂浆等刚性材料，露出注浆针头。

3）正在渗漏水时可采用丙烯酸盐或聚氨酯注浆止水，不渗漏时可选用改性环氧树脂注浆至饱和状态。

4）管根周围 200mm 范围内清理干净，采用渗透改性环氧树脂防水涂料或水泥基渗透结晶型防水涂料、SJK—590 聚脲等作面层防水，并涂刷至凹槽内。

5）凹槽嵌填 10mm 厚聚硫密封胶或聚氨酯密封胶等密封材料。

（2）变形缝。

侧墙变形缝渗漏背水面修缮，应采用注浆、密封、内置止水带等多种措施复合做法，形成有效止水、又适应变形的防水构造。变形缝渗漏背水面修缮基本做法：

1）拆除变形缝的盖板。

2）止水带两侧错开斜角钻孔至中埋式止水带迎水面，钻孔间距宜为 1000～1500mm。孔内灌注丙烯酸盐或聚氨酯浆料至中埋式止水带迎水面变形缝内。

3）变形缝两侧不密实、有蜂窝的混凝土应剔除，采用渗透改性环氧树脂腻子或聚合物水泥防水砂浆进行修补。变形缝两侧各 150mm 范围内清理干净，清理范围包括缝内侧湿润后涂刷水泥基渗透结晶型防水涂料，涂层厚度不应小于 1mm。

4）紧贴中埋式止水带安装注浆管，缝内嵌填挤塑聚苯泡沫板或交联、闭孔、不吸水的聚乙烯泡沫棒材作背衬材料，缝口 20mm 深嵌填聚氨酯密封胶或聚硫密封胶等柔性密封材料，露出设置止水阀门的注浆管口，通过注浆管口向缝内注浆管灌注丙烯酸盐注浆材料至饱和状态。

5）恢复变形缝盖板。

（3）施工缝：

1）施工缝剔凿、切割成宽 20mm、深 30mm 的凹槽（图 4.2-7）。

2）凹槽内埋置注浆针头，嵌填 20mm 厚高分子益胶泥或"确保时"防水材料、改性环氧树脂防水砂浆、水泥基渗透结晶型防水堵漏材料、聚合物水泥防水砂浆等刚性材料，露出注浆针头（图 4.2-8、图 4.2-9）。

图 4.2-7　施工缝　　　　图 4.2-8　埋置注浆　　　　图 4.2-9　凹槽嵌填
切割成凹槽　　　　　　　　针头　　　　　　刚性防水堵漏材料

3）正在渗漏水施工缝可采用丙烯酸盐或聚氨酯注浆止水，不渗漏施工缝可选用改性环氧树脂注浆至饱和状态（图 4.2-10）。

4）施工缝两侧分别清理 200mm 宽范围，涂刷水泥基渗透结晶型防水涂料作面层防水处理（图 4.2-11）。

（4）后浇带：

1）清理后浇带面层，剔除疏松、不密实混凝土（图 4.2-12），采用改性环氧树脂防水砂浆、聚合物水泥防水砂浆或防水混凝土修补密实、平整。

2）后浇带两侧施工缝剔凿、切割成宽 20mm、深 30mm 的凹槽，凹槽内埋置注浆针头，嵌填 20mm 厚高分子益胶泥或"确保时"防水材料、改性环氧树脂防水砂浆、水泥基渗透结晶型防水堵漏材料、聚合物水泥防水砂浆等刚性材料，露出注浆针头。

图 4.2-10　注浆

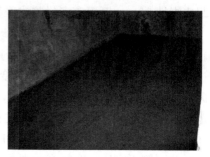

图 4.2-11　面层整体防水处理

3）正在渗漏水后浇带可采用丙烯酸盐或聚氨酯注浆止水，不渗漏后浇带可选用改性环氧树脂注浆至饱和状态（图 4.2-13）。

图 4.2-12　后浇带剔出施工缝和
剔除疏松混凝土

图 4.2-13　墙面后浇带
注浆

4）后浇带表面清理干净，两侧分别清埋 300mm 宽范围，后浇带及两侧清理范围涂刷水泥基渗透结晶型防水涂料作面层防水层。

5）保护层按原设计恢复。

4. 面层防水。

（1）面层处理：

1）面层防水层应做在坚实的混凝土结构层上，墙体表面的水泥砂浆找平层及装饰层应清理干净，疏松、不密实的混凝土应剔除至坚实部位，对光滑的混凝土表面应进行打磨处理（图 4.2-14、图 4.2-15）。

2）凹凸不平的基层，可选用渗透改性环氧树脂腻子、聚合物水泥砂浆或水泥基渗透结晶型堵漏剂等材料进行修补找平（图 4.2-16）。

3）水泥基类刚性材料防水基层应湿润（图 4.2-17），但不得有明水；溶剂型有机防水材料基层应干燥。

（2）侧墙面层防水材料选用：

1）水泥基类防水涂料：高分子益胶泥、"确保时"刚性防水材料、水泥基渗透结晶型防水涂料等。

2）水泥防水砂浆：聚合物水泥防水砂浆、内掺水泥基渗透结晶防水剂防水砂浆、改性环氧树脂防水砂浆等。

3）环氧防水材料：渗透改性环氧树脂防水涂料、水性环氧防水涂料。

4）设置内衬保护层时，可选用：单组分聚脲、水性橡胶沥青高分子复合防水涂料、聚合物水泥防水涂料、聚乙烯丙纶卷材等材料。

图 4.2-14　剔除疏松混凝土

图 4.2-15　基层打磨

图 4.2-16　基层缺陷修补

图 4.2-17　高压水枪冲洗与湿润基层

（3）面层防水施工工艺：

1）水泥基类防水涂料，应按产品说明书的要求材料比例现场配制成浆料，配比应准确，搅拌应均匀；小面积施工可直接涂刷，大面积可采用机械喷涂施工，分遍完成，在前一遍表干后，进行后一遍涂层施工；涂布应均匀，覆盖完全与基层应粘结紧密，不翘壳、不开裂、不粉化；涂层厚度应符合方案及相关规范要求，水泥基类刚性防水涂料在表干后应进行保湿养护，养护时间不宜小于72h。

2）水泥防水砂浆应按产品说明书的要求现场配制，随用随配，用多少配制多少，配制好的水泥防水砂浆应在规定时间内用完，水泥防水砂浆在抹压施工过程中出现干结时，可适当补加用水稀释的配套材料，不得任意加水；水泥防水砂浆应分层抹压，每层厚度不宜大于10mm，总厚度应符合设计要求和相关规范规定；水泥防水砂浆大面积施工时，为避免因收缩而产生裂纹，应设置分格缝，分格缝的纵横间距宜为3~6m，分格缝宽度宜为10~15mm。在大面砂浆防水层完成后，用相同的水泥防水砂浆将分格缝填充抹平。

水泥防水砂浆在表干后应进行保湿养护，养护时间不宜小于168h。

3）选用单组分聚脲、水性橡胶沥青高分子复合防水涂料、聚合物水泥防水涂料、聚乙烯丙纶卷材等材料做防水层时，施工工艺应符合相应材料特点、设计要求和相关规范规定。

（4）保护层：

1）水泥砂浆防水层不需要保护层，可直接做装饰层。

2）水泥基类防水涂料与环氧树脂材料防水层上可不做保护层，也可选用聚合物水泥砂浆做保护层。

3）选用单组分聚脲、水性橡胶沥青高分子复合防水涂料、聚合物水泥防水涂料、聚乙烯丙纶卷材等材料做防水层时，应设置钢筋混凝土内衬保护墙，墙体结构与内衬保护墙应设置连接钢筋。内衬保护墙应有专项设计。

5. 质量要求：

（1）防水等级及防水标准不得低于原设计要求。

（2）选用的防水、堵漏材料及配套材料应符合设计要求和相关标准规定。

（3）防水堵漏施工工艺应符合设计要求和相关标准规定。

（4）侧墙防水保护层应符合工程特点。

（5）凡经修缮后侧墙不应有渗漏现象，防水标准应符合相应防水等级的规定。

4.2.3　底板渗漏修缮

4.2.3.1　在室外修缮

地下防水工程底板渗漏，室外修缮只是辅助措施，主要有两个方面，一是建筑周围排水不好，存在积水现象时，需要在室外采取修缮措施，使积水顺畅排走；二是地下工程侧墙防水层出地面收头存在固定不牢、密封不严、张口缺陷时，造成向防水层内灌水，需要在室外采取修缮措施，对防水层收头进行固定与密封处理。

4.2.3.2　背水面修缮

解决地下工程底板渗漏，主要在室内背水面采取修缮措施，地下防水工程底板渗漏背水面修缮基本方法：

1. 地面清理：

（1）底板渗漏应在底板结构部位修缮，应清除底板渗漏部位装修层、找平层、填充层、房心土等各层次。

（2）清除底板渗漏积水。

（3）底板渗漏严重、水压较大，需要排水时，应采取临时排水、降水措施，解除或减轻水的压力。

2. 基础灌浆。

底板渗漏出现涌水、渗漏水中带泥沙现象时，说明底板基础存在不实、空虚和洞穴的问题，应先采用水泥-水玻璃灌浆材料注入土层中，通过化学反应生成硅胶，起到挤密和充填作用，使土层孔隙内的部分或大部分水和空气排出，加快土层的固结、稳定，形成坚强持力层，提高了地基承载力；然后，再根据工程实际情况，灌注水泥浆和超细水泥浆料进一步进行基础加固。

3. 化学灌浆堵漏与结构补强：

（1）快速堵漏止水可选用聚氨酯、丙烯酸盐、水泥-水玻璃等注浆材料；结构补强可选用渗透改性环氧树脂浆液、超细水泥浆料、水泥基渗透结晶型等材料。

（2）底板渗漏程度较轻，应侧重在底板结构内采用注水泥-水玻璃等材料注浆止水后，再选用渗透改性环氧树脂浆液、超细水泥浆料、水泥基渗透结晶型防水涂料等材料对结构进行注浆，堵塞混凝土毛细孔、缝隙和渗漏通道。

（3）渗漏程度严重、采用预铺法防水构造的底板，可将丙烯酸盐浆料灌注至底板防水层迎水面，形成的防水帷幕与防水层、结构底板连接在一起，组成阻挡渗漏水的复合防水构造；室内底板再选用渗透改性环氧树脂浆液、超细水泥浆料、水泥基渗透结晶型防水涂料等材料对结构进行注浆，堵塞混凝土毛细孔、缝隙等渗漏通道及对混凝土进行补强。

（4）渗漏程度严重、防水层上设置细石混凝土保护层防水构造的底板，可将丙烯酸盐浆料灌注至底板防水层与结构板之间，在防水层与结构底板之间形成一道新的防水屏障，有效阻挡渗漏水进入混凝土结构；室内底板再选用渗透改性环氧树脂浆液、超细水泥浆料、水泥基渗透结晶型等材料对结构进行注浆，堵塞混凝土毛细孔、缝隙等渗漏通道及对混凝土进行补强。

（5）底板渗漏严重、渗漏压力较大或出现涌水等情况时，注浆孔宜打穿结构层、保护层、防水层，注浆料灌注至地基土层内，在结构外围形成防水帷幕（图4.2-18）。

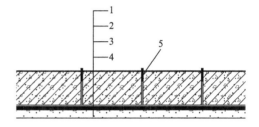

图4.2-18　防水层与底板之间注浆示意图
1—结构底板；2—注浆材料；
3—防水层；4—垫层；5—注浆针头

（6）化学灌浆施工技术见本节侧墙渗漏背水面修缮相应内容。

4. 刚性材料堵漏。

化学灌浆堵漏、防水与结构补强后，应选用防渗抗裂、凝结速度可调、与基层粘结力强、潮湿基层可以作业的水泥基渗透结晶型防水涂料、高分子益胶泥、"确保时"、水不漏、堵漏灵、防水宝等刚性材料，对底板混凝土结构表面缝隙、不密实缺陷及渗漏水现象进行修补处理，其施工技术见本节侧墙渗漏修缮相应内容。

5. 底板变形缝、后浇带等细部构造渗漏修缮与底板背水面结构表面防水施工技术，见本节侧墙渗漏背水面修缮相应内容。

6. 底板面层防水处理的材料选用及施工工艺见本节侧墙背水面修缮相应内容。

7. 保护层：

（1）水泥防水砂浆防水层不需要保护层，可直接铺贴石材、地砖、混凝土等地面装饰层。

（2）水泥基类防水涂料与环氧防水材料防水层上可选用水泥砂浆、细石混凝土做保护层。

（3）柔性防水层的保护层做法应有专项设计，基本要求：

1）柔性防水材料的防水层，应设置钢筋混凝土保护层，钢筋混凝土保护层与底板结构应采用钢筋拉接，四周墙体植筋连接，并与墙体防水保护层相协调。

2）原设置叠合层地面，可与钢筋混凝土保护层结合设计。

8. 地面其他相关层次恢复按原设计要求。

9. 设置叠合层底板渗漏修缮技术：

（1）不拆除叠合层的修缮方案。

叠合层未出现拱起、与底板没有剥离现象，可以不拆除叠合层，先采用化学注浆方法使结构底板无渗漏现象，然后在叠合层上钻孔至结构底板表面，采用渗透改性环氧树脂材料注浆，在结构底板表面与叠合层之间有一道渗透改性环氧树脂浆料层，堵塞结构底板表面与叠合层之间的缝隙，同时由于渗透改性环氧树脂浆料的特性，使结构底板与叠合层紧密、牢固粘结在一起，既防水又补强。

（2）拆除叠合层的修缮方案。

叠合层出现拱起、大量空鼓、与底板出现剥离现象，应拆除叠合层，在底板上采用化学注浆、刚性材料堵漏、面层防水等措施，使结构底板无渗漏现象、经检查验收合格后，按原设计要求恢复叠合层。

4.2.3.3　质量要求

1. 防水等级及防水标准不得低于原设计要求。

2. 选用的防水、堵漏材料及配套材料应符合设计要求和相关标准规定。

3. 防水堵漏施工工艺应符合设计要求和相关标准规定。

4. 防水保护层应符合工程特点，柔性防水层的保护层应有专项设计。

5. 修缮后底板不应有渗漏现象，防水标准应符合相应防水等级的规定。

4.2.4　电梯井、集水井渗漏水修缮

4.2.4.1　局部、零星渗漏修缮

1. 采用钻孔灌注丙烯酸盐浆液至饱和状态。

2. 渗漏部位面层清理至结构面，剔除疏松、有缺陷混凝土，采用聚合物水泥砂浆或内掺水泥基渗透结晶型防水剂水泥砂浆、高分子益胶泥、"确保时"等刚性材料嵌填平整、密实，施工方法见本节侧墙渗漏背水面修缮相应内容。

3. 结构裂缝渗漏时，应沿裂缝切割、剔凿成宽 20mm、深 30mm 的凹槽，采用聚合物水泥砂浆或内掺水泥基渗透结晶型防水剂水泥砂浆、高分子益胶泥、"确保时"等刚性材料嵌填平整、密实，施工方法见本节侧墙渗漏背水面修缮相应内容。

4.2.4.2　整体修缮

1. 基面处理：

（1）清除基坑内积水、泥污、垃圾。

（2）清除面层水泥砂浆至结构面。

（3）剔除疏松、不密实混凝土。

（4）沿预埋件周围及渗漏裂缝切割、剔凿成宽 20mm、深 30mm 的凹槽。

2. 正在渗漏部位采用钻孔灌注丙烯酸盐浆液至饱和状态。

3. 对疏松和有缺陷的混凝土应剔凿清除干净，再采用聚合物水泥砂浆或内掺水泥基渗透结晶型防水剂水泥砂浆、高分子益胶泥、"确保时"等刚性材料嵌填平整、密实，施工方法见本节侧墙渗漏背水面修缮相应内容。

4. 沿预埋件周围及渗漏裂缝切割、剔凿的凹槽，采用聚合物水泥砂浆或内掺水泥基渗透结晶型防水剂水泥砂浆、高分子益胶泥、"确保时"等刚性材料嵌填平整、密实，施工方法见本节侧墙渗漏背水面修缮相应内容。

5. 井壁分两遍铺抹 20mm 厚纤维聚合物水泥防水砂浆、井底浇筑 50mm 厚纤维聚合物水泥细石混凝土做防水层兼保护层。

4.2.5　质量要求

（1）防水等级及防水标准不得低于原设计要求。

（2）选用的防水、堵漏材料及配套材料应符合设计要求和相关标准规定，电梯井使用的修缮材料应环保，在施工及使用中不得有挥发性气味。

（3）修缮后的电梯井、集水井应满足使用要求，不应有渗漏现象。

4.3　地下工程渗漏修缮常用施工技术

4.3.1　注浆技术

4.3.1.1　基础加固注浆

1. 材料主要为水泥浆料、水泥-水玻璃浆料等。

2. 施工方法：

（1）迎水面建筑外围钻孔注浆。

（2）背水面钻孔，穿透结构，注浆至结构外围。

3. 适用范围：

（1）侧墙。

（2）底板。

4. 质量要求：

控制注浆压力，控制材料用量，满足加固要求，既要防止注浆不足，又要避免超注。

4.3.1.2　结构防水层外围注浆，形成防水帷幕

1. 材料主要为丙烯酸盐、聚氨酯、水泥浆、水泥-水玻璃等。

2. 适用范围：

（1）侧墙。

（2）底板。

3. 施工方法：

（1）建筑外围钻孔注浆。

（2）背水面钻孔，穿透结构至防水层外侧，在防水层外围注浆。

4. 质量要求：

设计合理钻孔间距，控制注浆压力与材料用量，达到不渗漏效果。

4.3.1.3　结构与防水层之间注浆，形成新的防水构造

1. 注浆料可选用丙烯酸盐、非固化橡胶沥青防水涂料等材料。

2. 适用范围：

（1）采用卷材做防水层的顶板。

（2）明挖法施工，采用卷材做防水层的侧墙。

（3）设置防水保护层的底板。

3. 施工方法：

从背水面钻孔，穿透结构，不穿透防水层，浆料注入混凝土结构与防水层之间。

4. 质量要求：

严格控制钻孔深度，设计合理钻孔间距，控制注浆压力与材料用量，达到不渗漏效果。

4.3.1.4 结构注浆止水

1. 注浆料可选用丙烯酸盐、聚氨酯等材料。

2. 适用范围。

正在渗漏的混凝土结构。

3. 施工方法。

从背水面钻孔至混凝土结构厚度不小于 2/3，埋置注浆针头，浆液慢速、底压注入。

4. 质量要求。

控制钻孔深度，设计合理钻孔间距，控制注浆压力与材料用量，达到止水效果。

4.3.1.5 结构注浆补强

1. 注浆料可选用渗透改性环氧、不收缩聚氨酯、超细水泥浆等材料。

2. 适用范围：

(1) 已经止水处理的混凝土结构。

(2) 混凝土裂缝。

3. 施工方法。

渗透改性环氧材料采用背水面钻孔注浆或贴嘴注浆，聚氨酯、超细水泥浆采用钻孔注浆。

4. 质量要求。

设计合理钻孔间距，压力注浆至饱和状态。

4.3.2 防水混凝土缺陷修补施工技术

4.3.2.1 防水混凝土缺陷内容

1. 浇筑时，振捣不到位、欠振、漏振，混凝土出现不密实、蜂窝、麻面、孔洞现象；振捣过度，出现石子沉淀现象。

2. 混凝土开裂，出现大于 0.2mm 的贯通裂缝。

4.3.2.2 采用防水混凝土和水泥防水砂浆修补混凝土蜂窝、麻面、孔洞、不密实、露石子等缺陷

1. 剔除蜂窝、麻面、孔洞、不密实、露石子等有缺陷混凝土至坚实部位，剔凿部位清理干净，用水湿润。

2. 采用防水混凝土修补剔凿部位：

(1) 防水混凝土可选用内掺水泥基渗透结晶型防水剂配制，用量少时可在施工现场配制，用量大时应在搅拌站配制，水泥基渗透结晶型防水剂内掺后应充分搅拌均匀，掺加量应符合产品说明书的要求。

(2) 剔凿深度大于 50mm 且修补范围较大时，应支模浇筑，振捣密实。

(3) 混凝土修补范围较小时，应用铁抹抹压、塞填密实、平整。

3. 采用防水砂浆修补：

(1) 剔凿深度小于 50mm 混凝土缺陷应选用防水砂浆修补。

（2）防水砂浆可选用聚合物水泥防水砂浆或用水泥基渗透结晶型防水剂、高分子益胶泥、"确保时"等材料配制的水泥防水砂浆。

（3）防水砂浆应充分搅拌均匀，配制方法应符合产品说明书的要求。

（4）防水砂浆应分层抹压，每层厚度不宜大于 10mm。

4. 防水混凝土和水泥防水砂浆终凝后，应及时采用洒水、覆盖、喷涂养护剂等方式进行保湿养护，养护时间应符合相关规定。

4.3.2.3　采用注浆补强方法修补防水混凝土不密实、露石子等缺陷

1. 防水混凝土不密实、露石子等缺陷部位，面层首先采用渗透改性环氧树脂配制的水泥腻子涂刮、封闭。

2. 采用渗透改性环氧树脂钻孔注浆或贴嘴注浆，注浆孔间距宜为 300mm 左右，采用低压、慢速注浆至饱和状态。

4.3.2.4　采用化学注浆与刚性材料嵌填方法修补大于 0.2mm 混凝土贯通裂缝

1. 正在渗漏的裂缝应注浆止水，钻孔深度不小于混凝土结构厚度的 2/3，埋置注浆针头，灌注丙烯酸盐或聚氨酯等浆料止水。

2. 不渗漏裂缝灌注渗透改性环氧树脂或水泥基浆料补强。

3. 混凝土裂缝切割、剔凿成宽 20mm、深 30mm 的凹槽，清理干净后，采用聚合物水泥砂浆或内掺水泥基渗透结晶型防水剂水泥砂浆、高分子益胶泥、"确保时"等刚性材料嵌填密实、平整。

4. 缝两侧各 200mm 范围清理干净，涂刷水泥基渗透结晶型防水涂料或高分子益胶泥、"确保时"等刚性防水材料作面层防水层。

4.3.3　水泥基类防水涂料的施工技术

1. 水泥基类防水涂料包括水泥基渗透结晶型防水涂料、高分子益胶泥、"确保时"、水不漏、堵漏灵等。

2. 水泥基类防水涂料在修缮渗漏水工程中，可作为堵漏材料和面层防水材料。

3. 水泥基类防水涂料作为堵漏材料时，应选用速凝型，可单独用作堵漏，也可与注浆材料配合使用，在注浆后进行施工。

施工缝及大于 0.2mm 以上的混凝土结构裂缝、穿墙（板）管根部位渗漏，应沿缝切割或剔凿成宽 20mm、深 30mm 的凹槽，清理干净、喷水淋湿后，涂刷水泥基防水材料与水配制成的浆料，随即采用水泥基防水涂料与水配制成粉团嵌填压实。

混凝土孔洞、蜂窝、夹渣、疏松等缺陷应剔凿至坚实部位，清理干净、喷水淋湿后，涂刷水泥基防水材料与水配制成的浆料，随即采用水泥基防水涂料与水配制成粉团嵌填压实。缺陷较大部位也可采用内掺水泥基防水粉料的混凝土或防水砂浆塞填密实、抹压平整。

4. 水泥基类防水涂料作为面层防水材料时，可采用表面涂布、干撒及配制成防水砂浆等方法：

（1）水泥基类防水材料采用涂布法施工的浆料应在施工现场配制，粉料、水按产品说明书和设计要求的比例混合，先将计量好的水存放在料桶内，然后再徐徐放入粉料，采用机械充分搅拌均匀，配制好的浆料色泽一致，无粉团结块；配制好的浆料宜在 20min 内用完，在施工过程中应进行经常性的搅动，且不得任意加水。

采用涂刷方法施工时，涂层应多遍涂刷完成；用硬质棕刷或毛刷将配制好的浆料涂刷在充分湿润的混凝土基面上，涂刷应均匀，覆盖应完全，不得漏刷漏涂；后一遍涂层应在前一遍涂层指触不粘或按产品说明书要求的间隔时间进行，每遍应交替改变涂刷方向。

采用喷涂法施工时，平面应由前向后退着施工，立面应由上向下施工，喷枪的喷嘴应垂直于基面，可一次喷涂至设计要求的厚度。

（2）在混凝土平面采用干撒方法施工时，干撒分先撒和后撒两种做法。先撒施工在混凝土浇筑前进行，将粉料均匀撒布在混凝土垫层上；后撒施工应在混凝土浇筑后初凝前进行，将粉料均匀撒布在混凝土面层上，紧接着用抹子抹压，使粉料与混凝土面层水泥浆料充分糅合并嵌入混凝土面层内。

（3）配制成防水砂浆施工应分层抹压在混凝土的面层上：

1）水泥防水砂浆施工前，先涂布结合层。将水泥基类防水涂料、水泥、水按比例配制成净浆，采用机械充分搅拌均匀，用毛刷、滚刷涂刷或用机具喷涂在防水基面上，厚度1mm左右。

2）抹压水泥砂浆防水层。

水泥基类防水材料与水泥、砂、水按比例混合在一起，采用机械充分搅拌均匀的水泥防水砂浆，在水泥基类防水涂料净浆施工后，随即抹压在混凝土基面上。水泥砂浆防水层应分遍抹压完成，每次抹压厚度不应超过10mm，在第一遍水泥防水砂浆层达到硬化状态时再抹压第二遍防水层，抹压密实，与基层粘结牢固，阴阳角处的防水层应抹成圆弧或八字坡。

（4）水泥基类涂料防水层的养护应在涂层初凝后、终凝前进行，应采用喷洒雾状水保湿养护，不得采用浇水、淋水、蓄水等方法，养护时间不应小于72h。

水泥基类防水材料配制的水泥砂浆防水层在达到硬化状态时，即应进行洒水养护，养护时间不应小于168h，湿度较大的地下环境可适当减少洒水养护时间。

4.3.4 渗透改性环氧防水材料施工技术

4.3.4.1 渗透改性环氧材料性能特点

环氧树脂具有独特的高粘结能力、优良的耐腐蚀性能，与固化剂反应时无副产物产生，固化后形成三维立体网状结构的固结体，不仅收缩性小、强度高，耐老化性能好，通过添加改性剂等方法来改变其亲水性、渗透性与可灌性，提高固结体的韧性，改性后的材料称之为渗透改性环氧材料。

渗透改性环氧材料主要性能特点：

1. 优异的渗透性能。

能灌入渗透系数 $\geqslant 10^{-6} \sim 10^{-8}$ cm/s 并含水的低渗透性软弱泥化夹层；能灌入0.006mm的含水裂缝中；涂在混凝土表面，能沿着混凝土表面的毛细管道、微孔隙和肉眼看不见自外而内渗入混凝土内2~10mm。

2. 优良的力学性能。

通过添加剂和控制反应条件生成的最佳中间体结构分子固化后形成的固结体，力学性能明显提高；另外，丙酮的活化不仅进一步降低了固结体的收缩性，提高了韧性、耐老化性能，而且使力学性能也得以显著提升，尤其是粘结强度，干粘结强度可达到5.5~6.7MPa，湿粘结强度达到4.5~5.5MPa，这是涂料和注浆材料非常重要的一项技术指标，对使用寿命有十分重要的作用。

3. 优良的耐腐蚀、耐水和耐老化性能。

选择了防腐效果好的固化剂，也由于丙酮分子的活化连接到固结体网络结构中，不仅耐腐蚀与耐水性能优于一般改性环氧材料，也因丙酮的活化而显著提高了材料的耐老化性能。经 1000h 紫外线光照射老化试验，性能和外观无变化；大气暴晒老化试验，十年未见力学性能下降。

4. 具有局部的亲水性和整体的排水性。

对有水渗漏的裂缝进行堵水补强，可以在潮湿基面施工。

5. 收缩性极小。

环氧树脂的固化产物收缩性很小，渗透改性环氧材料中的稀释剂丙酮活化后参加了反应，因而固结体的收缩性比一般改性环氧材料的收缩性更小。

6. 固结体无毒，符合环保要求。

7. 渗透改性环氧材料的主要技术性能应符合表 4.3-1 的要求。

渗透改性环氧材料的主要技术性能　　　　　　　　　　表 4.3-1

起始黏度 (MPa·s，20℃)	渗透能力 (cm/s)	胶砂固结体的力学性能			
		抗压强度 (MPa)	抗拉强度 (MPa)	抗剪强度 (MPa)	弹性模量 (MPa)
2.5～12.5	$K=10^{-6}\sim10^{-8}$	50～80	7～20	20～40	(1～8) 10^3

4.3.4.2　渗透改性环氧材料施工技术

1. 混凝土注浆补强。

渗透改性环氧材料可在潮湿混凝土内注浆，堵塞混凝土毛细孔和缝隙，对混凝土缺陷补强加固。正在渗漏的混凝土在经过快速止水处理后，选用渗透改性环氧材料注浆防水与补强，是实际工程应用较多、效果较为理想的渗漏水治理方案。渗透改性环氧材料为双组分材料，使用时应按说明书要求的比例混合，搅拌均匀即可使用，通过钻孔，注入有缺陷混凝土内至饱和状态，工艺简单，易于操作。

2. 混凝土面层防水。

将渗透改性环氧材料的 A、B 组分按比例混合搅拌均匀后，涂布在混凝土表面，多遍涂布至饱和状态，渗透改性环氧材料通过混凝土表面的毛细管道、裂缝、微孔隙渗入到混凝土内，与混凝土完全混为一体，形成一道坚固的防水层，防水层上无需做保护层。

3. 配制防水砂浆。

将渗透改性环氧材料与水泥砂浆按比例混合，配制成环氧防水砂浆，修补混凝土局部缺陷，或抹压在混凝土表面，形成一道刚性防水层。

环氧防水砂浆抹灰之前，抹灰基面先涂刷一层渗透改性环氧涂料作界面处理剂，界面剂未干之前抹环氧防水砂浆，环氧砂浆防水层应分遍完成，每次抹压厚度不宜超过 10mm，在第一遍防水砂浆层达到硬化状态时再抹压第二遍防水层，抹压应密实，与基层粘结牢固，阴阳角处的防水层应抹成圆弧或八字坡。

4. 由于渗透改性环氧树脂涂料有一定的气味，施工环境应空气流通，封闭环境应采取机械强制通风措施，现场人员应做好安全防护。

第5章　隧道、洞库防水工程修缮

5.1　概述

5.1.1　洞库、隧道防水工程类型、防水等级、设防要求

5.1.1.1　工程类型

1. 洞库类型：

（1）岩石洞库。

岩石洞库采用矿山法施工，由初期支护结构与混凝土内衬结构组成，内衬结构与初期支护结构体分离的称为离壁式洞库，内衬结构与初期支护结构体紧贴的称为贴壁式洞库。

（2）黄土洞库。

黄土洞库一般为矿山法施工，在地质稳定的山体内采用掘进机或与钻爆同时掘进的施工模式建造成毛洞，在洞内按梅花状钻孔注浆固定锚杆并绑扎钢筋，再经喷射混凝土形成锚喷的初期支护结构，在初期支护结构洞内再按设计的要求支模浇筑钢筋混凝土结构。

（3）覆土库。

覆土库一般是在靠山一侧开挖出设计高度的垂直面，并紧贴垂直面和顶部与外侧支模浇筑钢筋混凝土形成库体，经防水处理后恢复覆盖土，与山体连成一个整体的构筑物。

2. 隧道类型：

（1）铁路隧道。

（2）地铁隧道。

（3）公路隧道。

（4）输水隧道。

（5）管线隧道等。

5.1.1.2　防水等级

洞库、隧道防水工程的防水等级分为一级、二级、三级，应根据工程的重要性和使用中对防水的要求确定。

5.1.1.3　设防要求

1. 人员长期停留场所，极重要的战备工程，军械、军需、食品、药品、服装等所有对水汽、潮气、湿气有严格要求的贮物洞库、电气洞库等，均应按一级设防，洞库内不允许渗水，结构表面不得有湿渍。

2. 人员经常活动场所、在有少量湿渍不会使物品变质与失效的贮物场所及基本不影响设备正常运转和工程安全运营的部位、重要的战备工程等洞库、公路隧道，应按二级设防，工程内不允许漏水，结构表面可有少量湿渍，总湿渍面积不应大于总防水面积的2‰；任意100m² 防水面积上的湿渍不超过3处，单个湿渍的最大面积不大于0.2m²；其中隧道

工程还要求平均漏水量不大于 $0.15L/(m^2 \cdot d)$。

3. 人员临时活动场所，一般战备洞库、铁路隧道、输水隧道等应按三级设防，工程内可有少量漏水点，但不得有线流和漏泥砂，任意 $100m^2$ 防水面积上的漏水点数不超过 7 处，单个漏水点的最大漏水量不大于 $2.5L/d$，单个湿渍的最大面积不大于 $0.3m^2$。

5.1.2　渗漏现状查勘与原因分析

5.1.2.1　现场查勘宜包括以下内容

1. 工程类型，工程概况。
2. 渗漏水部位、渗漏范围、渗漏程度，渗漏水源与渗漏变化规律。
3. 渗漏部位结构质量现状、排水系统现状。
4. 渗漏水维修情况。

5.1.2.2　资料查阅宜包括以下内容

1. 工程类别、混凝土强度及厚度要求。
2. 防水设防等级、防水设防措施与排水措施。
3. 防水材料资料。
4. 防水技术资料。
5. 工程检查验收资料。
6. 工程防水维修记录等。

5.1.2.3　渗漏原因分析

1. 洞库、隧道防水工程的渗漏原因，应根据现场勘验和查阅的资料，从设计、选材、施工、维护等方面，综合分析与渗漏是否存在因果关系。
2. 从运营环境、维护管理等方面，分析与渗漏是否存在因果关系。
3. 洞库、隧道防水工程的常见渗漏主要原因：
（1）初衬喷射混凝土结构开裂。
（2）二衬混凝土结构开裂或不密实。
（3）二衬混凝土结构接缝、穿墙管、二衬混凝土导水管等细部构造防水缺陷。

5.1.3　制定渗漏水修缮方案

5.1.3.1　渗漏修缮基本原则

1. 背水面以堵为主，堵、防结合，可排水型结构结合限量排水。
2. 迎水面具备施工可操作性时，应采取阻断渗漏水源的截水、排水措施。
3. 渗漏修缮作业时不得损害结构安全，采用背水面排水措施不得引起地表沉降、水土流失和影响建（构）筑物使用功能。

5.1.3.2　修缮方案编制依据

1. 现场查勘资料与查阅的资料。
2. 工程现状、使用要求、现场施工条件。
3. 渗漏原因。
4. 相关规范规定。

5.1.3.3　修缮方案主要内容

1. 修缮范围。
2. 修缮方式。
3. 防水堵漏材料选用、施工工艺、技术要求。
4. 施工安全要求。
5. 工程质量要求。

5.1.4　施工

5.1.4.1　洞库、隧道防水工程修缮施工准备与施工条件

1. 洞库、隧道防水工程修缮施工应由专业的防水队伍承担，施工前应在渗漏工程查勘的基础上编制防水修缮施工方案，对施工操作人员应进行技术交底和技术培训。
2. 洞库、隧道防水工程修缮施工作业区域应有可靠安全防护措施，施工人员应具有必要的安全防护服装、设备。
3. 对易受施工影响的作业区应进行遮挡与防护。
4. 施工环境温度应符合选用的防水堵漏材料和相应施工工艺要求。
5. 洞库、隧道防水修缮施工选用的防水堵漏材料应按规定进行检查和复验。

5.1.4.2　施工顺序

1. 迎水面具备施工可操作性时，在背水面堵漏之前，应先采取阻断渗漏水源的措施。
2. 背水面施工时，宜由高到低，先拱顶、后侧壁，最后施工底部；宜按引水、堵水、防水顺序进行，需要采取排水措施又具备安全排水条件的工程或部位，可设置排水系统。
3. 操作工艺上，宜先易后难，可将大漏通过引水变成小漏，将面漏、线漏通过引水变成点漏，便于集中封堵。
4. 需要进行结构补强的部位，应在渗漏水封堵后进行。

5.1.4.3　引水

渗漏严重、水压力较大部位，钻孔埋入引水管，将水引走，便于堵漏及后道工序施工，引水是临时性措施。

5.1.4.4　注浆堵漏

初衬渗漏根据渗漏原因和渗漏程度，可采用超细水泥浆、水泥-水玻璃、聚氨酯、丙烯酸盐等材料灌浆；二衬混凝土结构渗漏应根据渗漏原因和渗漏程度，可采用聚氨酯、丙烯酸盐等注浆材料止水后，采用超细水泥浆、水泥-水玻璃、渗透改性环氧树脂等材料灌浆堵水。

注浆基本方法：

1. 渗漏区域钻孔，埋置注浆针头，注浆针头埋置后，缝隙用速凝堵漏材料封堵，并留出排气孔；注浆针头间距宜为 300～500mm。
2. 注浆压力宜用 0.3～0.5MPa 之间，注浆应饱满，由下至上进行。
3. 面层处理，注浆完成 72h 后，对注浆部位进行表面处理，清除溢出的注浆液，切除并磨平注浆针头。

5.1.4.5　刚性材料堵漏

渗漏程度较轻，或渗漏部位经注浆堵漏后，应采用刚性材料堵漏处理，基本方法：

1. 基层处理：面层清理，剔凿渗漏点、渗漏缝，将不密实的、疏松的混凝土或水泥砂浆找平层剔除，剔凿深度不宜小于 20mm，渗漏缝宜剔成 U 形凹槽。

2. 按堵漏材料的凝结速度和使用量调配用料，塞填在需堵漏的孔、洞、缝隙里。带压施工时，堵漏材料嵌填封堵后应采用施加压力的措施。

3. 对堵漏后的部位进行修平处理，再按面层防水的要求进行后道工序的施工。

5.1.4.6 排水

原设计有配套排水设施的工程，应保留排水系统。原设计无排水系统，工程需要且采用背水面排水措施不会引起地表沉降、水土流失和影响建筑物安全与使用功能，可在二衬内侧底部设置明沟、暗沟或盲沟等排水的措施。

5.1.4.7 面层防水

刚性堵漏和结构注浆止水后，应进行面层防水处理，根据工程环境、现场条件等因素选用与基层粘结力强、抗渗、抗压性能好、可在潮湿基面施工的水泥基类防水涂料、渗透改性环氧防水涂料、水性环氧防水涂料、聚合物水泥防水砂浆、水泥基渗透结晶型防水剂配制的防水砂浆等做防水层。

5.1.5 质量检查与验收

1. 洞库、隧道防水工程修缮用防水材料进场抽样复验应根据用量多少和工程的重要性来确定。防水卷材、防水涂料、堵漏材料、密封材料抽样复验批次应符合相关规定；重要的、特殊的洞库、隧道防水工程修缮所用防水材料的复验，可不受材料品种和用量的限定。

2. 工程质量检验批量应符合下列规定：

（1）洞库、隧道防水工程大面积修缮，按防水面积每 100m² 抽查一处，不足 100m² 按 100m² 计，每处 10m²，且不得少于 3 处。

（2）洞库、隧道防水工程局部修复，应全数进行检查。

（3）细部构造防水修复，应全数进行检查。

3. 地下防水工程修缮质量验收应提供以下资料：

（1）渗漏查勘报告。

（2）修缮方案及施工洽商变更单。

（3）施工方案、技术交底资料。

（4）防水材料的质量证明资料。

（5）隐检记录。

（6）施工专业队伍的相关资料及主要操作人员的上岗证书等。

4. 地下防水工程修缮质量应符合下列规定：

（1）防水主材及配套材料应符合修缮渗漏治理方案设计要求，性能指标应符合相关标准规定。

检验方法：检查出厂合格证、质量检验报告和现场见证抽样复验报告。

（2）修缮部位质量应符合相应防水等级规定和修缮方案中的质量要求。

检验方法：观察检查、检查隐蔽工程验收记录、仪器检测、雨后检验等。

（3）防水构造应符合修缮方案设计要求。

检验方法：观察检查和检查隐蔽工程验收记录。

（4）洞库、隧道防水工程修缮其他质量应符合修缮设计方案要求和我国现行地下工程相关规范的规定。

检验方法：观察检查和检查隐蔽工程验收记录。

5.1.6　使用、维护注意事项

1. 洞库、隧道防水工程修缮完成投入使用后，应建立工程维修、维护制度，发现问题及时维修。

2. 雨季之前应对洞库、隧道防水工程排水系统进行检查与维修，保持排水系统正常运行。

3. 洞库、隧道防水工程检查与维修，不得破坏防水体系的完整性。

5.2　洞库防水工程修缮施工技术

5.2.1　离壁式洞库渗漏修缮

5.2.1.1　迎水面修缮

1. 迎水面修缮的基本条件：洞库的拱顶、侧壁与毛洞或初期支护结构体的间距应具备施工人员施工作业空间。

2. 适用的材料：

（1）防水卷材可选择聚乙烯丙纶等湿铺类卷材、自粘类卷材、搭接缝可焊接的高分子类卷材及水性橡胶高分子复合防水卷材，不得选用采用明火烘烤、加热施工工艺的防水卷材。

（2）防水涂料可选用聚合物水泥防水涂料、水性橡胶高分子复合防水涂料、水泥基渗透结晶型防水涂料、高分子益胶泥、"确保时"防水涂料等材料，不得选用热熔型和溶剂型的防水涂料。

（3）防水砂浆可选用聚合物水泥防水砂浆，以及采用水泥基渗透结晶防水剂、高分子益胶泥、"确保时"防水涂料等配制的水泥防水砂浆。

3. 基层要求：

（1）基层应坚实、平整、干净，凹凸不平部位应用聚合物水泥砂浆修补平整。

（2）湿铺类卷材、水性涂料类基层可潮湿，水性橡胶高分子复合防水涂料、水泥基渗透结晶型防水涂料、高分子益胶泥、"确保时"防水涂料、水泥防水砂浆等防水基层应湿润但不得有明水，自粘类卷材、高分子类防水卷材防水基层应干燥。

4. 卷材防水层铺设：

（1）卷材防水层铺设，应从侧壁底部向上铺贴，卷材方向应与拱顶垂直；卷材铺至拱顶向上不小于300mm，并用金属压条钉压固定。

（2）拱顶的卷材应平行拱脊铺贴，从拱顶两侧的边缘铺设第一张卷材，顺槎覆盖在立面卷材防水层上，搭接宽度不应小于150mm；拱脊应用整幅卷材，顺槎覆盖在两边的卷材上。

（3）卷材防水层铺贴施工的其他工艺与质量要求应符合相应材料的相关标准规定。

（4）卷材防水层上可不设保护层。

5. 涂料防水层、水泥砂浆防水层施工工艺与质量要求见本书相关章节相应内容。

6. 夹壁墙底部的排水沟与洞库的排水系统应连接畅通，以便将初衬的渗漏水顺畅排至山体外。

5.2.1.2　背水面修缮

如果洞库的拱顶、侧壁与毛洞或初期支护结构体的间距过小、障碍较多或为贴壁式库体，不具备迎水面施工作业空间，应在背水面进行修缮。

1. 剔除渗漏部位的饰面层和水泥砂浆找平层至混凝土结构表面，对宽度大于 0.2mm 的混凝土裂缝，应切割、剔凿出宽 20mm、深 30mm 左右的 U 形槽，并清理干净。

2. 对漏水点钻孔埋置注浆嘴，采用聚氨酯、丙烯酸盐浆料注浆止水后，再高压灌注渗透改性环氧树脂浆液或水泥基类浆料进行补强加固处理。

3. 当注浆液在混凝土结构体内固化后，即可切除外露的注浆嘴，并用聚合物水泥防水砂浆填塞、压实、修补平整注浆嘴部位与裂缝切割凹槽部位。

4. 表面防水涂层施工：

（1）面层采用水泥基类涂料作防水层施工时，应将空鼓、疏松的混凝土凿除，光滑的混凝土表面应用电动钢丝刷打毛，用高压水冲洗干净，并润湿基层。在干净潮湿而无明水的混凝土基层表面分遍涂布水泥基类防水涂料，在前一遍涂层凝固后再涂刷后一遍涂料，每遍涂料应涂刷均匀，涂层的总厚度及材料用量应不小于设计要求。在涂层终凝后，应喷雾状水养护，养护时间不宜少于 72h。涂层经验收合格后，即可铺抹普通水泥砂浆找平层并恢复饰面层。

（2）面层采用水泥砂浆作防水层施工时，应在干净、潮湿而无明水的混凝土基层表面上，分两层铺抹水泥防水砂浆，每层厚度不宜大于 10mm，在第一层终凝前铺抹第二层，压实抹平。水泥砂浆防水层表面硬化后，即应洒水养护，养护时间不宜少于 72h，养护完成后可直接恢复饰面层。

（3）面层采用渗透改性环氧树脂涂料作防水层施工时，可在干净、干燥或潮湿而无明水的混凝土基层表面上，均匀涂刷按甲料：乙料＝100：（5～10）比例配制成的渗透改性环氧树脂防水涂料两至三遍，第一遍涂料应涂布至饱和状态，但不得有流挂现象，前一遍涂料涂布 0.5～1h，再涂布后一遍涂料，以涂至基层表面的孔隙饱满不再渗透为宜，涂料总量与基层表面的密实度有关，一般用量为 0.5kg/m² 左右，在最后一遍涂料涂完 4h 内，即可铺抹水泥砂浆作保护层，并恢复饰面层。

5.2.2　贴壁式洞库渗漏修缮

贴壁式洞库渗漏水修缮，应在背水面采取注浆、刚性材料堵漏和面层防水处理等措施，修缮施工技术见本节"5.2.1 离壁式洞库渗漏修缮"背水面修缮相应内容。

5.2.3　覆土库渗漏修缮

5.2.3.1　迎水面修缮

1. 将顶部的覆土层全部挖除，两侧墙体外土方的开挖宽度不应小于 800mm。

2. 基层应清理干净，对凹凸不平的基层应用水泥砂浆修补平整。

3. 宜选用卷材作外包防水层。防水卷材应选用聚乙烯丙纶卷材、PVC防水卷材、高密度聚乙烯土工膜等冷作业施工的高分子卷材。

聚乙烯丙纶卷材采用聚合物水泥防水胶结料湿铺施工，施工工艺与质量要求应符合相应标准规定。

PVC防水卷材、高密度聚乙烯土工膜采用空铺法施工，基本方法：

（1）卷材呈自然放松状态，从坡度最低标高处沿侧墙顺序铺设，与基面紧贴。

（2）平直的搭接缝应用双缝自动焊机沿缝进行焊接处理，侧墙搭接缝应采用挤出型焊接机焊接处理，上下幅卷材顺槎搭接，搭接宽度不应小于100mm。

（3）侧墙空铺卷材防水层应采用机械方式固定，平面、拱顶空铺卷材防水层应及时用沙袋等重物压紧，以免被风掀开或位移。

（4）防水层完成经验收合格后按原设计恢复覆土层。

5.2.3.2　背水面修缮

覆土库式洞库渗漏水，迎水面不具备修缮条件时，应在背水面采取注浆、刚性材料堵漏和面层防水处理等措施，修缮施工技术见本节"5.2.1 离壁式洞库渗漏修缮"背水面修缮相应内容。

5.3　隧道防水工程修缮施工技术

5.3.1　隧道工程渗漏水修缮

应根据工程地质条件、渗漏程度、渗漏原因、原防水设计方案等因素，确定渗漏水修缮方案。方案应具有科学性、先进性、可操作性、经济合理性和治理效果的耐久性。

5.3.2　初衬渗漏修缮

初衬背后地质较差，存在溶洞或裂隙水孔洞时，应采用高浓度水泥浆或水泥砂浆等灌浆填充，快速止水堵漏可采用水泥-水玻璃、亲水型聚氨酯等灌浆材料，必要时可采取临时引排水措施。

5.3.3　二衬结构渗漏治理修缮

1. 二衬结构渗漏采用背水面引水和排水措施时，应符合下列规定：

（1）引水和排水措施不得引起地表沉降、水土流失和影响建筑物安全性和使用功能，应对渗漏水水质、渗漏量及结构做定期监测。

（2）引水和排水应为渗漏修缮辅助措施，不应作为渗漏治理主要措施；隧道外围为杂填土层时，渗漏治理不宜采用以引排为主的措施。

（3）渗漏水排放，应通过管道、明沟、暗沟、盲沟等重力自排方式引入洞外排水系统；当采用建筑物内泵房集中抽排时，引入泵房的水量不得超过泵房容水量设计要求。

2. 混凝土渗漏，出现涌水、水质浑浊或夹带泥沙的现象时，应采用引水与堵漏相结合的快速止水措施：

（1）采用临时引水、排水措施泄流降压。

（2）在涌水点钻孔，采用水泥-水玻璃浆液、发泡聚氨酯浆液、丙烯酸盐浆料等速凝材料注浆止水。

（3）止水后再采用水泥浓浆或水泥砂浆注浆进一步封堵渗漏源。

（4）渗漏水完全封堵后，应对混凝土表面缺陷进行修补并作防水处理，拆除临时引水、排水管。

3. 混凝土裂缝渗漏水，可采用临时引排、化学注浆与刚性材料堵漏相结合的修缮措施：

（1）渗漏严重部位，在低处钻孔，埋置临时引水、排水管，将渗漏水引入到排水管沟或集水坑。

（2）裂缝宽度大于 0.2mm 时，剔凿、切割成宽 20mm、深 30mm 的 U 形凹槽，裂缝两侧疏松混凝土应剔除，并将 400mm 范围内混凝土面清理干净；凹槽内按照由高向低顺序，钻孔埋置注浆针头，正在渗漏部位灌注聚氨酯浆料或丙烯酸盐、水泥-水玻璃等快速凝固的堵漏止水浆料，至不渗漏时嵌填速凝型无机防水堵漏材料封堵凹槽后，再注入超细水泥浆或渗透改性环氧浆液，对裂缝进一步封堵和对结构进行补强；裂缝两侧 400mm 清理范围涂刷水泥基类防水涂料，施工工艺与质量要求应符合选用材料相应标准的规定。

（3）当裂缝宽度小于 0.2mm 且仅有湿渍时，可采用渗透改性环氧树脂骑缝贴嘴注浆，注浆压力宜为 0.2~0.3MPa。

（4）不得将聚氨酯注浆止水浆料用于混凝土裂缝修复补强。

4. 混凝土表面有湿渍而无明水的蜂窝麻面，应清除表面附着物，露出清晰的混凝土基面，选用水泥基渗透结晶型防水涂料、渗透改性环氧树脂防水涂料、聚合物水泥防水涂料、水泥防水砂浆等材料对面层进行防水处理，施工工艺与质量要求见本书相应内容。

5. 预埋注浆系统完好的施工缝渗漏，应使用预埋注浆系统注入超细水泥或水泥-水玻璃浆料、水泥基渗透结晶型浆料、丙烯酸盐等浆料进行封堵。

无预埋注浆系统或注浆系统失效的施工缝渗漏修缮，应沿缝剔凿、切割成宽 20mm、深 30mm 的凹槽，凹槽内钻孔埋置注浆针头；正在渗漏部位应灌注丙烯酸盐或水泥-水玻璃、聚氨酯、丙烯酸盐等快速凝固的堵漏止水浆料；不渗漏时嵌填速凝型无机防水堵漏材料封堵凹槽后，再注入超细水泥浆或渗透改性环氧浆液。

裂缝两侧 300mm 范围清理干净，湿润后涂刷水泥基类防水涂料，施工工艺与质量要求应符合选用材料相应标准的规定。

6. 变形缝渗漏，应采用缝内灌浆、缝口嵌填密封材料、面层防水等复合修缮措施：

（1）变形缝迎水面缝内灌浆，可选用聚氨酯灌浆材料、丙烯酸盐灌浆材料、非固化橡胶沥青灌浆材料，不得选用影响变形缝设置功能的无机灌浆材料；钻孔间距宜为 1500mm 左右。

（2）变形缝背水面缝内嵌填挤塑板填充材料，缝口内留置 20mm 凹槽，凹槽内嵌填聚氨酯密封胶或聚硫密封胶。

（3）变形缝背水面缝口安装卷材封盖层，宜选用厚度不小于 1.5mm、宽度不小于 300mm、搭接缝可焊接的 TPO、PVC 等高分子卷材，卷材两侧收边可采用凹槽嵌入方式固定密封或螺栓锚固密封方式。

（4）变形缝渗漏，现场不具备注浆堵漏作业条件及排水型隧道变形缝，可设置金属或塑料排水槽引排水，排水槽应固定牢固，与隧道内排水系统相连，水质应观测并应满足排水量限定要求。

7. 穿墙管道渗漏水，套管内外应采用符合工程特点的修缮方法：

（1）套管与混凝土之间缝隙渗漏：

1）套管周围剔凿宽 20mm、深 30mm 凹槽，并清理干净；

2）凹槽内钻孔埋置注浆针头；

3）凹槽嵌填速凝型无机防水堵漏材料封堵密实，露出注浆针头；

4）采用丙烯酸盐浆料注浆；

5）套管周围 200mm 范围内混凝土表面清理干净，可涂刷水泥基防水涂料或渗透改性环氧树脂、单组分聚脲等防水涂层作面层增强防水处理。

（2）套管与主管之间缝隙渗漏：

1）清理套管与主管之间缝隙的嵌填材料不小于 20mm 深。

2）缝隙埋置注浆针头，采用丙烯酸盐浆料注浆填满缝隙。

3）缝口清理部位嵌填聚氨酯密封胶或聚硫密封胶。

5.3.4　特殊隧道工程渗漏水修缮

处于严寒地区、渗漏严重、反复渗漏导致结构冻胀、背水面修缮难以完全解决渗漏问题的特殊隧道工程，为满足原建筑使用功能需求，考虑在结构迎水面采用阻断水源的方案时，应经结构验算、专项设计和专题论证。

第6章 建筑防潮工程修缮

6.1 建筑防潮工程类型

6.1.1 建筑首层地面

1. 无附建式地下室的建筑，施作在房心土上的首层地面，应作防潮设计。

2. 首层地面应高于室外自然地坪一定高度，具体高度应根据建筑所在地区地下水位及建筑外围水源情况确定。

3. 建筑所在位置无地下水和地表水影响，首层地面采用普通混凝土或普通水泥砂浆即可满足防潮要求。

4. 建筑所在位置有地下水和地表水影响，一般的建筑首层地面应采用防水混凝土或水泥防水砂浆；对防潮要求严格的建筑，首层地面应设计防潮层，防潮层基本构造做法：

(1) 房心土夯实；

(2) 100mm 混凝土垫层；

(3) 防潮层（防水涂料或防水卷材），墙体上返高度不应低于墙体防潮层或地面完成面上 100mm；

(4) 防潮保护层；

(5) 混凝土地面；

(6) 装饰层。

6.1.2 结构墙体

1. 混凝土结构墙体基础出地坪后，不需要另作防潮层。

2. 砖混结构墙体基础出地坪后，应设置防潮层。防潮层主要做法类型：

(1) 抹 20mm 厚 1∶2 水泥防水砂浆；

(2) 浇筑 60mm 厚 C20 混凝土圈梁；

(3) 抹 10mm 厚 1∶2.5 水泥砂浆上铺设防水卷材或涂刷防水涂料。

6.1.3 淋浴房墙面和顶板

1. 淋浴房墙面淋水部位应设置防水层，长期受到水蒸气、潮气影响的墙面和顶板应作防潮层。

2. 墙面和顶板防潮层常用的防水材料：

(1) 水泥防水砂浆；

(2) 水泥基类防水涂料，如高分子益胶泥、"确保时"、聚合物水泥防水涂料等；

(3) 丙烯酸防水涂料等。

6.1.4　与水箱房、蓄水池等相邻空间墙面

1. 水箱房、蓄水池等储水体为砌筑结构时，在迎水面应设置防水层，储水体不得有渗漏现象。

2. 储水体与相邻空间共用墙体，应设置保温层。

6.1.5　地下空间

1. 地下空间防水标准应符合相应防水等级规定。

防水等级为一级的地下空间，不允许渗水，结构表面无湿渍。

防水等级为二级的地下空间，不允许滴漏、线漏，可以有零星分布的湿渍和渗水点；结构表面可有少量湿渍；总湿渍面积不应大于总防水面积（包括顶板、墙面、地面）的1/1000；任意100m² 防水面积上的湿渍和渗水点不应超过2处，单个湿渍的最大面积不应大于0.1m²。

防水等级为二级的隧道及其他地下工程：不允许线漏，可以有湿渍和零星分布的滴漏、渗水点；总湿渍面积不应大于总防水面积的2/1000；任意100m² 防水面积上的湿渍、渗水点不应超过3处，单个湿渍或渗水点的面积不应大于0.2m²；平均漏水量不应大于0.10L/(m²·d)，任意100m² 防水面积上的渗水量不应大于0.15L/(m²·d)。

防水等级为三级的地下空间，有少量渗水和漏水点，不得有线流和漏泥砂；任意100m² 防水面积上的漏水或湿渍点数不应超过7处，单个漏水点的最大漏水量不应大于2.5L/d，单个湿渍或渗水点的最大面积不应大于0.3m²。

2. 地下空间应采取防潮措施，防潮基本做法：

（1）地下空间的侧墙应根据埋置深度和地下水位情况，设计相应保温措施。

（2）地下空间与室外温差较大时，出入口应设置保温装置。

（3）地下空间应有良好通风措施。

（4）地下空间湿度应符合相关规定。

6.2　常见建筑防潮工程潮湿现象及危害

6.2.1　常见潮湿现象

6.2.1.1　建筑首层地面

1. 地面泛潮。

2. 木地板、地毯等地面装饰层、装饰品有潮湿、泛黄、泛黑和霉变现象。

3. 搁置在地面的吸潮物品受潮或霉变。

6.2.1.2　墙体及屋面顶板内侧

1. 首层墙体墙根泛潮，装饰层开裂、空鼓、剥离、霉变。

2. 砖体侧墙外侧墙根泛潮、泛碱。

3. 侧墙内侧在严冬、盛夏和雨季时泛潮，有时有水珠，墙面装饰层开裂、空鼓、剥离、霉变。

4. 屋面顶板内侧出现泛潮现象，有时有均匀的水珠现象。

6.2.1.3　淋浴房、水箱房、蓄水池等相邻空间

1.淋浴房对应的相邻空间地面泛潮，木地板、地毯等地面装饰层、装饰品有潮湿、泛黄、泛黑和霉变现象。

2.水箱房、蓄水池等与相邻空间共用墙体，在相邻空间墙面存在潮湿、有均匀的水珠现象，严冬、盛夏和雨季现象更为明显。

6.2.1.4　地下空间

1.侧墙、顶板潮湿，有时有均匀的水珠现象（图6.2-1、图6.2-2）。

2.与侧墙相连的地面潮湿，有时有均匀的水珠现象（图6.2-3）。

3.风机管、给水管表面有均匀的水珠（图6.2-4）。

图6.2-1　地下车库侧墙冷凝水

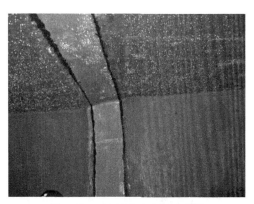

图6.2-2　地下车库顶板冷凝水

图6.2-3　地下车库地面冷凝水

图6.2-4　地下车库管道表面冷凝水

6.2.2　建筑潮湿的危害

1.建筑室内潮湿，使室内环境变差（图6.2-5），影响人们的生活质量和工作、学习环境。

2.建筑室内潮湿，使室内装饰层出现剥落、空鼓、开裂、霉变（图6.2-6、图6.2-7）并使墙体钢筋锈蚀（图6.2-8），存放的物品受潮、霉变，管道锈蚀，造成财力、物力损失和经济浪费。

3.砖体墙长期受潮，经盐碱和冻融作用，砖墙表皮逐层酥松剥落，影响结构承载力。

4.管道、金属件长期受潮，容易产生锈蚀，影响使用寿命。

图 6.2-5　地下室墙面受潮长毛

图 6.2-6　地下室装饰板受潮霉变

图 6.2-7　室内墙面受潮霉变

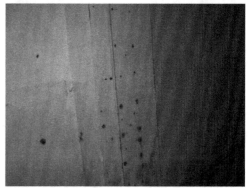

图 6.2-8　墙体潮湿使钢筋锈蚀

6.3　建筑防潮工程修缮

6.3.1　现状查勘

6.3.1.1　建筑工程防潮修缮前应进行现场查勘，现场查勘宜包括以下内容

1. 潮湿部位、状况、程度及潮湿变化规律。
2. 确定潮湿不是由渗漏水造成。
3. 原采用的防潮材料与防潮做法。
4. 工程使用环境。

6.3.1.2　现场查勘宜采用以下基本方法

1. 观察查勘潮湿部位、潮湿范围、潮湿程度。
2. 仪器探测。
3. 潮湿部位排除渗漏水检测方法：

（1）仪器探测。

（2）剔凿潮湿程度相对严重部位，剔凿范围 50mm×50mm，剔凿深度不小于 30mm（图 6.3-1），剔凿的渣土应直接落在干燥的容器里；观察渣土为干燥状态，则判定剔凿部位不存在渗漏水问题。

（3）采用冲击钻在潮湿程度相对严重部位钻孔（图 6.3-2、图 6.3-3），由浅向深，边推进边观察，粉末应直接落在干燥的容器里，深度在 30mm 后观察粉末为干燥状态，则判定钻孔部位不存在渗漏水问题。

（4）必要时，潮湿程度严重部位可采用岩心取样勘验或采用红外线成像仪检测（图 6.3-4、图 6.3-5）。

（5）将潮湿程度相对严重部位擦拭干净，擦拭面积 300mm×300mm，擦拭范围空铺一层透明塑料薄膜，观察塑料薄膜向上一面呈现均匀细小水珠、而覆盖部位无渗水现象时，则判定剔凿部位不存在渗漏水问题。

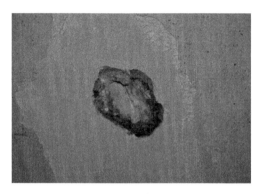

图 6.3-1　潮湿部位剔凿勘验

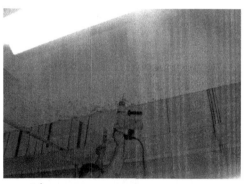

图 6.3-2　地下室顶板潮湿部位钻孔勘验

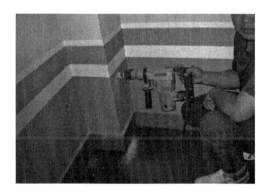

图 6.3-3　地下室墙体潮湿部位钻孔勘验

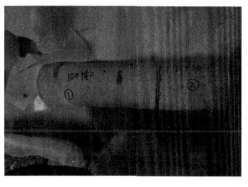

图 6.3-4　潮湿部位岩心取样勘验

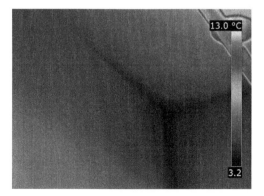

图 6.3-5　潮湿部位红外线成像仪检测

6.3.2　原因分析

1. 建筑工程由渗漏水引起的潮湿现象不在本节讨论范围。

2. 建筑首层地面潮湿，产生原因应是地面未作防潮层或防潮层未能起到有效的防潮作用；首层室内墙体墙根出现泛潮和侧墙外侧墙根出现泛潮、泛碱等现象，产生的原因应是首层地面和墙体未作防潮层或防潮层未能起到有效防潮作用，不能有效地阻止地下水汽沿基础向上渗透，造成地面及墙体经常潮湿。

3. 建筑侧墙及顶板内侧在严冬和盛夏时出现泛潮、有时有水珠现象，应是冷凝水造成，建筑保温设置不能满足保温要求，顶板及侧墙表面温度与室内温度不一（图6.3-6～图6.3-10）。

图6.3-6　室内屋顶与外墙阴角　　　　图6.3-7　外墙保温层厚度不符合
冷凝水现象　　　　　　　　　　　　设计要求

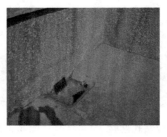

图6.3-8　屋面通风口未　　　图6.3-9　屋面排水口未　　　图6.3-10　屋面保温层
设置保温层，形成冷桥　　　设置保温层，形成冷桥　　　铺装厚度低于设计要求

4. 淋浴房、水箱房、蓄水池等与相邻空间共用墙体潮湿，应是冷凝水现象，由相邻空间空气湿度大、通风不良、共用墙体表面温度与室内温度的温差大等原因造成。

5. 地下空间潮湿，侧墙、顶板、地面、管道等部位有分布均匀的水珠，地面有时出现积水现象，严冬、盛夏和雨季更为明显。上述现象由冷凝水所致，产生的主要原因：

（1）地下空间保温设置不能满足使用要求，未达到保温效果，出现冷凝水的顶板、侧墙和构件表面温度与室内温差大。

（2）地下空间通风不良（图6.3-11）。

（3）地下空间空气湿度大。

6.3.3　制定防潮修缮方案

6.3.3.1　建筑工程防潮修缮方案宜包括以下内容

1. 工程概况。
2. 防潮做法。
3. 材料要求。
4. 施工技术要点。
5. 质量要求。
6. 安全注意事项与环保措施等。

图 6.3-11　通风不良

6.3.3.2　建筑工程防潮修缮方案应遵循以下基本原则

1. 建筑工程防潮修缮确定方案时，应遵循"因地制宜"的原则：

（1）局部潮湿宜局部修缮，防潮层整体失效时应进行整体修缮。

（2）由地下水汽上泛引起的潮湿，应侧重从完善防潮层方面进行修缮，阻断地下水汽上泛途径。

（3）因冷凝水引起的潮湿，侧重从提高保温功能和改善环境条件方面采取措施。

2. 室内防潮修缮应遵循"按需选材"原则，应选用耐水、便于操作、绿色环保、施工中及工程使用中对人体无害的防潮材料，涂料类的防潮材料应不含有机溶剂；局部修复采用的防潮材料与原防潮材料应具有相容性。

3. 防潮工程渗漏修缮应遵循"节能环保、安全可靠"的原则，尽量减少对具有防潮功能的原防潮层的破坏，修缮施工不得损害建筑物结构安全。

4. 建筑工程防潮修缮确定方案时，应遵循"综合治理"的原则，遇有与潮湿相关的渗漏水、保温、通风、环境湿度等问题时，应一并采取修缮措施。

6.3.4　主要防潮材料及辅助材料

6.3.4.1　主要防潮材料

1. 主要柔性防水涂料：单组分聚氨酯防水涂料，聚合物乳液防水涂料（丙烯酸防水涂料），聚合物水泥防水涂料（JS 复合防水涂料），水性橡胶高分子复合防水涂料，高聚物改性沥青防水涂料（氯丁胶乳沥青防水涂料、SBS 改性沥青防水涂料），聚脲防水涂料，喷涂速凝橡胶沥青防水涂料等。

2. 主要刚性防水材料：水泥基渗透结晶型防水材料，水泥防水砂浆。

3. 主要刚柔复合型防水材料：高分子益胶泥系列防水材料。

4. 主要防水卷材：聚乙烯丙纶复合防水卷材，聚酯胎基（PY 类）自粘聚合物改性沥青防水卷材、高分子膜基自粘聚合物改性沥青防水卷材等。

5. 主要注浆材料：渗透改性环氧树脂注浆材料。

6.3.4.2　主要辅助材料

用于附加层的胎体增强材料，宜选用 $30\sim50\mathrm{g/m^2}$ 的聚酯纤维无纺布、聚丙烯纤维无纺布或耐碱玻璃纤维网格布等。

6.3.4.3　防潮材料的性能指标和质量要求应符合相关标准规定

6.3.5　施工要求

工程防潮修缮施工应符合下列规定：

1. 应关闭拆除部位水源、电源。

2. 应拆除影响防潮修缮施工的设备、器具、锈蚀管件和糜烂及失效的防潮层，拆除不得破坏室内结构。

3. 防潮层基层应坚实、平整。

4. 防潮层与基层应采用满粘法施工，粘结紧密，不得空鼓。

5. 墙面防潮层与楼地面防潮层应顺槎搭接。

6. 细部构造防潮应增强处理。

7. 墙地面设置管线时，管线与防潮基层之间应设置防潮层。

8. 局部修缮施工时，选用的防潮材料应与原防潮层材料相容；新旧防潮层顺槎搭接，搭接宽度不应小于100mm。

9. 保护层、饰面层恢复应与原外观协调。

6.3.6　建筑首层地面防潮修缮

6.3.6.1　整体拆除修缮

建筑首层地面未作防潮层或防潮层未能起到有效的防潮作用，应进行整体修缮，重新施作防潮层，施工基本做法：

1. 拆除地面装饰层、垫层、填充层等相关构造层至坚实的水泥砂浆或混凝土基层；拆除时，应关闭水源、电源，不得破坏结构的安全性。

2. 防潮层基层应坚实、平整，基层的阴、阳角部位宜抹成圆弧形。

3. 防潮层的施工应符合选用的防潮材料施工工艺要求和相关规范规定，无论采用何种防潮材料，防潮层与基层均应采用满粘法施工，与基层粘结紧密，不得空鼓。

4. 防潮层在墙面上返高度不得低于墙面防潮层高度，平面防潮层与立面防潮层应顺槎搭接。

5. 防潮层应形成闭合整体，有效地阻断地下水汽上返，施工质量应符合相关标准规定。

6. 防潮层的保护层宜选用细石混凝土、水泥砂浆、砂浆垫层等材料，保护层施工时不得破坏防潮层。

6.3.6.2　局部修缮

建筑首层地面原设置防潮层，出现局部泛潮现象，宜采用局部修缮方案。修缮方法有两种类型，一是采用拆除泛潮部位方法进行修缮；另一种是泛潮部位不用拆除，采用注浆方式进行修缮。

1. 局部拆除修缮：

（1）拆除：

1）拆除泛潮部位地面装饰层、垫层、填充层等相关构造层至原防潮层。

2）拆除范围应大于泛潮部位，周边宜外延不小于500mm。

3）原防潮层留置搭接宽度应不小于 100mm。

4）拆除部位应清理干净。

（2）防潮层施工：

1）选用与原防潮层材料具有相容性的防潮涂料。

2）将选用防潮涂料分遍均匀涂布在拆除部位，施工应符合选用的防潮材料施工工艺要求和相关规范规定，与基层粘结紧密，不得空鼓，防潮层厚度不得低于原设计要求，新旧防潮层搭接宽度应不小于 100mm。

3）新做防潮层经隐检验收合格后，按原设计恢复拆除的各构造层次。

2. 采用注浆方法修缮

（1）注浆材料选用：渗透改性环氧树脂注浆材料。

（2）泛潮部位钻孔，埋置注浆针头；注浆针头间距根据地面装饰材料确定，水泥砂浆或混凝土地面间距宜为 500mm 左右，块体材料装饰地面钻孔位置应选在块体材料拼缝处；注浆范围应大于潮湿部位，周边宜外延不小于 500mm。

（3）注浆注意事项：

1）应采用低压、慢速方法注浆，注至饱和状态，防止压力过大或材料过量造成地面变形。

2）注浆后应及时清理注浆针头和溢出的浆液。

6.3.6.3　墙体及屋面顶板内侧泛潮修缮

1. 建筑砖砌侧墙首层墙根泛潮、泛碱修缮：

（1）侧墙外侧：

1）墙根挖开深度不小于 500mm、宽度不小于 800mm 沟槽。

2）挖开部位墙面清理干净，抹 20mm 厚水泥防水砂浆，高度从沟槽基底向上不宜低于 1000mm。

3）沟槽采用 2∶8 灰土夯实。

4）建筑墙根设置混凝土散水。

（2）侧墙内侧：

1）侧墙内侧墙根钻孔，孔距 300mm，埋置 100mm 长注浆针头，采用渗透改性环氧树脂注浆，每个注浆孔注浆用量不宜小于 500g。

2）侧墙内侧采用水泥砂浆抹灰 20mm 厚，地面向上 800mm 范围墙面抹防水砂浆，防水砂浆在地面延伸 300mm 宽度。

2. 建筑侧墙内侧由冷凝水引起的泛潮、霉变修缮：

（1）重点解决侧墙内侧温度与室内温度的温差，根据工程实际情况和现场施工条件，采用增强外保温或内保温做法，保温材料选用及施工做法应由专项设计确定。

（2）改善室内通风环境。

（3）调节降低室内湿度。

3. 屋面顶板内侧由冷凝水引起的泛潮、霉变修缮：

（1）重点解决屋面顶板内侧表面温度与室内温度的温差，屋面保温增强处理部位应包括屋面、女儿墙内外侧及穿透屋面的管道、通风口、上人孔，保温材料选用及施工做法应由专项设计确定。

（2）改善室内通风状况。

（3）调节降低室内湿度。

6.3.6.4　淋浴房对应的相邻空间地面泛潮修缮

1. 在淋浴房顶板设置防潮层。

2. 当淋浴房顶板不具备设置防潮层施工条件时，可在淋浴房顶板对应地面设置防潮层。

6.3.6.5　水箱房、蓄水池等与相邻空间共用墙体冷凝水处理

水箱房、蓄水池等与相邻空间设置共用墙体、在相邻空间墙面出现冷凝水时，修缮主要措施：应在墙面增加保温措施，保温材料选用及施工做法应由专项设计确定。

6.3.6.6　地下空间冷凝水现象处理

1. 产生冷凝水部位增加保温措施，保温材料选用及施工做法应由专项设计确定。

2. 改善地下空间通风状况，通风措施及施工做法应由专项设计确定。

3. 调节降低地下空间湿度。

6.3.7　质量要求

1. 修缮选用的防潮、密封材料应符合设计要求与相关标准规定。

2. 防潮层铺设施工质量应符合设计要求与相关规范规定。

3. 防潮层厚度应符合设计要求与相关规范规定。

4. 修缮后的防潮工程不应有泛潮、冷凝水现象，质量应符合相关标准规定。

第 2 篇　防腐工程修缮

第 7 章　钢筋混凝土防腐工程修缮[1]

7.1　概述

钢筋混凝土是人类使用最大宗的建筑结构材料。随着现代混凝土技术与我国经济快速持续的发展，混凝土被广泛应用于港口、大坝、公路、桥梁、市政等现代化工程建设中。然而，钢筋混凝土结构由于受到各种环境条件，如大气、水等物理、化学或生物的侵蚀作用，即使结构设计合理、施工正确，其在服役期间也往往发生劣化、未达到预期寿命而破坏。据报道，美国承包人联合会估计美国现有的混凝土基础设施的修补和改造将耗时19年花费3.3万亿美元以上。在英国，需要重修或大修的钢筋混凝土结构占36%以上。在我国，钢筋混凝土结构的侵蚀破坏也十分严重，且随着我国基本建设的全面开展，在未来一段时间内钢筋混凝土结构的修补、修复与防护等问题将会日益突出。在21世纪，世界上基础设施面临着改造和修复的工程将大大超过新建建筑的工程量。另外，需要认识到一点：大多数正在被修补的混凝土结构不能达到它们的设计寿命，也不能达到预期标准的使用效果。因此，对混凝土结构进行修补、采取有效防护技术以防止混凝土的环境侵蚀、维护混凝土的使用性能，对保证并提高混凝土结构的耐久性与使用寿命具有重要的现实意义。这不仅保证建筑物在使用寿命期间的安全性，且也可大大减少对自然资源和能源的消耗，也符合混凝土工业的可持续发展战略。

进入21世纪以来，在应用过程中，传统水泥混凝土的缺陷也越来越多地暴露出来，集中体现在耐久性方面。寄予厚望的胶凝材料——水泥，在混凝土中的表现远没有想象得完美。经过近十几年的研究和工程实践，越来越多的学者认识到传统混凝土过分地依赖水泥是导致混凝土耐久性不良的首要因素。同时，以高效减水剂为代表的混凝土外加剂已经大大改变了施工方式和混凝土状态；建筑结构以钢筋混凝土为主体，大型、超长、大约束结构的建筑越来越多；现代施工技术虽然有很大发展，但工程建设中的不规范行为很多。在这样的背景下，现代混凝土结构1990年后裂缝频发，成为工程界和学术界关注的热点。混凝土结构设计中不仅要考虑其所承受的荷载，而且要考虑环境的影响，即耐久性（durability）。混凝土结构耐久性是指混凝土结构（包括钢筋或预应力钢筋混凝土）抵抗环境中各种因素作用而保持正常使用功效的能力，包括抗渗透性、抗碳化性、抗冻融性、抗化学侵蚀性、耐火性等方面。

一般来说，钢筋混凝土是一种非常耐久的人工复合材料，可承受各种恶劣环境，如大气、海洋、工业和高山气候等条件。尽管大部分钢筋混凝土结构表现出良好的长期性能与高耐久性。然而，仍然有大量混凝土结构因结构设计、环境侵蚀、施工缺陷等各种原

1.［作者简介］蒋正武，男，教授，同济大学，单位地址：上海市嘉定区曹安公路4800号。邮政编码：201806。电话：021-65980527。邮箱：jzhw@tongji.edu.cn

因引起在服役寿命期间破坏的案例。主要原因包括：

（1）结构设计的承载力不足。

（2）使用荷载的不利变化。

（3）施工不当引起的混凝土质量缺陷。

（4）因各类环境侵蚀引起的钢筋混凝土结构的耐久性下降。特别是沿海及近海地区的混凝土结构，由于海洋环境对混凝土的腐蚀，导致钢筋锈蚀而使结构发生早期破坏。耐久性失效是导致混凝土结构在正常使用状态下失效的最主要原因之一。

（5）正常合理的维护不足等。

7.2　常见环境侵蚀的类型及其作用机理

钢筋混凝土建筑物在服役过程中常受到周围环境的物理、化学及生物侵蚀作用。一般来说，钢筋混凝土的环境侵蚀主要包括大气、水、生物、气候、特种环境侵蚀等几大类。各类环境中侵蚀介质与条件不同，侵蚀机理也不同。环境侵蚀的这种分类，也并非绝对、孤立。其实，在大多数情况下，这些侵蚀类型往往相互交叉、共同作用，对混凝土产生侵蚀破坏。

混凝土的耐久性是指其抵抗气候作用、化学侵蚀、磨损以及其他任何劣化作用的能力，耐久的混凝土在暴露于周围环境中能够保持其原来的性状、质量以及其使用性能。钢筋混凝土结构劣化与耐久性下降的影响因素主要有以下几种，见图 7.2-1。

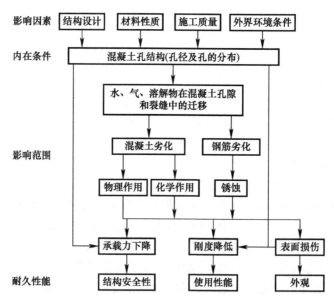

图 7.2-1　钢筋混凝土结构耐久性的影响因素

纵观混凝土的各类环境破坏机理，混凝土劣化过程（物理、化学和生物的）和钢筋或预应力钢筋发生劣化的主要原因有冻融循环、碱-骨料反应、硫酸盐侵蚀、收缩开裂和钢筋锈蚀等。对其任何一种劣化而言，膨胀和开裂的原因都与水有关，同时水也是侵蚀性介质（如氯盐、硫酸盐等）迁移进入混凝土内的载体。综合混凝土结构各种劣化机理可知，几乎所有影响混凝土结构耐久性的化学和物理过程都涉及两个主要的影响因素，即水及其在混凝土孔隙和裂缝中的迁移。热量提供这些过程进行的活化能。混凝土与环境间的水、热量和化学物质的复合迁移及控制这些迁移机理的参数构成影响混凝土耐久性的主要因素（图 7.2-2）。

分析混凝土结构的劣化原因，了解常见环境侵蚀的类型、机理及其影响因素对分析混凝土结构环境现状、选择合理的防腐材料、提出防腐技术措施有重要的指导意义。

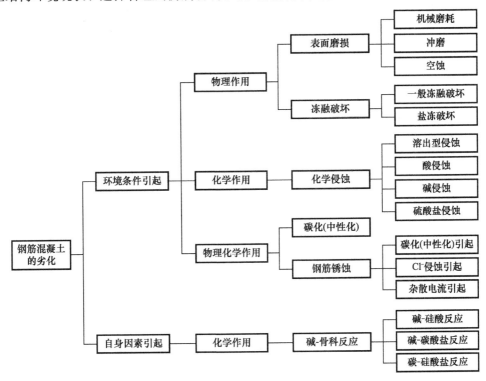

图 7.2-2　钢筋混凝土劣化形式的分类

7.2.1　大气环境侵蚀

钢筋混凝土在大气环境中的侵蚀，主要指大气中 CO_2、酸雾以及酸性气体形成的酸雨等侵蚀。大气环境下主要引起钢筋和混凝土的化学侵蚀。

7.2.1.1　碳化侵蚀

混凝土中含有水与毛细孔，空气中的 CO_2 会不断向混凝土表面或孔隙中扩散渗入。CO_2 溶于孔隙水中，呈弱酸性，经过毛细孔渗入内部，并与水泥生成的碱性水化物 $Ca(OH)_2$ 反应，生成不溶于水的 $CaCO_3$，使得混凝土孔溶液的 pH 值降低，当 pH 值降到 11.5 时，钢筋的钝化膜开始破坏，当下降到 10 时，钝化膜完全失钝，钢筋产生锈蚀而破坏。混凝土的碳化过程是物理和化学作用同时进行的过程。

混凝土的碳化是材料本身与外部环境气候条件共同作用的结果，指混凝土中的氢氧化钙 $Ca(OH)_2$ 与渗透进混凝土中的二氧化碳（CO_2）或其他酸性气体发生化学反应的过程。混凝土中 pH 值下降的过程称为混凝土的中性化过程，其中，由大气环境中的 CO_2 引起的中性化过程称为混凝土的碳化。由于大气中均有一定含量的 CO_2，碳化是最普遍的混凝土中性化过程。混凝土中 $Ca(OH)_2$ 与空气中的二氧化碳的反应是一个缓慢的过程，主要取决于环境中的相对湿度、温度、混凝土的渗透性以及二氧化碳的浓度。当相对湿度维持在 50%～75% 之间时，碳化速率最高。相对湿度在 25% 以下时，发生的碳化可以认为不重要。而相对湿度在 75% 以上时，存在于孔中的湿气阻止了二氧化碳的渗入。

7.2.1.2　酸雨侵蚀

大气污染比较严重的地方，大气中常含有大量的 NO_x、SO_2 等酸性气体或酸雾，最终形成酸雨。混凝土在没有保护的情况下，酸雨会对其产生强烈的腐蚀。当酸雨的 pH 值小于 6.5 时便会产生侵蚀，pH 值越小，酸雨侵蚀越大。因混凝土是碱性材料，当酸雨中酸性物质与混凝土接触时，会与其碱性水化产物 $Ca(OH)_2$ 发生反应生成非凝胶物质和易溶于水的物质，从由外到内逐渐进行反应，最终侵蚀到混凝土的内部，对混凝土进行缓慢彻底的侵蚀。另外，酸雨还促使水化硅酸钙和水化铝酸钙的水解，从而破坏了孔隙结构的凝胶体，使混凝土的力学性能下降。

总的来说，硅酸盐水泥尽管能抵抗一些弱酸的侵蚀，但不具有很好的抗酸侵蚀的能力，特别是当偶尔暴露在这种环境条件下时。

侵蚀混凝土的酸有不同的来源。许多燃料燃烧后的产物含硫化物气体，在与湿气结合后生成含硫的酸，同时在导致酸形成的污水中聚集起来。

从一些矿区流出的水以及一些工业水则可能包含或是形成了能侵蚀混凝土的酸。泥煤土、黏土以及明矾片岩可能包含硫化物，经过氧化产生含硫的酸。进一步反应则生成硫酸盐，从而产生硫酸盐侵蚀。

山谷溪流由于溶解了游离的 CO_2 有适度的酸性。如果混凝土的质量好且只有低的吸附性，通常这些水仅能侵蚀混凝土的表面。然而，一些溶解有大量 CO_2 或是氢化硫或是两者都有的矿物质水则会对任何混凝土产生严重的危害。对于含硫化氢的水，一些能把硫化氢化合物转化为含硫的酸的细菌可能起了很重要的作用。

二氧化碳被雨水吸收进入地下水并形成碳酸。加上从蔬菜中溶解出来的腐植酸和碳酸导致高浓度的游离二氧化碳产生。这类水通常是酸性的，其腐蚀性并不能仅由 pH 值决定。与泥土中的碳酸盐反应产生重碳酸盐，并达到平衡，此时溶液呈中性但包含有大量的腐蚀性的二氧化碳。这种侵蚀速率与大气中二氧化碳引起的相似，也取决于混凝土的质量以及二氧化碳的浓度。由于地下施工的条件变化复杂，在这种情形下没有统一的限定条件。然而，在一些研究中已经得出当水中含有大于 20ppm 的侵蚀性二氧化碳时能够导致水化水泥浆体的快速碳化。另一方面，对于自由流动的水，当其中含有 10ppm 或是更少的侵蚀性二氧化碳时也可能引起严重的碳化。

另外，来自饲料农场以及制造加工蒸煮饮料、乳制品、罐头制品和木刨花的工厂的有机酸可能引起混凝土表面侵蚀。这主要会影响到这些场合地面的表面部分，而结构的整体性不会受到破坏。

7.2.2　水环境侵蚀

钢筋混凝土暴露在水环境，如海水、硫酸盐浓度较高的地下水、生活污水、流水等中，有可能遭受化学与物理侵蚀而破坏。根据水环境中侵蚀介质不同分类，主要包括流水、海水中硫酸盐、氯盐、镁盐等的侵蚀。

7.2.2.1 流水的溶出性侵蚀

一般在含钙、镁量高的河水、湖水、地下水中，水泥浆体中钙化合物不会溶出，而不存在对混凝土的化学侵蚀。但如受到纯水或雨水和含钙少的软水浸析时，水泥水化生成的 $Ca(OH)_2$ 首先溶于水，在静水中 $Ca(OH)_2$ 浓度很快饱和而溶出停止。而在流水作用下，溶出的 $Ca(OH)_2$ 很快流失并产生新的溶出，使混凝土逐渐形成孔隙而破坏。水流速越大，侵蚀越大。流水溶出性侵蚀是一个缓慢的过程，主要受混凝土的密实性、水流速度等影响。混凝土的溶蚀（又称软水侵蚀、浸析腐蚀）是混凝土化学反应侵蚀中的一种，它是长期与水接触的混凝土结构物，由于水中暂时硬度小，属软水，使得混凝土中的石灰被溶失，从而使液相石灰浓度下降，导致混凝土中水泥水化产物分解，最后使混凝土结构物破坏。根据混凝土在溶蚀过程中所受水压力大小可以将混凝土溶蚀分为两种类型，即：当混凝土在溶蚀过程中不受水压力，或所受水压力很小可忽略不计时所受到的溶蚀为接触溶蚀；反之，当混凝土在溶蚀过程中所受水压力不能忽略时所受到的溶蚀为渗透溶蚀。

混凝土的溶蚀破坏是一个从混凝土开始用于水下工程就会出现的问题。早在 1887 年，俄国学者 С·Ф·格林卡（С·Ф·Глинка）就测出了硬化水泥浆体中含有 $Ca(OH)_2$。20世纪初期，科研人员就特别指出了浸析腐蚀的危险性。当时，人们认为水泥浆体的化学性能及其化学过程对水泥浆体在各种条件下的抗蚀性具有重要意义。俄国学者 А·А·贝科夫（А. А. БайКов）就曾指出："任何以硅酸盐水泥制作的混凝土构筑物，都必然要经受石灰的浸析作用，并在一定时期内丧失全部胶结性能而遭受破坏。"事实也是如此，以硅酸盐水泥制作的构筑物在天然水中注定要被破坏。这种因石灰浸析而引起的破坏，是由硅酸盐水泥的本质决定的，破坏过程从水泥制品刚浸入水中就立即开始。目前凡以硅酸盐水泥制作的水工构筑物都证明了这种情况。如 1912 年美国的科罗拉多（Colorado）拱坝报废、1924 年鼓后池（Drum Afterbay）拱坝的报废，均主要与溶蚀破坏有关。

混凝土的溶蚀过程是一个较为复杂的物理化学反应过程，随着溶蚀的产生和发展，混凝土的微观成分和微结构将发生不断的变化，$Ca(OH)_2$ 的不断溶出，使得水泥水化产物中的 $Ca(OH)_2$ 含量不断下降，从而引起水化硅酸钙等水化产物的凝胶体和结晶体不断分解，而逐步丧失胶凝性；混凝土的微孔结构也由含孔量较少（$49.09×10^{-2}$ mL），孔径较小（7.5nm）的密实体，逐步发展为含孔量较多（$69×10^{-2}$ mL），孔径较大（100nm）的疏松体。

我国一些学者对淡水溶出侵蚀也做了大量研究。一般认为，影响混凝土渗透溶蚀的主要因素有：渗透水的石灰浓度及水中其他影响 $Ca(OH)_2$ 溶解度的物质含量；混凝土中含极限石灰浓度高的水化产物 [如 $Ca(OH)_2$] 的多少；混凝土的密实性和不透水性。

混凝土在压力水作用下产生渗漏溶蚀作用，实际上是混凝土中水泥水化产物 $Ca(OH)_2$ 随着渗漏不断流失，而引起其他水化产物不断分解，并逐步失去胶凝性的一种腐蚀现象，溶蚀是混凝土由于渗漏而产生的一种内在的本质性的病害。

在压力水作用下混凝土中的 $Ca(OH)_2$ 的溶蚀速度在初期逐步增大，中期基本稳定，而后期又逐步呈下降趋势。随着混凝土中 $Ca(OH)_2$ 的不断流失，混凝土的抗压强度和抗拉强度将不断下降，当 $Ca(OH)_2$ 溶出量（以 CaO 计）达到 25% 时，混凝土的抗压强度将下降 35.8%，抗拉强度将下降 66.4%，溶蚀对混凝土抗拉强度的影响更为明显。随着混凝土中 $Ca(OH)_2$ 的不断流失，混凝土的宏观密实度将不断下降，当 $Ca(OH)_2$ 溶出量达到

25％时，混凝土饱和面干吸水率将增大 90％。

采用混凝土改性措施和混凝土表面防护涂层，均可以提高混凝土的抗渗漏溶蚀能力，其中以掺用优质粉煤灰、优质引气剂以及采用复合聚合物涂层的措施时较为有效。

7.2.2.2 氯盐侵蚀

氯盐的侵蚀因是来自沿海的风、雾、盐湖海水及化冰盐。氯盐的侵蚀主要体现在两个方面，一是对混凝土的化学侵蚀，氯盐可与混凝土中的 $Ca(OH)_2$、$3CaO \cdot 2Al_2O_3 \cdot 3H_2O$ 等发生反应，生成易溶的氯化物和大量的结晶水化合物，使反应物体积增大，易造成混凝土膨胀破坏。二是对钢筋的侵蚀，当钢筋表面的孔溶液中的氯离子浓度超过一定值时，会破坏钢筋表面的钝化膜，使钢筋局部活化形成阳极区而产生腐蚀，同时，氯离子的存在使锈蚀速率加快而锈蚀后的钢筋体积膨胀，进而导致钢筋混凝土的破坏。

7.2.2.3 镁盐侵蚀

镁盐在海水中含量较大，渗入混凝土中将和 $Ca(OH)_2$ 发生反应。生成固相物积聚在孔隙内，在一定程度上能够阻止腐蚀介质的侵入。但大量的 $Ca(OH)_2$ 与镁盐反应后，碱性降低，水泥中的水化硅酸钙和水化铝酸钙便能和呈酸性的镁盐进行反应，使水泥粘结力降低，同时导致混凝土的强度降低。

7.2.2.4 硫酸盐侵蚀

水环境中当硫酸盐浓度高于一定值时，便可能对混凝土产生结晶性侵蚀作用。水中过量的硫酸盐渗入混凝土内部，产生过渡产物石膏与硫铝酸盐——钙矾石，使得体积较反应前的混凝土体积增大 2.5 倍，往往导致混凝土的膨胀破坏。我国某些地区的地下水以及化工污水中硫酸盐含量很高，硫酸盐侵蚀往往对建筑物基础产生严重侵蚀。

通常硫酸盐（硫酸钠、硫酸钾、硫酸镁、硫酸钙）侵蚀混凝土一般发生在与土壤或是地下水接触的混凝土结构中。当一个面上发生蒸发作用时，硫酸盐可能聚集在这个面上，因此增加了硫酸盐的浓度并增加了发生劣化的风险。硫酸盐侵蚀已经发生于全世界的各个地区，在干旱的地区更是个突出的问题。我国西部不少地区属于富盐渍区，土壤和水体中硫酸盐含量超过千分之一，硫酸盐对桥闸、轨枕以及房屋等混凝土基础结构也造成严重侵蚀，有的混凝土构筑物完工投入使用一两年内即显现胀裂或蜂窝状酥化，三五年之后有的强度几乎尽失，被迫拆除重建，损失巨大。同时，由于近年我国的煤燃烧量迅速增长，窑炉排放的二氧化硫造成的酸雨严重。在我国东部沿海地区，个别区域海水的硫酸盐含量高达千分之二点五以上，重庆地区降雨的 pH 值大多数时间在 4.1～4.5 间，属于酸雨区。

混凝土冷却塔中的水，由于蒸发作用累积的硫酸盐，也是引起硫酸盐侵蚀的潜在来源。硫酸盐也存在于地下水中，以及在包含有工业废料如煤渣的环境中。

含硫酸盐的海水对混凝土也有化学侵蚀作用。一般认为由于海水还包含氯盐，因而不像单纯暴露在硫酸盐的地下水环境中那样恶劣。

7.2.3 气候环境侵蚀

气候环境对钢筋混凝土的侵蚀主要指大风、寒冷气候环境下引起的钢筋混凝土的干湿循环、冻融循环等，从而使得混凝土产生侵蚀破坏。

7.2.3.1　干湿循环侵蚀

混凝土在干燥、多风的气候环境中，在塑性阶段，会使得混凝土产生塑性收缩而开裂，在硬化期间，会产生干燥收缩，而可能开裂。混凝土长期在干湿循环的环境作用下，交替的干燥和吸湿会在水泥浆体和界面上产生微裂缝，形成新的毛细孔通道，增大混凝土的渗透性。

7.2.3.2　冻融循环侵蚀

冻融循环作用是我国北方地区，特别是东北、西北严寒地区，混凝土破坏的最常见的一种因素。混凝土中含有不同孔径尺寸的孔隙，孔隙中含有离子种类及浓度不同的溶液，在低温作用下，混凝土中孔隙水开始结冰，并产生膨胀静水压力与相应的渗透压力等。目前，解释混凝土冻融破坏的机理主要有静水压假说和渗透压假说等。结冰对混凝土的破坏是水结冰体积膨胀造成的静水压力和冰水蒸气压差以及溶液中盐浓度差造成的渗透压两种共同作用的结果。多次冻融交替循坏对混凝土侵蚀更显著。影响混凝土冻融侵蚀破坏的因素主要包括环境因素，如环境温度、降温速度、与暴露环境水的接触和水的渗透情况等以及混凝土材料本身的性质。

在寒冷地区，混凝土受冻融循环作用往往是导致混凝土劣化的主要因素。冻融循环通常和除冰盐共同作用，加剧混凝土的劣化。抗冻性可间接地反映混凝土抵抗环境水侵入和抵抗冰晶压力的能力。因此，抗冻性常作为混凝土耐久性的指标。高强度混凝土不一定有很好的抗冻性。欧美国家为提高混凝土的抗冻性，普遍在混凝土中掺用引气剂，包括用于有抗冻性要求的高强度混凝土。

潮湿混凝土暴露在冻融循环的条件下是一种严酷试验，只有高质量混凝土才能不受损害。对于引气混凝土，若其选用高质量的原材料、合适的配合比以及正确的制作工艺和合理的养护条件，则能抵抗多年的冻融循环作用。

然而，应当认识到在非常恶劣的环境条件下，如在一种非常接近完全饱和状态下，即使是高质量的混凝土也可能在冻融循环作用下受到破坏。当冷混凝土一端暴露在更温暖的湿空气中而另一端的蒸发作用又不充分，或是当混凝土在受冻之前长时间处在水环境下就有可能面临这种恶劣条件。混凝土表面剥落与内部开裂是冻融破坏的主要特征，应采用不同试验方法进行测定。

7.2.4　微生物侵蚀

微生物通常在适宜的光照、一定的潮湿度、养分和某些有机化合物的共同作用下才形成对混凝土的侵蚀。这些侵蚀有时比某些物理化学侵蚀更为严重。它既能破坏混凝土的表观形貌，使原混凝土表面发黑，严重影响城市景观。同时，微生物的根须又深深地渗透到混凝土内部。随时间推移在各种养分具备的条件下，使混凝土由内至外产生全面的微裂缝侵蚀。混凝土开裂使得混凝土中的钢筋同时受到危害，钢筋强度和抗疲劳性能都会降低，缩短使用寿命。

微生物腐蚀常会导致混凝土表面污损、表层疏松、砂浆脱落、骨料外露，严重时产生开裂和钢筋锈蚀，而且还将导致严重的经济损失。微生物对混凝土的腐蚀主要发生在混凝土排水系统和混凝土外墙体。导致混凝土受腐蚀的生活污水和工业废水中含有大量不同种类的微生物（主要为细菌），按照细菌代谢时的呼吸作用类型，这些细菌可分为好氧菌、厌氧菌等。而暴露在潮湿自然环境下的外墙微生物侵蚀则是由藻类引起的，这些侵蚀藻类可分为蓝藻和绿藻。前者通常是混凝土基质被吞噬变质，后者主要是表层被污染影响美观。

微生物对混凝土腐蚀的防治方法：提高胶凝材料的抗硫酸侵蚀性能、控制腐蚀传质过程、抑制或减少生物硫酸的生成都能缓解混凝土的微生物腐蚀。因此，预防微生物对混凝土腐蚀行之有效的措施主要有混凝土改性、表面涂层保护和生物灭杀技术等几个方面防治措施。

1. 混凝土改性

混凝土改性包括提高混凝土抗酸、抗渗和抗裂性能。提高混凝土抗酸性能的主要目的是改变胶凝材料的组成和结构，增强混凝土的抗中性化性能或减缓酸腐蚀进程。提高混凝土的抗渗性能主要目的在于防止生物硫酸向混凝土内部的渗透，从而延缓混凝土的中性化和强度的衰减。提高混凝土的抗裂性能主要目的在于控制微生物腐蚀产物钙矾石膨胀所导致的裂缝扩展，从而延缓腐蚀介质和产物在混凝土内部的传质过程，降低混凝土的失效速度。

2. 表面涂层保护

防治混凝土微生物腐蚀的涂层保护措施分为两类，一类为惰性涂层，具有防腐、抗渗、抗裂功能。另一类为功能涂层，具有酸中和或抑菌、杀菌功能。

惰性涂层能隔绝混凝土与生物硫酸的接触，从而避免遭受腐蚀。通常采用耐酸的有机树脂，如环氧树脂、聚酯树脂、脲醛树脂、丙烯酸树脂、聚氯乙烯、聚乙烯以及沥青等，在国外专利中有大量报道。其他惰性涂层有树脂改性砂浆以及水玻璃涂层等。为防止涂层开裂，多采用纤维增强，其中环氧涂层可采用聚硫化物改性，增强其粘结性和柔韧性，也有采用环氧树脂、聚氨酯泡沫底层，聚氯乙烯、聚乙烯面层形成复合涂层等。

功能涂层主要目的是中和生物硫酸或者抑制生物硫酸的生成，以避免混凝土遭受腐蚀。中和性能涂层实际上是一种牺牲保护措施，即在混凝土表面形成一层碱性材料保护层，用于中和生物硫酸，并提高混凝土表面 pH 值，从而抑制硫氧化细菌的繁殖，这种涂层只能用于可更换的场合，常用的碱性材料有碳酸钠、氧化钙，采用氧化镁、氢氧化镁效果更佳。杀菌功能涂层是微生物灭杀技术的具体应用，是以无机或有机胶凝材料为载体，掺加杀菌剂，在混凝土表面形成一层具有杀菌、抑制生物硫酸产生的涂层。此外，硫黄砂浆涂层具有高强耐磨、耐酸，可抑制硫氧化细菌的繁殖的性能，并已获得实际应用。

3. 微生物灭杀技术

根据混凝土微生物腐蚀作用机理，阻止微生物在混凝土表面和内部的生长，直接抑制或减少生物硫酸的生成，是控制混凝土微生物腐蚀最有效的措施，因此，微生物灭杀技术是近年来混凝土微生物腐蚀防治研究中最活跃的领域。

杀菌剂指具有灭杀微生物或抑制微生物繁殖功能的试剂。常见的生物杀菌剂分为两类：氧化型杀菌剂，如氯气、溴及其衍生物、臭氧和过氧化氢等；非氧化型，如戊二醛、季铵盐化合物、噻唑基化合物和亚甲基二硫氰酸盐等。

混凝土微生物腐蚀的防治主要采用非氧化型杀菌剂，它们可结合硫氧化细菌生存代谢所需的酶，从而起到杀灭或抑制其繁殖的作用。目前，国外专利报道用于混凝土的杀菌剂有：卤代化合物、季铵盐化合物、杂环胺、碘代炔丙基化合物、（铜、锌、铅、镍）金属氧化物、(铜、锌、铅、锰、镍)酞菁、钨粉或钨的化合物、银盐、有机锡等。苏联也有硝酸银、烷基氮苯溴化物、季铵盐、有机锡等用作混凝土杀菌剂的研究报道。杀菌剂应用时，或以胶凝材料为载体在混凝土表面形成功能性保护涂层，或者作为防腐蚀的功能组分经预分散后直接掺入混凝土中，其中液体杀菌剂可采用载体如沸石吸附后制成粉剂使用。

杀菌剂的适用性与其杀菌功效、溶解性能、显效掺量以及对混凝土性能的影响有关。水溶性杀菌剂易溶出消耗，缺乏长效性；重金属离子可能造成水污染；某些金属氧化物不溶于水，但可能溶于硫酸，因此都存在一定缺陷。而金属镍化合物、金属钨化合物及金属酞菁具有掺量少、分散性好、不易被硫酸洗掉的特点，是高效的防混凝土微生物腐蚀杀菌剂，前两者在日本已形成市售产品。不同杀菌剂对不同的硫氧化细菌具有选择性，同时作用效果受 pH 值的影响。镍化合物适用于中性环境，而钨化合物在酸性环境具有效果，因此，以镍酞菁与钨粉或其化合物复合可使混凝土获得优异的抗微生物腐蚀性能。

混凝土的微生物腐蚀存在复杂的机理。近年来的研究已证实，微生物腐蚀远比一般化学硫酸腐蚀强烈，且有硫细菌以外的多种细菌参与；即使在厌氧环境下，微生物对混凝土也具有强烈的腐蚀作用。其次，从实际效果看，混凝土改性和惰性保护层都是被动措施，只是通过控制动力学过程以延缓腐蚀。单纯的改性并不能显著缓解混凝土的腐蚀过程，无法满足实际工程使用寿命的要求。惰性涂层则存在点蚀、开裂、脱落和易磨损破坏等缺陷，同时增加了施工的复杂性。

建立在微生物腐蚀作用机理基础上的杀菌剂的应用是主动措施，短期内对控制混凝土的微生物腐蚀十分有效。但以功能涂层方式使用时，杀菌剂净含量和长期留存率低，且存在与惰性涂层类似的缺陷，难以保证混凝土的长期性能；而作为功能组分掺入混凝土中时，其种类、掺量选择以及对混凝土其他性能的影响仍缺乏系统研究。此外，不同杀菌剂对细菌种类具有选择性，功效受 pH 值影响。

当前，大量的工程迫切需要高效、安全、易实施的混凝土微生物腐蚀防治措施。可以预见，以混凝土组成优化为辅助措施，进一步研究混凝土材料组成、结构与耐微生物腐蚀性能之间的关系，建立微生物腐蚀环境下的混凝土配比设计规范，采用主动控制措施，将杀菌剂纳入混凝土外加剂范畴，开发功效好、留存率高、掺量低，或者低成本、高掺量且不影响混凝土自身性能的混凝土专用杀菌剂，并建立相应的应用技术体系和标准，以满足工程的需要，是未来混凝土微生物腐蚀防治措施研究发展的方向。

7.2.5　特种环境侵蚀

在某些特种环境下，特种环境的侵蚀往往对钢筋混凝土的侵蚀占主导地位。如水工结构中的泄洪坝等区域长期受到水流的冲刷磨损以及气蚀的侵蚀作用；高速道路和厂房地坪等长期的机械磨损；高化工污水区域的强酸侵蚀；特定湿度环境下可能引起的含有活性骨料的混凝土的碱-骨料反应破坏等。

7.3　防腐材料的分类与选择

7.3.1　防腐材料的分类

防腐材料可按不同分类方法进行分类。按胶凝材料性质分类，主要分为：水泥基胶凝材料、聚合物增强水泥基胶凝材料、聚合物胶凝材料、纤维增强聚合物材料等。从材料性质来看，主要包括无机修补材料、有机修补材料等。

7.3.2　防腐材料的选择

混凝土防腐为了达到耐久性目的，必须考虑影响设计和选择防腐方法的诸多因素。选择防腐材料是许多相关的措施之一，无论防腐工程的修缮工作如何完善，使用不合适的防腐材料都可能导致防腐工作过早失效。耐久的混凝土防腐，应考虑以下防腐材料的基本性能。

1. 收缩

成功的防腐，首先是防腐材料和基面或底面之间有很好的粘结力。一般认为新混凝土对老混凝土没有很好的粘结力。其实这种认识是错误的。新老混凝土之间结合失败通常不是新混凝土对合适处理过的基面的粘结不良，而是由于收缩引起。

实际上，所有混凝土在硬化后由于干燥都会发生收缩，而且大部分的收缩在混凝土浇筑后不久就会产生。对于新施工的混凝土，其收缩问题可通过设计时设置伸缩缝来控制裂缝解决。一般，当水泥基修补材料水化或失去水分时，便会收缩。而且，这种收缩通常被老混凝土的基面粘结力所约束。当收缩引起的应变超过防腐材料的极限抗拉强度时便产生裂缝。

由于大多数防腐是在老混凝土结构上进行的，老混凝土结构干缩也很小。因此，其防腐材料必须是基本上不收缩或不引起粘结强度下降的收缩。水泥基防腐材料的收缩可以采用低水灰比或采用减少收缩倾向的施工方法来降低，如干砌、干燥混合的喷射混凝土和预制骨料混凝土。另外一种解决收缩的方法是用混合后体积膨胀的混凝土。但在用膨胀材料时必须要小心谨慎，要完全能够限制其用量以防止膨胀过多，如果膨胀过多将导致强度和耐久性的下降。当考虑使用膨胀材料时，很重要的问题是要确定膨胀反应何时发生，必须在膨胀发生前修缮完毕。在评价膨胀防腐材料时，必须制备约束和非约束的试样，从约束试样中测定强度，从非约束试样中测定膨胀的能力。

2. 热膨胀系数

所有材料的膨胀和收缩都随温度而改变，这种随温度而改变的膨胀和收缩值取决于热膨胀系数。热膨胀系数是单位长度上的长度变化除以温度变化值。钢筋混凝土的热膨胀系数为 $10 \times 10^{-6} / ℃$ 左右。防腐材料与现有混凝土材料具有相同的膨胀系数很重要。当两种热膨胀系数差异很大的材料相结合并经受很大温差变化时，不同体积量的变化就会引起结合面的破坏或引起强度低的一侧材料本身的破坏。这种现象在经常要经受大的温度变化的环境中尤为明显。而对于温差不大的环境问题不大。

在大面积工程或浇筑的面层工程中，热学性能的相容性非常重要。如果两种材料的热性质差别很大，温度的变化将会导致表面处或材料内部强度的降低。当使用的防腐材料如聚合物，有更高的热膨胀系数，在修缮中将经常导致裂缝、剥落和分离。根据聚合物的不同类型，未加填料的聚合物的热膨胀系数超过混凝土的 6～14 倍，在聚合物中增加填料或骨料将使情况有所改善。但是加骨料的聚合物的热膨胀系数仍是混凝土的 1.5～5 倍。因此，含有聚合物的防腐材料比混凝土基面更易因温度应力而产生收缩。当防腐材料出现膨胀时，先浇混凝土基面上胶凝材料产生的约束力引起的应力能使防腐材料出现裂缝或出现翘曲和剥落。例如，恒定低温的储藏室，当清洗和保养时，温度就会升高，此时在冰冻室中质量很好的修补层就会裂开。

3. 渗透性

渗透性是指材料对液体和蒸汽的渗透能力。一般，高质量的混凝土不会渗透液体，但能通过蒸汽。如果完全不渗透的材料应用于大面积修补、垫层或涂层时，潮湿的蒸汽则因无法渗透过涂层而聚集在混凝土基层表面和涂层之间，截留的蒸汽可能会引起粘结面的破坏，或者两种材料中薄弱面的破坏。如高品质、不渗透的环氧防腐层往往可能由于通过修补层的潮气压力造成的粘结失败。这对承受冻融循环的修补区域是更大的问题。

对预防钢筋锈蚀引起的破坏的防腐材料也应避免使用完全不渗透性的材料。影响锈蚀率的一个因素是混凝土导电的能力，这和混凝土的渗透性有直接的关系。所有混凝土，除非是绝对干燥的，都有一定的导电性。由于该混凝土一部分被没有导电能力的防腐材料所代替，通过混凝土的电流将集中在较小的断面上。因此加速了腐蚀过程。

对容易被侵蚀区域的防腐工程的修缮，防腐材料必须具有低渗透性，以抵抗各种侵蚀介质，如氯化物、水及二氧化碳、硫酸盐等渗透侵入。

因此，应当避免不考虑具体工程情况，而规定必须采用不渗透性防腐材料。同样，注意到下列事实也是重要的，即在修补中产生的一些贯穿裂缝将大大抵消使用低渗透性修补材料所带来的好处。因此，在提出耐久性修补时，无裂缝的混凝土修补应该是主要的目标。应根据具体修补环境与要求，选择修补材料的渗透性。

4. 弹性模量

材料的弹性模量是其硬度的标志。防腐材料的弹性模量应该与混凝土基面的弹性模量相同，使载荷能均匀地穿过修缮的地方。尽管如此，有较低弹性模量的修补材料将表现出较低的内部应力和较高的塑性变形，这大大减少了非结构性或保护性修缮中裂缝和分层的产生。

对于需要经受平行于粘结面荷载的修补区域，必须保证修补材料与原有混凝土具有相协调的弹性模量。如果两种材料的弹模不同，荷载的作用引起不同的变形，从而导致防腐材料或是原有混凝土失效。如图 7.3-1 所示。高弹模材料的变形不像低弹模材料那么大。当不同弹模材料相互结合时，在荷载下低弹模材料将先屈服或鼓胀。当外部荷载垂直于粘结面时，弹模不同一般不会引起麻烦。但当荷载平行于粘结面时，低弹模材料的变形导致荷载转移到高弹模一侧，这就可能引起破坏。这种情况常发生在修补的边缘，特别是有动荷载（抗冲和振动）存在时。例如，承受大型机械振动的支座或暴露于风和地震状况下的结构。

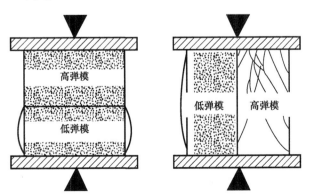

图 7.3-1 荷载作用下不同弹性模量的材料之间的变形

不是所有不同弹模的材料结合在一起所引起的破坏都是外部荷载所致。如前所述的收缩和热变形都会引起粘结强度的下降。除非防腐材料的弹性模量足够低以至于在粘结面上不会产生很大的应力。许多防腐材料如环氧类材料，具有低弹模的性质，可避免和混凝土基面粘结力的下降。

5. 粘结强度

砂浆与混凝土之间的粘结强度对于防腐工程修缮后的耐久性也十分重要，它是保持被修缮区域的完整性的一个重要性能。

在大多数情况中，在防腐材料和先浇混凝土基面之间胶结良好是成功修补的主要要求。准备很好且密实的混凝土基面常可提供足够的粘结强度。直接的拉伸粘结试验是评估防腐材料、表面准备和浇筑过程的最佳技术手段。

6. 抗拉强度

抗拉强度是指在没有形成一条连续的裂缝时防腐材料所能承受的最大应变能力。达到极限应力 90% 的拉应变通常被定义为极限应变。所有测量拉应力（弯曲、直接拉伸和内部约束）的常规方法中的应变速率比在收缩过程中产生的应变速率快很多。一旦超过最大拉应力或者极限应变，混凝土就开裂。可以通过最大限度地减小干缩引起的应变和最大限度地提高抗拉强度来减少裂缝。

7. 抗压强度

一般认为防腐材料的抗压强度应该与先浇混凝土基面的抗压强度相同。通常，防腐材料的抗压强度高于混凝土基面的抗压强度，但不一定有益。事实上，高强度的水泥基防腐材料可能收缩更大。另外，抗压强度高，弹性模量也高，将降低防腐材料塑性变形。

8. 电学性质

防腐材料的电阻和电学稳定性可能也影响修补后受损混凝土的耐锈蚀性能。高电阻的材料能使修缮区域独立于附近完好混凝土区域。通常可以接受的是，防腐材料与原有混凝土之间渗透性或氯离子含量的变化引起的电势差会增加锈蚀的活性，从而导致过早的失效。

9. 化学性质

近年来，钢筋埋入件腐蚀的问题引起人们的特别注意。pH 值接近 12 的环境（碱性环境）中可以对钢筋埋入件的腐蚀起到保护作用。然而，对于中等到低的 pH 值环境，修缮材料很难对钢筋埋入件起到保护作用。当必须使用这种材料时，由于固化时间和强度要求的限制，应当考虑对现有钢筋增加额外的保护。这种保护体系包括阴极保护或是涂层保护。

10. 颜色性能

对于建筑物混凝土表面的修缮，应考虑防腐材料与附近表面的颜色不应有明显差异性。在实际的施工工作开始之前，应当在工作现场的试验室进行颜色一致性试验。

耐久的防腐工程修缮需要一系列具备不同物理性质和施工技术的材料。防腐材料的选择必须考虑的三个要素是：腐蚀状况、防腐材料的性能及其与基层的相容性、完成防腐工程修缮工作的技术措施和设备。混凝土的耐久性取决于许多因素，防腐材料与基层材料的相容性、与结构的适应性及在各种维护环境下的可用性都是很关键的因素。防腐材料常被考虑的因素有抗压强度和渗透性。但实际上，防腐材料的失效更有可能来自防腐材料与原混凝土之间各种性能的不兼容。因此必须从材料性能角度，考虑修补基层与防腐材料的相容性，包括防腐材料与混凝土基层的抗压强度、收缩、热膨胀系数、弹性模量、电学性质等方面的相容性。

7.3.3　表面防护材料

钢筋混凝土的防护技术，除了自身防护技术，如改善混凝土的微观结构，外加添加剂，使用特种、高性能混凝土等技术来提高混凝土自身密实度与抗渗性外，主要指表面防护技术。钢筋混凝土的表面防护技术是维护钢筋混凝土性能、保证其耐久性的有效防护措施。表面防护技术的关键是表面密封防护材料。

7.3.3.1　表面密封防护材料

目前，混凝土表面密封防护材料主要包括：渗透型密封剂、增强密封剂、表面密封剂、厚浆型涂层、表面膜层系统以及涂覆层等。他们具有不同的性能特点，且涂层厚度不一，可适用于不同的应用领域与钢筋混凝土结构的表面防护要求。

1. 渗透型密封剂

渗透型密封剂一般是在施工之后渗入混凝土深层内的密封材料。渗透深度依赖于产品以及混凝土表面的性能。渗透深度在很大程度上取决于密封剂分子的尺寸和混凝土的孔结构尺寸。这类产品具有良好的憎水性、耐沾污性、透气性、耐化学侵蚀、极深的渗透性和高耐久性等特点。这类产品主要包括煮沸亚麻子油、硅烷、低聚合度的硅氧烷、某些环氧树脂以及高分子量甲基丙烯酸酯等。

渗透型密封剂对污染物以及以前应用在底层上的密封剂非常敏感，因而适当的表面处理对成功应用渗透型密封剂非常重要，其抗紫外线和磨损的能力也较好。但其不能联接新的或是现有的裂缝。目前，国外普遍应用此类材料进行混凝土表面防护。

2. 表面增强密封剂

另一种重要的表面防护技术是表面增强密封剂，这类材料主要指无机氟硅酸盐类材料，应用在水泥混凝土表面时，氟硅酸盐能渗入硬化水泥混凝土表面孔隙和微裂缝中后，与水泥水化产物氢氧化钙发生反应，生成二氧化硅凝胶与氟化物，填充混凝土表面以及内部毛细孔隙，使水泥混凝土表面强度提高、耐磨性比未处理前提高一倍以上，起到较高的增强、密封作用。

3. 表面密封剂

表面密封剂是指铺设在混凝土表面上厚度为 0.25mm 或更小的材料。这种材料包括各种各样的环氧树脂、聚亚安酯、甲基丙烯酸甲酯、湿固化型聚氨酯橡胶、丙烯酸树脂以及一些油基或是乳胶基涂料等。表面处理和涂料的干膜厚度在 0.03～0.25mm 之间。

一般，表面密封剂将降低表面抗滑性，且不能联接活动性裂缝，但可密闭小的、非活动的裂缝。许多这类材料会受紫外线的影响，且在表面受磨时会发生磨耗。然而，环氧树脂和甲基丙烯酸甲酯具有好的耐磨性，而且比这类产品中的其他材料的性能更好。

4. 厚浆型涂层

厚浆型涂层是应用于混凝土表面且干燥厚度在 0.25～0.75mm 之间的一种材料。产品包括常用的聚合物如丙烯酸酯、苯乙烯－丁二烯酯、多乙酸乙烯酯、氯化橡胶、聚氨酯、聚酯以及环氧树脂等。厚浆型涂层会改变表面外观形状，可能会着色或会遮盖混凝土表面的污染物。

在正常的环境下，涂层必须能抗氧化、防紫外线和红外线，对于地面环境，抗磨、防冲击以及耐适度化学物质（盐、油脂、蓄电池酸以及清洗剂）侵蚀也非常重要。非弹性厚浆型涂层一般不用来联接活动性裂缝，但可用来填塞小的、非活动性裂缝。这些材料比其他更薄的系统具有更好的耐磨性能。

5. 表面膜系统

表面膜系统指用于混凝土表面且厚度在 0.7～6.0mm 之间的表面处理涂层材料。这种材料主要包括聚氨酯、丙烯酸酯、环氧树脂、水泥、聚合物混凝土、甲基丙烯酸甲酯、氯丁橡胶以及沥青等材料。这些材料大大改变外观、遮盖混凝土表面污染物、一些弹性膜和厚型涂层也归入这一类。大多数膜层能抗渗防水，并能联接小的（小于 0.25mm）活动或非活动裂缝。在交通条件下，刚性聚氨酯砂浆膜或环氧树脂砂浆膜面层能提供合适的抗滑和耐磨性能。在停车场结构中的陡坡、转角、起点和停车区域，可能要求对膜进行经常的维修。

6. 涂覆层

涂覆层一般指粘结在混凝土表面上且厚度为 6mm 或大于 6mm 的材料。这些材料主要包括聚合物混凝土、环氧树脂、某些甲基丙烯酸甲酯以及聚合物改性砂浆等。涂覆层会改变外观特性。

涂覆层可以采用浇筑、抹平、刮平、喷洒等方式分单层或多层施工在混凝土表面上。也可以采用一些附加增强构件，如焊接金属织物、钢筋或纤维等进行增强。厚涂覆层能改善混凝土板上表面的排水特征，可以联接非活动性裂缝。

常用涂覆层系统包括：波特兰水泥混凝土涂覆层，这种涂覆层主要是为了修补经过处理后剥落或不完整的表面而浇筑的混凝土层；乳胶（或可再分散乳胶粉）改性混凝土覆盖层，其除了含有乳胶和更少的水外，其余与普通混凝土相同；环氧树脂涂覆层，环氧树脂是常用的修补材料，具有非常好的粘结和耐久性特性，且能与骨料混合制成适合于作涂层和覆盖层应用的环氧树脂砂浆或混凝土，环氧树脂砂浆或混凝土覆盖层适用于酸性水或是含化学物质的水等腐蚀性环境侵蚀区域。

7.3.3.2　硅烷防护材料

有机硅防水材料具有优异的憎水、防污、防尘、抗风化和耐久性能，是一种理想的混凝土、墙面、砖石等建材的防水材料，它可以水溶液、乳液或溶液形式喷涂在砖石结构和建筑物表面，提高建材的防水、耐沾污性能和耐久性能。溶剂型有机硅防水剂对环境有害、易燃，在建筑方面的应用受到一定的限制。水性有机硅防水剂以水为介质，有机挥发物（VOCs）低，是一种环境友好型的新型防水材料。目前建筑基材上广泛应用的水性有机硅防水剂主要有甲基硅醇盐和含氢硅油乳液两大类，前者易影响被处理基材的外观，并且受到水的侵蚀后易流失，防水耐久性能较差；后者易水解，产品稳定性较差，影响基材表面的光泽。烷氧基烷基硅烷及其改性化合物具有较强的渗透能力，能够渗透到多孔基材内部的微孔上，在催化剂作用下在微孔的壁上与其活性基团或自身发生反应，牢固地附着在基材表面，从而大大提高了基材的防水、耐沾污和耐久性能。将烷氧基烷基硅烷及其改性化合物以水为介质，通过乳化可得到稳定性和防水、耐久性均佳的环境友好型有机硅防水剂，并且通过改性可得到对基材产生不同表面质感的防水剂。

硅烷浓度对其防腐蚀的性能影响较大。随着硅烷浓度的提高，混凝土的吸水率明显下降，当硅烷浓度达到 40％时，吸水率下降到 0.0098mm/min$^{1/2}$，达到海工防腐蚀标准的要求。渗透深度、氯离子吸收量降低值随着硅烷浓度的增大，其值逐渐增大。这表明，硅烷浓度越高，其对混凝土的渗透深度越大，防腐蚀性能越高。

混凝土龄期是影响混凝土性能的一个重要因素。在硅烷浸渍工程中，选择养护到合适混凝土龄期进行硅烷浸渍施工也是实际工程中常考虑的问题。从不同龄期对硅烷的渗透深度影响来看，随着龄期的增长，硅烷的渗透深度逐渐增大，但增幅非常小。

在硅烷实际应用中，硅烷涂覆量是工程中考虑的另一个重要因素，涂覆量的大小不仅涉及工程防腐蚀的质量，而且也涉及工程的成本。硅烷涂覆量对其性能影响非常大。当涂覆总量降到标准规定用量的一半时，即 300mL/m^2，其吸水率、渗透深度、氯离子吸收量降低值等各项性能指标均达不到标准的规定值。当涂覆量达到规定用量时，其各项性能指标均高于标准规定值。在硅烷浸渍施工中，保证其合适的涂覆量是保证其具有良好防腐蚀性能的关键。

养护条件对硅烷的防腐蚀性能有一定的影响。从潮湿养护到自然养护与干燥养护，养护环境的湿度逐渐下降，而环境相对湿度越小，越有利于硅烷的渗透。从硅烷渗透深度来看，潮湿养护条件下，硅烷的渗透深度较小，而自然条件与干燥条件下，渗透深度相差无几。

海港工程常常受到各种腐蚀环境如酸溶液、碱环境的侵蚀，硅烷浸渍的混凝土能否抵抗酸碱等侵蚀环境的侵蚀，是应用硅烷防腐蚀的一种重要考虑因素。从酸、碱溶液对硅烷浸渍混凝土的防腐蚀性能的试验结果来看，硅烷浸渍后的混凝土具有较高的抗化学侵蚀能力，尤其对合理设计的硅烷浸渍的海工混凝土，经过强酸、碱溶液的化学侵蚀后，其吸水率、硅烷渗透深度、氯离子吸收量的降低值等指标仍符合《水运工程结构防腐蚀施工规范》JTS/J 209—2020 规定的要求。

有机硅/硅烷防护材料是第四代有机硅防水材料，是一种具有良好渗透性、防水、耐久性、环保型的有机硅防水、防腐剂，也是一种性能优良的混凝土表面密封剂，可以广泛应用于道路、桥梁、隧道、水工、海工等防护工程中。

7.4　防腐技术措施

纵观钢筋混凝土的各类环境破坏机理，混凝土劣化过程（物理、化学和生物的）和钢筋或预应力钢筋发生劣化的主要原因有冻融循环、碱-骨料反应、硫酸盐侵蚀、收缩开裂和钢筋锈蚀等。对其任何一种劣化而言，膨胀和开裂的原因都与水有关，同时水也是侵蚀性介质（如氯盐、硫酸盐等）迁移进入混凝土内的载体。综合混凝土结构各种劣化机理，可知，几乎所有影响混凝土结构耐久性的化学和物理过程都涉及两个主要的影响因素，即水及其在混凝土孔隙和裂缝中的迁移。混凝土与环境间的水、热量和化学物质的复合迁移及控制这些迁移机理的参数构成影响混凝土耐久性的主要因素。

对混凝土采取有效的表面防护技术，防止外界环境侵蚀，这对提高混凝土耐久性，保证混凝土洁净的外观都具有重要的现实意义。从环境侵蚀机理与钢筋混凝土劣化原因来看，作为钢筋混凝土的表面防护系统必须具有以下性能特征：

1. 高水密性，对于表面防护系统，水密性是一个重要指标。高抗渗防水性可防止水及有害介质的渗入。

2. 良好的透气性，表面防护系统的透气性是既能阻止水的渗入，又不妨碍水汽向外扩散，保证混凝土内部干燥平衡。

3. 高抗钢筋锈蚀性，防水和透气性间接地反映了混凝土抵抗钢筋锈蚀的能力。

4. 良好的裂缝的桥联性，即使是裂缝宽度产生波动，一般来说，要求表面防护系统有足够的厚度和柔韧性，来联接狭长的裂缝。

5. 另外，还应具有改善混凝土的表面强度与微观结构性能、高抗化学侵蚀性能、高耐久性等。

钢筋混凝土的防护技术，除了自身防护技术，如改善混凝土的微观结构，外加添加剂，使用特种、高性能混凝土等技术来提高混凝土自身密实度与抗渗性外，主要指表面防护技术。钢筋混凝土的表面防护技术是维护钢筋混凝土性能、保证其耐久性的有效防护措施。表面防护技术主要包括表面密封防护技术、接缝密封技术、电化学防护技术等。

7.4.1　表面密封防护技术

目前，混凝土表面密封防护技术主要包括：渗透型密封剂、增强密封剂、表面密封剂、厚浆型涂层、表面膜层系统以及涂覆层等。他们具有不同的性能特点，且涂层厚度不一，可适用于不同的应用领域与钢筋混凝土结构的表面防护要求。各表面密封防护材料具体的性质和性能请参照本章 7.3.3.1 节。

7.4.2　接缝密封技术

钢筋混凝土的表面接缝密封技术是表面防护体系的重要组成部分。混凝土中接缝密封剂的功能就是尽量减少液体、固体或气体进入以保护混凝土不受侵蚀。在某些应用场合，还具有绝热、隔声、防震以及阻止裂缝积累扩展的功能。接缝密封技术包括裂缝密封、收缩（控制）接缝、膨胀接缝以及施工接缝等密封技术。密封接缝的方法包括注射技术、镂铣并堵缝、粘结、安装预成形的密封材料，或是安装合适的表面防护系统（如弹性密封膜）。目前，广泛采用的密封材料包括硅酮密封胶、环氧树脂密封材料等。

7.4.3　电化学防护与修复技术

混凝土结构修复技术是指对劣化混凝土在服役环境下恢复正常使用功能与耐久性的修补工艺与技术。混凝土防护技术是为防止混凝土结构在服役环境中的劣化而采取的必要的防护工艺与技术。

纵观钢筋混凝土结构的各类环境破坏机理，混凝土劣化过程（物理、化学和生物的）和钢筋锈蚀的主要原因有冻融循环、碱-骨料反应、硫酸盐侵蚀、收缩开裂和氯离子或碳化引起的钢筋锈蚀等。钢筋锈蚀是钢筋混凝土劣化的最主要原因之一。受侵蚀劣化的混凝土结构在服役期内需要采用合适的修复与防护技术以维持其正常的服役寿命。

混凝土中钢筋的腐蚀保护层会因氯离子渗透或混凝土碳化而失去作用。传统混凝土修缮方法的目的是除去被氯离子污染或碳化的混凝土，清洗钢筋，并在其表面上覆盖一层新的、无氯离子的混凝土或砂浆。总之，这是一个需要耗费大量劳力且会产生大量的噪声、粉尘和废弃材料的繁杂过程。除非所有的氯离子都被清除，特别是钢筋的表面（包括腐蚀坑的内部），否则，腐蚀过程又会重新开始。因此，目前，劣化钢筋混凝土结构的修补、修复方法可包括传统的凿除法、打补丁、涂层修补、加固、灌浆、电化学方法等。传统的修补或修复方法，不仅耗时、现场操作困难，而且也不一定耐久。在最近的几十年里，电化学修复方法，如电化学脱氯、电化学再碱化、电化学沉积法等，可有效地克服传统修补方法的这些缺点。研究电化学修复技术的应用原理与应用技术对我国钢筋混凝土结构的修复与维护具有重要的指导意义。

第一个方法是电化学脱氯（Electrochemical Chloride Removal，简称 ECR），也被称为电化学脱氯或除盐。它通过在限定的时间内向被氯离子污染的混凝土中通入一个相对较高的电流密度的直流电来将氯离子迁移出来。电化学脱氯的目的是通过降低混凝土中氯离子含量使其低于腐蚀阈值，来抑制钢筋的腐蚀。

第二个方法是电化学再碱化（Electrochemical Re-alkalization，简称 ER），它通过在限定的时间内向混凝土中通入电流来重新恢复碳化混凝土的碱度。电化学反应将氢氧根离子引入混凝土中。经过电化学再碱化，钢筋附近的碱度能提高到刚浇筑的混凝土碱度一样，甚至更高，从而腐蚀会由于钢筋的钝化而停止。

第三种方法是电化学沉积（Electrodeposition，简称 ED），其是用于钢筋混凝土的裂缝修补，其以溶在水或海水中各类矿物化合物（或加入合适的矿物质）作为电解质，并在阴阳两极之间施加一定的电流，通过阴极电沉积作用，在混凝土结构裂缝内和表面生长，并沉积一层化合物，如 ZnO、$CaCO_3$ 和 $Mg(OH)_2$ 等，从而填充、密实混凝土的裂缝，封闭混凝土的表面。

7.4.3.1　阴极保护技术

混凝土中的钢筋锈蚀是一个在钢筋表面形成阳极和阴极的电化学过程。防止钢筋锈蚀的一个有效措施是阴极保护法。阴极保护作为一种电化学腐蚀控制技术，已经在钢筋混凝土构筑物中得到许多应用。实践证明，阴极保护能够阻止氯化物移近钢筋表面。其基本原理是埋入钢筋阴极，因此阻止钢筋进一步发生腐蚀。这可通过使钢筋与另一作为阳极的金属进行电学上的联接来实现，使用或不使用外部电源都可以。

不使用外部电源的阴极保护系统是一种牺牲性保护系统。用来保护钢筋的金属比钢筋惰性更小或是更易于腐蚀，如锌。这样使得金属而不是钢筋受腐蚀，结构受到保护。然而，在大多数阴极保护系统中使用外部电源，使钢筋通过少量电流以抵消腐蚀产生的电流。腐蚀速率非常缓慢的金属如铂金，是作为阳极的典型金属。这种控制腐蚀方法成为外加电流保护。

阴极保护系统几乎可以用来保护所有类型的钢筋混凝土结构，可以减缓大多数类型结构的腐蚀。在目前条件下，不建议阴极保护应用在预应力混凝土结构中，因为可能发生高强钢筋氢脆化现象。

根据阳极系统以及其应用场合的不同，阴极保护系统的类型包括：无覆盖层的表面监测阳极系统；传导性胶粘剂系统；阳极板型系统；带有面层的表面安装阳极系统；传导性聚合物混凝土带形系统；埋入性阳极系统；新施工时设置的阳极系统等。

7.4.3.2　电化学修复技术

钢筋锈蚀是钢筋混凝土劣化的最主要原因之一。受侵蚀劣化的混凝土结构在服役期内往往需要采用合适的技术对其修补、修复与维护。

目前，劣化钢筋混凝土的修补、修复方法可包括传统的凿除法、打补丁、涂层修补、加固、灌浆、电化学方法等。传统的修补方法不仅耗时、现场操作困难，而且也不一定耐久。电化学修复技术是最近的几十年里国内外开展应用的混凝土修复新技术，主要包括电化学脱氯、电化学再碱化、电化学沉积法等，其可有效地克服传统修补方法的这些缺点。研究电化学修复技术的应用原理与技术对我国钢筋混凝土结构修复与维护具有重要的指导意义。

最近，各国研究了新型的钢筋混凝土表面防护、修复技术，如电化学脱氯、电化学再碱化，通过恢复混凝土中钢筋表面的再钝化，来挽救已受到损害的钢筋混凝土构筑物，以及新型的电化学沉积方法修复钢筋混凝土裂缝的技术。其修复方法都是设法给钢筋外加阴极极化电流，通电时间为 $1\sim4$ 个月。实践表明，极化电流在 $5A/m^2$ 以下时，不会引起钢筋混凝土结构的剥离以及碱-骨料反应。作为一种电化学修复技术，该法与阴极保护的外加电流法类似，但原理、工作时间和适用范围却大不相同。

钢筋混凝土结构在服役期间受到周围环境的物理、化学或生物侵蚀作用是导致其劣化、降低结构安全性与耐久性的主要原因。对钢筋混凝土采取表面防护技术以防止钢筋锈蚀和混凝土劣化，是保证并提高混凝土结构耐久性的有效途径。选择合适的表面防护技术与材料是延长混凝土结构维修周期、提高混凝土的耐久性的基础。应在对环境侵蚀原因的正确分析的基础上选择正确的表面防护技术，同时，必须考虑环境、材料与结构的兼容性、施工工艺以及维护成本，并要配以合理的设计和施工，严格控制施工质量。

开发新型的钢筋混凝土表面防护技术和材料是促进混凝土技术发展的一个重要方面。

1. 电化学修复技术的应用原理与关键技术

（1）电化学脱氯法（图 7.4-1）

应用关键技术。

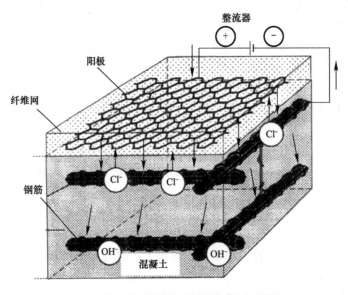

图 7.4-1　电化学脱氯法的基本装置示意图

1）通电量与通电时间

电化学处理时间与最大电流密度有十分密切的关系。一般来说，除去的氯离子量与总通电量呈正比。高电流密度可缩短处理过程的时间，但会引起一些不良的副作用。实验室研究揭示了长时间高电流强度带来的副作用，特别对钢筋与混凝土的粘结力。经过一个月 $4A/m^2$ 电流强度的极化作用后，粘结力的损失会达到 7‰～15‰。应避免钢筋表面上电流密度明显大于 $1A/m^2$ 的情况，以防止钢筋与混凝土之间粘结力的下降。

通电总量越多，脱氯效率越低。当通电达到 $2000A \cdot h/m^2$ 时，效率降低到低于 0.1，这意味着只有 10％的电流参与脱氯离子进程中。这是由于钢筋附近发生电解反应产生高浓度氢氧根离子。

2）影响因素

对于硅酸盐水泥混凝土，如果保护层最小厚度为 15mm，至少需要 $2400A \cdot h/m^2$（混凝土表面）通电量才能获得足够低的安全的氯离子值。这相当于 $1A/m^2$ 的电流密度通电 100d。对于普通水泥混凝土，通电量取决于保护层厚度，如果保护层厚度为 15～20mm，则需要 $2230A \cdot h/m^2$，对于厚度 20～25mm，则需要 $1130A \cdot h/m^2$，如果保护层厚度超过 25mm，大约需要 $1000A \cdot h/m^2$。

电化学脱氯法可有效除去渗透进入混凝土的氯离子，而对除去结合氯离子效果不佳。

（2）电化学再碱化法

应用关键技术。

1）电渗过程

通过不同的机理（电渗，电迁移，扩散和毛细吸附），碱性物质迁移到混凝土中，而电解在钢筋表面产生碱性物质。人们对于电渗仍存在一些争议。在碳化混凝土中，在一定的电场的再碱化试验中可观察到电渗流动，而这种作用在未碳化的混凝土中不明显。对于实际结构，其机理与控制因素，还需进一步研究。

2）终点测定

再碱化只需要处理后混凝土达到一种耐久而无需进一步介入的受保护状态。再碱化的终点测试受水泥种类的影响，粉煤灰、矿渣水泥混凝土的再碱化比硅酸盐水泥混凝土困难，矿渣水泥和粉煤灰水泥混凝土比硅酸盐混凝土需要更多的通电量才能使相同截面部分达到高 pH 值。

3）耐久性

不同种类水泥和不同碱化处理时间的混凝土再碱化的耐久性研究表明，再碱化效果随时间而降低，对高炉矿渣和粉煤灰水泥混凝土，在电化学再碱化处理后，起初的电位非常低的负值，随时间变化电位会逐渐恢复到更大值，增加高腐蚀可能性。总的来说，再碱化能够在钢筋附近和整个混凝土中获得高 pH 值，恢复钢筋的钝化。然而，确定如何合理的处理时间以获得高耐久的作用效果，还需进一步研究。

（3）电化学沉积法

应用关键技术。

1）愈合效果的有效评价

如何采取有效的方法评价电化学沉积修复混凝土裂缝的效果，一直是人们研究的热点之一。从评价指标上来说，重量变化、裂缝封闭率、表面涂覆率、渗水率是实验室研究的直观的评价指标，超声法的声速、波形、幅度变化指标是现场评价混凝土内部裂缝愈合效果的有效指标，钢筋锈蚀的极化曲线也是反映电沉积法修复效果的一项重要指标。

2）电流密度与电解质浓度

电化学沉积方法中电流密度与电解质浓度是影响电化学沉积过程、时间与效果的关键因素。一般，电流密度越大，电解质浓度越高，沉积速率越快，裂缝愈合越快。但研究也表明，高电流密度下的快速沉积会形成低强度的沉积层，而低电流密度下的慢沉积可形成密实、高强度的沉积层。合适的电流密度、电场电压取决于修复的钢筋混凝土结构大小与受损情况。

钢筋混凝土结构的电化学修复技术是最近兴起的混凝土结构修复新技术，其具有很好的可靠性、耐久性与实用性，尤其对各类环境下的实际钢筋混凝土结构的修复。积极开展电化学修复技术的基础应用研究与工程实践，并制定相应的应用技术规程，对指导我国钢筋混凝土结构的修复，提高其耐久性、延长其使用寿命具有重要的意义。

2. 电化学修复应用技术条件

在混凝土的结构进行修补与维护之前，必须进行状态评估。其目的是确定混凝土结构当前劣化的状态（原因和程度）、未来可能的劣化速率、可能导致的结果和修补的要求，现在或是将来，包括修复的种类和程度。任何结构问题在这个阶段都必须得到查明和合理的处理。当状态评估表明必须采取维修措施时，必须考虑不同修补方法，包括电化学方法。在实践中，通常首先应用电化学方法对要修补的结构进行初步的调查。

如果预先确定电化学修复方法，初步调查可以和状态评估一起来开展。

根据所掌握的信息，充分考虑使用者和所有者的要求，确定一个修补方法。下面列出了有利于做出决定的一些信息。如果选择电化学方法，设计与编写施工规程。然后开展施工工作。在实施阶段必须进行多项检查。在通常情况下，必要维护是必不可少的。一般应考虑如下基本应用步骤与要点：

（1）初步调查

结构的初步调查应该包括总体的调查，识别结构裂缝、变形和其他各种缺陷。如果这些缺陷达到显著水平，就必须重新考虑处理方法并进行结构修补。如果无须进行结构修补，检查应集中在电化学处理的准备方面。对所有须处理区域的部分应该进行下列方面的评估。

（2）钢筋的混凝土保护层

测量保护层厚度、最小厚度、平均厚度和变化值。必须注意的是，保护层变化大会导致相应的钢筋上不均匀的电流分布。如果保护层变化非常大，必须要采用特别措施，且采用电化学方法就不可行。保护层很薄的地方在成功应用电化学方法之前就进行其他措施改善厚度。

（3）氯离子含量和分布

对电化学脱氯法，应确定氯离子的分布图，它随混凝土表面的变化以及它的来源而不断变化。电位图能显示氯离子随混凝土表面的分布。了解氯离子分布是十分重要的，因为它是决定脱氯法能否可行的主要依据。除去第一层钢筋后面的氯离子十分困难，通常除去混合在混凝土中的氯离子也很难获得成功。建议在这个阶段确定处理控制中心的具体位置。

（4）碳化深度

对电化学再碱化方法，碳化深度应进行多点测量。对相当多的测试点，应在同一点测量碳化深度和保护层厚度，以获得它们的统计分布。建议在这个阶段确定处理控制中心的具体位置。

（5）混凝土中裂缝分布状况

对于电化学沉积法，应调查钢筋混凝土结构中既有裂缝的基本分布情况以及主要产生原因。

（6）混凝土的电连通性

钢筋必须保持电连通性才能成功运用电化学方法。不连通的钢筋不能通电流，因而不能得到有效保护，甚至可能因电导作用而导致加速腐蚀。非连通性必须通过附加连接进行纠正。如果结构含有许多非连续钢筋，那么采用这些方法是不可行的。然而必须强调的是，在修补工程的全施工过程中能提供供电连通性，这显然需要额外的费用。钢筋周围的混凝土以及钢筋和阳极之间的混凝土，必须是连通的。这就是说，混凝土不能有大的裂缝、变形或旧的高电阻率修补（如非胶凝型的聚合物砂浆或涂层），因为这些会阻碍均匀电流。所有这些造成电流不均匀的原因都必须在处理应用之前检查出来并修正。

（7）处理成功的标准

对于电化学修复方法，目前没有普遍接受的规范，因此，建立和协商一个处理成功的标准十分重要。

3. 电化学修复技术的优点和局限性

电化学修复技术的一个主要优点是它只需除去剥落与分层的混凝土，而力学性能良好、受氯离子污染或碳化的混凝土仍保留不动。因此相比于传统的方法，凿除量小、施工时间短。另一个优点在于它系统地根除了腐蚀原因，且使得整个混凝土结构得到有效处理。相反，通过凿除混凝土和传统的修补而消除腐蚀因素，仅对处理完好的混凝土结构区域起作用。因此，电化学修复方法比传统的修复方法更可靠和耐久。

电化学修复技术在实际应用中也存在一些局限性或潜在的负面作用。当然，在实际应用过程中，通过有效监测与控制，可消除潜在的技术风险。这主要表现在：

1) 可能引发钢筋氢脆的风险。（高应力）高强钢筋的强极化产生的副作用，阴极反应产生的氢气可能会产生钢筋氢脆风险。尤其对预应力钢筋。由于所需高电流密度，阳极附近钢筋的电位通常低于氢气生成的电位，在应用中，应避免高电流密度的产生。对脱氯法，这是存在的一个重要因素。对这种方法，极化作用非常强且整个过程持续时间相对长（可以达到几个月）。如果预应力钢筋被强烈极化，可能会导致氢脆最终突然断裂。完好的导管中的后张法钢筋能屏蔽强极化。在实际的结构中，导管会产生缺陷，这种风险会变成现实。直接与混凝土接触的先张力预应力钢筋在电化学脱氯和电化学再碱化方法中会受到强烈极化。同时必须注意的是，有些典型预应力钢筋对于氢脆的敏感度比其他钢筋的更高。由于对结构破坏的高风险，除非实验证明对先张法预应力钢筋没有损害，不建议对预应力结构应用电化学脱氯法。这样的实验必须由独立的专家来进行。

2) 潜在的碱活性骨料反应的风险。因为所有的电化学反应都会将钢筋附近的碱含量提高到一定程度，局部的碱-骨料膨胀反应（ASR）会被加速。最新研究表明，再碱化的碳化混凝土中碱硅反应一般不会有问题，但是对碱-骨料反应十分敏感的脱氯处理的混凝土，这确实是一个潜在的重要的问题。当然，从系统论的观点出发，潜在的碱-骨料反应风险并不一定会发生碱-骨料反应。

3）钢筋混凝土粘结力的下降，尤其当采用高电流密度进行电化学脱氯和再碱化处理时，这种下降趋势更为明显。

4）对结合氯离子引起的钢筋混凝土腐蚀，电化学脱氯法效率不佳等。

7.5　质量检查与验收

在完成防腐工程修缮时，应对工程质量进行检查及验收，主要检查及验收内容包括：

（1）工程名称。

（2）防腐前表面状态。

（3）环境温度、环境相对湿度。

（4）防腐部位。

（5）防腐层结构及要求。

（6）检查项目及要求。

其中检查项目及要求中包括：

1）原材料是否符合设计要求及有关规范规定，是否具有出厂质量合格证明文件及复验报告。

2）设备、管道是否按规定进行了强度、严密性试验，是否具有工序交接记录。

3）基层表面处理方法是否正确，处理结构是否符合设计等级要求。

4）隔离层材料是否使用正确，层数及厚度是否符合规范要求。

5）防腐层材料的配比、试验是否符合有关规范规定，是否报告齐全。

6）防腐底层材料是否使用正确，层数、厚度是否符合规范规定。

7）防腐中间层材料是否使用正确，层数或厚度是否符合规范规定。

7.6　使用、维护注意事项

（1）施工时应尽量避免地下水及雨水的浸泡，若端头不慎浸水，连接外套前应做干燥处理。

（2）管材应储存在平整的场地，整齐码放，码放高度应小于 1.5m。

（3）管材吊装轻拿轻放，禁碰撞、抛掷，禁用钢丝绳直吊管身。

（4）防腐层应避免火焰直接接触。

（5）防腐材料大多为有毒、易燃、易爆物品，应作好防火及防爆措施。

参考文献

1. Boomfeld J P. Permanent corrosion monitoring [J]. Construction Repair, 1996, 10 (2): 44.

2. 李建勇，杨红玲. 国外混凝土钢筋锈蚀破坏的修复和保护技术 [J]. 建筑技术，2002, 33 (7): 491.

3. Foscante R E, Kline H H. Coating concrete—An overview [J]. Materials Performance, 1998, 27

(9)：259.

4. F Hunkeler. The resistivity of pore water solution—a decisive parameter of rebar corrosion and repair methods [J]. Construction and Building Materials, 1996, 10 (5)：381.

5. 廉慧珍，吴中伟. 混凝土可持续发展与高性能胶结材料 [J]. 混凝土，1998，(6)：2.

6. Cramer S, Covino Jr B S, Bullard S J, et al. Corrosion prevention and remediation strategies for reinforced concrete coastal bridges [J]. Cement and Concrete Composites, 2002, 24 (1)：101.

7. 黄士元，等. 近代混凝土技术 [M]. 西安：陕西科学技术出版社，1998：151.

8. 朱雅仙. 碳化混凝土再碱化技术的研究 [J]. 水运工程，2001，(6)：12.

9. 洪定海. 混凝土中钢筋的腐蚀与保护 [M]. 北京：中国铁道出版社，1998：165.

10. Mehta P K. Durability——Critical issues for the future [J]. Concrete International, 1997, 19：1.

11. CEB. Durable Concrete Structure：CEB Design Guide [M]. London：The Second Edition, 1989：28.

12. 丘富荣，杜洪彦，林昌健. 21 世纪国内钢筋混凝土及其表面保护展望 [J]. 材料保护，2000，33 (1)：23.

13. Ohama, Yoshihiko. Polymer-based materials for repair and improved durability：Japanese experience [J]. Construction and Building Materials, 1996, 10 (1)：77.

14. Basheer P A M, Basheer L, Cleland D J, et al. Surface treatments for concrete：assessment methods and reported performance [J]. Construction and Building Materials, 1997, 11 (7)：413.

15. ACI, Concrete repair guide, ACI 546R-96, 1996.

16. 丘富荣，石小燕，余兴增，等. 钢筋混凝土构筑物电化学保护的新进展 [J]. 腐蚀科学与防护技术，2000，12 (5)：303.

17. 埃文·瑞泽，张洪滨. 钢筋混凝土桥梁的维修与保护的材料及方法 [J]. 混凝土，2002，(10)：25.

18. Hassanein A M, Glass G K, Buenfeld N R. Protection current distribution in reinforced concrete cathodic protection systems [J]. Cement and Concrete Composites, 2002, 24 (1)：159.

19. 芮龚. 混凝土腐蚀机理与防护处理剂 [J]. 上海涂料，2001：33.

20. 王宗昌，衡洪勇，王政. 混凝土中氯离子的预防及处理 [J]. 腐蚀与防护，2002，23 (10)：460.

21. A　J Van Dan Hondel, R B Polder. Electrochemical realkalisation and chloride removal of concrete [J]. Construction Repair, 1992, 6 (3)：19.

22. 蒋正武，王莉洁. 钢筋混凝土的环境侵蚀与表面防护技术 [J]. 腐蚀科学与防护技术，2004. 10，16 (5)：309-312.

23. Kawamata, Koji. Electrochemical corrosion control method for concrete structure [J]. Corrosion Engineering, 2004, 53 (9)：426.

24. Vaysburd, Alexander M, Emmons, et al. Corrosion inhibitors and other protective systems in concrete repair：concepts or misconcepts [J]. Cement and Concrete Composite, 2004, 26 (3)：255.

25. Bertolini L, Bolzoni F, Pastore T, et al. Effectiveness of a conductive cementitious mortar anode for cathodic protection of steel in concrete [J]. Cement and Concrete Research, 2004, 34 (4)：681.

26. Hondel, A. J., Polder, R. B. Electrochemical realkalisation and chloride removal of concrete [J]. Construction Repair, 1992：19-24.

27. Fedrizzi L, Azzolini F, Bonora P L. The use of migrating corrosion inhibitors to repair motorways, concrete structures contaminated by chlorides [J]. Cement and Concrete Research, 2005, 35 (3)：551.

28. Mehta P K. Durability——Critical issues for the future [J]. Concrete International, 1997, 19：1-12.

29. Banthia N, Gupta R, Mindess S. Development of fiber reinforced concrete repair materials [J]. Canadian Journal of Civil Engineering, 2006, 33 (2)：126-133.

30. 樊云昌，曹兴国，陈怀荣. 混凝土中钢筋腐蚀的防护与修复. 北京：中国铁道出版社，2001：116.

31. 蒋正武，混凝土结构的表面防护技术 [J]. 新型建筑材料，2004. 2，（275）：12-14.

32. 蒋正武，国外混凝土裂缝的自修复技术 [J]. 建筑技术，2003，34（4）：261-262.

33. Kawamata, Koji. Electrochemical corrosion control method for concrete structure [J]. Corrosion Engineering, 2004, 53 (9): 426.

34. Vaysburd, Alexander M, Emmons, et al. Corrosion inhibitors and other protective systems in concrete repair: concepts or misconcepts [J]. Cement and Concrete Composite, 2004, 26 (3): 255.

35. Bertolini L, Bolzoni F, PastoreT, et al. Effectiveness of a conductive cementitious mortar anode for cathodic protection of steel in concrete [J]. Cement and Concrete Research, 2004, 34 (4): 681.

36. Hondel, A. J.; Polder, R. B., Electrochemical realkalisation and chloride removal of concrete [M]. Construction Repair, 1992: 19-24.

37. Fedrizzi L, Azzolini F, Bonora P L. The use of migrating corrosion inhibitors to repair motorways, concrete structures contaminated by chlorides [J]. Cement and Concrete Research, 2005, 35 (3): 551.

38. Bertolini L, Bolzoni F, Elsener B, et al. The realkalisation and electrochemical chloride extraction in reinforced concrete structures [J]. Material Construction, 1996, 46 (244): 45.

39. Velibasakis E E, Henriksen S K, Whirmore D W. Halting corrosion by chloride extraction and realkalisation [J]. Concrete International, 1997: 39.

40. McFarland Brian. Electrochemical repair of reinforced concrete in the UK [J]. Construction Repair, 1995, 9 (4): 3.

41. Siegwart M, Lyness J F, McFarland B J, et al. The effect of electrochemical chloride extraction on prestressed concrete [J]. Construction Building Material, 2005, 19 (8): 585.

42. Hans Böhni, Corrosion in reinforced concrete structures, CRC press, 2005: 210-255.

43. Mietz J. Electrochemical realkalisation for rehabilitation of reinforced concrete structure [J]. Mater Corrosion, 1995, 46 (9): 527.

44. Bewley, Dave. Realkalisation of reinforced concrete structures [J]. Concrete (London), 2005, 39 (3): 25.

45. Gonzalez J A, Cobo A, Gonzalez M N, et al. On the effectiveness of realkalisation as a rehabilitation method for corroded reinforced concrete structures [J]. Material Corrosion, 2000 (51): 97.

46. Andrade C, Castellote M, Sarria J, et al. Evaluation of pore solution chemistry, electro-osmosis and rebar corrosion rate induced by realkalisation [J]. Material and structures, 1999 (32): 427-436.

47. Cox, Nigel. Realkalisation of precast panels for British telecom [J]. Construction Repair, 1995, 9 (4): 7.

48. Anon. Electrochemical realkalisation of reinforced concrete [J]. Quality Concrete, 2002, 8 (3-4): 41.

49. 朱鹏，屈文俊. 碳化混凝土再碱化控制理论研究的探讨 [J]. 材料导报，2006，20 (3)：101-103.

50. 屈文俊，陈璐，刘于飞. 碳化混凝土再碱化的维修技术 [J]. 建筑结构，2001，31 (9)：58.

51. Yeih Weichung, Chang Jiang Jhy. A study on the efficiency of electrochemical realkalisation of carbonated concrete [J]. Construction Building Mater, 2005 (19): 516.

52. Otsuki N. Ryu J S. Use of electrodeposition for the repair of concrete with shrinkage cracks [J]. Journal of Materials in Civil Engineering, 2001, 13 (2): 136-142.

53. Mohankumar G. Concrete repair by electrodeposition [J]. Indian Concrete Journal, 2005, 79 (8): 57-60.

54. Ryou, J. S., Monteiro, P. Electrodeposition as a rehabilitation method for concrete materials [J]. Canadian Journal of Civil Engineering, 2004. 10, 31 (5)：776-781.

55. 蒋正武，孙振平，王培铭. 电化学沉积修复钢筋混凝土裂缝的愈合效果研究 [J]. 东南大学学报（自然科学版），2006. 11, 36 (sup.)：129-134.

56. 蒋正武，邢锋，孙振平，王培铭. 电化学沉积修复钢筋混凝土裂缝的基础研究 [J]. 水利水电科技进展，27 (3)：5-8, 20.

57. 蒋正武，孙振平，王培铭. 电化学沉积法修复钢筋混凝土裂缝的机理 [J]. 同济大学学报（自然科学版），2004. 11, 32 (11)：1471-1475.

58. Chang J J. A study of the bond degradation of rebar due to cathodic protection current [J]. Cement and Concrete Research，2002, 32 (4)：657.

第8章 金属工程防腐修缮

8.1 概述

金属构件、设备、制品用于工程后，在化学、电化学或物理作用下，出现的锈蚀、变质和变坏现象，即为腐蚀。

金属腐蚀现象是十分普遍的，除了极少数贵金属外，一般金属都会发生腐蚀现象（图8.1-1～图8.1-4），金属材料的破坏都与其腐蚀因素有关，金属材料的腐蚀是不可忽视的重要问题，金属腐蚀给社会带来的损失是巨大的。据21世纪初相关调查资料显示，我国石油工业、汽车工业、化学工业等金属腐蚀直接损失每年约700亿人民币，从经济角度说明金属腐蚀造成的损失是很严重的，必须予以高度的重视。同时由于金属腐蚀造成的安全事故和影响工程使用的案例也是很多的。

图8.1-1 室外金属管道锈蚀

图8.1-2 室外金属爬梯锈蚀

图8.1-3 室外金属栏杆锈蚀

图8.1-4 室外金属排风管锈蚀

防腐是为延长金属物品使用寿命而采取的各种保护措施，本文提出的防腐工程修缮，是指用于工程中的金属构件、设备、制品等金属物品发生腐蚀后的修复和维修工作。

8.2 金属基材常温外表面防护涂料选用与施工技术[1]

8.2.1 外表面防腐防护涂料可根据腐蚀性介质、使用部位和作用条件分为常温外表面防护涂料和耐高温外表面防护涂料。常温外表面防护涂料见表8.2-1。

常温外表面防护涂料　　　　　　　　　　　　　表8.2-1

腐蚀环境		涂料种类
酸性介质	有机酸（包括酸雾、滴溅液体等）	环氧类、聚氨酯类、玻璃鳞片类、乙烯基酯、氯化橡胶、聚硅氧烷、氟涂料面涂料；冷涂锌、富锌类和车间类底涂料
	无机酸（包括酸雾、滴溅液体等）	环氧类、聚氨酯类、酚醛类、乙烯基酯、高氯化聚乙烯、聚硅氧烷、氟涂料面涂料；冷涂锌、富锌类和车间类底涂料
碱性介质		不得选用醇酸、酚醛涂料
弱腐蚀介质		氯化橡胶、高氯化聚乙烯、醇酸等面涂料；车间类底涂料
室外腐蚀环境（包括化工大气腐蚀）		丙烯酸类、酚醛类、氯化橡胶、高氯化聚乙烯、醇酸、聚硅氧烷、氟涂料面涂料；冷涂锌、富锌类和车间类底涂料

8.2.2 常用外表面防护涂层构造做法可按表8.2-2选用。

常用外表面防护涂层构造做法　　　　　　　　　表8.2-2

序号	涂装表面基材	涂层构造	涂料名称	涂装道数	每道涂层最小干膜厚度（μm）	涂层最小总干膜厚度（μm）	适用温度（℃）	适用条件
1	钢	底涂	醇酸底涂	2	30	120	−20～+80	大气腐蚀，弱腐蚀环境
		面涂	醇酸面涂	2	30			
2		底涂	酚醛底涂	2	30	120	−20～+80	大气腐蚀，弱腐蚀环境
		面涂	酚醛面涂	2	30			
3	钢	底涂	环氧铁红底涂	2	30	140	−20～+100	大气腐蚀，弱腐蚀环境
		面涂	高氯化聚乙烯面涂	2	40			
4	钢	底涂	环氧富锌底涂	2	35	230	−20～+100	大气腐蚀，中至强腐蚀环境
		中间涂	环氧云铁中间涂	1	80			
		面涂	丙烯酸面涂	2	40			
5	钢	底涂	环氧富锌底涂	2	35	230	−20～+120	大气腐蚀，中至强腐蚀环境
		中间涂	环氧云铁中间涂	1	80			
		面涂	聚氨酯面涂	2	40			
6	钢	底涂	环氧铁红底涂	2	35	250	−20～+120	大气腐蚀，强腐蚀环境（不适宜于室外环境）
		中间涂	环氧云铁中间涂	1	80			
		面涂	环氧树脂面涂	2	50			
7	钢	底涂	环氧玻璃鳞片底涂	2	40	380	−20～+120	干湿交替部位，强腐蚀环境（不适宜于室外环境）
		面涂	环氧玻璃鳞片面涂	2	150			

---

1. ［作者简介］　李现修，男，1963年6月出生，高级工程师，河南省四海防腐集团董事长，联系电话：15136795555。

续表

序号	涂装表面基材	涂层构造	涂料名称	涂装道数	每道涂层最小干膜厚度(μm)	涂层最小总干膜厚度(μm)	适用温度(℃)	适用条件
8	钢	面涂	环氧玻璃鳞片面涂	3	150	450	−20～+120	干湿交替部位，强腐蚀环境（不适宜于室外环境）
9	钢	底涂	乙烯基酯鳞片底涂	2	40	280	−20～+120	干湿交替部位，中至强腐蚀环境
		面涂	乙烯基酯鳞片面涂	2	100			
10	钢	底涂	环氧富锌/环氧底涂	2	35/40	170/180	−20～+120	保温设备及管道，弱至中腐蚀环境
		面涂	环氧树脂面涂	2	50			
11	钢	底涂	无机富锌底涂	1	50	75	≤400	保温设备及管道，弱腐蚀环境
		面涂	有机硅面涂	1	25			
12	钢	底涂	有机硅底涂	2	25	110	≤400	高温条件下大气腐蚀，弱至中腐蚀环境
		面涂	有机硅面涂	2	30			
13	钢、铸铁	底涂	环氧铁红底涂	2	35	370/470	−30～+80	大型设备及管道的潮湿、滴溅液体、液体侵蚀部位，强腐蚀环境（不适宜于室外环境）
		面涂	溶结环氧粉末面涂	2	150/200（单层外涂层厚度）			
14	钢、铸铁	底涂	环氧铁红底涂	2	35	210	−20～+80	大气腐蚀，弱至中腐蚀环境
		面涂	氯化橡胶面涂	2	70			
15	钢、铸铁	底涂	环氧铁红底涂	2	35	230	−20～+100	大气腐蚀，中至强腐蚀环境
		中间涂	环氧云铁中间涂	1	80			
		面涂	高氯化聚乙烯面涂	2	40			
16	钢、铸铁	底涂	冷涂锌底涂	2	40	240	−20～+120	大气腐蚀，强腐蚀环境
		中间涂	环氧云铁中间涂	1	80			
		面涂	聚氨酯面涂	2	40			
17	钢、铸铁	底涂	冷涂锌底涂	2	40	310	−20～+120	大气、潮湿腐蚀，强腐蚀环境
		中间涂	环氧云铁中间涂	1	80			
		面涂	聚硅氧烷面涂	3	50			
18	钢、铸铁	底涂	环氧富锌底涂	2	35	250	−20～+120	大气、潮湿腐蚀，中至强腐蚀环境
		中间涂	环氧云铁中间涂	1	80			
		面涂	聚硅氧烷面涂	2	50			
19	钢、铸铁	底涂	氟树脂底涂	2	40	300	−20～+120	大气、潮湿腐蚀，强腐蚀环境
		中间涂	氟树脂中间涂	1	70			
		面涂	氟树脂面涂	3	50			

8.2.3　材料要求

1. 用于防腐蚀工程施工的材料，应具有产品质量证明文件，其质量不得低于国家现行有关标准的规定。

2. 产品质量证明文件应包括：产品质量合格证、材料检测报告。当有异议时，还应进行复验或技术鉴定。

3. 涂料应在规定的贮存期内使用。

8.2.4　施工机具、检测仪和试验器

1. 施工机具、设备、检测仪和试验器见表 8.2-3。

施工机具、设备、检测仪和试验器 表 8.2-3

序号	类型	名称
1	主要机具	喷枪、尖头锤、弯头刮刀、圆纹粗锉、刮铲、钢丝刷、钢丝束、油刷、开刀、牛角板、油画笔、掏子、铜丝笤、砂纸、砂布、腻子板、腻子刀、钢皮刮板、橡皮刮板、小油桶、油勺、半截大桶、水桶、钢丝钳、小锤子等
2	主要机械设备	空气压缩机、除锈机、电动砂轮机、风动砂轮机、针束除锈器、电动搅拌器、风动式敲铲等
3	主要检测仪器和试验器	电火花检测仪、低电压漏涂检测仪、漆膜测厚仪、附着力测试器、温度计、湿度计、放大镜、台秤、磅秤、天平、量杯等

2. 计量器具、检测仪器和设备应经计量检定、校准，并应在有效期内。

8.2.5　施工作业条件

1. 施工环境
（1）施工环境温度宜为 10~30℃，相对湿度不宜大于 85%。
（2）原材料使用时不宜超出环境温度和相对湿度范围。
（3）被涂覆的基体表面温度宜比露点温度高 3℃。
（4）在大风、雨、雾、雪天或强烈阳光照射下，不宜进行室外施工。
2. 施工作业人员应有特殊工种作业操作证
（1）防腐涂装工程前钢结构工程已检查验收，并符合设计要求。
（2）防腐涂装作业场地应有安全防护措施，有防火和通风措施，防止发生火灾和人员中毒事故。

8.2.6　施工工艺

1. 工艺流程
表面处理（清理、除锈）→涂底漆→涂中间漆（此步流程可视具体工程省略）→涂面漆。
2. 表面处理
（1）先将金属表面上的浮土、砂、灰浆、油污、锈斑、焊渣、毛刺等清除干净。然后进行表面除锈，方法可用手工和机械处理。构件除锈等级应符合要求。
（2）动力工具除锈：用砂轮机、风磨机及其他电动除锈工具除锈，然后配以钢丝刷、锉刀、钢铲及砂布等工具，经刷、锉、磨除去剩余铁锈及杂物，至露出金属本色为止。油污应用汽油或煤油等溶剂清洗干净。
（3）喷砂（抛丸）除锈，利用压缩空气的压力，连续不断地用石英砂或铁砂（或铁丸）冲击钢构件的表面，把钢材表面的铁锈、油污等杂物清理干净，露出金属钢材本色。
（4）酸洗除锈，将需涂装的钢构件浸放在酸池内，用酸除去构件表面的油污和铁锈。酸洗以后必须用热水或清水冲洗构件，如果有残酸存在，构件的锈蚀会更加厉害。

（5）人工除锈，由人工用一些比较简单的工具，如刮刀、砂轮、砂布、钢丝刷等，清除钢构件上的铁锈。这种方法工作效率低，劳动条件差，除锈也不彻底。

（6）喷射或抛射除锈的质量等级应分为 Sa1 级、Sa2 级、Sa2.5 级和 Sa3 级；动力工具或手工除锈的质量等级应分为 St2 级和 St3 级。

8.2.7　防腐涂料涂装施工

1. 施工基本要求

（1）涂装宜根据涂料的耐腐蚀性能、施工环境及条件、基体表面处理、基体形状等选择涂装方案。

（2）需要现场配制使用的材料，应经试验确定。经试验确定的配合比不得任意改变。

（3）基体表面预处理后应在 4h 内涂刷底层涂料，当发现返锈或污染时，应重新处理。

（4）涂装应采用刷涂、滚涂或喷涂，不得漏涂或误涂；涂覆间隔时间应按涂料施工工艺所需间隔的时间确定，涂层全部涂装结束后，常温养护不应少于 7d；在涂层干燥过程中，应采取防风沙、防雨雪、防紫外线、防低温等措施。

2. 各种防腐涂料涂装施工，除了应符合施工基本要求外，同时还应根据各自材料特性符合相应的要求

（1）环氧类涂料（包括单组分环氧酯底层涂料和双组分环氧树脂涂料）

1）环氧酯底层涂料应搅拌均匀使用。

2）环氧树脂涂料应按质量比配制，并应搅拌均匀，宜熟化后使用。

3）宜采用喷涂法施工。

（2）熔结环氧粉末涂料（分为单组分和双组分涂料）

1）采用双组分时应按质量比配制，并应搅拌均匀。

2）宜采用喷涂法施工。

3）管道补口施工时应在试压前进行。

4）单层涂料喷涂一次成膜结构。

5）双层涂料由内、外两种涂料分别喷涂，一次成膜构成；外层涂敷应在内层胶化完成前进行，且应保证外层涂料所要求的固化时间。

（3）聚氨酯涂料（分为单组分和双组分涂料）

1）采用双组分时应按质量比配制，并应搅拌均匀。

2）施工环境温度宜为 5～40℃。

（4）氯化橡胶涂料（分普通型和厚膜型）

1）厚膜型涂层干膜厚度每层不应小于 $70\mu m$。

2）施工环境温度宜为 -20～50℃。

（5）高氯化聚乙烯涂料

高氯化聚乙烯涂料为单组分，施工环境温度宜大于 0℃。

（6）丙烯酸树脂涂料（包括单组分丙烯酸树脂涂料、丙烯酸树脂改性氯化橡胶涂料和丙烯酸树脂改性聚氨酯双组分涂料）

1）宜采用环氧树脂类涂料做底层涂料。

2）丙烯酸树脂改性聚氨酯双组分涂料应按质量比配制，并应搅拌均匀。

3）涂料的施工环境温度应大于 5℃。

（7）有机硅涂料

1）底涂层应选用配套底涂料，不得采用磷化底涂打底。

2）有机硅耐温涂料为双组分，应按质量比配制，并应搅拌均匀。

3）施工环境温度宜为 5～40℃。

（8）富锌涂料（包括有机富锌涂料和无机富锌涂料）

1）富锌涂料为双组分，应按质量比配制，并应搅拌均匀。

2）涂料宜采用喷涂法施工。

3）涂料施工后应采用配套涂层封闭。

4）富锌涂层不得长期暴露在空气中，涂层表面出现白色析出物时，应打磨去除析出物后再重新涂覆。

（9）车间底层涂料（环氧铁红）

1）车间底层涂料为双组分，应按质量比配制，并应搅拌均匀。

2）宜采用喷涂法施工。

（10）玻璃鳞片涂料（包括环氧树脂玻璃鳞片涂料和乙烯基酯树脂玻璃鳞片涂料）

1）玻璃鳞片涂料为双组分，应按质量比配制，并应搅拌均匀。

2）施工环境温度不应低于 5℃。

（11）醇酸涂料

施工环境温度不应低于 0℃。

（12）冷涂锌涂料

1）宜采用喷涂法施工。

2）施工后应采用配套涂层封闭。

3）涂层不得长期暴露在空气中。

4）施工环境温度宜为 −20～50℃。

（13）氟涂料（包括氟树脂涂料和氟橡胶涂料）

1）氟涂料为双组分，应按质量比配制，并应搅拌均匀。

2）涂料应为底层涂料、中层涂料和面层涂料配套使用。

3）施工环境温度宜为 5～40℃。

（14）聚硅氧烷涂料

1）聚硅氧烷涂料为双组分，应按质量比配制，并应搅拌均匀。

2）施工环境温度宜为 5～40℃。

8.2.8　防腐涂层检验

1. 表面处理的检查

（1）喷砂处理后材料表面采用目视法检查清洁度及采用标准样板观察检查或采用表面粗糙度测量仪检查表面粗糙度。质量应符合现行国家标准《涂覆涂料前钢材表面处理　表面清洁度的目视评定　第 1 部分：未涂覆过的钢材表面和全面清除原有涂层后的钢材表面的锈蚀等级和处理等级》GB/T 8923.1—2011 的有关规定。

（2）测量仪器：粗糙度测试仪（或标准样板）。

2. 涂层膜厚检查

（1）检查用涂层测厚仪检测，涂层膜厚度偏差：大于等于设计厚度。

（2）检测仪器：涂层测厚仪。

3. 附着力检查

涂层附着力的检查是控制涂料类防腐蚀工程质量的重要指标，规定涂层附着力主要使用的标准方法为现行国家标准《色漆和清漆拉开法附着力试验》GB/T 5210。涂层附着力检验是破坏性的，检查之后要求及时进行修补。

检测仪器：自动拉拔式附着力测试仪。

4. 漆膜测漏检测

涂层针孔质量在检查时宜选用涂层高电压火花仪或低电压漏涂检查仪检查方法。两种方法的区别在涂层上使用高压火花仪法，会导致涂层受损，使用低压漏涂法不会导致涂层受损，但检查针孔误差大。在选用高压火花仪使用前要对涂层的总厚度和涂层的绝缘性进行考虑，选择合适的测量电压。对于检查出的针孔及缺陷应按要求及时进行修补。

5. 涂层外观检查

目视法全面检查，涂层外观要求表面应平整，无裂纹、漏涂、流挂、起皱、凹陷、气孔等缺陷。

8.2.9　成品保护

1. 钢构件涂装后应加以临时围护隔离，防止踏踩，损伤涂层。

2. 钢构件涂装后，在 4h 之内如遇有大风或下雨时，应加以覆盖，防止粘染尘土和水汽、影响涂层的附着力。

3. 涂装后的构件需要运输时，应注意防止磕碰，防止在地面拖拉，防止涂层损坏。

4. 涂装后的钢构件勿接触酸类液体，防止损伤涂层。

8.2.10　竣工验收

整个防腐完成后，对所有过程质量记录和最终观感质量进行全面检查验收，并提交防腐施工方案报验记录、各防腐涂料进场质量检查记录，质量证明书齐备并符合要求、每部位喷砂除锈检查记录、每一道涂漆质量验收质量、防腐工程中间验收记录、防腐修缮工程施工总结、施工工程影像等资料。

8.2.11　安全措施、职业健康、环境保护应符合相关规定

8.3　ST-16 除锈转锈涂剂防腐修缮技术[1]

8.3.1　材料简介

ST-16 除锈转锈涂剂（又称为 ST-16 金属封闭剂），是一种以除锈为主，同时具有防锈作用的功能性材料。

---

1. ［作者简介］　蒋颖健，女，1974 年 5 月出生，本科，上海绿塘净化设备有限公司总经理，单位地址：上海市闵行区浦驰路 1628 号 15 栋。联系电话：18101941865。邮箱：1141632275@qq.com。

　　防锈是钢结构建筑使用过程中的一大技术关键，通常需要通过涂装（油漆）工艺来解决，而油漆涂装前除锈属于钢结构建筑施工的隐蔽工程，彻底除锈是提高油漆内在质量的重要保证。目前，钢构建筑行业内，涂装前除锈的通行方法主要是机械抛丸和喷沙、手工电动打磨等传统方法，如果在钢铁表面留有余锈，锈核就可使钢铁底材继续生锈，即使除锈非常干净，新金属表面积加大，吸收水量增多，受环境腐蚀介质影响就大，造成锈蚀的可能性就大。在这种情况下，即使使用防锈涂料，三个月到半年就出现漆膜开裂脱落，漆膜锈迹斑斑，达不到预期的防锈效果。因此，用涂料防腐防锈，关键是使金属表面上不再存在继续生锈的条件。ST-16 除锈防锈剂正是针对除锈与防锈而设计的一种水性功能涂料，符合当今技术的发展趋向，经一年多的实际应用，可成为钢结构建筑施工中除锈的又一选择，能增强油漆的防锈能力，显著提高油漆的内在质量，具有除锈彻底、施工简单、经济高效、无环境污染的特点。

　　ST 16 除锈防锈技术原理：将该产品像涂料一样直接涂刷在带有三氧化二铁（Fe_2O_3 红色铁锈）、四氧化三铁（Fe_3O_4 蓝色氧化皮）钢构件表面，通过化学转化反应，利用钝化、缓蚀机理，常温下 1～2h 后铁锈及氧化皮即被自然转化、形成紧密的亮灰黑色防锈膜层，22h 后转化完全，达至金属基底形成键合力，因此，该膜层与基底金属结合力好，并可与各类油漆（膏灰）配套。该防锈膜层在 $-20\sim600℃$ 范围性质稳定，兼具一定的防火性能，单一膜层室内防锈可达一年之久。钢结构材料经此除锈防锈处理后，油漆内在质量得以提升，防锈能力显著提高。

　　ST-16 除锈防锈应用研究：

　　对焊接性能的影响：经 ST-16 除锈转锈涂剂除锈的钢铁，其焊接性能不受影响，使用表明，形成的防锈膜更有利于焊接；在一般钢构建筑中，焊接部位往往率先出现锈蚀，刷涂该除锈防锈剂并作油漆施工后，这一问题可以完全解决。

　　对漆膜的影响：该项目的考察主要是针对钢结构维护工程中需要补漆的情形，在出现锈斑、锈点的油漆表面，可以直接涂刷 ST-16 除锈转锈涂剂，锈斑、锈点被除净并转化为防锈膜层，然后再刷油漆，而已有的油漆表面不受损伤。该产品的这一特性，为钢结构建筑的后期或日常维护提供了便利：无须将已有而且完好的油漆层全部除掉，即可进行维护施工，大大地节约了维护成本。

8.3.2　材料特点

　　1. 全水样环保型除锈剂，可采用涂刷、浸泡等工艺，达到常用除锈剂的除锈水平。

　　2. 本产品由无机物配置而成，为环保产品；不含有害重金属和有毒化学物质；不含挥发物成分，无 VOC 排放。

　　3. 代替底漆，干燥后可以直接涂刷面漆。

　　4. 该产品呈弱酸性，施工时仅需一般防护，对皮肤无腐蚀性伤害；不可入口眼，不慎溅入可用水冲洗。

　　5. 对建筑用钢筋进行防腐处理，有利于加强钢筋与混凝土的附着力。

　　6. 综合使用成本比传统除锈剂产品低约 20%。

8.3.3　适用范围

　　1. 对化工厂或对防火要求比较高的区域内的装备进行除锈与防腐施工。

2. 对地下或通风条件不太好的区域进行金属部件的除锈防腐施工。

3. 对各种钢铁结构件的除锈与防腐。

该技术产品适用于以钢铁为结构材料的各个领域，如钢构建筑、金属箱柜、船舶桥梁、建筑机具、城市护栏、机械设备、管道塔架、农用机具、汽车、火车车身、石油化工设备、油气输送管道、矿山机械设备等以除锈防锈为主要目的的油漆涂装工程，尤其适用于户外大型、重型钢构建筑。这些金属构件及设备在制造加工过程中的除锈工序可以使用，在使用过程中定期的防腐蚀维护除锈、涂装时也可以使用。因此，其市场应用面宽，应用途径主要有两个方面：

一是指新开工建设的钢结构工程及机械设备，按照有关国家标准及施工规范，所使用的钢铁材料锈蚀程度不超过 D 级，直接用除锈防锈剂涂刷后，形成的防锈膜层在 $10\mu m$ 左右，与金属基底的平整度一致，覆盖油漆后，不影响漆膜外观。

二是指已使用一定年限的钢结构建筑及机械设备，由于使用环境不同，锈蚀程度也不一致，有的锈层厚度超过 $100\mu m$，需要用钢丝刷除去浮锈及锈块、泥砂，然后涂刷除锈防锈剂。该产品不损伤油漆层，不损伤铜、镍、铬金属，但不适用于镀锌钢件的除锈维护。

8.3.4　使用成本分析

抛丸除锈处理 1t 钢材的成本费用为 150～200 元，喷沙作业的成本更高，而采用 ST-16 除锈转锈涂剂除锈，处理 1t 钢材的综合成本为 100 元左右，节约使用成本 30％以上。现场施工采用手工电动砂磨除锈 2 人 4h 的工作，采用该产品只需 1 人 1h 即可完成，大大降低了劳动强度，节约了工时成本，加快了施工进度。

8.3.5　性能指标

ST-16 除锈转锈涂剂以除锈为主，兼具优良的长效防锈性能，主要用作油漆前除锈处理，作为一种新的除锈技术，该产品已申请国家发明专利（申请号 200710050532.6），此后经过多年的持续研发改进（表 8.3-1、表 8.3-2）。（参考资料：化工部化工机械研究院主编《腐蚀与防护手册》、"ZL 2007 1 0050532.6"专利申请文献、《钢结构防腐涂装工艺标准》SEJ/SZ-0606）。

产品技术指标　　　　　　　　　　　　　　　　　　　　　　表 8.3-1

产品外观	无色或淡蓝色透明稠状液体
溶剂特性	水溶性
密度（20℃）	$1.32775g/cm^3$
黏度（20℃）	12.60s
除锈能力	2h 后铁锈完全转化，呈灰黑色
环境特性	无毒、无重金属、无挥发性有机物排放，稀释后可作磷肥
消耗参考	$30\pm5m^2/kg$

膜层技术参数　　　　　　　　　　　　　　　　　　　　　　表 8.3-2

膜层外观	亮黑灰色
表干时间（室温）	1.5h
实干时间（室温）	22h

续表

膜层外观	亮黑灰色
耐打磨性	易打磨，不粘砂
柔韧性	1mm
冲击强度（kg/cm²）	50
附着力（级）	1

8.3.6　技术说明

1. 该除锈防锈剂不与金属铁发生化学反应、不腐蚀金属基体，只与铁锈发生化学转化作用。

对基体金属的影响实验：取 1cm×1cm 碳钢片，酸洗除净铁锈及污垢后，干燥称重，然后在 ST-16 除锈转锈涂剂中浸泡 24h，取出用离子水洗净，干燥称重。实验结果，前后重量未变，表明：该除锈防锈剂在除锈过程中，不产生氢脆现象，不改变金属基体的组织结构，不影响钢材的力学性能。

2. 对钢铁力学性能的影响实验：取 Q235 低碳钢圆盘条作实验材料，用 ST-16 除锈转锈涂剂刷涂除锈，24h 后进行拉伸试验、冷弯试验，结果见表 8.3-3。

除锈剂使用前后拉伸及冷弯实验对照表　　　　表 8.3-3

Q235 低碳钢圆盘条	屈服点（MPa）≥	抗拉强度（MPa）≥	伸长率	冷弯 180°（d 为弯心直径，a 为公称直径）
除锈前	235	410	23	d=0.5a
除锈后	235	410	23	d=0.5a

3. 防锈膜平整度与锈蚀度的关系：ST-16 除锈转锈涂剂具有一定的整平能力，一般而言，A、B、C、D 四级锈蚀的钢材，经除锈处理后都能得到厚度在 10～20μm 左右、平整光洁的防锈膜层。超过 D 级锈蚀的钢材，尤其是产生堆锈、块锈、坑蚀的表面，钢铁锈蚀程度越高，形成的防锈膜层的平整度就越差。此类重度锈蚀的钢材，除锈前须用钢丝刷处理后，才能得到较为平整的防锈膜。

4. 防锈能力：采用 ST-16 除锈后，形成的膜层绝缘电阻大于 150MΩ，可有效地阻断化学及电化学腐蚀作用。按照现行《色漆和清漆　耐中性盐雾性能的测定》GB/T 1771 和《涂料、清漆、转化涂层和相关覆层产品的测试用冷轧钢板制备的标准实施规范》ASTM D609 进行人工加速腐蚀的 NSS 试验，见表 8.3-4。

涂层前处理方式效果对照表　　　　表 8.3-4

涂层前处理方式	机械除锈/环氧防锈漆	刷 ST-16 除锈/环氧防锈漆	机械除锈/红丹底漆/环氧防锈漆
NSS 试验时间（h）及结果	600h 无起泡、不生锈	600h 无起泡、不生锈	600h 无起泡、不生锈
	800h 锈蚀≥2mm	800h 无起泡、不生锈	800h 无起泡、不生锈

可见，使用 ST-16 除锈转锈涂剂不仅除锈干净彻底，而且形成的转化膜层能有效提高油漆的防腐蚀能力，其防锈作用相当于一层红丹底漆。

5. 与油漆的配套性：ST-16 除锈转锈涂剂在转锈除锈的过程中，通过分子键合力与基底金属牢固结合，同时，形成紧密、呈微观网状结构的防锈膜层，油漆高分子渗入其中，因此与油漆的结合力更强，不影响原油漆的结合力级别。该膜层可与各类油漆（红丹、酚醛、沥青、氨基、醇酸、硝基、聚酯、环氧、乙烯、聚氨酯、丙烯酸等）、膏灰、涂料（防火涂料、粉末涂料等）配套，经使用检验，与醇酸面漆的使用配套效果更好。

6. 在有害物质检测方面，基于所送样品进行的测试，镉、铅、汞、六价铬、多溴联苯（PBBs）、多溴二苯醚（PBDEs）、邻苯二甲酸酯［如邻苯二甲酸二丁酯（DBP）、邻苯二甲酸丁苄酯（BBP）、邻苯二甲酸二（2-乙基己基）酯（DEHP）和邻苯二甲酸二异丁酯（DIBP）］的测试结果符合欧盟 RoHS 指令 2011/65/EU 附录 Ⅱ 的修正指令（EU）2015/863 的限值要求。

8.3.7　使用注意事项

1. 该产品现场施工的地面环境温度为 6～60℃，最佳施工环境温度为 10～50℃。

2. 施工时除刷、滚、喷涂处理方式外，若用棉纱蘸除锈防锈剂擦涂，可以提高工作效率。

3. 涂刷时，使铁锈完全润湿即可，涂刷过多造成淌积，表干时间变慢，且影响成膜质量。

4. 直立的钢构宜从上向下涂刷，1公斤该产品可以处理 1t 槽钢、工字钢、钢板，小构件的材料消耗量会增大。

5. D级锈蚀的钢铁构件，直接处理可以得到平整的膜层。超过 D 级锈蚀的钢构产生堆锈，可以用钢丝刷简单处理堆锈部位后，再刷该产品，从而得到平整的膜层。

6. 经冷镀锌或热镀锌的钢材，发生锈蚀后，不适于采用该种方法除锈。

7. 该产品呈弱酸性，pH 值约为 6，对皮肤无腐蚀性伤害，但也要做一般性防护，并忌入口眼，万一溅入，即可用清水冲洗并视情况就医或观察。

第9章 聚脲防腐技术[1]

9.1 概述

聚脲属于聚氨酯大类，目前我国市面上主流的聚脲分为喷涂聚脲、单组分聚脲两大类。

喷涂聚脲由异氰酸酯组分（简称 A 组分）与端氨基化合物组分（简称 B 组分）所构成的，通过专用喷涂设备喷涂施工快速混合反应形成弹性涂层的双组分液体材料。

单组分聚脲为以含有多异氰酸酯 NCO 官能团的预聚体和/或化学封闭的多异氰酸酯 NCO 官能团的预聚体与封端的氨基类物质、助剂等构成的单包装均质黏稠体混合物；其暴露于空气中，形成交联点全部为脲基的高分子聚合物弹性体，固化交联过程中不产生气孔。

喷涂聚脲和单组分聚脲两者都有着优异的力学性能、粘结强度、耐磨性和良好的防腐能力。可适用于−45~80℃的环境，冲击温度可耐 160℃。无论单组分聚脲还是双组分喷涂聚脲，都具备良好的暴露性，可用于户外，如果配合抗老化面涂层使用，其涂膜使用年限可达到 20 年以上。

因为聚脲产品优秀的综合性能，目前聚脲已经广泛用于桥梁、隧道、水利、建筑、工业等领域，以达到防水、耐磨、耐久、防腐、防护等目的。

但是高性能的产品往往需要更高的生产规范及要求。聚脲产品的施工也不例外，聚脲产品的施工往往需要更高的专业程度。

9.2 聚脲类柔性防腐材料

9.2.1 适用范围

一般性的建筑防腐蚀。

9.2.2 适用介质腐蚀性环境

一般的酸性，一般的碱性，一般的盐浓度，一般的油品浓度，一般的水系体系和空气环境；其包括生活废水（污水）、生活垃圾、生活垃圾渗滤液、一般的工业废水池、海水、较高浓度盐水的建筑类防腐蚀处理。

9.2.3 单组分聚脲 SJKR-590 柔性防水防腐涂膜

1. 基本性能，可按照《单组分聚脲防水涂料》JC/T 2435—2018 中 Ⅱ 型基本技术指标要求，见表 9.2-1。

本章由北京森聚柯高分子材料有限公司和天津森聚柯密封涂层材料有限公司的余建平、余浩、张运鹏编写。
1. ［作者简介］ 余建平，男，1963 年 11 月出生，高级工程师，单位地址：北京石景山政达路 2 号。邮编：100040。
联系电话：010-68683048。

单组分聚脲防水涂料基本技术性能指标　　　　　　　　表 9.2-1

序号	项目		技术指标
			Ⅱ型
1	固体含量（%）≥		80
2	表干时间（h）≤		3
3	实干时间（h）≤		6
4	拉伸性能	拉伸强度（MPa）≥	20
		断裂伸长率（%）≥	200
5	撕裂强度（N/mm）≥		60
6	低温断裂伸长率（-45℃）（%）≥		50
7	不透水性		0.3MPa，120min 不透水
8	厚涂起泡性		起泡密度 2 级以下，起泡大小 S2 级以下
9	加热伸缩率（%）		-4.0～+1.0
10	粘结强度（MPa）≥	标准试验条件	2.5 或基材破坏
		高低温浸水循环	2.0 或基材破坏
11	180°粘结剥离强度（MPa）≥	标准试验条件	4.0
		高低温浸水循环	3.0

2. 单组分聚脲的防腐蚀性一般性要求，见表 9.2-2。

单组分聚脲 SJKR-590 耐化学品基本要求　　　　　　　　表 9.2-2

序号	项目			要求	依据标准
1	20%硫酸溶液（7d）	外观（23±2）℃		膜片完整，无裂纹，无气泡	GB/T 16777
		低温弯折	-40℃，1h	无裂纹	
2	10%氢氧化钠溶液（7d）	外观	（23±2）℃	膜片完整，无裂纹，无气泡	
		低温弯折	-40℃，1h	无裂纹	
3	20 号机油（7d）	外观	（23±2）℃	膜片完整，无裂纹，无气泡	
		低温弯折	-40℃，1h	无裂纹	
4	5%次氯酸钠溶液（7d）	外观	（23±2）℃	膜片完整，无裂纹，无气泡	
		低温弯折	-40℃，1h	无裂纹	
5	5%氯化钠溶液（7d）	外观	（23±2）℃	膜片完整，无裂纹，无气泡	
		低温弯折	-40℃，1h	无裂纹	

上述单组分聚脲 SJKR-590 可用于游泳池、娱乐水池、污水处理池、自来水池、污水处理池、垃圾池等建筑防水防腐蚀涂层。

3. 单组分柔性抗酸涂层 SJKR-590S，基本性能见表 9.2-3。

单组分柔性 SJKR-590S 基本性能　　　　　　　　表 9.2-3

序号	项目			要求	依据标准
1	70%硫酸溶液（30d）	外观，（23±2）℃		膜片完整，无裂纹，无气泡	GB/T 16777
		低温弯折	-40℃，1h	无裂纹	
2	50%硫酸溶液（50℃，7d）	外观，（23±2）℃		膜片完整，无裂纹，无气泡	
		低温弯折	-40℃，1h	无裂纹	
3	20%盐酸溶液（7d）	外观（23±2）℃		膜片完整，无裂纹，无气泡	
		低温弯折		无裂纹	
4	拉伸性能	拉伸强度（MPa）>		10	
		断裂伸长率（%）>		100	

一般情况下，上述柔性涂层可用于 30％以下硫酸或者 20％盐酸的酸性水池的防腐防渗工程。

4. 单组分抗强氧化剂柔性涂层 SJKR-590AO，见表 9.2-4。

单组分抗强氧化剂柔性涂层的基本要求　　　　表 9.2-4

序号	项目		要求	依据标准
1	5％次氯酸钠溶液（30d）	外观	膜片完整，无裂纹，无气泡	GB/T 16777
2	拉伸性能	拉伸强度（MPa）　＞	8	
		断裂伸长率（％）　＞	60	
3	人工气候老化性	拉伸强度保持率（％）	70～150	
		断裂伸长率（％）	50	

9.2.4　双组分喷涂速凝聚脲柔性防腐蚀涂料 SJKR-909

1. SJKR-909 防水的基本性能，参考 GB/T 23446—2009 中Ⅱ型的基本性能，见表 9.2-5。

SJKR-909 双组分喷涂速凝聚脲部分性能　　　　表 9.2-5

序号	项目		Ⅱ型要求	
1	拉伸强度（MPa）　≥		16.0	
2	断裂伸长率（％）　≥		450	
3	撕裂强度（N/mm）　≥		50	
4	低温弯折性（℃）　≤		—40	
5	不透水性		0.4MPa，2h 不透水	
6	固体含量（％）　≥		98	
7	凝胶时间（s）　≤		45	
8	表干时间（s）　≤		120	
9	加热伸缩率（％）　≤	伸长	1.0	
		收缩	1.0	
10	粘结强度（MPa）　≥		2.0	2.5

2. 防腐蚀耐化学品性能，见表 9.2-6。

喷涂聚脲耐化学品性能　　　　表 9.2-6

序号	项目			要求
1	20％硫酸溶液（7d）	外观	（23±2）℃，	膜片完整，无裂纹，无气泡
		低温弯折	—40℃，1h	无裂纹
2	10％氢氧化钠溶液（7d）	外观	（23±2）℃	膜片完整，无裂纹，无气泡
		低温弯折	—40℃，1h	无裂纹
3	20 号机油（7d）	外观	（23±2）℃	膜片完整，无裂纹，无气泡
		低温弯折	—40℃，1h	无裂纹
4	5％氯化钠溶液（7d）	外观	（23±2）℃	膜片完整，无裂纹，无气泡
		低温弯折	—40℃，1h	无裂纹

注：喷涂聚脲不宜直接浸泡于强氧化剂液体的防腐工程。

9.3　聚脲涂层施工技术

9.3.1　一般要求

1. 聚脲弹性体防水防腐涂层基本构造层次应包括基层、底涂层、聚脲防水防腐层，其设置应满足使用及设计要求，见图 9.3-1。

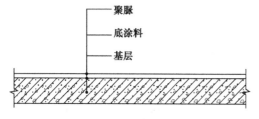

图 9.3-1　聚脲弹性体防水防腐涂层基本构造

图 9.3-1 中，基层要求结实，混凝土的拉拔强度不得低于 2.0MPa，底涂层要求能够封闭基层的气孔，可以采用技术措施封闭基层气孔，如涂布底涂剂后采用腻子刮涂，并用界面剂再覆盖腻子，也可先直接腻子找平，再用界面剂覆盖腻子。

2. 聚脲弹性体防水防腐涂层宜设置在结构的迎水面，厚度不宜小于 1.5mm。

3. 结构阴阳角、穿墙管根、施工缝、结构柱梁与混凝土结合处、排水口、设备基座等复杂部位，应设置加强层。加强层厚度不宜小于 2.0mm 厚度，宽度不宜小于 100mm，加强层应与主体聚脲层搭接。加强层宜采用单组分聚脲手刷一层后铺贴一层网格布，再涂刷单组分聚脲的方式施工。

4. 游泳池、娱乐水池、自来水池、水处理膜池以及污水池中使用了液氯、氧化氯、臭氧等其他强氧化剂的，聚脲涂层面层必须采用抗氧化性面涂层 SJKR-590AO 罩面，厚度不宜低于 0.3mm。含有强氧化剂的水池防腐中涂层宜采用单组分聚脲 JC/T 2435 中Ⅱ型材料，且总厚度不低于 2.0mm。

5. 较高浓度强酸性（如 30%硫酸或者 20%盐酸以下）的废水池，宜采用单组分柔性抗酸涂料 SJKR-590S，厚度不宜低于 2.0mm。

6. 在 pH 值高于 3 以上的酸性水池，可以采用单组分聚脲 SJKR-590 和双组分喷涂聚脲 SJKR-909 涂层作为防腐蚀涂层，厚度 2.0mm。

7. pH 值高于 1 的酸性水池，宜采用单组分聚脲 SJKR-590，面层适宜采用 SJKR-590S 覆盖，面层厚度 0.3mm，聚脲总厚度不低于 2.0mm。

8. 垃圾焚烧发电厂的垃圾池，宜采用单组分聚脲Ⅱ型 SJKR-590，厚度不低于 2.0mm。

9. 有机质含量较高、高 COD 的废水，采用聚脲（单组分或者喷涂双组分）涂膜后，宜采用高交联密度的聚脲面涂层 SJKR-590ZM 覆盖，面涂层厚度 0.3mm，聚脲涂层总厚度不低于 2.0mm。

10. 于不能提供准确成分的废水与介质，应该取废水或者介质液体做聚脲类材料的防腐蚀性实验，确认其防腐蚀性能是否有效。

11. 一般情况下，聚脲类防腐蚀涂层实际长期使用过程中，空气气相温度不宜超过 80℃，短时间脉冲温度 140℃；液体温度不宜超过 50℃，短时间脉冲温度不宜超过

80℃。

12. 对于既有防水防腐蚀要求，又有重压，或者耐磨，或者耐刮擦，或者车辆通行要求，建议采用单组分聚脲涂层后，整体植入柔性网格布，用单组分聚脲与颗粒的混合浆浇筑覆盖。颗粒依据功能性选择，有抗酸防腐要求的建议采用玻璃砂、石英砂或者瓷砂，有抗碱防腐要求的建议采用石榴石颗粒等其他高强颗粒物。不得采用碳酸钙质颗粒作为抗酸颗粒物填充料。

13. 鉴于腐蚀性介质的多样性，建议对于腐蚀性介质做相关聚脲类材料的防腐蚀性验证试验，在确认可靠性的条件下，进行技术深化设计与工法施工。

9.3.2　施工

要求在确保安全、环保、健康防疫以及有效组织实施的条件下施工。

1. 混凝土基层施工

通常要求在高强度结构混凝土基层上做聚脲防腐蚀涂膜施工。混凝土本体拉拔强度不得低于 2.0MPa。

（1）基层物理性打磨处理

1）可以机械打磨，采用吸尘打磨最佳，除去表面的浮灰与污染物以及其他影响粘结的异物。

2）可采用高压水枪，建议的水枪压力在 $150\sim500kgf/cm^2$，对于模板混凝土、附有低强度涂料的表面，可以高压水枪冲磨掉基层异物。压力大小依据基层附着物附着强度现场调整压力确定。

3）可用高压水枪与机械打磨结合，先用高压水枪冲磨，然后用机械打磨掉高压水没有冲掉的附着物。

基层物理性处理后，要求无异物，结实，坚硬。

（2）底涂材料涂布

可以先涂布底涂剂后，再刮涂腻子 SJKR-7021，然后涂布界面剂；也可先刮涂腻子 SJKR-7021，再涂布界面剂。

如果是潮湿基层，应该先涂布潮湿基层处理剂 SJKR-7011 后再刮涂腻子和界面剂。

底涂材料涂层应结实、高强度、无气孔、无针眼。

（3）聚脲涂料涂布

单组分材料通常手工涂布，超过 0.5 万 m^2，也可机器喷涂作业。双组分喷涂聚脲必须采用专用机器作业，机器要求准确配比 1∶1 的体积比，且具有加热与管道保温功能，要求加热到 60～70℃；喷枪采用对撞混合喷枪，流量在 5～20L/min。

单组分涂料，手工涂布时为了确保厚度，可以整体植入网格布，肉眼看不见网格布眼，可以确保厚度。

喷涂聚脲施工的喷涂枪手，要求具有经验和经过培训，依据经验判断喷涂厚度。

喷涂聚脲的封边，宜采用单组分聚脲封边。

2. 金属钢板面施工

（1）基层喷砂除锈到 2.5a 级别，或者打磨表层油漆和浮锈，采用带锈底涂剂 SJKR-7009，其具有可以溶解锈层铁质氧化物的功能，且锈层氧化物可溶入底涂料中，并形成致密的底涂层防锈层。

（2）涂布底涂剂

底涂剂应该采用具有部分电化学防腐蚀功能，如高锌或者高铝等特种底涂剂。本案采用 SJKR-7009 带锈防腐底涂剂。

（3）涂布聚脲涂层

涂布单组分聚脲或者喷涂聚脲涂层。

3. 工艺

基层物理性打磨处理→基层底涂材料处理→聚脲涂层。

其中最后一道底涂剂（界面剂）完工后，单组分聚脲应该在 24h 内涂布，双组分喷涂速凝聚脲应该在 2～6h 内喷涂覆盖，且喷涂聚脲层与层之间间隔时间应该在 6h 内，喷涂聚脲最好单道喷涂到规定的 1.5～2.0mm，喷涂时，交叉垂直反复喷涂。单组分聚脲之间层与层再涂布时间超过 24h，可以采用活化剂擦拭后再涂布；喷涂聚脲层与层之间超过规定时间，应采用层间胶粘剂涂布。

4. 施工深化设计

应该依据施工作业区现场实际情况，在确保安全、环保、健康防疫的条件下，制定符合实际情况的施工作业指导书，全体作业人员讨论，牢记，遵守。

5. 绿色文明施工

（1）要求做好个人防护和现场防护，由于环保要求严格的原因以及难以采取作业区的整体全面保护措施，可以不用有尘打磨，只用高压水枪冲磨基层；不用喷涂设备喷涂，采用手工涂布单组分聚脲。尤其遇到雾霾天，当规定不能室外喷涂作业时，应改用单组分聚脲手工涂布作业。

（2）垃圾分类，并且垃圾按照环保规定正确处理。

9.3.3　质量检查与验收

1. 资料齐全

（1）要求主要材料进场前有型式检测报告（全项）。

（2）进场后，主要防水防腐材料抽样检测；抽样合格，组织施工。

（3）提交深化施工技术方案。

（4）严格过程控制，记录齐全，必要时拍照和录像：

1）基层物理性打磨处理到位，打磨到位后，基层坚硬结实，拉拔强度大于 2MPa；

2）底涂料涂布正确，无气孔、无针眼；

3）聚脲施工厚度基本均匀，符合要求；

4）面涂涂布到位；

5）总体厚度足够。

2. 现场检验

（1）每 500m² 检查一个点，拉拔强度高于 2.0MPa 以上。

（2）切割涂层，厚度不低于设计厚度。

（3）20 倍放大镜检查，无气孔、无针眼。

9.4　部分工程案例

9.4.1　北京槐房污水处理厂回流渠防渗防腐聚脲涂层系统

1. 项目介绍

北京槐房污水处理厂位于北京市南四环外侧，其为地下污水处理厂，日处理生活污水能力为 60 万 t，号称亚洲最大的地下污水处理厂。该污水处理采用最新的膜处理技术，膜处理技术中有一个关键的环节就是膜的清洗，清洗过程采用了酸洗、碱洗、次氯酸钠强氧化剂等多道清洗工序；清洗后的清洗液经过膜池和回流渠抽走，这个回流渠内的介质极其复杂，pH 值在 1~10 之间酸碱性交替变化，且含有次氯酸钠强氧化剂成分；并且，其位于地下三层，地下 C30 混凝土经过闭水试验后，混凝土基层非常潮湿，回流渠空气气相部分相对湿度高于 90% 以上。最后，业主和设计、总包单位采用了森聚柯公司单组分聚脲防水防腐柔性技术系统，回流渠总面积约为 1.7 万 m^2。

2. 技术特征

（1）回流渠防腐

基层底部 2~10cm 深积水抽干后，整体基层底部和墙面打磨，去除脱模剂和浮浆；然后，采用了潮湿基层底涂剂，且采用特种腻子 SJKR-7021 整体涂刮一遍，补洞和封孔；再用界面剂涂布，单脲Ⅱ型 SJKR-590F 涂布两遍，最后用抗氧化剂涂层 SJKR-590AO 罩面。整体膜层厚度为 1.5mm，见图 9.4-1、图 9.4-2。

图 9.4-1　单脲 SJKR-590 施工中　　　　图 9.4-2　回流渠单脲施工后

（2）除臭塔防腐防渗

除臭塔为污水经过处理后的废气通道，气相中含有低分子的有机气体和酸碱交替的无机气体，臭气经过处理后排空。其内壁采用单脲 SJKR-590F 和面漆 SJKR-590ZM，总厚度为 1.5mm。该面涂层 SJKR-590ZM 可以大大降低分子级别的气体向基层渗透，且具有良好防腐蚀性，见图 9.4-3，图 9.4-4。

3. 应用效果

该工程 2016 年完工，经过了 5 年的实际使用，效果良好。其中 2018 年底，全面截断停水清理查看，未发现涂膜面层有腐蚀破坏现象发生。

图 9.4-3　除臭塔洞口单脲施工后　　　　图 9.4-4　除臭塔外景

9.4.2　某外企电子工厂酸性废水暂存池防渗防腐蚀项目

1. 项目介绍

某知名外企电子集团在中国大陆有多个工厂，每个电子工厂在厂区内有多个封闭的废水池，如浓酸暂存池、浓碱暂存池、浓磷暂存池、浓染料暂存池、综合废水暂存池、含镍废水暂存池、油墨废水暂存池、CNC 废水暂存池等多个废水暂存池。除了浓碱暂存池为强碱性（pH 值为 14 以上），其他暂存池都是比较高浓度的酸性废水池，废水池酸度 pH 从 1～3 到约50％的硫酸浓度（温度约 40～50℃），这些混凝土暂存池需要做防渗和防腐蚀处理。

2. 技术特征

该项目需要抵抗较高浓度酸性废水的防腐蚀柔性涂层系统。经过验证，采用了森聚柯公司的抗酸弹性涂膜作为面层主体柔性涂层，同时，整体采用了玻纤网格布作为胎基网格布加强层，确保涂膜的厚度。基层处理非常严格，经过打磨、渗透性底涂剂、高强环氧腻子以及界面剂；然后，涂布单组分抗酸涂料 SJKR-590S，铺设玻纤网格布，整体铺设；再次采用 SJKR-590S 覆盖全部玻纤网格布，直到全部区域肉眼看不见网格布网眼为止。最低厚度为 1.6mm 以上，平均厚度在 2.0mm。

3. 应用效果

2012 年底施工，经过 7 年多的实际使用，基本完好，至今还在使用。

9.4.3　黑龙江双鸭山龙煤化工集团工业污水池防水防腐项目

1. 项目简介

龙煤集团双鸭山煤化工项目，有多个化工污水池，污水池为混凝土结构，污水池处于地下，需要作防水防腐蚀处理。其多个污水池，用途各不相同，水质 COD 值较大，有的为酸性，pH 值在 3～7 之间，有的为碱性池，pH 值在 7～9 之间。经过相关专业人士的评估，污水池采用喷涂聚脲系统作为防水防腐蚀涂层，设计厚度为 1.5mm。面积大约 2.5 万 m^2。

2. 技术特征

该水池混凝土施工接槎缝隙多，模板接槎多，钢筋头切割后，坑洞大。

（1）基层物理性打磨处理

现场切割钢筋头，采用市售防锈漆涂布钢筋头；然后，采用环氧腻子 SJKR-ETS 填充孔洞，彻底覆盖钢筋头，抹平；在混凝土接槎处，打磨，并采用环氧腻子修整平整；整体打磨，除去脱模剂和浮浆酥松部分以及磨去凸起部位。

（2）底涂材料处理

涂布底涂剂 SJKR-ET，然后采用环氧腻子整体刮涂，刮平，再涂布界面剂。

（3）喷涂双组分速凝聚脲 SJKR-909，厚度大约 1.5mm。

（4）采用面涂层 SJKR-590ZM 整体滚涂一遍，厚度约 0.3mm。

3. 应用效果

该工程 2015 年完工，经过 5 年时间使用，至今没有收到投诉和负面消息，效果较好。见图 9.4-5、图 9.4-6。

图 9.4-5　龙煤化工污水池喷涂聚脲防腐蚀涂层　　　　图 9.4-6　龙煤化工污水池

9.4.4　四川彭州垃圾焚烧发电垃圾池防腐

1. 项目介绍

彭州市垃圾焚烧发电厂位于四川省成都市下辖彭州市。该垃圾发电厂采用生活垃圾发电，垃圾仓面积约 1.5 万 m²，渗滤液暂存池约 8 千 m²。垃圾仓需要有防腐蚀与防渗功能性要求，且立面墙要求具有抵抗垃圾抓头刮擦的能力。其垃圾渗滤液池，要求具有防腐与防渗的功能性。

2. 技术特征

垃圾池和渗滤液池均采用单组分聚脲 SJKR-590F 作为主体涂层，且采用 SJKR-590ZM 罩面；混凝土基层采用底涂剂与腻子处理，原有混凝土基层经过了打磨处理，见图 9.4-7。

3. 应用效果

该工程为 2018 年完工，经过两年多的营运，使用效果良好。

9.4.5　其他防腐蚀防渗工程

1. 西安天域凯莱大酒店五楼游泳池单脲防水防腐，2008 年施工，见图 9.4-8。

2. 榆树垃圾发电厂垃圾仓聚脲防腐，见图 9.4-9。

3. 上海化工园区污水处理厂单脲防腐，见图 9.4-10。

(a)　　　　　　　　　　　　　　　　　(b)

图 9.4-7　彭州垃圾仓单脲防腐

（a）施工后；（b）垃圾池使用中

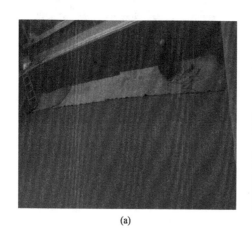
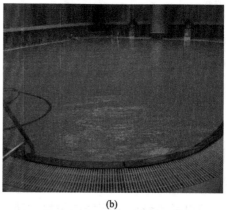

(a)　　　　　　　　　　　　　　　　　(b)

图 9.4-8　凯莱大酒店五层游泳池单脲防水防腐

(a)　　　　　　　　　　　　　　　　　(b)

图 9.4-9　榆树垃圾发电厂垃圾仓单脲防腐

(a)

(b)

图 9.4-10　上海化工园区污水处理厂单脲防腐

4. 北京欢乐水魔方防渗防腐聚脲涂层，见图 9.4-11。

(a)

(b)

图 9.4-11　北京欢乐水魔方防渗防腐聚脲涂层

第3篇　工程案例

冷喷涂非固化复合沥青防水卷材在屋面工程修缮中的应用技术

北京市建国伟业防水材料有限公司

左爱芳[1]，陈月，孙时亭，贾翠华，陈艳伟，高占强

1. 工程概况

1.1 工程名称：中国一重研发大楼修缮项目。

1.2 工程类型：屋面防水修缮工程。

1.3 工程所在位置：天津市经济技术开发区泰达外包服务产业园络达路 16 号。

1.4 修缮竣工时间：2017 年 5 月。

1.5 工程规模：项目包括一座 16 层科研楼和一座 6 层实验楼。

1.6 工程特点：露天作业、不可预见因素多、施工场地狭小、施工作业面受限制、受业主或发包方要求和周边环境限制、受用户影响而使施工作业受限制。

1.7 工程结构：钢筋混凝土结构屋面。

1.8 防水等级：一级设防。

1.9 原屋面出现的主要问题。

原屋面在使用中，出现严重的渗漏情况，影响用户的正常使用。

2. 渗漏原因分析

2.1 8·12 天津滨海新区爆炸事故的影响。

2015 年 8 月 12 日 23：30 左右，位于天津市滨海新区天津港的瑞海公司危险品仓库发生火灾爆炸事故，造成 105 人遇难（其中参与救援处置的公安现役消防人员 24 人、天津港消防人员 75 人、公安民警 11 人，事故企业、周边企业员工和居民 55 人）、8 人失踪（其中天津消防人员 5 人，周边企业员工、天津港消防人员家属 3 人）、798 人受伤（伤情重及较重的伤员 58 人、轻伤员 740 人）、304 幢建筑物、12428 辆商品汽车、7533 个集装箱受损。中国一重研发大楼因爆炸事件屋面防水层被破坏，受损严重。

2.2 屋面后增加设备多，设备安装进行支架固定时对原防水层造成了损坏，使防水层不完整连贯。

2.3 防水层老化现象严重，导致在后续的使用过程中屋面出现严重的渗漏情况，影响用户的正常使用。

3. 治理技术方案。

3.1 基本方案。

建筑屋面渗漏问题，不但影响人们的日常生活，同时会造成屋面结构受损，防水层失

[1][第一作者简介] 左爱芳，女，1992 年 4 月出生，单位地址：北京市丰台区大成南里二区 3 号楼长安新城商业中心 C 座 5 层（100141）。联系电话：13717740628，010-68693226。

效导致水渗入到混凝土中，顺钢筋进行串流，钢筋表面的水和氧气对钢筋产生锈蚀作用，使钢筋的力学性能大幅降低，钢筋在混凝土中起着重要抗拉作用，钢筋的锈蚀将直接影响钢筋混凝土主体的结构安全性，严重时还可能引发安全事故。因此，必须做好渗漏屋面防水修缮工作，确保屋面没有积水与渗漏问题。

我公司在考察了现场之后，根据 30 余年的防水施工与修缮经验，结合现场的实际情况，提出屋面防水整体修缮方案为：采用 2mm 冷喷涂非固化橡胶沥青防水涂料＋3mmSBS 弹性体改性沥青防水卷材复合防水构造做法。

3.2 维修治理主要材料简介。

（1）冷喷涂非固化橡胶沥青防水涂料

1）材料特点

非固化橡胶沥青防水涂料是一种具有优异的永久蠕变性能、自愈性能、粘结性能和耐老化性能的创新型防水材料，解决了复合防水中涂料和卷材结合的问题。它与卷材复合使用可满足不同气候环境下、不同工程的施工要求，具有抗疲劳性、蠕变性、不窜水性等其他防水涂料无法比拟的综合应用性能。

永久蠕变性能：产品永久蠕变性能可适应基层伸缩或开裂变形，可吸收来自基层的应力，保护了防水层不受破坏，而且主动、有效地封闭基层的微细裂缝，提高防水层的可靠性并延长防水层寿命。

优异的自愈合性：产品碰触即粘，当外界应力作用时，可立即产生形变，孔洞能自愈合，水密性能优异，可形成连续、整体密闭的防水层。即使防水层出现破损也能自行修复，能够有效地解决窜水问题，保持防水层的完整性和连续性。

通过材料自身的蠕变性及自愈性，能够适应基层的变形，有效地填补基层的细微裂缝，对防水基层进行永久的封闭。

非固化橡胶沥青防水涂料通过与沥青基防水卷材的复合应用，解决了传统"一元结构"做法面对基层裂缝变形的循环应力的"0"抵抗能力，通过非固化的特性将循环应力向裂缝两侧均匀释放，使柔性卷材的拉伸性能能够发挥出效果。

2）性能指标

执行企业标准《冷喷涂非固化橡胶沥青防水涂料》Q/FSWJG0019—2019，见表1。

冷喷涂非固化橡胶沥青防水涂料性能指标　　　　　表1

序号	项目		指标
1	固含量（%）		≥60
2	析水时间（s）		≤5
3	粘结性能	干燥基面	100%内聚破坏
		潮湿基面	
4	耐热性（℃）		150
			无滑动、流淌、滴落
5	低温柔性		−25℃，无断裂
6	延伸性（mm）		≥30
7	热老化70℃，168h	延伸性（mm）	≥30
		低温柔性	−20℃，无断裂

续表

序号	项目		指标
8	耐酸性（2%H_2SO_4溶液）	延伸性（mm）	≥30
		质量变化（%）	±2.0
9	耐碱性（0.1%NaOH+饱和Ca(OH)₂溶液）	延伸性（mm）	≥30
		质量变化（%）	±2.0
10	耐盐性（3%NaCl溶液）	延伸性（mm）	≥30
		质量变化（%）	±2.0
11	自愈性		无渗水
12	抗窜水性（0.6MPa）		无窜水
13	不透水性（0.3MPa，120min）		不透水
14	应力松弛（%）	无处理	≤35
		热老化（70℃，168h）	
15	卷材与卷材剥离强度（N/mm）	无处理	≥1.0
		浸水处理	

（2）SSBS 改性沥青防水卷材

1）材料特点

SBS 改性沥青防水卷材采用 SBS 改性沥青为主要材料加工制成，是近年来深受社会推崇的一种新型防水卷材，具有高温不流淌，低温柔度好，延伸率大，不脆裂，耐疲劳，抗老化，韧性强，抗撕裂强度和耐穿刺性能好，使用寿命长，防水性能优异等优点。采用热熔施工法，把卷材热熔搭接，熔合为一体，形成防水层，达到防水效果。

2）性能指标

执行国家标准《弹性体改性沥青防水卷材》GB 18242—2008，见表 2。

弹性体改性沥青防水卷材性能指标 表 2

序号	项目		指标（Ⅱ）
1	可溶物含量（g/m²）≥	3mm	2100
2	耐热性	℃	105
		≤mm	2
		试验现象	无流淌、滴落
3	低温柔性（℃）		−25
			无裂缝
4	不透水性 30min		0.3MPa
5	拉力	最大峰拉力（N/50mm）≥	800
		试验现象	拉伸过程中，试件中部无沥青涂盖层开裂或与胎基分离现象
6	延伸率	最大峰时延伸率（%）≥	40
7	浸水后质量增加（%）≤	PE	1

173

续表

序号	项目		指标（Ⅱ）
8	热老化	拉力保持率（%）≥	90
		延伸率保持率（%）≥	80
		低温柔性（℃）	−20 无裂缝
		尺寸变化率（%）≤	0.7
		质量损失（%）≤	1
9	渗油性	张数　≤	2
10	接缝剥离强度（N/mm）≥		1.5
11	矿物粒料黏附性（g）≤		2
12	卷材下表面沥青涂盖层厚度（mm）≥		1
13	人工气候加速老化	外观	无流动、流淌、滴落
		拉力保持率（%）≥	80
		低温柔性（℃）	−20 无裂缝

4. 施工基本情况

4.1　施工基本程序。

拆除屋面原保护层、防水层 → 基层处理 → 基层验收 → 涂刷基层处理剂 → 调压试喷 → 节点处理 →

定位弹线 → 卷材试铺 → 大面喷涂 → 卷材铺贴 → 自检验收

4.2　主要施工工艺。

（1）拆除屋面保护层、防水层，垃圾装袋运走。

（2）基层处理：基层表面平整、坚实、清洁，并不得有空鼓、起砂、凹凸面和开裂等缺陷。如有不符，应找平处理。基面的阴阳角应做成 50mm×50mm 的倒角。

（3）基面清理：清除基层表面杂物、油污、砂子，凸出表面的石子、砂浆疙瘩等应清理干净，清扫工作必须在施工中随时进行。

（4）涂刷基层处理剂：将基层处理剂均匀地涂于基层上，涂刷时要薄而均匀，不得有空白、麻点、气泡，更不能堆积。遵循先立面后平面、先远后近的原则。干燥 20min 左右（25℃左右时的最佳粘结时间，具体情况视温度而定）方可进行喷涂非固化橡胶沥青防水涂料。

（5）调压试喷：专业施工人员进行设备调试，保证喷涂工作顺利有效进行。

（6）节点处理：按规范要求对阴阳角细部节点部位进行防水加强层施工。防水构造见图1～图4。

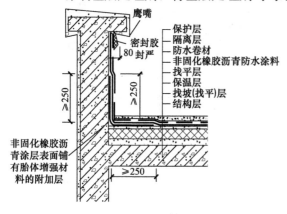

图1　女儿墙防水构造

图中标注：
- 鹰嘴
- 密封胶 80 封严
- 保护层
- 隔离层
- 防水卷材
- 非固化橡胶沥青防水涂料
- 找平层
- 保温层
- 找坡(找平)层
- 结构层
- ≥250
- ≥250
- ≥250
- 非固化橡胶沥青涂层表面铺有胎体增强材料的附加层

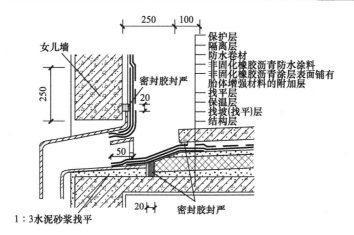

图 2　落水口防水构造

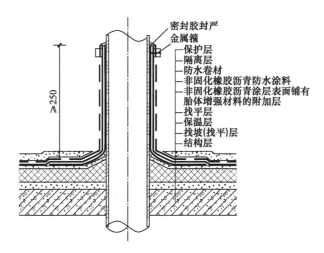

图 3　伸出屋面管防水构造

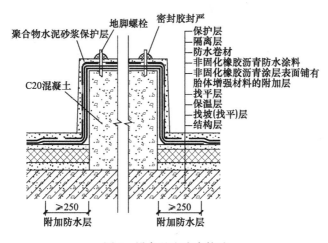

图 4　设备基座防水构造

（7）定位弹线：确定卷材铺贴顺序和铺贴方向，并在基层弹线。

（8）卷材试铺，释放预应力。

（9）大面喷涂：使用专用冷喷涂设备，将设备罐中的非固化橡胶沥青防水涂料用冷喷涂方法均匀地喷涂于基层上，厚度 2.0mm 即可（图 5、图 6）。

图 5　施工现场照片 1　　　　　　　　图 6　施工现场照片 2

（10）卷材铺贴：喷涂非固化橡胶沥青防水涂料后 3min 内滚铺改性沥青防水卷材，滚铺同时轻刮卷材表面，排出内部空气，使卷材与非固化橡胶沥青防水涂料牢固地粘结在一起。搭接宽度为 100mm（图 7、图 8）。

卷材搭接边处理：卷材搭接边处采用热熔法进行搭接。收口密封：女儿墙收口处用压条进行固定，密封膏密封处理，固定位置距卷材边沿 10mm，间距 500mm，且被卷材覆盖。

图 7　施工现场照片 3　　　　　　　　图 8　施工现场照片 4

4.3　自检验收。

（1）按防水面积每 100m² 抽查一处，每处 10m²，且不得少于 3 处。

（2）接缝密封防水，每 50m 抽查一处，每处 5m，且不得少于 3 处。

（3）细部构造应全部进行检查。

（4）长短边搭接宽度为 100mm，允许 −10mm 的误差。

（5）基层表面涂刷基层处理剂应均匀、不露底、不堆积。

（6）铺贴卷材时卷材下面的空气应排尽，并粘结牢固。

4.4　闭水试验。

4.5　注意事项。

（1）涂刷基层处理剂，且基层处理剂完全干燥后方能喷涂非固化橡胶沥青防水涂料。

（2）喷涂非固化橡胶沥青防水涂料的同时滚铺防水卷材，注意卷材搭接边的粘结效果。

（3）女儿墙处的防水层应采用压条进行固定，以防止卷材在施工期间脱落。

5. 修缮效果

由于"8·12天津滨海新区爆炸事故"，原屋面防水层因爆炸受到破坏，另外屋面后增加设备多，设备安装进行支架固定时对原防水层造成了损坏，使防水层不完整连贯，而且防水层老化现象严重，导致在后续的使用过程中屋面出现严重的渗漏情况，影响用户的正常使用。我公司在考察了现场之后，根据30余年的防水施工与维修经验，结合现场的实际情况，拟定防水方案为2mm冷喷涂非固化橡胶沥青防水涂料＋3mmSBS弹性体改性沥青防水卷材。非固化涂料与沥青卷材复合使用，以及根据防水维修现场实际情况采取相应的科学的防水施工工法，完成了对屋面渗漏防水的施工。优化了配套结构、明确了配套措施，选择正确的材料和防水工艺。

针对本次施工，我公司结合对材料的研究分析、对施工工艺的创新，完成材料、施工工艺的试验验证，创新施工工艺、施工效果均达到预期要求（图9）。

随着生活水平的提高，人们对建筑行业的要求越来越高，在旧房改造装修方面也不例外。为了保证旧房改造过程中的施工质量，要对旧房中屋面漏水的各种情况进行有效合理的处理，要全面分析问题发生的原因，根据漏水情况制定相应的施工方案。旧房改造中屋面漏水处理对于业主来说尤为重要，它关系的是功能性的问题，对漏水情况的处理必须要到位，增加再次维修漏水的时间间隔。公司新材料新技术的应用，有效解决了屋面的渗漏水难题；延长混凝土工程的使用寿命，保障建筑使用安全；为施工企业节约了材料、人力、物力、降低施工成本，为国家节约了大量维修资金。

本工程维修，我公司从2017年4月进入施工，至2017年5月修缮完成，总工期40d，按照公司制定的维修方案，圆满完成维修任务。

图9　施工后效果图

某卫星发射基地卫星组装车间屋面渗漏修缮技术

科顺防水科技股份有限公司　戴书陶[1]

1. 工程概况

078 工程 505 建筑物 005 厅屋面，因渗漏进行整体防水修缮，防水投影面积 2982m²。重新整修内容包括：原防水层、保温层全部拆除、重建，周边天沟、女儿墙防水拆除、重建。

2. 渗漏原因

在使用过程中屋面原保护层出现了严重的滑移，导致面层出现多处裂缝，面层下方的防水卷材也不同程度地出现破坏，雨水通过开裂缝隙不断进入基层，在搭接缝区域渗入到室内，严重影响着建筑物室内的航天产品的安全（图 1～图 3）。

图 1　原屋面滑移及防水现状（一）　　图 2　原屋面滑移及防水现状（二）　　图 3　原女儿墙防水现状

3. 治理技术方案

3.1　屋面防水整体修缮，拆除屋面结构层上原有防水层、保护层、保温层。

3.2　防水基层 2mm 厚 KS-901B 聚合物水泥防水胶。

3.3　防水层采用 2mm 厚非固化橡胶沥青防水涂料＋（3mm＋3mm）厚 APP 改性沥青防水卷材复合防水设计，女儿墙泛水收口以上墙体、压顶采用"铂盾"丙烯酸防水涂料做防水层。

3.4　保温层 60mm 厚挤塑聚苯板。

3.5　聚酯纤维无纺布隔离层。

3.6　轻质保温憎水一体砂浆保护层，抗裂砂浆面层（图 4、图 5）。

4. 施工基本情况

4.1　将结构层上原有防水层、保护层、保温层等全部拆除。

[1][作者简介]　戴书陶，男，1989 年 11 月出生，科顺修缮集团技术总监，工程师，联系电话：15818567701。

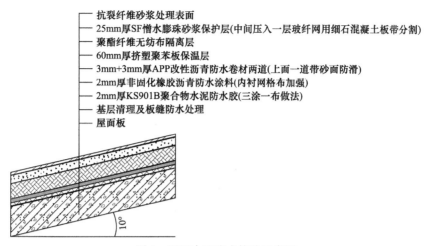

- 抗裂纤维砂浆处理表面
- 25mm厚SF憎水膨珠砂浆保护层(中间压入一层玻纤网用细石混凝土板带分割)
- 聚酯纤维无纺布隔离层
- 60mm厚挤塑聚苯板保温层
- 3mm+3mm厚APP改性沥青防水卷材两道(上面一道带砂面防滑)
- 2mm厚非固化橡胶沥青防水涂料(内衬网格布加强)
- 2mm厚KS901B聚合物水泥防水胶(三涂一布做法)
- 基层清理及板缝防水处理
- 屋面板

图 4 屋面大面防水构造示意图

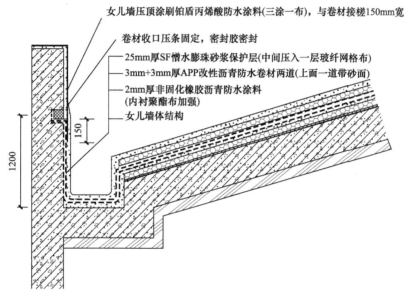

- 女儿墙压顶涂刷铂盾丙烯酸防水涂料(三涂一布),与卷材接槎150mm宽
- 卷材收口压条固定,密封胶密封
- 25mm厚SF憎水膨珠砂浆保护层(中间压入一层玻纤网格布)
- 3mm+3mm厚APP改性沥青防水卷材两道(上面一道带砂面)
- 2mm厚非固化橡胶沥青防水涂料(内衬聚酯布加强)
- 女儿墙体结构

图 5 女儿墙部位防水构造示意图

4.2 对基层进行清理,并对板缝进行防水处理后,涂刷 2mm 厚 KS-901B 聚合物水泥防水胶。

4.3 铺设 2mm 厚非固化橡胶沥青防水涂料。

4.4 铺设 3mm+3mm 厚 APP 改性沥青防水卷材。

4.5 铺设 60mm 厚挤塑聚苯板保温层。

4.6 干铺 200g/m² 聚酯纤维无纺布隔离层。

4.7 沿屋脊设一道 600mm 宽、40mm 厚细石混凝土板带,沿檐沟边缘及钢屋架方向设 400mm 宽、40mm 厚细石混凝土板带,板带间整铺 25mm 厚 SF 憎水膨珠砂浆,保护层表面用抗裂纤维砂浆处理,女儿墙防水翻边不小于 1m。

4.8 女儿墙泛水收口以上墙体、压顶采用"铂盾"丙烯酸防水涂料做防水层(图 6~图 11):

（1）泛水卷材防水层收口以上墙面打磨、清扫。

（2）涂刷第一遍 W101 丙烯酸高弹防水基层涂料。

（3）铺设 W801 缝织聚酯布。

（4）涂刷第二遍 W101 丙烯酸高弹防水基层涂料，与第一遍涂刷方向垂直。

（5）涂刷 W102 丙烯酸高弹防水面层涂料。

图 6　技术人员施工前　　　　图 7　原屋面保护层、　　　　图 8　屋面翻新
　　　现场勘察　　　　　　　　　　保温层拆除　　　　　　　　防水层施工

图 9　屋面混凝土板带施工　　图 10　女儿墙修补施工　　图 11　轻质混凝土保护层

5. 修缮效果

本项目屋面防水修缮，采用"涂料＋卷材"复合防水构造，混凝土板带采用"鱼骨架"防水体系设计，保护层采用仿生"鱼骨型龙骨架"固定，方案科学合理，降低了施工难度；并在屋面上部完成面层采用的是轻质保温憎水一体砂浆，室内将极大程度地减少能耗，防水层不再受到破坏，室内水汽含量也减少，使室内处于一个恒温恒湿的状态下，最大限度地保证室内的稳定性，保证航天器材的使用寿命及使用安全，为后续科研及使用起到最大的保障，达到了修缮预期的效果，得到相关单位高度评价，并获得了多项荣誉（图 12～图 14）。

图 12　竣工验收后屋面

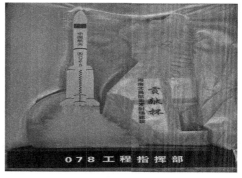

图 13　屋面修缮工程验收表

图 14　甲方单位颁发本项目荣誉证书

GFZ 点牌聚乙烯丙纶防水卷材在屋面修缮工程中的应用技术

北京圣洁防水材料有限公司　杜昕[1]

1. 工程概况

北京市密云区冯家峪镇政府社会福利中心屋面防水修缮工程，位于北京市密云区冯家峪镇政府，防水设计等级Ⅰ级，因修缮效果良好，又承接了北京市密云区冯家峪镇政府配件厂、文化中心、应急避难场所屋面防水修缮工程，防水修缮面积达 7000m²。

2. 渗漏原因分析

北京市密云区冯家峪镇政府屋面工程之前采用 SBS 防水卷材施工，因防水卷材老化破裂、立墙防水层脱落等原因导致漏水，现场渗漏照片如图 1~图 4 所示。

图 1　卷材防水层破裂

图 2　卷材防水层老化

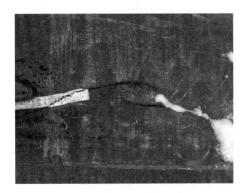

图 3　卷材防水层拉开

图 4　卷材防水层脱落

[1][作者简介]　杜昕，女，1956 年 9 月出生，北京圣洁防水材料有限公司董事长，高级工程师，单位地址：北京市海淀区苏家坨镇柳林村东 7 号。邮政编码：100194。联系电话：13601119715，010-62442964。

3. 治理技术方案

先清除原有 SBS 防水卷材，然后涂刷 2mm 厚聚合物防水涂料 C 型的基层处理，再满铺满粘双层 0.7mm 厚聚乙烯丙纶防水卷材，最后涂刷 3～4mm 厚聚合物防水涂料 C 型防水保护层。

4. 施工基本情况

（1）工艺流程

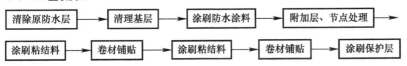

（2）施工工艺

1）基层处理

将原先 SBS 防水卷材清除，同时将基层表面疏松的卷材残渣及杂物清理干净，再涂刷 2mm 厚聚合物防水涂料 C 型（加网格布）。

2）铺设防水卷材加强层

首先在基层阴阳角处、穿墙（板）管根等易渗漏的薄弱部位铺设卷材加强层。加强层卷材紧贴阴、阳角满粘铺贴，不得出现空鼓、翘边现象。加强层铺设完毕后再铺设大面防水卷材。

3）防水层施工图（图 5～图 8）

① 弹线定位：按照卷材的宽度，在基层表面用粉线弹出基准线。

② 涂刮聚合物防水粘结料：将聚合物防水粘结料用刮板均匀刮涂在基层表面，厚度不小于 1.3mm。聚合物防水粘结料应涂布均匀，不露底，不堆积。

图 5　清理原防水层　　　　　图 6　基层刮涂处理

③ 铺贴卷材：卷材与基层用粘结料满粘，卷材长短边之间的搭接宽度均为 100mm。相邻两幅卷材的短边搭接缝应错开不少于 500mm。采用双层铺设时，上下两层卷材长、

短边搭接缝应错开 500mm。接缝搭接应粘结牢固，防止翘边和开裂，所有搭接缝均采用聚合物防水粘结料密封。

4）保护层施工：防水层完成后，涂刷 3～4mm 厚聚合物防水涂料 C 型作保护层。

图7 新防水层　　　　　　　　图8 涂刷保护层

5. 修缮效果

北京市密云区冯家峪镇政府社会福利中心屋面防水修缮工程，采用双层（0.7mm 厚聚乙烯丙纶防水卷材＋1.3mm 厚聚合物防水粘结料）的做法，满粘法施工，粘结力强，卷材与混凝土完美粘结，真正达到与结构融为一体（图9）。

因防水效果好，施工工期短，冯家峪镇政府把办公楼、文化中心、配件厂宿舍楼、应急避难所的修缮工程也一并发包给我司。

图9 防水完成后效果图

合肥麦德龙超市屋面停车场暴露型防水工程修缮技术

北京森聚柯高分子材料有限公司　余建平[1]

1. 工程概况

合肥麦德龙超市是合肥市外资企业大型超市，其位于合肥市美菱大道 90 号，坐落于合肥市南二环外，距离合肥高铁南站约 1.3 公里，南面、东面与高层写字楼和酒店毗邻。合肥麦德龙多层超市的屋面为一个矩形平屋面，用做停车场；屋面停车场长约 75m，宽约 67m，投影面积大约 5000m²。超市内顾客和其他人员可通过电梯上升到屋面停车场。停车场屋面为混凝土结构，屋面结构板上做了卷材防水层，原有防水层上为具有一定厚度和较高抗压强度的混凝土，抗压混凝土表面做过硬化处理；屋面混凝土设置有 6m 间距分格缝，分格缝内密封材料老化、脱开以及开裂；屋面混凝土部分区域开裂以及出现低洼坑洞；屋面设置的天沟起到排水作用，排水沟上用金属箅子覆盖，且与抗压混凝土面高度持平，便于车辆通行。天沟已经发生破坏、开裂，箅子部分变形。屋面在局部地区还有金属排气孔，便于降低混凝土内层的水汽压力。停车场屋面直接外露，其与高低屋面电梯口相连；屋面停车场有车辆上下出入的坡道，坡道与地面广场相连接，并与市政交通道路连接。

2. 渗漏原因分析

该平屋面停车场的混凝土开裂、接缝密封材料老化开裂失效以及天沟开裂等原因，造成雨水渗入屋面构造层内，面层卷材防水层已经失去防水功能，造成雨水渗入超市室内。

3. 治理技术方案

3.1　基本方案

直接在屋面停车场做暴露型单组分聚脲（氨酯）防水耐磨一体化维修系统。这是一个在屋面形成具有表层无接缝、粘结强度高、耐候、耐磨、防滑的单组分聚脲（氨酯）厚浆涂膜的整体屋面弹性涂层系统。其分格缝采用聚氨酯密封胶密封技术与单脲（氨酯）涂膜桥接技术结合，确保了接缝的有效抗位移形变能力。涂膜中整体植入柔性胎基网格布，整体消除屋面涂层任何局部的应力集中，防止屋面混凝土未来裂纹传递到涂层的表面，且暴露柔性防水系统，使得屋面在气候交变条件下，具有自由伸展性能；表层采用单组分聚脲（氨酯）涂料与无机颗粒的搅拌浆，增加面层的湿摩擦系数，防止车辆在潮湿条件下打滑，且增加耐候性能。

3.2　主体防水材料

（1）SJKR-1595 单组分聚脲（氨酯）涂料

　1）基本技术指标（表 1）

1.［作者介绍］余建平，男，化工专业，高级工程师，北京森聚柯高分子材料有限公司董事长，擅长聚脲与密封胶防水技术，联系电话：010-68683048。

SJKR-1595 暴露型单组分聚脲（氨酯）涂料基本技术指标（参考）　　　表 1

编号	项目	指标	测试标准	说明
1	表干时间（m）	30～60	GB/T 16777	
2	实干时间（h）	12	GB/T 16777	
3	厚涂起泡性	5mm	JC/T 2435	可以单次施工浇筑到任意厚度
4	拉伸强度（MPa）	10	GB/T 16777	
5	断裂伸长率（%）	300	GB/T 16777	
6	撕裂强度（N/mm）	50	GB/T 16777	
7	潮湿基层粘结强度（MPa）	2.5	GB/T 16777	附底涂剂
8	吸水率（%）	<5	GB/T 23446	
9	-45℃断裂延伸率（%）	50	GB/T 2435	
10	180°粘结剥离强度（N/mm）	4	JC/T 2435	附底涂剂
11	硬度（邵 A）	60	JC/T 2435	
12	耐磨性（750g，500r）（mg）	<30	JC/T 2435	
13	不透水性（0.3MPa，120m）	不透水	JC/T 2435	
14	人工气候老化（720h）	无开裂，-40℃无裂纹	JC/T 2435	

2）应用特点

采用 SJKR-1595 高强度高柔性暴露型单组分聚脲（氨酯）厚浆弹性涂料（整体植入柔性网格布）系统，做外露型屋面整体无接缝防水耐磨涂膜，防止雨水渗入室内。整体无接缝现场浇筑厚浆暴露弹性涂膜，构成了一个整体的柔性屋面防水层，且具有高强度、高柔性、高粘结性、高耐磨性和高耐候性。

（2）接缝单组分聚氨酯密封胶

1）SJK-1907 单组分聚氨酯密封胶：具有高延伸性，符合《聚氨酯建筑密封胶》JC/T 482 25 级技术指标。

2）具有适应屋面接缝变形能力，与表面的暴露型单组分聚脲（氨酯）桥接结合，确保接缝处的防水功能性和耐久性。

（3）胎基网格布

1）SJK-FB 胎基网格布：具有一定柔性，且具有网格眼，便于厚浆性单组分涂料透过（表 2）。

胎基网格布主要性能指标　　　表 2

编号	项目	指标	说明
1	横向拉伸强度（N）	200	
2	横向延伸率（%）	50	
3	纵向拉伸强度（N）	300	
4	纵向延伸率（%）	30	

2）胎基网格布与单脲涂料结合，消除应力集中，迫使涂膜整体区域受力，抵抗基层未来新的裂纹向其上层涂膜延伸，保证涂膜防水层中网格布上层的涂膜区域不会因为基层开裂而开裂。并且可以作为屋面涂膜厚度的指示剂（涂料涂布到任何区域看不到胎基布的网格眼，凭肉眼即可基本判定任意区域的涂膜厚度是否足够）。

（4）活性无机颗粒 SJK-SD

1）颗粒可增加面层抗紫外性能，增加面层的摩擦系数，保证在局部积水和潮湿条件下，车轮不打滑（表3）。

SJK-SD 颗粒性能 表 3

编号	项目	指标	说明
1	颗粒度（mm）	1.0～3.0	粒径分布
2	单粒50%面积单脲包裹剥离	不脱落	目测
3	单脲包裹颗粒泡水	不剥离	目测
4	颗粒/单脲2/1（WT）面料，摩擦系数	0.6	湿摩擦

2）SJK-SD 颗粒为无机颗粒，其与单脲（氨酯）涂料黏附结合性能好，且增加面层耐磨性能、防滑性能以及提高抗紫外性能。

（5）SJKR ETS-02 混凝土找平封闭腻子（表4）

SJKR-ETS-02 技术指标 表 4

编号	项目	指标	说明
1	开放时间（m）	60	
2	抗压强度（MPa）	50MPa	
3	潮湿基层拉拔粘结强度（MPa）	＞3.5	

SJKR ETS-02 混凝土找平腻子，具有找平基层、修补缺陷、封闭气孔和加固界面粘结层的功能。

（6）底涂剂 SJKR-EXT（表5）

底涂剂 SJKR-EXT 的技术指标 表 5

编号	项目	指标	说明
1	开放时间（m）	45	
2	粘结拉拔强度（MPa）	＞3.5	可适宜潮湿基层

底涂剂 SJKR-EXT 对于混凝土具有良好的粘结力，对于混凝土毛细孔具有良好的渗透能力。确保界面粘结强度高于基材强度和涂膜本体强度。

3.3 基本技术系统

采用单组分聚氨酯密封胶密封技术与单组分聚脲（氨酯）涂料一布两涂涂膜接缝桥接技术结合处理分格缝，并与主体单组分涂层整体防水连接。

采用现场做 U 形弧面单组分聚脲（氨酯）涂料与弹性网格布做天沟节点处理，并与主体防水连接。

采用聚氨酯密封胶与单组分聚脲（氨酯）一布两涂技术处理排气孔的阴角，并且上翻到 200mm 的泛水高度。同样在电梯口墙面外墙以及女儿墙做 600mm 的泛水高度。

天沟算子更换成新的金属算子。

整体屋面打磨清理后，通过基层处理系统和单组分聚脲（氨酯）涂料整体网格布作为屋面无接缝整体暴露柔性涂膜系统。

采用单组分聚脲（氨酯）涂料与 1.0～3.0mm 粒径的活性颗粒混合浆，作为罩面材料，保持地面的防滑性能，以及提高停车场屋面的摩擦系数，使其高于 0.6。

3.4　质量要求

（1）维修过程，做到环保，少垃圾，不整体破坏屋面，不清掉原有防水层，不清除原有面层混凝土。屋面打磨或者清理出来的石子、颗粒、沙粒等尽量采用森聚柯低黏度树脂 EXT 或者 EXHT 搅拌成浆用于填充孔洞。

（2）具有耐久性（10 年）的暴露防水和停车场的功能性。

4. 施工基本情况

4.1　基层处理

（1）将酥松层铲除，基层混凝土整体打磨、吸尘处理。

（2）将打磨下来的砂粒、石子与森聚柯低黏度高强树脂 EXT 搅拌混合成腻子状，填充于低洼坑洞与较大的裂缝内，刮平。确实难以利用的浮灰、渣土和其他垃圾采用垃圾袋收集，尽可能减少垃圾。

（3）填充区域基层预先涂布底涂剂，便于增强腻子的粘结。

（4）整体涂布环氧底涂剂 SJKR-EXT，采用刮涂、滚涂方法施工，覆盖完全；细部节点区域可以采用刷涂方法，或者将长毛刷剪短刷涂。

（5）采用森聚柯特种环氧腻子 SJKR ETS-02 整体手工涂刮一遍，将基层刮平，表干固化后（2～12h），整体再薄涂一遍底涂剂 SJKR-EXT。

4.2　主体单组分聚脲（氨酯）防水层施工

在 4.1 基层处理后 24h 内，涂布第一遍单组分聚脲（氨酯）涂料，厚度 0.5～0.8mm，覆盖完全，固化 4～12h；再次涂布单组分聚脲（氨酯）涂料，每平方米用量 0.2～0.4kg（涂到即可），并将宽度为 1m、长度为 100m 的柔性网格布（卷）铺设在其上（滚压），刮平压实。整体屋面铺设网格布，网格布之间拼接间距在 10mm 左右；固化约 2～15h，网格布粘结固定后，在其上面再整体涂布单组分聚脲（氨酯）涂料，涂布到肉眼看不见网格布的网眼为止，厚度在 1.5mm 以上。如果局部有露出网格眼，或者有网格布起翘的地方，用单组分聚脲（氨酯）涂料找补，直到屋面任何地方看不见网格布的孔眼，以便确保任何地方的涂膜厚度。

4.3　分格缝处理

接缝基层清理后，涂布底涂剂 EXT，固化，塞入泡沫棒于接缝内，用单组分聚氨酯密封胶 SJK-1907 注入接缝内，刮成凹形弧面。表面涂布单组分聚脲（氨酯）涂料，贴网格布，桥接接缝，形状为凹形弧面，固化约 4～15h；再次涂布单脲（氨酯）涂料，刮平到看不见网格布的布眼，并与主体防水层连接，表面覆盖单组分聚脲颗粒浆时，整体覆盖，刮平。

4.4　天沟处理

天沟经过打磨，清理杂物后，采用底涂剂 EXT 涂布渗透基层。然后，采用 SJKR-1595 单组分聚脲（氨酯）涂料做一布两涂，并与主体防水层结合。表面采用新的金属箅子覆盖在天沟表面。

4.5　女儿墙、高低跨侧墙、排气孔等泛水部位防水施工

阴角采用单组分聚氨酯密封胶 SJK-1907 密封，采用单组分聚脲（氨酯）涂料做一布

两涂泛水高度。其中排气管泛水做 200mm 高度，女儿墙、高低跨侧墙泛水做到 600mm 高度，单面胶带保护边缘，涂布完单组分涂料，表干前，扯去保护胶带，使其边缘整齐。

4.6 颗粒浆料罩面

在整体面层采用 SJKR-1595 单组分聚脲（氨酯）涂料与网格胎基布 SJK-FB 做完，且肉眼看不见网格布的网格眼后，将 SJKR-1595 单组分与颗粒 SJK-SD 按照重量比 1 ：（1.5～2.0）搅拌成浆料，刮涂于固化后的涂层表面，边搅拌边倒于基面，刮平，使其成为均值的麻面，固化。

4.7 养护

自然条件下养护 7d 以上。

4.8 验收

（1）测试柔性防水层厚度不小于 2.0mm。

（2）随机切割 300mm×300mm 面积，铲下该区域膜层，小心去除膜层背面的混凝土砂粒和灰土层，在灯光下照射，观察膜层背面，没有任何光线透过。切割处及时修补。

（3）拉拔粘结强度大于 2.5MPa。

（4）屋面没有起包起泡现象。

（5）表面颗粒粗糙均匀，粗糙度大约 1～2mm。

（6）摩擦系数大于 0.6。

5. 修缮效果

2014 年 7 月修复完成，在 2019 年 10 月再次考察其屋面，见图 1 和图 2。整体大面粘结良好，未发现起泡脱层现象，女儿墙、算子处天沟未发现异常，整体表面也未发现颗粒脱落现象，颗粒锁固牢靠结实。未来将做进一步的跟踪与评估。

图 1　修缮 5 年后的屋面（一）　　　　图 2　修缮 5 年后的屋面（二）

DC 系列产品在未来城科普中心展览馆渗漏修缮工程中的应用技术

安徽德淳新材料科技有限公司/安徽德淳建设工程有限公司

闫金香[1]　孙达楷

1. 工程概况

　　未来城科普中心，占地面积 5.6 万 m^2，建筑面积 1.83 万 m^2，主体结构为半径 75.6m 的圆形综合体，是集规划展示、学术研究、文化交流、教育实践、艺术展览等功能于一体的集中展示场馆（图1）。主体建筑下 3000 多平方米的地下室布满了密集的混凝土柱体，承担着整个场馆主体的垂直承载力，首层为钢筋混凝土框架结构，规划展览馆部分边墙以覆土的方式做了隐蔽，向南设置主出入口，向北以缓坡与水体连接。二层屋顶及支撑体系采用厚重的钢筋混凝土结构，上设有种植绿化区、景观蓄水区及多条环形水沟。三层是以高 10m、宽 13m 的钢结构环形框架，外围钢筋混凝土结构组成，内芯多媒体展厅是 2 万个螺旋状的异形构件组成，整个主体结构造型复杂，主体墙、柱、板都是用清水混凝土一次浇筑成型。

图1　未来城科普中心展览馆

2. 渗漏原因分析

2.1　由于该项目所处地理位置紧邻水域，地下水资源丰富，原设计为外包一级设防。防水施工过程做到了严格按照设计规范要求，业主监理等单位也尽职尽责做到了重点把控材料、专业技术的督导。但由于地下及覆土隐蔽部分防水施工时基面很难达到基层含水率满足聚酯胎沥青防水卷材的施工条件，故墙根部位及柱根处多有渗漏潮湿、积水现象。

---

[1]［第一作者简介］闫金香，女，1979 年 5 月出生，高级工程师，二级注册建造师，单位地址：安徽省滁州市全椒县襄河镇杨桥工业集中区杨桥四路二号。邮政编码：239500。联系电话：15256065309。

2.2 大跨度的架空层意味着结构支撑大，承载负荷重，变形缝、伸缩缝等部位会因地基沉降以及上部承载力的变化加大间隙，导致线状渗漏。

2.3 由于复杂的造型，特别是二层顶板支撑体系混凝土面与环形钢构框架铝面板幕墙连接处很难做到无缝衔接，加之防水施工时多工序、多工种的交叉，难免对设防层造成破坏，修补后防水层还是很难形成整体密闭性（图2～图4）。

图 2　二层顶板支撑体系　　　图 3　边墙与屋面交接破损处　　　图 4　连接处破损点

2.4 二层屋面为上人休闲观光层，设置的种植绿化区和喷泉蓄水区以及环绕内径外径的多条引水沟内，因备景观水需长期存水流动，水沟内及沟边沿的混凝土面因长期浸水而导致的部分渗漏（图5、图6）。

图 5　引水沟边缘　　　　　　图 6　剔除清理至结构板的引水沟

3. 治理技术方案

3.1 因本工程主体结构是现浇清水混凝土，混凝土面无装饰遮瑕，故常规的背水面开槽注浆堵漏方法不适用。针对这一难点，经现场实勘并组织技术骨干多次研讨后，针对不同部位、不同渗漏类型，分别采取相对应渗漏治理技术措施：

（1）地下室防潮防渗背水面处理技术措施

地下室墙根柱脚部位，在背水面用喷涂速凝橡胶沥青防水涂料做 1mm 厚的防水涂膜，然后选用 DC-P 聚酯高分子防水卷材湿铺法覆盖涂膜防水层,再在卷材外薄涂一层与混凝土面颜色接近的聚合物抗裂砂浆。

（2）首层被覆土隐蔽部位的墙体微渗背水面处理技术措施

大面细微裂缝处涂刷高渗透环氧树脂,再调与混凝土同色系的聚合物稀浆料覆盖防水涂膜修补色差并辅助密实防裂。

（3）变形缝、伸缩缝及混凝土板面与铝面板幕墙间的缝隙处迎水面治理技术措施

剔除缝中杂物至原连接处,采用聚氨酯密封胶灌满缝后,缝口用铝箔面（或抗紫外线的强力交叉膜面）丁基胶防水卷材贴缝压实密封。

（4）针对个别可翻修部位的墙与板连接处、排水沟,排干水后,结合下部渗漏部位,小范围掀开面层,找到部分原防水层破损点,用同质材料修补原防水层的破损处,再加大密封范围,复原原面层。

3.2　修缮用主要材料简介

（1）喷涂速凝橡胶沥青防水涂料

1）材料主要特点:

喷涂速凝橡胶沥青防水涂料是一种将道路沥青通过特殊工艺,采用乳化技术乳化使之溶解于水成为一种超细、悬浮的乳状液体,再与合成高分子聚合物同相复配组成 A 组分,以特种破乳剂作为 B 组分;将 A、B 两个组分通过专用喷涂设备的两个喷嘴分别喷出,雾化混合,在基面上瞬间破乳析水,凝聚成膜,实干后形成连续无缝、整体致密的橡胶沥青防水层。

① 超高弹性:涂膜断裂伸长率可达 1000% 以上,适合于伸缩缝及变形缝部位,能够有效解决各种构筑物因应力变形、膨胀开裂、穿刺或连接不牢等造成的渗漏、锈蚀等问题;有效应对结构变形,保证防水效果。

② 整体防水:涂膜可完美包覆基层,实现涂层的无缝连接,从而达到卷材难以实现的不窜水、不剥离的要求。对于异形结构或形状复杂的基层施工更加简便可靠。

③ 自密自愈:高弹性和高伸长率造就了涂膜的自愈功能,对一般性的穿刺可以自行修补,不会出现渗漏现象。

④ 耐化学性优异、耐温性好:涂膜具有优异的耐化学腐蚀性,耐酸、碱、盐和氯,耐高温和耐低温性能优异。

⑤ 施工方式灵活多样:除主要采用喷涂施工方式外,也可采用刷涂、刮涂等涂装方式,满足对落水口、阴阳角、施工缝、结构裂缝等部位防水作业的特殊要求。

2）性能指标（表1）。

符合《喷涂速凝橡胶沥青防水涂料》JC/T 2215—2014。

物理力学性能　　　　　　　　　　　　　　　　　　　表1

序号	项目	指标
1	固含量（%）≥	55
2	凝胶时间（s）≤	5
3	实干时间（h）≤	24
4	不透水性	0.3MPa,30min 无渗水
5	耐热度	(120±2)℃,无流淌、滑动、滴落

序号	项目		指标
6	粘结强度（MPa）	干燥基面　≥	0.40
		潮湿基面　≥	0.40
7	拉伸性能	拉伸强度（MPa）≥ 无处理	0.80
		断裂伸长率（%）≥ 无处理	1000
		碱处理	
		酸处理	
		盐处理	800
		热处理	
		紫外线处理	
8	弹性恢复率（%）≥		85
9	吸水率（%，24h）≤		2.0
10	钉杆自愈性		无渗水
11	低温柔性	无处理	−20℃　无裂纹、断裂
		碱处理	
		酸处理	
		盐处理	−15℃　无裂纹、断裂
		热处理	
		紫外线处理	

3）施工流程（图 7）

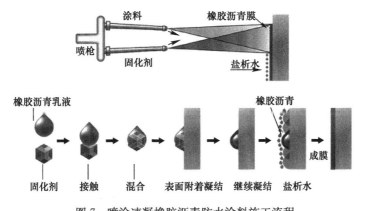

图 7　喷涂速凝橡胶沥青防水涂料施工流程

（2）DC-P 聚酯高分子防水卷材

1）材料主要特点：

DC-P 聚酯复合高分子防水卷材是以热塑性弹性体（TPO）为主材，卷材上下表面采用针刺无纺布进行复合，施工采用专用粘结剂，卷材质轻柔软，易于服帖各种节点造型，与胶凝材料粘结后形成紧密的防水层（图 8）。

① 拉伸强度高、延伸率高、热处理尺寸变化小，使用寿命长；

② 耐根系渗透性好，耐老化，耐化学腐蚀性强；

③ 抗穿孔性和耐冲击性好；

④ 抗拉性能卓越，断裂伸长率高；

⑤ 施工和维修方便，幅宽搭接少、牢固可靠，成本低廉。

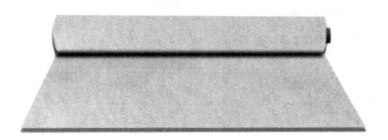

图 8　DC-P 聚酯高分子防水卷材

2）性能指标（表 2）

符合《高分子防水材料　第 1 部分：片材》GB 18173.1—2012，《热塑性聚烯烃（TPO）防水卷材》GB 27789—2011。

物理力学性能　　　　　　　　　　　　　表 2

项目		指标
拉伸强度（N/cm）	常温 23℃　≥	80
	60℃　≥	40
扯断伸长率（%）	常温 23℃　≥	800
	−20℃　≥	300
撕裂强度（N）　≥		60
不透水性（0.3MPa，30min）		无渗漏
低温弯折温度（℃）		−35℃无裂纹
加热伸缩量（mm）	延伸　≤	2
	收缩　≤	4
热空气老化（80℃×168h）	拉伸强度保持率（%）　≥	80
	扯断伸长率保持率（%）　≥	70
耐碱性［饱和 Ca(OH)$_2$ 溶液，23℃×168h］	拉伸强度保持率（%）　≥	80
	扯断伸长率保持率（%）　≥	80
复合强度（FS$_2$ 型表层与芯层）（MPa）　≥		1.2

图 9　高渗透环氧树脂防水涂料

（3）高渗透环氧树脂防水涂料

1）材料主要特点：

高渗透性环氧防水涂料的防水机理主要是利用混凝土结构的多孔性，使防水涂料渗入混凝土结构内部孔缝中，经聚合反应生成不溶于水的固结体，使混凝土结构表层向纵深处逐渐形成一个致密的抗渗区域，提高了结构整体的抗渗能力（图 9）。

2）性能指标（表 3）

符合《环氧树脂防水涂料》JC/T 2217—2014。

物理力学性能 表3

序号	项目		指标
1	固体含量（%） ≥		60
2	表干时间（h） ≤		12
3	柔韧性		涂层无开裂
4	粘结强度（MPa）	干基层 ≥	3.0
		潮湿基层 ≥	2.5
		浸水处理 ≥	2.5
		热处理 ≥	2.5
5	涂层抗渗压力（MPa） ≥		1.0
6	抗冻性		涂层无开裂、起皮、剥落
7	耐化学介质	耐酸性	涂层无开裂、起皮、剥落
		耐碱性	涂层无开裂、起皮、剥落
		耐盐性	涂层无开裂、起皮、剥落
8	抗冲击性（落球法）（500g，500mm）		涂层无开裂、脱落

（4）聚氨酯密封胶

1）材料主要特点：

聚氨酯密封胶是一种无溶剂单组分湿固化密封胶；具有优异的柔韧性和回弹性，对被粘基材无污染、无腐蚀，主要通过空气中的湿气固化；呈膏状可挤出涂抹施工；有抗下垂性，嵌填垂直接缝和顶缝不流淌（图10）。对金属、橡胶、木材、水泥构件、陶瓷、玻璃等均有黏附性，用来填充混凝土结构的伸缩缝、沉降缝，兼备粘结和密封两大功能。

图10 聚氨酯密封胶

① 耐低温性能优异，－40℃仍然具有弹性；

② 不起泡不胀缝；

195

③ 挤出性佳，施工方便；

④ 单组分包装，即开即用；

⑤ 柔韧性好，弹性好，具有优良的复原性，可用于动态接缝。

2）性能指标（表4）

符合《混凝土接缝用建筑密封胶》JC/T 881—2017，《聚氨酯建筑密封胶》JC/T 482—2003。

物理力学性能　　　　　　　　　　　　　　　　表4

序号	项目		指标
1	流动性	下垂度（N形）（mm）≤	3
		流平性（L形）	光滑平整
2	表干时间（h）≤		24
3	挤出性（mL/min）≥		150
4	适用期（h）≥		0.5
5	弹性恢复率（%）≥		70
6	拉伸模量（MPa）	23℃ ≤	0.4
		−20℃ ≤	0.6
7	定伸粘结性		无破坏

（5）丁基胶自粘防水卷材

1）材料主要特点：

丁基胶自粘防水卷材以特殊定制的进口强力交叉膜或增强铝箔膜为表层基材，一面涂覆丁基自粘胶，隔离层采用聚乙烯硅油膜制成的新型高分子防水卷材（图11）。主要用于混凝土屋面、钢结构屋面等外露防水或维修工程。

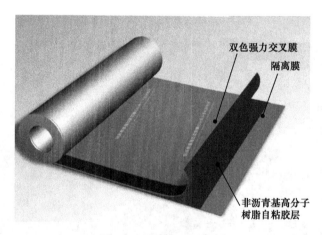

双色强力交叉膜
隔离膜
非沥青基高分子
树脂自粘胶层

图11　丁基胶自粘防水卷材

① 延伸率高，适应各种基层变形；

② 强力高分子交叉膜，抗穿刺力强，撕裂强度高，性能优异；

③ 自粘胶层使用丁基橡胶，耐老化性能好，自愈性强，永不固化；

④ 独特的持续抗撕裂性，柔性好，耐高低温性能好。

2）性能指标（表5）

符合《湿铺防水卷材》GB/T 35467—2017。

物理力学性能　　　　　　　　　　　　　　　　表5

序号	项目			指标
1	拉伸性能	拉力（N/50mm）≥		300
		最大拉力时伸长率（%）≥		50
		拉伸时现象		胶层与高分子膜或胎基无分离
2	撕裂力（N）≥			20
3	耐热性（70℃，2h）			无位移、流淌、滴落≤2mm
4	低温柔性（-20℃）			无裂纹
5	卷材与卷材剥离强度（搭接边）（N/mm）	无处理 ≥		1.0
6	渗油性（张数）≤			2
7	持粘性（min）≥			30

（6）聚合物防水砂浆

1）材料主要特点：

聚合物砂浆是由水泥、骨料和可以分散在水中的有机聚合物搅拌而成的。聚合物可以是由一种单体聚合而成的均聚物，也可以是由两种或更多的单体聚合而成的共聚物。聚合物必须在环境条件下成膜覆盖在水泥颗粒上，并使水泥机体与骨料形成强有力的粘结。聚合物网络具有阻止微裂缝发生的能力，能阻止裂缝的扩展（图12）。

① 防水抗渗效果好；

② 粘结强度高，能与结构形成一体；

③ 抗腐蚀能力强；

④ 耐高湿、耐老化、抗冻性好。

2）性能指标（表6）

符合《聚合物水泥防水砂浆》JC/T 984—2011。

图12　聚合物防水砂浆

物理力学性能　　　　　　　　　　　　　　　　表6

序号	项目		指标
1	凝结时间	初凝（min）≥	45
		终凝（h）≤	24
2	抗渗压力（MPa）	7d ≥	1.0
		28d ≥	1.5
3	抗压强度（MPa）≥		24.0
4	抗折强度（MPa）≥		8.0
5	柔韧性（横向变形能力）（mm）≥		1.0
6	粘结强度（MPa）	7d ≥	1.0
		28d ≥	1.2
7	耐碱性：饱和 $Ca(OH)_2$ 溶液，168h		无开裂，剥落
8	耐热性：100℃水，5h		无开裂，剥落
9	抗冻性-冻融循环：（-15～+20℃），25 次		无开裂，剥落
10	收缩率（%）≤		0.15

4. 施工基本情况

4.1　地下室防潮防渗背水面处理

主要施工工艺流程：

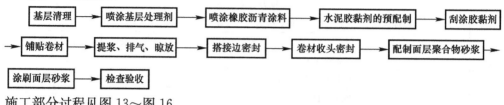

施工部分过程见图 13～图 16。

图 13　施工后的喷涂速凝橡胶
沥青防水涂膜

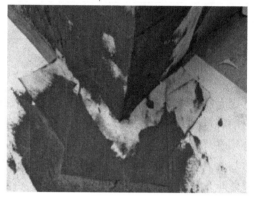

图 14　DC-P 聚酯高分子防水卷材柱
根防渗施工

图 15　DC-P 聚酯高分子防水卷材边墙防渗施工

图 16　聚合物防水砂浆卷材面层施工

4.2　首层被覆土隐蔽部位的墙体微渗背水面施工

主要施工工艺流程：

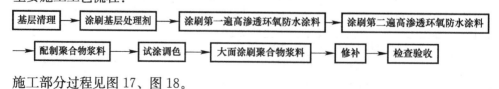

施工部分过程见图 17、图 18。

图 17　高渗透环氧＋聚合物浆料修补后效果图　　图 18　高渗透环氧防水涂料施工后效果图

4.3　变形缝、伸缩缝及混凝土板面与铝面板幕墙间的缝隙处迎水面治理施工
　　主要施工工艺流程：

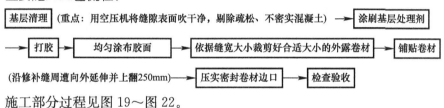

基层清理 (重点：用空压机将缝隙表面吹干净，剔除疏松、不密实混凝土) ➝ 涂刷基层处理剂

➝ 打胶 ➝ 均匀涂布胶面 ➝ 依据缝宽大小裁剪好合适大小的外露卷材 ➝ 铺贴卷材

(沿修补缝周遭向外延伸并上翻250mm) ➝ 压实密封卷材边口 ➝ 检查验收

施工部分过程见图 19～图 22。

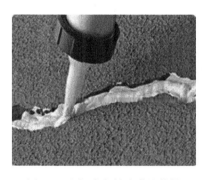

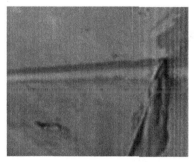

图 19　聚氨酯密封胶灌缝修补　　　　图 20　聚氨酯密封胶涂布修平

图 21　外露卷材覆密封胶粘贴　　　　图 22　外露卷材延伸率展示

199

4.4　墙与板连接处、排水沟等部位治理施工

主要施工工艺流程：

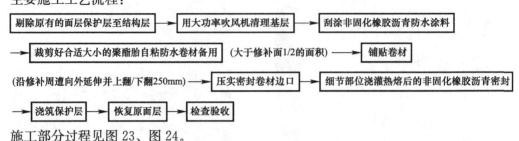

施工部分过程见图23、图24。

图23　非固化灌缝修补　　　　　图24　排水沟修补效果图

5. 修缮效果

未来城科普中心喻义"城市之眼"，是一座以展览为主要功能的公共建筑，该建筑造型优美大气，清水混凝土墙、板、柱对美观要求高，因此堵漏施工方案及材料的选用尤为慎重，堵漏修补完工后的外观要满足整体美观无痕性，这就要求堵漏材料的多功能结合性，对部分需外露的材料耐紫外耐高温耐冻融以及拉伸强度都有极高的要求。针对本项目渗漏水的多种形式，存在着多种疑难问题，我公司根据现场具体情况科学选择堵漏材料，多种材料复合应用，并且根据现场实际渗漏情况采取相应的科学维修堵漏复原施工工法，根据不同渗漏状态、不同渗漏部位，对材料适应性进行匹配，从而选择相适宜的材料和相适应的堵漏工艺。施工效果达到预期要求（图25～图27）。业主、设计、监理单位领导多次到现场查看维修复原效果，并给予了充分肯定。

图25　柱体与板面连接处修补效果图　　图26　清水混凝土墙板修复效果图

图 27　二层整体修复后效果图

喷涂硬泡聚氨酯保温防水一体化在屋面防水修缮中的应用技术

北京利信诚工程技术有限公司 翟鹏[1]

一、平屋面修缮

1. 工程概况

1.1 工程名称：阿里巴巴张北云计算数据中心庙滩二期项目。

1.2 建设单位：阿里巴巴（张北）有限公司。

1.3 建设地点：河北省张家口市张北县。

1.4 建筑功能：数据机房及配套用房。

1.5 施工面积：37968m²，屋面标高18m。项目有4个独立的数据机房及1个配套指挥楼，每个机房有两个独立的屋面。本次维修的范围是4个数据机房的8个屋面。

1.6 屋面类型：不上人平屋面、混凝土现浇楼板、结构找坡。

1.7 结构体系：现浇钢筋混凝土框架。

1.8 防水等级：屋面一级。

1.9 原防水做法：3mm+3mm厚Ⅱ型热熔SBS聚酯胎改性沥青防水卷材，50mm厚混凝土保护层。

1.10 屋面情况：屋面为结构找坡，从北往南单向排水，中间通风机房部位渗漏，影响机房使用。张北的冬季极端低温约为−27℃，夏季极端高温约为30℃，对防水材料的耐低温性能要求较高。

2. 渗漏原因分析

2.1 原卷材防水层在极端低温下接缝出现冻裂。

2.2 设备基础、风机房的泛水上口未用金属压条固定，存在开口、脱落现象。

2.3 卷材防水层漏水后出现窜水现象，局部维修难以找到对应渗漏点，无明显效果。

3. 治理技术方案

3.1 原SBS卷材防水层已被50mm厚混凝土保护层覆盖，且屋面机械设备已安装就位，结构复杂，节点多，拆除原防水层及混凝土保护层成本太大，无法查找出准确漏点，因此本项目防水修缮不能采取整体拆除混凝土保护层重做防水层的方案。

3.2 对混凝土保护层局部修补后，采用LXCⅢ型喷涂硬泡聚氨酯保温防水一体化材料

1[作者简介] 翟鹏，男，1980年5月出生，北京利信诚工程技术有限公司，单位地址：北京市海淀区玉泉山南路中坞新村西28号。邮政编码：100195。联系电话：13910003142。

（燃烧性能 B1 级）＋10mm 厚聚合物抗裂砂浆保护层，内压耐碱网格布。详见《建筑构造通用图集》12BJ1-1 页 E33 平屋修 7，防水等级为二级。

3.3 拆除设备基础和墙体泛水高度内的保温层，以保证硬泡聚氨酯与结构基面粘结牢固。

3.4 拆除影响施工的避雷带、设备支架等设施，防水修缮施工完成后再恢复原状，应保持原有设施正常使用。

4. 施工基本情况

4.1 防水修缮基本做法（图 1）。

（1）拆除空调基础、通风机房立墙 50mm 高的装饰层、保温层至结构层；拆除影响施工的避雷带、设备支架等设施。

（2）清理、修整基层。

（3）30mm 厚 LXCⅢ型喷涂硬泡聚氨酯保温防水一体化材料（燃烧性能 B1 级）施工。

（4）做 10mm 厚聚合物抗裂砂浆保护层，内压耐碱网格布。

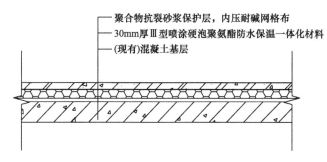

图 1 平面做法

4.2 工艺流程。

（1）各施工步骤内容及要点。

1）拆除：通风机房墙体弹线 0.5m 高，铲除保温板；空调基础剔凿顶面及立面保温砂浆与饰面层；剔凿后清理及修补基面。铲除平面混凝土保护层的存在起砂、起鼓等有缺陷部分。

2）基层处理：基层要求坚实、平整、干燥、干净、无油泥、灰尘或其他污染物。

3）遮挡防护：空调机、机房立墙向上 0.5～1m、护栏用保护膜包裹，固定牢固。

4）喷涂施工：喷涂 30mm 厚 LXCⅢ型喷涂硬泡聚氨酯保温防水一体化材料（燃烧性能 B1 级），分 3 遍施工。

5）保护层：聚合物抗裂砂浆保护层，内压耐碱网格布。

（2）细部节点做法：

1）女儿墙泛水：直接连续喷涂 30mm 厚 LXCⅢ型喷涂硬泡聚氨酯保温防水一体化材料（燃烧性能 B1 级）至女儿墙滴水檐下口，做 10mm 厚聚合物抗裂砂浆保护层，内压耐碱网格布。女儿墙压顶上避雷根部应涂刷聚氨酯（图 2）。

2）空调基础：铲除顶面及立面保温砂浆层及防水层；基面清理干净及修补处理；在设备基础立面及顶面进行喷涂 30mm 厚 LXCⅢ型喷涂硬泡聚氨酯保温防水一体化材料（燃烧性能 B1 级）；做聚合物抗裂砂浆保护层，内压耐碱网格布，阳角顺直（图 3）。

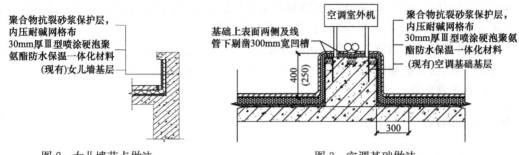

图 2　女儿墙节点做法　　　　　　　　图 3　空调基础做法

3）通风机房立墙：弹线切割拆除立墙保温层，拆除高度为 500mm 空调基础；切除后墙面基层清理及修补处理；喷涂 30mm 厚 LXCⅢ型喷涂硬泡聚氨酯保温防水一体化材料（燃烧性能 B1 级）；做聚合物抗裂砂浆保护层，内压耐碱网格布；耐水腻子施工；外墙涂料施工。

4）穿墙管道：清理基层后；喷涂 LXCⅢ型喷涂硬泡聚氨酯保温防水一体化材料（燃烧性能 B1 级），要求管道根部不能出现空隙，用密封胶对收口进行密封处理；做聚合物抗裂砂浆保护层，内压耐碱网格布（图 4）。

5）雨水口：清除原有防水层及保护层，露出铸铁雨水口，除锈后喷涂 30mm 厚 LXCⅢ型喷涂硬泡聚氨酯保温防水一体化材料（燃烧性能 B1 级）至雨水口内；做聚合物抗裂砂浆保护层，内压耐碱网格布（图 5）。

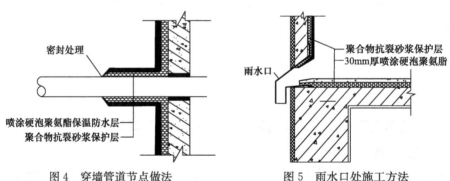

图 4　穿墙管道节点做法　　　　　　　图 5　雨水口处施工方法

6）避雷针支架、桥架、管道支架：喷涂时将屋面管道支架等拆除，喷涂后恢复；如无法移除，则先进行机械固定，再进行包裹式喷涂。

7）管道：管道中心线向外延 250mm 宽，剔凿 50mm 深，至结构板；抹灰修补基层；自粘卷材附加层；喷涂 30mm 厚 LXCⅢ型喷涂硬泡聚氨酯保温防水一体化材料（燃烧性能 B1 级）；做聚合物抗裂砂浆保护层，内压耐碱网格布（图 6）。

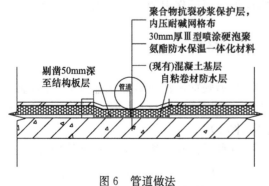

图 6　管道做法

5. 修缮效果

2018 年底完成 D1 楼屋面，2019 年完成其余的 7 个屋面部分，维修后无渗漏，质量良好（图 7）。

(a)   (b)   (c)

(d)   (e)   (f)

图 7   修缮效果

(a) 平屋面；(b) 女儿墙；(c) 空调基础部分；(d) 通风机房立面；(e) 雨水口；(f) 设备支架

二、坡屋面修缮

1. 工程概况

1.1   工程名称：清华大学理科楼屋面防水改造工程。

1.2   建设地点：北京市海淀区清华大学西区近春路和至善路交叉路口旁。

1.3   施工面积：本次修缮面积为 2300m²。

1.4   屋面类型：不上人坡屋面。

1.5   结构体系：主体结构为框架结构体系，不上人坡屋面。

1.6   防水等级：屋面二级。

1.7   屋面情况：本工程于 1999 年 8 月竣工投入使用，目前屋顶漏雨严重。

2. 渗漏原因分析

原防水层老化脱落无法修复，防水已经失效。

3. 治理技术方案

3.1   屋面维修原则：形式与颜色等均应与原建筑整体风格保持一致。

3.2   采用 LXCⅢ型喷涂硬泡聚氨酯保温防水一体化材料（燃烧性能 B1 级），详见《建筑构造通用图集》12BJ1-1 页 E33 平屋修 7（$d=30$mm），防水等级为二级。

3.3   屋面维修时不应破坏原有设施（如避雷带等）。

3.4   屋面维修时必须做好施工安全措施，且不应破坏周边环境。

4. 施工基本情况

4.1 防水维修做法。

(1) 坡屋面部分:

1) 拆除坡屋面原防水层;

2) 修补基层;

3) 喷涂 30mm 厚 LXCⅢ型喷涂硬泡聚氨酯保温防水一体化材料 (燃烧性能 B1 级);

4) 涂刷两遍氟碳漆防紫外线保护层 (绿色)。

(2) 排水沟及小平台屋面部分:

1) 拆除平屋面原卷材防水层;

2) 修补基层;

3) 热熔 3mm + 4mmSBS 改性沥青防水卷材。

4.2 施工流程。

4.3 各施工步骤内容及要点。

(1) 拆除:拆除原防水层、疏松的砂浆找平层。

(2) 基层修整:用聚合物砂浆将不平整部位抹平。雨水口、避雷带除锈加固处理。

(3) 防水卷材施工:排水沟和小平台做 3mm + 4mmSBS 改性沥青防水卷材。

(4) 遮挡防护:窗户、女儿墙顶部用保护膜包裹,固定牢固。

(5) 喷涂施工:喷涂 30mm 厚 LXCⅢ型喷涂硬泡聚氨酯保温防水一体化材料 (燃烧性能 B1 级)。

(6) 保护层:涂刷两遍氟碳漆防紫外线保护层 (绿色)。

4.4 细部节点做法。

平、坡屋面交接节点做法:卷材向坡屋面上焊接 300mm 宽作为搭接层,喷涂硬泡覆盖到坡底 (图 8、图 9)。

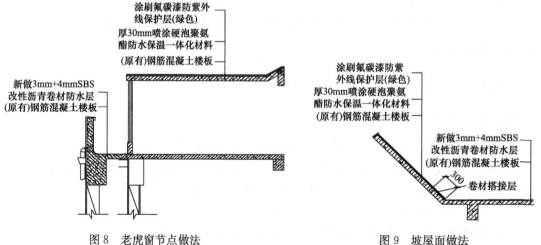

图 8 老虎窗节点做法   图 9 坡屋面做法

4.5 屋脊节点做法。

连续喷涂，阳角不能出现空腔（图10、图11）。

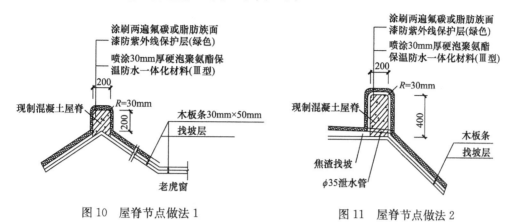

图10 屋脊节点做法1   图11 屋脊节点做法2

5. 修缮效果

2017年10月份防水修缮施工完成后，质量良好，至今无渗漏（图12）。

(a)   (b)

图12 修缮效果

（a）修缮施工前；（b）修缮施工完成后

三、圆形压型钢板屋面修缮

1. 工程概况

1.1 工程名称：刚果（布）外交部礼堂。

1.2 项目地址：刚果共和国首都布拉柴维尔市中心。

1.3 竣工时间：2006年10月。

1.4 建设单位：刚果共和国外交部。

1.5 结构形式及使用部位：球形网架结构，压型钢板屋面。

1.6 屋面情况：

刚果（布）外交部工程位于刚果首都布拉柴维尔市中心，占地面积20000m²。该工程为 6 层混凝土框架结构，礼堂位于外交部办公大楼右侧，为该工程配套工程之一。外交部礼堂为圆形建筑，直径 52m，檐口高度 14m，西立面最高处 17m，总建筑面积 2000m²，框架结构，屋面为钢结构，金属球网架上搭设钢檩，钢檩横向最大跨距 4m，纵向间距 1m，屋面表面积为 1500m²。屋面由环形天沟分割为内环和外环两部分。外环宽度 6m，坡度 8%；内环半径为 19.5m，坡度 2%，环形天沟的宽×高＝1.2m×0.8m。

刚果（布）外交部礼堂钢结构屋面工程完成后，雨季发现屋面多处漏水，影响后续室内装修工程进展。降雨时室内雨噪非常大，影响正常使用效果。施工单位的屋面所有接缝处采用聚氨酯防水涂料进行处理，但效果不佳。

2. 渗漏原因分析

2.1　设计原因：①由于刚果（布）首都布拉柴维尔市属热带雨林气候，年降水量 1000～1600mm，瞬间雨量非常大，雨季雨量充沛；外交部礼堂屋面板外环坡度 8%，设计合理；屋面板内环坡度 2%，近乎平屋面的排水坡度，设计不合理，在降水量非常大的情况下会形成积水渗漏现象；②内填岩棉双层金属压型板的复合屋面，由于是圆形，横向搭接设计不合理，在大雨积水的情况下起不到防水作用；③岩棉是软基底，屋面钢板薄，刚度不够，不能承受屋面的施工载荷，造成钢板变形。

2.2　气候原因：钢板热变形过大造成接口处、搭接处变形。

2.3　施工原因：①屋面板横向搭接缝上，金属板间缝隙较大，未做好防水处理；②屋面板与天沟连接处、脊瓦处以及与墙搭接处施工时未做好防水密封处理。

3. 治理技术方案

3.1　采用 30mm 厚 LXCⅢ型喷涂硬泡聚氨酯保温防水一体化材料（燃烧性能 B1 级）作为本项目防水修缮主体材料。LXCⅢ型喷涂硬泡聚氨酯保温防水一体化材料（燃烧性能 B1 级）尺寸稳定性、强度高、延伸率高，具有良好的防水性能、保温隔热性能、降噪性能和很强的粘结性能；可现场喷涂，一次成型，整体性好，施工简便，施工周期短。适用于外墙、非透明幕墙和形状复杂屋面的缝隙防水。该方案的技术性、经济性、适用性上都能满足本工程的要求。

3.2　LXCⅢ型喷涂硬泡聚氨酯保温防水一体化材料（燃烧性能 B1 级）层上，粘结彩砂作为防紫外线保护层（蓝色米色双色）。

3.3　喷涂施工前，应对屋面与墙体连接处、屋面与天沟连接处、脊瓦处、屋面板变形较大的位置做加固处理。

4. 施工基本情况

工艺流程：

各施工步骤内容及要点（图 13～图 15）：

（1）基层加固：在屋面板变形较大部位支撑衬垫，盖板、檐口部位用铆钉机械固定，达到上人行走屋面板不变形的标准。

（2）节点处理：金属板接缝处、屋脊处，屋面板与天沟连接处做自粘卷材附加层。

（3）遮挡防护：钢板外面用保护膜做遮挡保护，固定牢固。

（4）喷涂施工：喷涂 30mm 厚 LXCⅢ型喷涂硬泡聚氨酯保温防水一体化材料（燃烧性能 B1 级）。观礼台墙体上返 500mm 高。

（5）保护层：粘结剂＋彩砂作为保护层。

图 13　基层清理、擦洗　　　　图 14　喷涂　　　　图 15　总体效果

5. 修缮效果

2006 年 11 月份维修施工完成后，质量良好，至今无渗漏。2012 年获得北京住总集团公司优质屋面工程奖（5 年保修期内零渗漏、零维修）（图 16）。

图 16　修缮完成后整体效果

四、地下室种植顶板防水修缮

1. 工程概况

1.1　工程名称：君熙太和住宅小区工程西区车库顶板及楼座立面防排水工程。

1.2　建设地点：唐山市丰南区友谊大街和铁西路交叉口。

1.3　建筑功能：地下建筑用途主要是停车库，设备用房，地上建筑用途为种植基面的景观区。

1.4　施工面积：26000m²。

1.5　屋面类型：地下室顶板种植屋面。

1.6　结构体系：现浇钢筋混凝土框架。

1.7　防水等级：地下室一级。

1.8　屋面情况：君熙太和住宅小区建设工程东区车库回填土后出现严重渗漏，因此改变西区防水做法。

2. 渗漏原因分析

找坡层材料的压缩性能在 100～150kPa，回填土厚度超过 2m，回填过程中，大型装载机加回填土的整体载荷大，超过找坡层的承受范围，导致找坡层局部被压碎，进而造成防水卷材接缝开裂而漏水。

3. 治理技术方案

采用 30mm 厚 LXCⅢ型喷涂硬泡聚氨酯保温防水一体化材料（燃烧性能 B1 级）＋零坡度虹吸 HDPE 排水系统的地下室顶板防水排水系统。避免松散材料找坡层对防水带来的隐患。

4. 施工基本情况

4.1　地下室顶板防水做法。

（1）回填土；

（2）零坡度虹吸 HDPE 排水系统（HDPE 疏水板＋无纺布＋虹吸式排水槽）；

（3）30 厚 DS 砂浆找平层；

（4）30mm 厚 LXCⅢ型喷涂硬泡聚氨酯保温防水一体化材料（燃烧性能 B1 级）。

4.2　施工流程。

清理基层 → 遮挡防护 → 节点细部处理 → 喷涂施工 → 闭水试验 → 保护层

4.3　各步骤内容及要点。

（1）清理基层：

基层表面应坚实、平整。要求基层表面清洁、无油泥、灰尘或其他污染物。混凝土坑洼不平处用喷涂聚氨酯补喷再用刀削平。

（2）遮挡防护：

施工作业面内防止污染的已完工成品用保护膜包裹，固定牢固。防水施工期间封闭施工区域，其他专业禁止施工及进入。

（3）节点细部处理：

雨水口及出气口等应安装牢固；雨水口、管根、过水洞用专用界面剂涂刷 2～3 遍；伸缩缝、后浇带应加设柔性附加层。

（4）喷涂施工：

30mm 厚 LXCⅢ型喷涂硬泡聚氨酯保温防水一体化材料（燃烧性能 B1 级）。

（5）保护层：

30mm 厚 DS 砂浆找平层。

4.4　细部节点做法。

（1）楼周圈立墙：楼周圈立墙喷涂高度为 2.5m（图 17）。

（2）穿墙管道部分：清理基层；密封胶封堵管根，喷涂硬泡聚氨酯，要求不能出现空隙，管子接口周圈 250mm 范围内涂刷聚氨酯涂膜（图 18）。

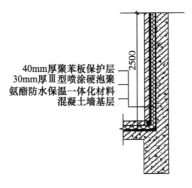
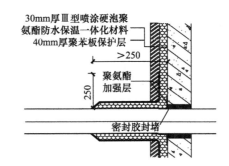

图 17　立墙节点做法　　　　　　图 18　穿墙管道部位做法

4.5　硬泡聚氨酯施工过程。

（1）基层处理。

基层表面坚实、平整、干燥、无浮灰。基层局部坑洼不平部分，用喷涂硬泡聚氨酯喷涂后修平，保证粘结牢固，喷涂平整度好，速度、质量双保证（图 19、图 20）。

图 19　基层清理　　　　　　图 20　基层坑洼不平部位，喷涂硬泡聚氨酯找平

（2）细部节点处理。

出墙管道的节点处理：喷涂 LXCⅢ型喷涂硬泡聚氨酯保温防水一体化材料（燃烧性能 B1 级）后，用单组分聚氨酯涂膜做附加层，避免后续施工造成的管道扰动破坏防水层（图 21～图 23）。

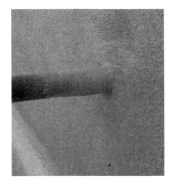

图 21　单根管道部位　　　图 22　涂刷聚氨酯附加层　　　图 23　群管部位

211

（3）大面喷涂硬泡聚氨酯施工（图24）。

（4）闭水试验（图25）。

（5）保护层：30mm厚细石混凝土，6m×6m设置分格缝（图26）。

　图24　大面喷涂硬泡聚氨酯　　　　图25　闭水试验　　　　图26　保护层施工

（6）虹吸式零坡度HDPE排水系统

施工流程：

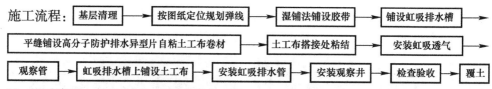

1）基层清理：保护层表面清理干净（图27）。

2）铺设虹吸排水槽：在铺设粘结好的胶带上粘结固定虹吸排水槽（图28）。

　　　　图27　基层清理　　　　　　　图28　铺设虹吸排水槽

3）平缝铺设高分子防护排水异型片自粘土工布卷材（图29）。

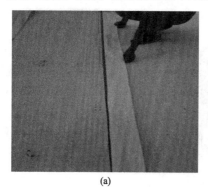

　　　　　（a）　　　　　　　　　　　　（b）

图29　铺设土工布卷材

4）安装虹吸透气观察管（图 30）。

5）回填土（图 31）。

图 30　安装虹吸透气观察管　　　　　图 31　回填土

5. 修缮效果

2016 年完成后，使用至今，无渗漏，质量良好（图 32）。

图 32　修缮效果

五、摩托罗拉北京新园区项目

1. 工程概况

1.1　工程名称：摩托罗拉北京新园区（图 33）。

1.2　建设地点：北京市朝阳区望京东路。

1.3　建筑功能：地下建筑用途主要是停车库，设备用房；地上建筑用途主要是上人屋面。

1.4　施工面积：26000m² 。

1.5 屋面类型：地下室种植顶板及屋面。

1.6 结构体系：现浇钢筋混凝土框架。

1.7 防水等级：一级。

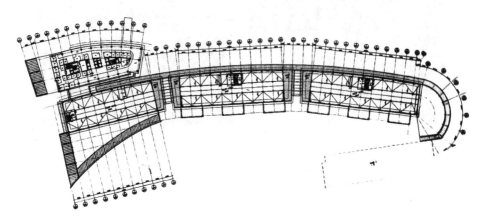

图 33 摩托罗拉北京新园区平面图

2. 施工基本情况

渗漏原因分析：

卷材防水层接缝多，施工稳定性差，窜水不好维修。

3. 采用技术方案

3.1 屋面做法。

(1) 50mm 厚细石混凝土面层。

(2) 30mm 厚 LXCⅢ型喷涂硬泡聚氨酯保温防水一体化材料（燃烧性能 B1 级）。

(3) 20mm 厚水泥砂浆找平层。

(4) 最薄 30mm 厚陶粒混凝土找坡层。

(5) 现浇混凝土屋面板。

3.2 地下室顶板做法。

(1) 回填土。

(2) 土工布。

(3) 25mm 高凸点式疏水板。

(4) 40mm 厚 C20 细石混凝土保护层，配筋。

(5) 30mm 厚水泥砂浆保护层。

(6) 30mm 厚 LXCⅢ型喷涂硬泡聚氨酯保温防水一体化材料（燃烧性能 B1 级）。

(7) 现浇混凝土地下室顶板。

4. 施工基本情况

4.1 施工工艺流程。

4.2 各步骤内容及标准。

（1）基层处理：基层表面应坚实、平整；要求基层表面清洁、无油泥、灰尘或其他污染物；油污必须用有机溶剂擦拭干净；基础墩根部修整、抹八字角，混凝土表面落地灰、凹凸不平的应剔凿或补平（施工单位配合）；穿墙电管要高于建筑完成面 250mm 以上，严禁在防水层平面穿插。

（2）遮挡防护：首先封闭施工区域，严禁其他无关人员进入和施工；严禁带水作业，保证基层干燥；施工当日清理基面浮尘，将非施工区域做好防护；施工区域的机械设备、玻璃幕墙、护栏、女儿墙施工界限等防止污染部位以上 1m 范围，用塑料布遮挡，固定牢固；施工前必须协调作业面周边 100～200m 范围内车辆挪走，或用保护罩罩住，地下室施工严禁车辆靠近肥槽 100m 范围内。

（3）节点细部处理：屋面雨水口及出气口等应安装牢固；雨水口、管根、过水洞用专用界面剂涂刷 2～3 遍；伸缩缝、后浇带应加设柔性附加层；喷涂聚氨酯硬泡体喷至设计要求厚度，施工其他工序时，用布片将雨水口竖管口堵严；施工完成后应注意雨水斗不要扰动，以免与聚氨酯基层脱离出现缝隙。

（4）喷涂施工：确认施工基面可施工后，接通电源检查机器，确定机器与料桶之间的各种连接管道连接正确，启动机器将原料循环加热，达到可施工温度时通知操作人员，人工操作喷枪逐次将原料喷涂于基面 3～4 遍，每遍厚度不宜大于 12mm，原料发泡完毕达到设计厚度后即为成品。

1）大面积施工前，在现场先做样板，合格后方可组织大面积施工。

2）施工时气温在 15℃以上，相对湿度小于 75%，风速不超过 5m/s。风速超过 5m/s 需采用必要的遮挡措施。施工过程中随时检查施工厚度并修正，喷涂施工过程分 3～4 次达到设计厚度，每遍厚度不宜大于 12mm。当日作业面必须于当日连续地喷涂施工完毕。

3）喷涂作业，喷嘴与施工基面的间距宜为 800～1200mm。

4）施工设备应由专人操作管理。

5）硬泡聚氨酯喷涂后 20min 内严禁上人或撞击。

6）屋面在施工完毕后未做保护层时严禁其他无关人员进入和施工。

（5）蓄水试验：在完成面封闭雨水口蓄水，最高点水深 20mm；坡度过大无法蓄水可以采取分段闭水、淋水 4h 或雨季观察方式（图 34～图 36）。

图 34 喷涂完成

图 35 蓄水试验

图 36 完成保护层

5. 完工效果

本项目 2006 年施工完毕交付使用，未发现任何渗漏水问题，质量良好。使用中我公司一直进行质量跟踪，使用单位反馈信息均为无渗漏（图 37、图 38）。

图 37　2011 年现场效果

图 38　2019 年现场效果

"易空间"特种涂料在屋面渗漏、隔热修缮工程中的应用技术

通普科技（北京）有限公司　刘光勇[1]

1. 工程概况

本工程项目为昆明中华小学教学楼、综合楼屋面漏水、隔热修缮工程，总面积约4000m²。教学楼和综合楼均为混凝土框架建筑，屋面防水采用的是传统防水沥青卷材做防水层，防水层面上安装水泥预制板架空隔热保护层。屋顶渗漏水普遍，导致顶层内墙、顶棚有发霉、墙皮脱落等现象。此次修缮工程包括屋面漏水工程的修复，同时不能影响屋顶原有的隔热保护功能。

2. 渗漏原因分析

2.1　防水层老化失效。

虽然在防水层上面还有一层隔热保护层，但时间太久，防水层经长时间的雨水冲刷、风化，防水层已经老化失效，失去了原有的防水功能，最终导致渗漏。

2.2　屋顶有裂缝。

勘察过程中发现，防水层老化致使防水功能失效，清除老化的防水层以后，发现屋顶表面有裂缝，裂缝最宽处达 3mm，经过与室内顶棚对比，有裂缝的部位基本上都存在渗漏问题。

2.3　排水管堵塞。

维护工作缺失，屋顶的排水口堵塞，造成屋顶长时间积水，水通过裂缝慢慢渗漏下去，造成漏水。

3. 治理技术方案

3.1　基本方案。

采用"易空间"特种涂料，一次施工即可解决本屋面防水和隔热问题。根据"易空间"特种涂料的功能特性，结合现场勘察的渗漏情况，修缮基本方案为：

第一，清除原有的隔热保护板和防水层；

第二，清除完成后，修补屋顶裂缝，再用水泥砂浆将屋顶表面全部重新抹平；

第三，采用"易空间"涂料做防水和隔热层，涂料防水需做两层或两层以上，涂层总厚度不小于 2mm。

3.2　"易空间"涂料介绍。

"易空间"特种涂料是由通普科技（北京）有限公司高新技术材料专家研发团队经过多年

[1]［作者简介］ 刘光勇，男，1974 年 1 月出生，高级工程师，单位地址：北京市丰台区汽车博物馆东路诺德中心 11 号楼 1507 室。邮政编码：100040。联系电话：010-57559985。

自主研发而取得的科技成果。它是以性能优异的水性高分子聚合物为基料，特种反射隔热新材料、石英砂、碳酸钙等为主要原料，经独特工艺精制而成的新型高科技环保节能涂料。

"易空间"特种涂料主要特点为：无毒无味，集隔热、防水、防腐（防锈）、防潮（霉菌）、抗冻、防静电、不燃（防火）等功能于一体，一次施工、全面防护，具有施工方便快捷、见效快的特性，是安全环保、有效节约能源的高科技产品。

在防水性能方面，涂层具有超强的硬度及韧性，不龟裂、不起泡、不脱落、粘结力强、性能稳定、耐老化性优良、防水寿命长；材料与水泥基面粘结强度可达 0.5MPa 以上，耐各种气候环境，耐水冲刷，疏水性强、封闭性好，能有效修补基层的龟裂，防止水渗漏，是传统防水材料的理想换代产品。

在隔热性能方面，涂料涂层通过反射太阳光的热量，减少物体表面对太阳光的吸收来达到隔热降温的效果，"易空间"特种涂料产品符合国家建筑反射隔热涂料标准，涂料涂层具有高反射、低导热、热量屏蔽等特性，对太阳光热反射率高达 91%，能对太阳光进行高反射，同时隔绝热量向物体内部传输，不让太阳照射的热量在物体表面进行累积升温，从而达到隔热的功效。

4. 施工基本情况

4.1　施工流程。

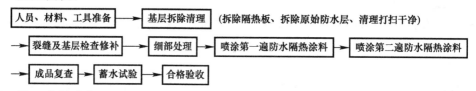

4.2　施工人员准备。

为确保质量和工程进度，防水工程必须由专业防水队伍进行施工，防水施工一般以 3～4 人为小组较为适宜，本次工程由拆除清理人员 8 人，施工人员 4 人组成。

4.3　准备施工材料、设备和工具。

主要材料：易空间特种涂料、水泥、砂子、水源。

主要设备和工具：涂料喷涂用的喷涂机，涂料搅拌器、搅拌桶，磅秤，施工电源，清理防水基层的施工工具铁锹、扫帚、吹尘器、手锤、刮板等。

4.4　基层清理。

（1）拆除隔热板和原始防水层

拆除隔热板和原始防水层后，再以铲刀和扫帚清除混凝土表面的杂物、砂浆硬块、砂子、浮土，凸出表面的石子、砂浆疙瘩清理干净，板缝不平整的地方用砂轮机进行打磨平整。对阴阳角、管道根部、地漏和排水口等部位更应认真清理，如发现有油污、铁锈等，要用钢丝刷、砂纸和有机溶剂等将其彻底清除干净。

（2）裂缝修补

屋面呈现显明裂痕的，裂缝宽度大于 1.2mm 以上时，用工具将裂痕榫开成"V"字形或者"U"字形凹槽，灌上水泥砂浆，灌满后用刮板收平，与原屋面保持同样平整。

（3）做找平层

为保证涂膜牢固粘结于基层表面，加上基层表面空鼓、砂眼、细小裂缝较多，因此在裂缝修补干燥后还需要在整个屋面做找平层（找平层可依据基层表面的实际情况而定，对新建建筑或建筑时间不长、较为平整的屋面可以省略此步骤），施工后要求找平层应有足够的强度，表面光滑，不起砂，不起皮，阴角部位应做成半径约50mm的弧角，以便涂料施工。

（4）细部处理

对阴阳角、管道根部、落水口等部位一般都属于薄弱点，在大面积喷涂前，要先做一遍附加层，即采用搅拌好的易空间特种涂料在这些部位先喷涂一次。

4.5 涂料施工

（1）施工前检查

在涂料进行喷涂施工前，首先检查裂缝是否修补完整，阴阳角、管道根部等位置是否处理完整。其次，检查基层的找平层是否干燥，确认干燥后再进行喷涂。

（2）配料

将"易空间"特种涂料与水按1：0.7（重量比）的比例进行称重配比，然后将涂料倒入搅拌桶中，再加入部分清水，并用电动搅拌器搅拌，先搅拌成泥状，再酌量加水（加水过程分两步进行，加水总量保持比例不变即可）搅拌，搅拌要均匀细腻，不含团粒状的混合物。搅拌时间约为3～5min，搅拌成水泥漆状即可，搅拌好的料应在一小时内用完。

（3）喷涂施工。

施工人员应穿软质胶底鞋，严禁穿带钉的硬底鞋，同时要求施工人员严格按照操作规程、技术方案施工。

第一遍喷涂，喷涂厚度在0.8mm左右，待表面干燥后进行第二遍喷涂，干燥时间依据空气温湿度、风力等因素不同，一般在4h以上；对混凝土基层表面防水，要求最终喷涂厚度在2～3mm之间，如果未达到要求，可按照以上方法进行第三遍喷涂。涂层施工完毕，在未完全固化时，不允许上人踩踏，否则将损坏防水层，影响防水工程质量。

5. 修缮效果

5.1 为保证工程的修缮效果，首先务必有良好的质量保证措施：

（1）做好施工前的各项准备工作，如技术交底、材料送检等；

（2）严格控制材料的质量，防水浆料按比例要求配制，搅拌均匀；

（3）加强防水施工工艺的交底及操作控制，严格按照操作规程、技术方案施工，对施工过程中出现的技术问题及时处理，确保防水层的质量；

（4）在施工过程中，严禁非本工序人员进入现场；

（5）基层干燥度不符合规定要求时，不宜施工防水层；在第一遍施工完毕，干燥度不符合规定要求时，不宜进行第二遍施工；

（6）在雨天、五级及五级以上大风天气情况下均不得施工。

5.2 本项目修缮后投入使用已多年，无渗漏问题发生，修缮效果良好。

青岛市崂山啤酒厂车间屋面防水修缮技术

青岛天晟防水建材有限公司　张茂成[1]

1. 工程概况

1.1　工程名称：青岛啤酒集团崂山啤酒厂车间屋面。

1.2　工程类型：屋面防水修缮。

1.3　工程所在地：山东省青岛市。

1.4　原防水构造：SBS改性沥青防水卷材＋防水涂料＋SBS改性沥青防水卷材，外露型。

1.5　工程规模：30000m²。

2. 渗漏原因分析

2.1　防水层老化：使用多年，屋面防水层出现开裂、空鼓等严重老化现象。

2.2　施工工艺不规范：原防水施工工艺粗糙，卷材搭接等细部处理不当。

2.3　维修不当：在开裂、空鼓、老化的卷材防水层上反复粘贴卷材，年年漏年年修，年年修年年漏。

3. 治理技术方案

3.1　基本方案。

3.1.1　屋面整体修缮，拆除防水基层以上构造层，选用涂料与卷材复合构造防水层。

3.1.2　底层选用天晟牌聚合物（杂化）防水防腐涂料，涂膜厚度不小于1.5mm；面层选用外露型宽幅三元乙丙防水卷材，卷材厚度为1.26mm。

3.2　主要防水材料特点。

3.2.1　天晟牌聚合物（杂化）防水防腐涂料：

（1）稳定性好，耐紫外线，抗老化，耐酸碱、耐盐雾、耐腐蚀、防水性能好。

（2）涂膜具有较高的强度和延伸性，对基层开裂或伸缩适应性强；具有较高的断裂伸长率和剥离强度，低温固化、增水性好，涂层坚韧高强，刚柔结合，耐久性能好。

（3）适用范围广，能与水泥砂浆等各种基层材料牢固粘结，能在潮湿或干燥的多种材质的基面上直接施工，Ⅱ型材料可用于长期浸水环境下的防水工程。

（4）施工方便，有利于缩短工期，对复杂部位施工具有明显优越性。

（5）维修方便，只需对损坏部位局部维修，仍可达到原有的防水效果。

（6）可加颜料，以形成彩色涂层。

（7）环保型产品，水性，不含任何溶剂，施工安全。

[1][作者简介]　张茂成，1966年3月生，青岛天晟防水建材有限公司总经理，高级工程师，建造师，邮政编码：266300。联系电话：0532-85250177。网站：qdtiansheng.com。邮箱：1604368576@qq.com。

3.2.2 外露型宽幅三元乙丙防水卷材:

(1) 有优异的抗老化性能,使用寿命长;

(2) 拉伸强度高,热处理尺寸变化小,有极高的延伸率;

(3) 低温柔韧性好,适应环境温度变化性能好;

(4) 耐气候性、耐酸碱、抗腐蚀;

(5) 耐植物根系穿透性好,可做成种植屋面防水层;

(6) 施工方便、搭接牢固可靠、无环境污染。

4. 施工基本情况

4.1 施工工艺流程。

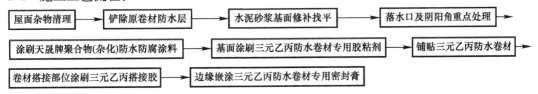

4.2 施工要点。

4.2.1 基层处理:

(1) 铲除疏松、开裂、破损的水泥砂浆防水基层,采用水泥砂浆重新修补平整。

(2) 防水基层表面应平整、坚实,无尖锐角、浮尘和油污。

(3) 防水基层宜干燥,不得有明水。

(4) 细部构造处理应符合相关规范规定。

4.2.2 涂料配制:

(1) 按产品包装上标注的液料、粉料和水的比例进行配比,水的添加量可适当调节,以调整涂料黏稠度,满足立面和平面不同部位的施工要求。

(2) 先将液料和水倒入搅拌桶中,在手提搅拌器不断搅拌下将粉料徐徐加入其中,至少搅拌 5min,彻底搅拌均匀,呈浆状无团块。

(3) 搅拌混合后的浆料应在 2h 内用完。

4.2.3 细部附加防水层施工:

阴阳角、管根等细部首先进行附加防水层施工,附加防水层宽度宜为 300~500mm,厚度不小于 1.0mm。

4.2.4 大面防水涂层施工:

(1) 天晟牌聚合物(杂化)防水防腐涂料应多遍涂布,宜至少三遍完成,每遍涂膜厚度以 0.5mm 为宜,不宜一遍过厚,总厚度不应小于 1.5mm。

(2) 每遍涂布时间一般间隔 6h,冬季宜延长。

(3) 立面施工以不加水或少加水为宜,以免涂料流淌,致使立面厚度不易达到设计厚度,同时避免阴阳角堆积料过厚、产生裂纹。

4.2.5 铺贴三元乙丙防水卷材:

(1) 天晟牌聚合物(杂化)防水防腐涂料涂层完全固化、彻底干燥后方可进行三元乙丙防水卷材铺贴施工。

(2) 三元乙丙防水卷材胶粘剂应涂刷均匀,覆盖完全,材料用量应符合产品说明书要求和相关标准规定。

（3）三元乙丙防水卷材胶粘剂至基本干燥、不粘手时，开始铺贴三元乙丙防水卷材。

（4）每当铺完一行卷材后，应立即用松软的长把滚刷从卷材的一端开始朝卷材横向用力滚压，彻底排除卷材与基层间的空气。

（5）三元乙丙防水卷材搭接宽度不应少于 100mm。

（6）卷材搭接接缝及收头必须采用专用的接缝胶粘剂及密封膏进行密封处理（图1）。

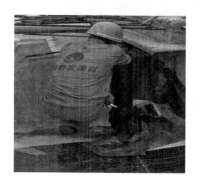

图1 搭接缝密封处理

5. 修缮效果

青岛啤酒集团崂山啤酒厂车间屋面防水修缮，施工完毕至今已经过了 16 年多，无渗漏问题发生。修缮效果良好。

非固化涂料与自粘卷材复合防水做法在鸟巢中的应用

深圳市卓宝科技股份有限公司　张浩[1]　李小溪

1. 工程概况

第29届奥林匹克运动会的主体育场，国家体育场（鸟巢）从设计到成形可以说是凝聚了无数人的心血与智慧。其中，地下室顶板变形缝区域约4000m²，变形缝可分为以下三种类型：1）混凝土结构之间留设的变形缝；2）钢结构立柱与混凝土之间留设的变形缝；3）排水槽与混凝土板之间的结合缝。该工程变形缝部位最大伸缩量可达72mm，原工程防水设计采用SBS改性沥青卷材外贴式防水做法。

国家体育场如图1所示。

图1　鸟巢

2. 渗漏原因分析

本项目结构变形缝，尤其是钢结构立柱和混凝土之间留设的变形缝，由于伸缩率的不同导致变形量很大，最大伸缩变形量可达72mm。原工程防水设计采用的SBS改性沥青卷材外贴式防水做法，不能满足该变形量要求，导致了雨后出现渗漏情况，引起奥组委的高度重视。

3. 治理技术方案

根据中国建筑设计研究院的设计方案，国家体育场有限责任公司多次组织由建筑、结构、防水及施工专家参加的论证会，根据因地制宜、按需选材的原则，对变形缝区域采用

[1]［第一作者简介］　张浩，男，1992年10月出生，一级建造师，单位地址：深圳市福田区梅林卓越中心广场2栋16层卓宝科技（518049）。联系电话：18610341118。

"3mm 非固化橡胶沥青防水涂料＋单面复合丙纶布的聚乙烯膜材作过渡层＋2mm 聚脲涂膜＋空铺一道卷材做隔离层"的复合防水方案来解决问题。但是由于工期紧迫，而此方案的施工过程比较复杂，所需时间过长，无法满足工期的要求；另外，此方案做出来的外观效果也不太好。最终经试验，决定采用了卓宝提出的"3mm 非固化橡胶沥青防水涂料＋3mm 卓宝 BAC 自粘聚合物改性沥青防水卷材"涂卷复合的防水施工方案。该方案不仅防水效果与前面的方案一样，有很好适应变形的能力，而且施工工序大大简化，工期得到了保证，同时，做出来的外观效果也更为美观。

4. 施工基本情况

4.1 在确定变形缝区域防水维修时，现场顶板石材均已铺贴完成，为此需要将相应的石材、混凝土保护层进行拆除。从拆除后的情况来看，变形缝区域基层潮湿，原防水层空鼓、破损较多，卷材收头有张口现象。由于国家体育场要举行田径测试赛事，可用于施工的时间非常短。

4.2 拆除变形缝区域石材面层和混凝土保护层，拆除变形缝外侧 250mm 范围内的卷材防水层及上翻至立面的卷材防水层。

4.3 清除基层松动、不牢固的水泥砂浆块和浮灰，对凹凸不平处进行修补，找平。

4.4 底层刮涂不小于 3mm 厚非固化橡胶沥青防水涂料，对易活动部位增至 4mm。非固化橡胶沥青防水涂料采用专用加热设备加热成流态，刮涂施工，如图 2 所示。

4.5 将非固化涂料均匀地涂刮在变形缝区域，然后揭除 BAC 自粘卷材下表面隔离膜，将卷材粘贴在涂料上。同时，将自粘卷材搭接边的隔离膜揭除，进行自粘搭接，搭接宽度不小于 80mm。搭接边用压辊滚压密实，排除空气。如图 3 所示。

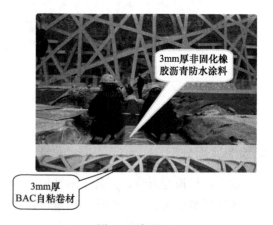

图 2 加热设备   图 3 现场施工

4.6 与原卷材防水层搭接处理，先将原卷材压接在涂料上，压接宽度不小于 100mm，然后再将 BAC 自粘卷材和原卷材进行搭接处理，宽度不小于 100mm，必要时可以适当加热。对于 T 形搭接边用非固化涂料进行密封处理，并用压辊滚压密实。

4.7 用丙纶无纺布做一道隔离，然后浇筑混凝土刚性保护层，依次恢复至石材面层。防水构造如图 4 所示。

5. 修缮效果

　　卓宝北京团队承担了国家体育场鸟巢伸缩缝抢修工程 70% 的工程量,整个团队克服种种困难,仅用了 12d 的时间便完成了任务,原有渗漏问题彻底得到解决,顺利通过验收,获得了主办方的高度认可,体育场经过十多年的使用,未发现任何问题。

　　通过以上维修工程案例,可知,像国家体育场这种鸟巢式的建筑,在世界建筑史上尚属首例,在同一个建筑物中,变形缝数量之多、形式之多样、变形量之大,都是不多见的。所以,应根据"因地制宜,按需选

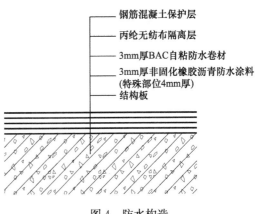

图 4　防水构造

（图中标注：钢筋混凝土保护层；丙纶无纺布隔离层；3mm厚BAC自粘防水卷材；3mm厚非固化橡胶沥青防水涂料（特殊部位4mm厚）；结构板）

材"的原则,根据工程特点采用适应大变形量的防水材料和复合增强的防水做法。而卓宝所提供的非固化橡胶沥青防水涂料和"贴必定"自粘高聚物改性沥青防水卷材的复合做法,涂料和卷材不仅同为沥青基材料,相容性好,而且涂料和卷材可以充分发挥各自的优势,形成优势互补,应用在结构复杂、节点多样、施工难度大、技术要求高的建筑中,防水效果显著。

CPS 系列产品在房建工程修缮中的应用技术

西牛皮防水科技有限公司　王泗举[1]　白建康

一、CPSX 橡胶态防水涂料在屋面防水修缮中的应用技术

1. 工程概况

青秀山旅游风景区位于广西壮族自治区南宁市中心，坐落在蜿蜒流淌的邕江畔，规划保护面积 13.54km²，核心保护区面积约 5.86km²，森林植物园区面积约 7.68km²，是南宁市最靓丽的城市名片之一，是"广西十佳景区"之一。青秀山年接待游客量超过 200 万人次，是国家领导人、外国政要、商贾、中外游客来邕考察参观和旅游度假的首选之地。青秀山管委会档案室坐落在美丽的青秀山景区，储存着历年来重要的档案文件，防水设防要求高。但是，该工程屋面近年来多次出现漏水情况，屡修屡漏，严重威胁了档案资料的安全性。西牛皮防水科技有限公司承担该项目修缮任务后，采用 CPSX 橡胶态防水涂料技术，合理设计，严格施工，彻底解决渗漏问题。

2. 渗漏原因分析

2.1　渗漏分析。

（1）屋面板裂缝渗漏水：从室内观察档案室屋面板多处出现渗水现象，水沿无规则的裂缝渗漏至室内（图 1）。

（2）注浆堵漏无效：室内之前已进行过多次注浆堵漏修补，但现在仍然出现渗漏，表明从室内注浆堵漏的方法是失败的，造成屡堵屡漏的现象（图 2）。

（3）其他同结构的室内无渗漏：从室外勘察，档案室屋面板是钢筋混凝土的斜坡屋面，混凝土基层已做有防水层，防水层完整有效，防水层上加盖了琉璃瓦。同结构的屋面下，除档案室渗漏外，其他房间都没发现渗漏（图 3）。

（4）防水层已老化失效：与档案室屋面紧邻的天面（平屋面）檐沟防水层因没做保护层，防水层已大面积出现严重老化破损，防水层出现起鼓、脆裂、粉化。邻近档案室屋面的檐沟，是整个屋面的最低点，防水层蓄积了大量明水（图 4）。

2.2　渗漏原因。

（1）档案室屋面处于整个屋面最低处：靠近档案室屋面的部位设置有落水口，档案室的屋面结构板为整个屋面最低处，容易蓄积雨水（图 5）。

（2）屋面防水层老化破损会窜水：与档案室屋面结构板相邻的屋面檐沟，因防水层起鼓、脆裂、老化脱落，失去应有的防水作用，且防水层与屋面结构板没有密封粘结，防水

---

[1]［第一作者简介］ 王泗举，1990 年 7 月出生，工程师，单位地址：广西壮族自治区南宁市兴宁区三塘镇新矿路西牛皮科技园。邮政编码：530012。联系电话：18076534616。

层下面积水严重，导致即使室外雨停后，室内仍然出现渗漏，渗漏持续时间可达一星期以上。

图 1 屋面板裂缝渗漏水

图 2 注浆堵漏后仍然漏

图 3 其他同结构的室内无渗漏

图 4 防水层已老化失效

（3）水通过女儿墙渗到档案室屋面结构板：档案室屋面的混凝土结构变化（温差、载荷大、应力集中等因素）造成屋面混凝土楼板产生了较多不规则裂缝，檐沟里的水经女儿墙阴角部位（施工缝等地方）渗漏到档案室的屋面结构板，再从档案室屋面结构板面裂缝往室内渗漏（图 6）。

2.3 屋面大面积渗漏，背水面采用注浆堵漏方法维修不科学。

屋面大面积渗漏，从室内注浆堵漏不能解决彻底渗漏问题。

（1）无法找到渗漏源头：从档案室室内堵漏，没有找到漏水的源头，只要下雨水就会渗漏到档案室的结构顶板。

（2）治标不治本，无法根治：从室内堵漏，即使把部分裂缝堵住了，但渗漏水仍然蓄积在屋面的结构板以上构造层内，形成窜水，在混凝土薄弱部位造成新的渗漏；同时，一旦结构因为沉降、温度应力变形，重新产生裂缝，水会再次从裂缝渗漏到室内，治标不治本，越堵越漏，无法根治。

（3）违背了屋面防水的基本原则：从室内堵漏违背了屋面防水应该做到结构层迎水面的原则。堵漏从背水面堵，有可能短时间起到防水效果，但无法避免再次出现漏水问题。

图 5　积水点　　　　　　　　　图 6　水从女儿墙渗透进室内

3. 治理技术方案

根据现场勘察以及渗漏水分析结果，对档案室屋面采用 CPSX 橡胶态防水涂料迎水面修缮技术，使屋面形成一个满粘密封有弹性的橡胶态防水屋面，从而达到根治渗漏的目的。

CPSX 橡胶态防水涂料迎水面修缮技术防水构造做法如图 7、图 8 所示。

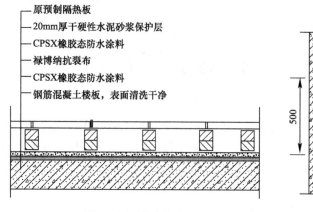

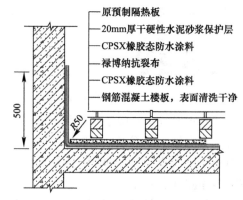

图 7　屋面防水构造　　　　　　　图 8　屋面墙体泛水防水构造

4. 施工基本情况

4.1　拆除原屋面钢筋混凝土隔热板及砖砌筑支座。

4.2　铲除已老化防水层，直至露出防水面层，并将基面清理干净。

4.3　垃圾清理：所有凿出的垃圾装袋，并搬运至楼下，再装车外运处理。

4.4　落水口、女儿墙阴角等细部节点采用 CPSX 橡胶态防水涂料附加防水密封处理。

4.5　大面积涂刷第一遍 CPSX 橡胶态防水涂料，厚度不小于 0.5mm。

4.6　铺设抗撕裂布胎基增强层。

4.7　大面积涂刷第二遍 CPSX 橡胶态防水涂料，厚度不小于 1.0mm。

4.8　平均 20mm 厚 1：2 水泥砂浆保护层。

4.9　恢复原屋面钢筋混凝土隔热板。

5. 修缮效果

　　青秀山管委会档案楼屋面防水修缮项目已完工两年，经受住了南宁多场暴雨的考验，未出现任何渗漏现象，获得业主的高度认可（图 9）。

 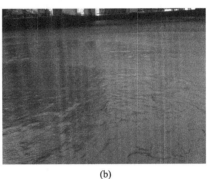

(a)　　　　　　　　　　　　　　　　　　(b)

图 9　完成施工的防水层

二、CPS 现制防水卷材在屋面防水修缮工程中的应用技术

1. 工程概况

　　大同市平城区老旧小区公共服务设施屋面，漏水严重。屋面管根节点、太阳能热水器设备基座等细部节点多，防水密封处理困难，漏水隐患多。楼内职工住户多、屋顶可燃易燃物多。

2. 渗漏原因

2.1　原防水层因老化、温差变化收缩开裂导致渗水（图 10）。

2.2　由于温差变化、水汽融胀、冻融循环等影响，导致卷材防水层与混凝土基面分离，造成防水层窜水，出现防水层破一点漏一片现象，整个防水系统失败（图 11）。

图 10　防水层老化开裂　　　　　　图 11　防水层与混凝土基面分离

2.3　落水口、排气管、管道井、屋面管、设备基座等细部节点处防水层有缺陷导致渗漏（图12、图13）。

图12　细部节点渗漏

图13　细部节点渗漏

3. 治理技术方案

根据现场勘察以及渗漏水分析结果，对大同市平城区老旧小区公共服务设施屋面采用CPS现制防水卷材做防水层，形成一个满粘密封、有弹性的屋面防水构造，从而达到根治渗漏的目的。

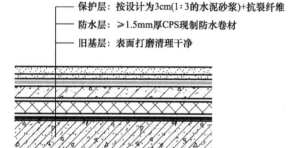

保护层：按设计为3cm(1∶3的水泥砂浆)+抗裂纤维
防水层：≥1.5mm厚CPS现制防水卷材
旧基层：表面打磨清理干净

图14　屋面CPS现制防水卷材防水构造

CPS现制防水卷材屋面防水构造具体做法如图14所示。

4. 施工基本情况

4.1　拆除空鼓破损的原防水层，剔除疏松、起砂的基面，采用1∶2聚合物水泥砂浆修补平整。

4.2　对界面的原有防水层空鼓的部分用CPS现制防水卷材进行修复处理，同时对女儿墙、阴阳角用CPS现制防水卷材做加强层处理。

4.3　排气管、出屋面排气管等细部节点处采用水性橡胶高分子复合防水胶料进行涂刷处理。

4.4　太阳能底座改为水泥砖支墩，支墩前先做好防水层，然后再将防水层与支墩部分做加固连接处理，保证防水效果。

4.5　大面积进行底涂处理，基面清理干净，用高压水枪冲洗湿润，无明水。

4.6　大面积喷涂水性橡胶高分子复合防水胶料，厚度在1.0mm左右，覆盖一层抗裂布，再喷涂上一层水性橡胶高分子复合防水胶料，完成厚度不小于1.5mm。

4.7　用1∶3水泥砂浆（内掺抗裂纤维）浇筑一遍，形成一道厚度为3.0cm的保护层。

5. 修缮效果

大同市平城区老旧小区公共服务设施屋面维修项目已完工半年，目前未出现任何渗漏现象，获得业主的一致认可（图15）。

(a)　　　　　　　　　　　　　　　　　　(b)

图 15　完成施工的防水层

JGB 系列材料在地下室渗漏修缮中的应用技术

中科沃森防水保温技术有限公司　卢长江[1]

1. 工程概况

河北省邯郸市某地产集团开发建设的一个国际小区地下车库，地下一层，建筑面积12000m²，地上有 5 栋 24 层商住楼。交工一年后车库顶板、剪力墙、伸缩缝、底板等部位出现不同程度的洇湿、渗水、漏水等情况，造成地下室地面积水，严重影响住户正常停放车辆和使用，一度引起住户上访和物业纠纷。

2. 渗漏原因分析

2.1 顶板渗漏

地下车库顶板防水施工后，由于小区电力、煤气管线、绿化等配套设施队伍的进入，造成部分防水层破坏；加之混凝土顶板振捣不实出现蜂窝，施工期间过早拆模和堆积荷载，顶板出现很多不规则裂缝。

2.2 剪力墙渗漏

养护不到位出现不规则裂缝；施工缝留置不规范，甚至有很多施工冷缝；出墙管线细部处理不到位，有的未提前预留而是后期剔凿并未安装套管。

2.3 伸缩缝渗漏

止水板拉裂、四周混凝土振捣不实。

2.4 底板渗漏

车库底板裂缝宽度有的达 2～3mm，出现冒水现象，渗漏原因为不均匀沉降和回填土夯填不实导致防水层拉裂、剥落。

2.5 主体施工期间没有控制好商品混凝土工程的施工质量

地下车库混凝土工程、防水工程出现质量缺陷是造成渗漏的主要原因（图1～图4）。

图 1　地下室渗漏

图 2　地下室顶板渗漏

[1][作者简介]　卢长江，男，1970 年 1 月出生，高级工程师，单位地址：北京市海淀区中关村创客小镇。邮政编码：100095。联系电话：18910130001。4001886868。

图 3　地下室顶板渗漏　　　　　　图 4　地下室底板渗漏

3. 治理技术方案

3.1　治理原则

本着"经济实用、安全可靠、背水施工、综合施治"的原则，坚持公司倡导的四个专业——专业的材料、专业的方案、专业的设备、专业的队伍。

3.2　治理方案

在背水面对混凝土结构的裂缝、蜂窝用 JGB-K6 和水泥浆注浆止水，使迎水面沿着裂缝或渗漏部位生成局域止水帷幕并封堵渗漏路径，然后再在背水面涂刷 JGB-26、JGB-30 与水泥的混合液，形成第二道防水屏障（图 5、图 6）。

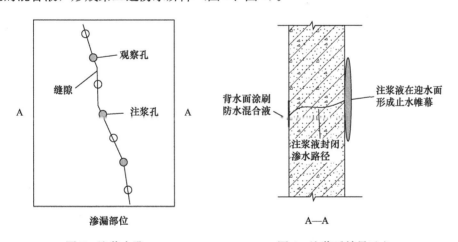

图 5　注浆布孔　　　　　　　　　图 6　注浆后效果示意

4. 施工基本情况

4.1　工艺流程

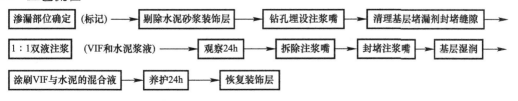

4.2　主要防水材料

（1）JGB-26 多元共聚类橡胶乳液

采用先进聚合工艺聚合而成的一种交联型的柔性防水乳液。

主要特点：

1）与水泥产生化学反应，防水、耐腐蚀、耐酸碱、高韧性。

2）超高韧性材料，对混凝土裂缝具有主动修复功能。

3）优良粘结力和优良的渗透性。

4）瞬间防水。

5）绿色环保，无毒无味，使用方便安全。

（2）JGB-30 高分子聚合物纳米杂化微乳液

以凝胶溶胶法（sol-gel）制备的、以无机硅氧烷交联骨架为主体的有机改性杂化涂层材料。材料为水性不透明乳白色液体。

主要特点：

1）高硬度、高耐水、高耐候性、耐腐蚀、耐酸碱、耐溶剂和油脂性。

2）不含有机溶剂，无毒无害，绿色环保。

3）施工简便灵活，不受外界环境制约。

4）直接喷涂或刷涂于需要防水防潮的物品上，可形成一种高密憎水保护膜，延长物品使用寿命。

（3）JGB-K6 高分子聚合物纳米杂化超级增强剂：采用纳米无机硅、纳米碳和纳米有机硅的三轴健体合成结构的无色透明、高硬度、快速增强凝固的防水液体材料。

主要特点：

1）绿色环保，无污染，无公害。

2）强度高、速凝、粘结强度大。

3）与水泥浆配成加固用注浆液，强度高，粘结力强，永久防水。

4.3　主要设备、机具

双液注浆机、注浆嘴、角磨机、切割机、冲击电锤、便携式气泵等。

4.4　施工基本方法

（1）对所有渗漏部位进行逐一排查，标明渗漏点，制定周密科学的施工方案。

（2）以渗漏部位为中心剔除 200mm 宽的装饰层，露出混凝土基面。

（3）蜂窝、麻面、孔洞部位混凝土剔到密实处，用高一级强度等级的早强混凝土灌实并埋设注浆管。

（4）注浆孔孔距根据渗漏缝隙大小灵活掌握，距离为 200～300mm。注浆孔用直径 14 的钻头打孔，深度为结构厚度的 2/3。注浆孔可骑缝或与裂缝面倾斜 45°角穿过缝隙布设。

（5）注浆嘴埋设牢固、封闭严密。

（6）双液注浆：VIF 涂料和水泥浆液按照体积比为 1∶1 的用量用双液注浆泵注入混凝土缝隙中，凝固时间控制在 1min 左右（图 7、图 8）。

（7）注浆顺序：由低向高施工，观察孔排浆和压力表稳定后转到下一注浆孔，循序进行，直到完毕。

（8）底板渗漏严重部位进行复注一次，以便加强防水效果。

图 7　注浆　　　　　　　　　　　图 8　面层封堵

（9）注浆后必须观察 24h，确保渗漏部位周边混凝土水迹开始干燥，不再出现渗漏方可进行下道工序施工。

（10）表层渗透增强防水层：VIF 涂料与水泥两种材料按照体积比为 1∶1 搅拌均匀，在裂隙结构表面涂刷 2～3 遍，喷雾养护 48h，在渗漏部位表面形成一层附着力极强的弹性防水层。混合液随用随拌，严禁超时使用。

5. 修缮效果

该工程自 2018 年 6 月交工至今，经过两个雨季的考验，未发现任何复渗现象，得到业主高度认可和评价（图 9、图 10）。

图 9　施工前　　　　　　　　　　图 10　施工后

长春某商业金融中心地下工程渗漏水修缮技术

北京东方雨虹防水工程有限公司　王强[1]　许宁

1. 工程概况

长春某商业金融中心，位于长春市人民大街与解放大路交会处。由 A、B、C、D、E、F、G、H 楼座组成。地下室防水等级 1 级，采用结构自防水与外贴防水卷材的设防措施。A 楼座地下室筏板厚度 3m，H 楼座地下室筏板厚度 0.7m，其他各楼座地下室筏板厚度均为 1.5m。筏板结构自防水混凝土抗渗等级 P8，自防水混凝土强度 H 楼为 C30，其他各楼座自防水混凝土强度均为 C40。

该项目地下室存在局部渗漏问题，后浇带、施工缝、穿墙管根、穿墙螺栓、筏板等部位均有不同程度的渗漏。工程技术人员现场踏勘时，正处于冬天，室内地面渗漏水已大面积结冰且厚度较大，渗漏情况如图1～图6所示。

由于严重的渗漏情况，该地下室无法正常使用，急需进行治理，以满足其使用功能的要求。

图1　地面大面积覆冰

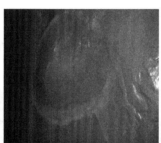

图2　严重渗水处冰面鼓包

图3　侧墙后浇带渗漏严重，有明水流出

图4　侧墙施工缝注浆后仍有明水流出

图5　电梯基坑内外壁渗漏

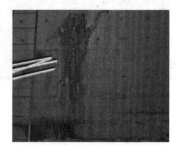

图6　侧墙面渗漏严重

---

[1]［第一作者简介］　王强，男，1984 年 8 月出生，高级工程师，单位地址：北京市朝阳区高碑店北路康家园 4 号楼。邮政编码：100123。联系电话：010-59031961。

2. 渗漏原因分析

该项目地下室渗漏情况较为严重，根据现场踏勘情况，该项目的渗漏原因包括如下几个方面：

2.1 对地下室侧墙的防水混凝土保湿养护不到位，使混凝土墙体产生许多不规则的收缩裂缝，也有局部的混凝土振捣不够密实或施工缝处理不符合规范要求的可能，导致墙体的一些部位形成缝隙而成为渗漏水的通道。

2.2 在外墙迎水面铺设柔性卷材防水层时，由于施工质量问题导致防水层的接缝粘结密封不严或防水层个别部位有破损时，地下水就会通过这些缺陷处渗入到卷材防水层与混凝土外墙之间从而发生窜水，当水流窜入外墙混凝土的裂缝、施工缝以及未有效密封的螺栓孔等薄弱部位时，即可渗漏到室内。

2.3 柔性防水层成品保护不到位，在后续工序（如土方回填）施工过程中对防水层造成损坏，难以查找及修复，对该地下室留下了渗漏隐患。

3. 治理技术方案

3.1 技术方案。

根据现场的实际情况、国家和地方相关标准，本工程渗漏修缮应以背水面治理为主，并遵循"因地制宜、按需选材、安全可靠、综合治理、经济合理"的原则，采用结构注浆、缝隙嵌填、面层防水等措施，堵、防结合，多道复合增强，有效解决渗漏问题。

（1）室外侧墙卷材防水层收头部位缺陷，在施工条件具备时，应按设计要求和规范规定在室外处理。

（2）正在渗漏部位（包括底板、外墙、后浇带、施工缝、穿墙螺栓及穿墙管根等），采用聚氨酯和高渗透改性环氧树脂复合注浆。

（3）有渗漏的施工缝（包括后浇带两侧的接缝）剔凿成深、宽各 10mm 左右 U 形凹槽，采用水泥基渗透结晶型材料进行缝内嵌填和面层涂刷相结合的方法处理，水泥基渗透结晶型材料涂刷宽度不小于 400mm、涂层厚度不小于 1.0mm、材料用量不小于 1.5kg/m²。

（4）穿墙管根部采用刚柔结合措施进行防水密封处理。

（5）底板、侧墙、后浇带及穿墙螺栓等渗漏部位注浆、刚性材料堵漏后，面层分遍涂刷厚度不小于 1.0mm、材料用量不小于 1.5kg/m² 水泥基渗透结晶型防水涂料。

3.2 质量要求。

（1）用于本工程渗漏治理的防水材料及配套材料的品种、规格应符合本方案要求，质量应符合国家相应材料标准，严禁使用假冒伪劣产品。

（2）本工程渗漏治理施工应符合《地下工程防水技术规范》GB 50108—2008、《地下工程渗漏治理技术规程》JGJ/T 212—2010 等相关标准规定和本方案要求，施工中，应加强全过程质量控制，上道工序经检查合格后方可进入下一道工序，通过保证每道工序的质量来保证整体工程质量：

1）化学灌浆应饱满；

2）刚性防水层的基层应坚实、干净、湿润，不得有明水；

3）刚性防水层应分遍涂布与抹压，与基层应粘结密实、牢固，不得存在空鼓、开裂、起砂、起粉现象；防水层厚度和材料用量应符合本方案要求；刚性防水层养护方法和养护时间应符合相关要求。

　　4）渗漏治理部位作业完成后应做好成品保护，后道工序及投入使用中不得损坏防水层。

　　5）治理后的地下室应符合 1 级防水标准要求，不得渗水，结构表面不得有湿渍。

4. 施工基本情况

　　该项目施工时长春气温已经在 0℃ 以下，进入冬期施工，且地下室渗漏水已经结为较厚冰层，加大了施工难度。考虑到现场条件与既定方案，先对地下室进行了破冰施工再进行渗漏治理。

4.1　地下室底板防水维修做法。

　　（1）施工工艺流程。

基层清理 → 剔凿 → 封堵 → 钻孔、注浆 → 注浆针头拆除、封堵 → 防水涂料施工

　　（2）施工方法步骤。

　　采用聚氨酯堵漏灌浆材料、高渗透改性环氧树脂灌浆材料及水泥基渗透结晶型防水涂料的维修方案。其中灌浆料采用灌浆机加压灌注施工，防水涂料采用涂刷法进行施工（图 7）。

　　1）基层清理：清理渗漏区域及周围卫生、明水、杂物。清理的杂物及垃圾随时运出到指定地点，清理范围距施工中心部位 2m 以外。

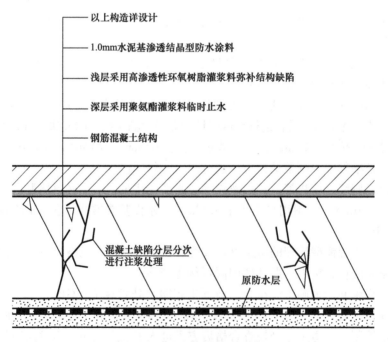

以上构造详设计
1.0mm 水泥基渗透结晶型防水涂料
浅层采用高渗透性环氧树脂灌浆料弥补结构缺陷
深层采用聚氨酯灌浆料临时止水
钢筋混凝土结构

混凝土缺陷分层分次进行注浆处理　　原防水层

图 7　底板防水修缮做法示意图

　　2）剔凿：沿渗漏裂缝两侧各 500mm 位置切缝并剔除保护层，切缝沿裂缝方向延伸，找到混凝土结构裂缝渗漏点；采用电锤沿缝凿除缝间的混凝土，形成 U 形槽，将杂物、碎石、垃圾随时清出。

3）封堵：将刚性防水堵漏材料按比例调配均匀填充到缝内，直至与混凝土结构齐平，封堵密实。

4）钻孔、注浆（图8、图9）：

图8　钻孔作业　　　　　　　　图9　注浆施工

① 注浆孔的位置距缝中心250mm，孔位两侧错开布置，内倾角约45°～60°，安装压环式注浆针头，在结构层裂缝中间注浆，灌注聚氨酯注浆材料。

② 待聚氨酯注浆材料完全固化后，沿裂缝两侧注浆钻孔，注浆孔的位置距缝中心115mm，孔位两侧错开布置，内倾角45°～60°，安装压环式注浆针头，注浆修复，该维修部位灌注高渗透环氧树脂注浆材料。

5）注浆针头拆除、封堵：拆除注浆针头，使用刚性防水堵漏材料封堵孔洞直至与混凝土齐平。

6）防水涂料施工：注浆施工完成后在结构表面涂刷1.0mm水泥基渗透结晶型防水涂料；水泥基渗透结晶防水涂料应在复合注浆完成后沿裂缝走向在两侧各200mm范围内进行涂刷，总厚度为1mm且材料用量不小于1.5kg/m²。

4.2　施工缝（含后浇带两侧施工缝）渗漏防水维修做法（图10）。

（1）施工工艺流程。

剔凿 → 封堵 → 防水涂料施工

（2）施工方法步骤。

此部位采用水泥基渗透结晶型防水涂料及刚性堵漏材料的维修做法。防水涂料采用涂刷法进行施工。

1）剔凿：采用电锤沿施工缝渗漏区域凿除缝间的混凝土，形成U形槽，将杂物、碎石、垃圾随时清出。

2）封堵：将刚性防水堵漏材料按比例调配均匀填充到缝内，直至与混凝土结构齐平，封堵密实。

3）防水涂料施工：注浆施工完成后在结构表面涂刷1.0mm水泥基渗透结晶型防水涂料。

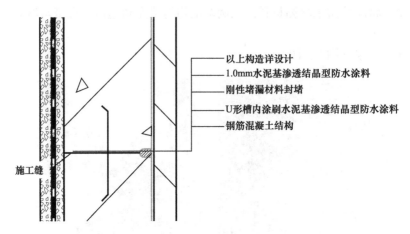

以上构造详设计
1.0mm水泥基渗透结晶型防水涂料
刚性堵漏材料封堵
U形槽内涂刷水泥基渗透结晶型防水涂料
钢筋混凝土结构

施工缝

图10 施工缝渗漏防水维修示意图

注:(1)U形槽深、宽均为10mm;

(2)面层水泥基渗透结晶防水涂料应在U形槽封堵完成后以施工缝为中心在两侧各200mm
范围内进行涂刷,总厚度为1.0mm且材料用量不小于1.5kg/m²。

4.3 侧墙局部渗漏维修做法(图11)。

(1)施工工艺流程。

基层清理 → 剔凿 → 封堵 → 钻孔、注浆 → 注浆针头拆除、封堵 → 防水涂料施工

(2)施工方法步骤。

此部位采用聚氨酯堵漏灌浆材料、高渗透改性环氧树脂灌浆材料及水泥基渗透结晶型
防水涂料的维修做法。其中灌浆料采用灌浆机加压灌注施工,防水涂料采用涂刷法进行
施工。

1)基层清理:清理渗漏区域及周围卫生、明水、杂物;清理的杂物及垃圾随时运出
到指定地点,清理范围距施工中心部位2m以外。

2)剔凿:采用电锤沿渗漏裂缝凿除缝间的混凝土,形成U形槽,将杂物、碎石、垃
圾随时清出。

3)封堵:将刚性防水堵漏材料按比例调配均匀填充到缝内,直至与混凝土结构齐平,
封堵密实。

4)钻孔、注浆:

①注浆孔的位置距缝中心250mm,孔位两侧错开布置,内倾角约45°~60°,安装压
环式注浆针头,在结构层裂缝中间注浆,灌注聚氨酯注浆材料。

②待聚氨酯注浆材料完全固化后,沿裂缝两侧注浆钻孔,注浆孔的位置距缝中心
115mm,孔位两侧错开布置,内倾角约45°~60°,安装压环式注浆针头,注浆修复,该维
修部位灌注高渗透环氧树脂注浆材料。

5)注浆针头拆除、封堵:拆除注浆针头,使用刚性防水堵漏材料封堵孔洞直至与混
凝土齐平。

6)防水涂料施工:注浆施工完成后在结构表面涂刷1.0mm水泥基渗透结晶型防水
涂料。

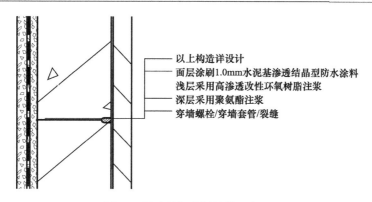

图 11　侧墙局部渗漏维修示意图

注：1.0mm 厚水泥基渗漏结晶型防水涂料且材料用量不小于 1.5kg/m²。

5. 修缮效果

经过精心施工后，解决了地下室渗漏难题，结构表面无湿渍，达到了修缮预期目标，建筑物得以正常使用，为客户挽回了不必要的损失（图 12、图 13）。

图 12　地面无渗漏现象

图 13　地面无潮湿痕迹

DZH 无机盐注浆料在地下工程渗漏修缮中的应用技术

京德益邦（北京）新材料科技有限公司　韩锋[1]

1. 工程概况

1.1　工程名称：京旺家园第一社区地库修缮项目。

1.2　工程类型：地下车库渗漏水注浆堵漏。

1.3　工程地点：崔各庄乡京旺家园二、三区地下车库。

1.4　竣工时间：2019 年 9 月。

1.5　工程规模：30000 余平方米。

1.6　工程用途：地下车库。

1.7　工程结构：剪力墙结构。

1.8　渗漏对工程的影响：由于长期渗漏一直无法投入使用，给居民生活带来不便；渗漏造成地下水锈蚀钢筋，对主体结构造成破坏，直接影响结构寿命。

2. 渗漏原因

本工程为渗漏修缮工程，根据现场实际渗漏情况（图 1），我公司技术人员和其他有关人员到该工程现场实地查看，经分析渗漏原因应属于以下几点。

2.1　地下车库顶板及墙壁漏水原因：外墙原防水层老化和有未知破坏点，雨季绿化种植土层水渗入，属于结构防水失效。

2.2　伸缩缝漏水原因：伸缩缝只是做了普通的缝隙表层填塞，因建筑物沉降变形导致填塞物掉落。只要顶板上方有水蹿入防水层就会形成漏水；地下水位随着雨量增加上升，水会随着伸缩缝原有缝隙渗漏点渗入，形成漏水，属于结构防水失效。

(a)

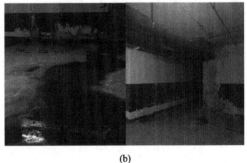
(b)

图 1　现场渗漏照片

---

[1][作者简介]　韩锋，男，1974 年 2 月出生，高级工程师，单位地址：北京经济技术开发区科创五街莫尔空间 2 号楼 1209。邮政编码：100176。联系电话：19920010883。

2.3 其他部位渗漏原因：

(1) 车库地下通道所有穿线管和顶板孔壁之间密封不严漏水；

(2) 预埋电缆管窜水；

(3) 顶板上层回填空间积水进入防水层，形成窜水；

(4) 施工缝渗漏水存在施工缺陷和后期管理缺失的问题；

(5) 排水沟和电缆井防水存在缺陷。

3. 治理技术方案

采用DZH无机盐注浆料＋背覆式再生防水技术进行施工。

4. 施工基本情况

4.1 钻孔取芯勘察。

2019年6月9日下午我公司与物业公司有关人员在地下车库进行了全面会诊并采用钻孔取芯方式进行勘察，确定注浆位置（图2）。

图2 钻孔取芯

4.2 施工技术。

(1) 背覆式再生防水技术。

背覆式再生防水技术：指在建筑物、构筑物结构的背水面采用钻孔的方法，对建筑物、构筑物结构的迎水面实施注浆，使受到破坏失去防水作用的防水层得到修复加固，重新形成封闭的防水层，起到防水止漏的作用。

(2) 背覆式再生防水技术特点。

1) 施工简单、操作方便、工期短、效率高。

2) 防水堵漏效果显著，注浆料一旦注入，在数秒内即可达到防水堵漏的效果。

3) 微创施工，主体结构不受破坏。施工过程中，钻孔直径只有20～50mm，不会影响主体结构的质量。

4）施工后质量稳定，耐久性好。在高压作用下注浆料能够迅速地展开，对防水层进行修复，并能够渗透到结构孔洞裂缝中进行填补修复加固。同时注浆料固化后能够将防水层和结构牢固地粘结成一体，形成一体化防水系统，达到更加稳定长久的防水效果。

4.3　背覆式再生防水技术机理。

在结构的背水面采用深层钻孔高压注浆的方式，在结构的迎水面再造防水层，实施修复加固，注浆料在挤压力作用下会渗透到结构的蜂窝、孔洞、裂缝等处填补修复。挤压力一般都在 1.5MPa 以上，防水混凝土透水压力一般小于 1.2MPa，这样注浆料就会渗透到结构体内形成 1mm 以上的高弹性硅钙镁质凝胶体层，对结构体可起到加固的作用，同时也起到防水的作用。注浆料固化后能够与结构牢固地粘结在一起，这样就形成了结构防水一体化，就能达到更高标准的防水等级，防水构造系统和主体结构更加稳定，抵抗不均匀沉降能力更强，耐久性更好。

4.4　背覆式再生防水技术工艺及流程。

（1）施工流程。

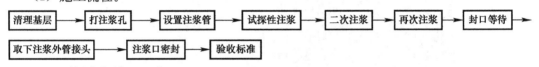

（2）顶板底板施工工艺。

1）清理基层。

建筑结构墙体原有腻子层脱落、起皮、空鼓的清理干净；建筑基础底板泥土须清理干净。

2）打注浆孔。

清理完成打注浆孔。位置设置在漏水点处，如遇钢筋时，应避开钢筋重新打孔。

3）设置注浆管。

注浆孔打好后，设置注浆管，注浆管设置时应注意于结构接口处设置密封膨胀胶圈，以防返浆现象。

4）试探性注浆。

注浆管设置好后先试探注浆。试探性注浆时，设置注浆管要穿过矿物质层，注浆压力达到 1.5MPa 时停止注浆。

5）二次注浆。

在试探性注浆 20min 后进行二次注浆，二次注浆时注意把注浆管调整到结构墙内，注浆浆液出口调整到结构墙外壁处，然后进行注浆，注浆达到预计量时停止注浆。

6）再次注浆。

二次注浆过 10min 后进行再次注浆，再次注浆时应注意，压力表再次升压时，应停止注浆，此时注浆完成。

7）封口等待。

再次注浆完成，停止注浆的同时，注浆技术人员应立即把注浆管的阀门关闭，以防返浆，等待浆液凝固。

8）取下注浆外管接头。

等浆液凝固后，取下注浆外管阀门接头。

9）注浆口密封。

待注浆外管阀门接头取下后，用刚性水不漏进行密封口处理，处理注浆口密封时应本着与结构墙体平整原则，不得出现凹凸不平现象。

10）验收标准。

待 7～15d 后进行验收，结构墙面干燥，不得有渗漏现象。一旦发现渗漏现象应进行查补注浆修复，修复后再进行验收。顶板、底板注浆示意见图 3、图 4。

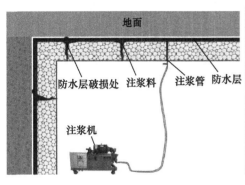

图 3　顶板注浆示意图

图 4　地下室底板注浆示意图

（3）后浇带施工工艺。

1）注浆孔位置设置及深度。

注浆孔应交叉设置在后浇带缝两侧，孔间距离 500～1000mm，钻孔时采用倾斜 40°～60°的角度进行钻孔。钻孔应避开止水带，打到止水带后面。深层注浆技术，注浆孔深度为混凝土结构厚度的 2/3 左右，钻孔应穿过后浇带缝。背覆式再生防水技术注浆孔深度应打穿混凝土结构至防水层、防水保护层。注浆孔位置及深度示意图见图 5。

2）注浆压力控制和注浆料用量。

注浆压力 0.6～3.0MPa，注浆量每孔 2～10kg。

3）注浆后修复。

注浆结束后，将注浆针头（管）拔出，用水不漏或聚合物防水砂浆填实抹平。

（4）孔洞蜂窝渗漏施工工艺。

孔洞蜂窝渗漏宜采用背覆式再生防水

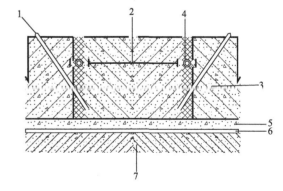

图 5　后浇带注浆孔位置及深度示意图
1—注浆孔；2—后浇带；3—混凝土结构；
4—止水带；5—保护层；6—防水层；7—垫层

技术，用无机盐注浆料进行修缮施工。孔洞直径大于 50mm，透水量大，水压高时应先设置引水卸压管再进行注浆施工。在注浆施工前应先将孔洞蜂窝酥松的混凝土及杂质清理干净，然后才能进行打孔注浆施工。

1）注浆孔位置设置及深度。

注浆孔宜设置在孔洞周边，距孔洞水平距离 100～200mm。钻孔时采用倾斜 40°～60°的角度进行钻孔。钻孔应斜穿过孔洞，深度应打穿混凝土结构至防水层或防水保护层。特殊情况下可以打穿防水层，深度至垫层或地层。注浆孔位置及深度示意图见图 6。

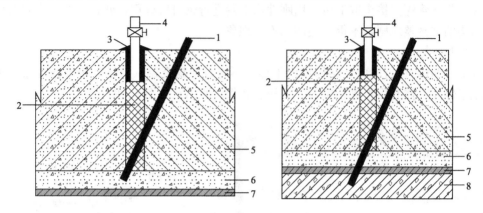

图 6　注浆孔位置及深度示意图

1—注浆孔；2—孔洞蜂窝；3—水不漏；4—引水管；5—混凝土结构；6—保护层；7—防水层；8—垫层

注浆孔也可以设置在孔洞内，钻孔时垂直于结构面进行打孔。钻孔深度应打穿混凝土结构层至防水层或防水保护层。特殊情况下也可以打穿防水层，深度至垫层或地层。注浆孔位置及深度示意图见图 7。

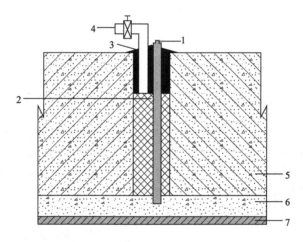

图 7　注浆孔位置及深度示意图

1—注浆孔；2—孔洞蜂窝；3—水不漏；4—引水管；5—混凝土结构；6—保护层；7—防水层

2）注浆压力控制和注浆料用量。

注浆压力 0.6～3.0MPa，注浆量应根据实际情况而定，一般情况下每立方米注浆量 1～2t。

3）注浆后修复。

注浆结束后，应用混凝土将孔洞封堵填实。用聚合物防水砂浆抹面找平。拔出注浆管，用水不漏填实抹平。

5. 修缮效果

施工一个月后车库投入使用，解决了业主停车难的问题，受到一致好评（图 8）。

图 8　修缮效果

（a）施工前 1；（b）施工后 1；（c）施工前 2；（d）施工后 2；（e）施工前 3；（f）施工后 3

赛柏斯（XYPEX）在中国散裂中子源项目渗漏修缮中的应用技术

北京城荣防水材料有限公司　章伟晨[1]

1. 工程概况

中国散裂中子源（CSNS-China Spallation Neutron Source）是我国"十一五"期间重点建设的十二大科学装置之首，是国际前沿的高科技多学科应用的大型研究平台。该项目总投资约 23 亿元，由中国科学院和广东省人民政府共同建设，建成后将成为中国最大的科学装置，在世界上是第三大散裂中子源装置，仅次于美日，是英国散裂中子源功率的 4 倍，构成世界四大脉冲式散裂中子源。

该项目将为我国在物理学、化学、生命科学、材料科学、纳米科学、医药、国防科研和新型核能开发等学科前沿领域的研究提供一个先进、功能强大的科研平台。图 1 为中国散裂中子源直线设备楼。

图 1　中国散裂中子源直线设备楼

2. 渗漏原因分析

中国散裂中子源项目位于广东省东莞市大朗镇，在项目建设过程中，由于早期部分外设卷材防水层失效，地下室出现了比较严重的渗漏现象（图 2、图 3）。考虑到地下部位需

---

[1]［作者简介］　章伟晨，男，1971 年 11 月出生，高级工程师，单位地址：北京市东城区安德路甲 61 号红都商务中心 A500-505。邮政编码：100011。联系电话：010-84124880。

要安装精密的科研设备，且东莞地区雨量大、水位高，所以选择的维修方案必须要能达到"一次施工，永不渗漏"的效果。通过甲方及总包方的慎重考虑和研究，并参考 XYPEX 在日本中子源项目上的成功经验（注：日本的中子源项目成功采用了 XYPEX 防水系统），最终决定使用 XYPEX 对防水系统进行全面治理。

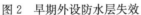

图 2　早期外设防水层失效　　　　　　　图 3　卷材脱落

3. 治理技术方案

3.1　基本方案

整个散裂中子源项目分为三个部分，即 RCS（循环加速器）、RTBT（传输线）和 TS（靶站）。

其中 RCS（循环加速器）和 RTBT（传输线）部分，由于室外还未回填，因此在迎水面进行施工。主要施工过程分为三个步骤：

（1）清理基面：赛柏斯的产品必须直接施工于混凝土基面，因此在施工前必须将混凝土表面的所有附着物清除，包括原始的卷材、胶粘剂和其他杂物等（图4）。

（2）处理隐患部位：对于容易发生渗漏的薄弱部位，如钢筋头、穿墙管、施工缝等使用赛柏斯的产品和工艺进行专项处理。此外，如发现混凝土有缺陷部位，如蜂窝孔洞等也一并处理（图5）。

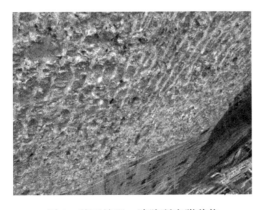

图 4　基面处理，清除所有附着物　　　　图 5　钢筋头、施工缝等隐患部位处理

（3）整体涂刷：所有薄弱节点和缺陷部位处理完成后，对施工区域整体涂刷赛柏斯浓缩剂，并按工艺要求进行养护（图6）。

（4）TS（靶站）部分，由于已经回填且考虑到工程进度，无法进行外防水施工，因此只能从背水面（室内）进行维修，难度相当大（图7）。

（5）在施工过程中，特别对数千个钢筋头和几百米的施工缝等薄弱部位采用了XYPEX的专有工艺进行处理。

图6 整体涂刷赛柏斯　　　　　　　　图7 维修之前靶站的渗漏情况

3.2 渗漏治理主要材料简介

（1）XYPEX（赛柏斯）浓缩剂。

XYPEX（赛柏斯）浓缩剂是由波特兰水泥、硅砂和多种特殊的活性化学物质组成的灰色粉末状无机材料。其工作原理是与水混合均匀涂刷（喷涂、干撒）在混凝土表面，以水为载体，借助渗透作用，在混凝土孔隙及毛细管中传输并与混凝土内部的水泥水化产物进行化学反应，生成不溶于水的结晶体，堵塞混凝土内部孔隙从而达到防水、防潮和保护钢筋的目的。

1）材料特点：

① 能耐受强水压，可承受1.5～1.9MPa。

② 其渗透结晶深度是超凡的。时间越长，结晶增长得越深。日本土木学会进行的试验，时间放置12个月后，测得其深度达300mm。

③ XYPEX（赛柏斯）浓缩剂涂层对于混凝土结构出现的0.4mm宽以下的裂缝遇水后有自我修复的能力，这种能力是永久的。

④ XYPEX（赛柏斯）浓缩剂属无机物，与结构同寿命。

⑤ XYPEX（赛柏斯）浓缩剂施工完养护期后不怕穿刺及磕碰，而且膨胀系数与混凝土基本一致。

⑥ XYPEX（赛柏斯）浓缩剂抗化学侵蚀，抗酸碱，长期接触pH值3～11，间歇接触pH值2～12，还抗辐射。

⑦ XYPEX（赛柏斯）浓缩剂抗氧化、抗碳化、抗氯离子的侵害。

⑧ XYPEX（赛柏斯）浓缩剂可抑制碱-骨料反应（AAR）

⑨ XYPEX（赛柏斯）浓缩剂可抗高低温，在−32～+130℃的持续温度下，在−180～+1530℃的间歇性温度下保持其作用。抗冻融循环300～430次。

⑩ XYPEX（赛柏斯）浓缩剂能有效提高混凝土强度达 20%～29%。

⑪ XYPEX（赛柏斯）浓缩剂可保护钢筋及金属埋件。

⑫ XYPEX（赛柏斯）浓缩剂无毒、无公害。

⑬ XYPEX（赛柏斯）浓缩剂可用在迎水面，也可用在背水面；其应用领域广泛；可在潮湿面上施工，也可和混凝土浇筑同步，故可缩短工期；涂层表面可以接受别的涂层；施工方法简便，混凝土基面上勿须用界面剂、不需找平层、不需搭接，施工后也无需保护层，故省工、省料。

2）水泥基渗透结晶型防水材料性能指标：

赛柏斯浓缩剂主要性能指标见表 1。

赛柏斯浓缩剂（XYPEX CONCENTRATE）主要性能指标表 表 1

检测项目		标准要求	检验结果
抗压强度（MPa，28d）		≥15.0	25
湿基面粘结强度（MPa，28d）		≥1.0	1.2
混凝土抗渗性能	基准混凝土 28d 抗渗压力（MPa）	$0.4^{+0.0}_{-0.1}$	0.3
	带涂层混凝土的抗渗压力（MPa，28d）	—	1.0
	抗渗压力比（带涂层）（%，28d）	≥250	333
	去除涂层混凝土的抗渗压力（MPa，28d）	—	0.8
	抗渗压力比（去涂层）（%，28d）	≥175	267
	带涂层混凝土的第二次抗渗压力（MPa，56d）	≥0.8	1.0

注：赛柏斯浓缩剂符合《水泥基渗透结晶型防水材料》GB 18445—2012。

（2）XYPEX（赛柏斯）堵漏剂。

XYPEX（赛柏斯）堵漏剂是专门用于快速堵水的灰色粉状速凝材料。用于快速封堵无渗漏裂缝、有渗漏裂缝（点）及需快速止水的部位。

1）材料特点：

① 速凝型、不收缩，不易老化，抗渗压力高。

② 可长期耐受强水压，防水性能不衰减。

③ 快速止水，施工简单。

2）无机防水堵漏材料性能指标：

赛柏斯堵漏剂主要性能指标见表 2。

赛柏斯堵漏剂（XYPEX PATCH'N PLUG）主要性能指标 表 2

序号	检测项目		标准要求	检测结果
1	凝结时间	初凝（min）	≤5	2.8
		终凝（min）	≤10	4.2
2	抗压强度（MPa，1h）		≥4.5	6.8
3	抗压强度（MPa，3d）		≥15.0	18.7
4	抗折强度（MPa，1h）		≥1.5	2.3
5	抗折强度（MPa，3d）		≥4.0	4.7
6	试件抗渗压力（MPa，7d）		≥1.5	1.7
7	粘结强度（MPa，7d）		≥0.6	0.7

续表

序号	检测项目	标准要求	检测结果
8	耐热性（100℃，5h）	无开裂、起皮、脱落	无开裂、起皮、脱落
9	冻融循环（－15～＋20℃，20次）	无开裂、起皮、脱落	无开裂、起皮、脱落
10	外观	色泽均匀、无杂质、无结块	色泽均匀、无杂质、无结块

注：赛柏斯堵漏剂符合《无机防水堵漏材料》GB 23440—2009。

4. 施工基本情况

4.1　工具准备

钢丝刷、电动打磨机、高压水枪、电动砂轮、喷雾器具、凿子、锤子、专用尼龙刷、半硬刷、垫块、计量器具、铁抹子、台秤、料桶、搅拌器、抹布、专用喷枪等。

4.2　施工技术

（1）施工工艺流程。

（2）基层处理。

对混凝土浮浆、返碱、尘土、油污等杂物，应通过混凝土表面处理，使混凝土毛细管通畅；对混凝土模板拉紧孔，有缺陷的施工缝、裂缝、穿墙管、埋设件、蜂窝等，必须精心处理并先用防水材料填充，加强密封。

1）混凝土基层表面处理是防水的成败关键。对光滑的混凝土表面，宜用高压射水法、湿法喷砂法、打磨机打磨法、钢丝刷打麻等法将混凝土表面打毛，并用水清洗干净，使混凝土毛细管敞开。对于采用哪一种方法进行处理，应根据现场的实际条件选定。

2）对蜂窝及疏松结构均应凿除，用水冲洗干净，直至见到坚硬的混凝土基层，在潮湿的基层表面涂刷 XYPEX 浓缩剂灰浆，随后用防水砂浆填补压实（图8）。

（3）特殊部位修补加强工艺。

1）修补范围。

修补加强作业是在大面积防水防渗施工前，将结构上的渗漏薄弱环节做修补加强操作。修补加强部位包括：结构表面缺陷（蜂窝麻洞、空鼓等）、裂缝、施工缝，钢筋头、管根，预埋件等一切在结构上容易渗漏的部位。

2）修补材料选择及基本操作。

修补加强操作主要使用 XYPEX（赛柏斯）浓缩剂，堵漏剂。

① 浓缩剂首先作为修补涂层使用，以便加强催化剂渗透能力以及加强修补部位的粘结力（涂刷操作参照 XYPEX 浓缩剂、增效剂使用说明）。

② 需修补加强部位没有明水渗出时，使用浓缩剂半干料团作为修补嵌填材料，浓缩剂半干料团水灰比为6份料：1份水，揉捏料团发热后嵌填进修补部位。

③ 需修补加强部位有明水渗出时，使用堵漏剂料团作为修补嵌填材料，堵漏剂料团水灰比为3.5份料：1份水，揉捏料团发热嵌填进修补部位，堵漏剂属于快干性材料，调制料后需在1～2min内使用完毕。

④ 需修补加强部位有高压水流出时，需用塑料管导流分压后，先用堵漏剂填补导流管周围，待导流管周围嵌填密实后，将导流管拔出，使用堵漏剂将导流洞填塞紧密。

⑤ 以上嵌填料团前，均需在修补处涂刷浓缩剂灰浆；修补完毕后，再在修补处涂刷一遍浓缩剂灰浆。

3）具体部位修补加强说明。

① 对蜂窝结构及疏松结构均应凿除，将所有松动的杂物用水冲掉，直至见到坚硬的混凝土基层，并在潮湿的基层上涂刷一层 XYPEX 浓缩剂涂层，随后用砂浆填补并捣固密实。（具体操作见图 8）。

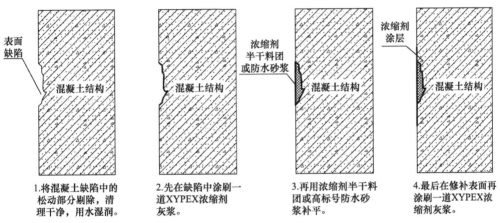

图 8　混凝土结构缺陷修补处理

② 对于水平施工缝、裂缝等薄弱处均凿成 20mm×20mm 的 U 形槽，槽内必须用水刷洗干净，并除去所有表面明水，再涂 XYPEX 浓缩剂到 U 形槽内，待初凝后，用 XYPEX 浓缩剂半干粉团（浓缩剂粉：水＝6：1 调成）填进缝内压实，使用手或锤捣固压实在 U 形槽内，再用浓缩剂灰浆在接缝两边处抹平，以起到牢固粘结和封闭作用（图 9）。

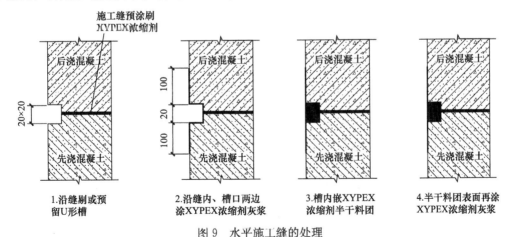

图 9　水平施工缝的处理

—— XYPEX 浓缩剂、增效剂涂层；■ XYPEX 浓缩剂半干料团

③ 对结构钢筋头，先将钢筋头割除，低于结构层（固定模板用螺栓、废钢筋头等均应从根部削除并剔割凹进到混凝土里面不少于 20mm），再用浓缩剂半干料团补平后，外涂 XYPEX 浓缩剂灰浆（图 10）。

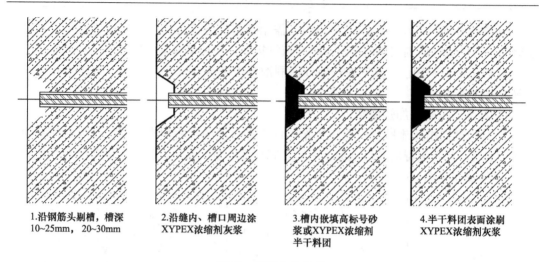

1.沿钢筋头剔槽，槽深　　2.沿缝内、槽口周边涂　　3.槽内嵌填高标号砂　　4.半干料团表面涂刷
10~25mm，20~30mm　　XYPEX浓缩剂灰浆　　　浆或XYPEX浓缩剂　　XYPEX浓缩剂灰浆
　　　　　　　　　　　　　　　　　　　　　　半干料团

图 10　钢筋头的处理

　　④ 对大于 0.4mm 的结构裂缝的修补，沿着结构裂缝进行开 U 形槽维修，槽宽
25mm、槽深 30mm，并沿槽的两侧外壁向外延伸 100mm 进行拉毛处理。将开出的槽冲洗
干净，不能有浮渣及灰尘，将槽内及外侧拉毛的部位充分润湿，但不能有明水，在槽内涂
刷 XYPEX 浓缩剂灰浆，再用 XYPEX 浓缩剂半干料团嵌入槽内并进行夯实，厚度约
10mm，再在上面嵌入 XYPEX 堵漏剂半干料团，外涂 XYPEX 浓缩剂灰浆（包含外侧拉
毛部位）（图 11）。

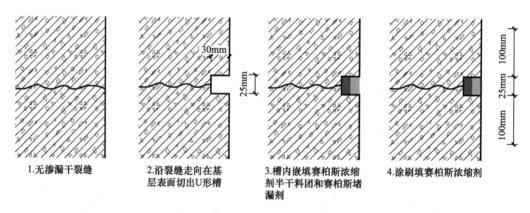

1.无渗漏干裂缝　　2.沿裂缝走向在基　　3.槽内嵌填赛柏斯浓缩　　4.涂刷填赛柏斯浓缩剂
　　　　　　　　层表面切出U形槽　　剂半干料团和赛柏斯堵
　　　　　　　　　　　　　　　　　漏剂

图 11　无渗漏裂缝的处理

　　⑤ 渗漏裂缝的治理，沿着结构裂缝进行开 U 形槽维修，槽宽 25mm、槽深 30mm，
并沿槽的两侧外壁向外延伸 100mm 进行拉毛处理。将开出的槽冲洗干净，不能有浮渣
及灰尘，先使用 XYPEX 堵漏剂半干料团止水，确认无渗漏后，再嵌入 XYPEX 浓缩剂
半干料团和 XYPEX 堵漏剂半干料团，外涂 XYPEX 浓缩剂灰浆（包含外侧拉毛部位）
（图 12）。

　　⑥ 阴角部位的处理，在阴角部位剔 U 形槽（图 13），槽口各向外延伸 100mm 进行拉
毛处理。将开出的槽冲洗干净，不能有浮渣及灰尘，将槽内及外侧拉毛的部位充分润湿，
但不能有明水，在槽内涂刷 XYPEX 浓缩剂灰浆，再用 XYPEX 堵漏剂半干料团嵌入槽内
填平，上述工序需手工完成，外涂 XYPEX 浓缩剂灰浆（包含外侧拉毛部位）（图 13）。

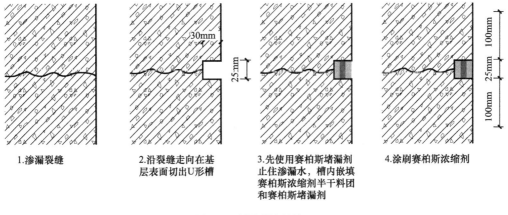

1.渗漏裂缝　　　　2.沿裂缝走向在基　　3.先使用赛柏斯堵漏剂　　4.涂刷赛柏斯浓缩剂
　　　　　　　　　　层表面切出U形槽　　　止住渗漏水，槽内嵌填
　　　　　　　　　　　　　　　　　　　　　赛柏斯浓缩剂半干料团
　　　　　　　　　　　　　　　　　　　　　和赛柏斯堵漏剂

图 12　渗漏裂缝的处理

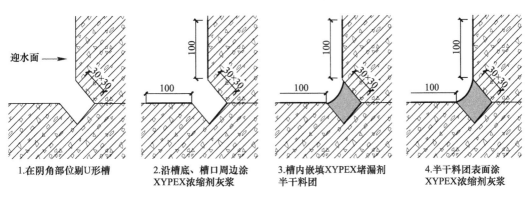

1.在阴角部位剔U形槽　　2.沿槽底、槽口周边涂　　3.槽内嵌填XYPEX堵漏剂　　4.半干料团表面涂
　　　　　　　　　　　　　XYPEX浓缩剂灰浆　　　　半干料团　　　　　　　　XYPEX浓缩剂灰浆

图 13　阴角部位的处理

　　⑦ 对于穿墙管根等薄弱处，凿成 30mm×30mm 的 U 形槽并将管根处完全暴露出来，槽内必须用水刷洗干净，并除去所有表面明水，再涂 XYPEX 浓缩剂到 U 形槽底，待初凝后，用 XYPEX 堵漏剂半干料团（堵漏剂粉·水－3.5∶1 调成）嵌填进槽内压实（图 14）。

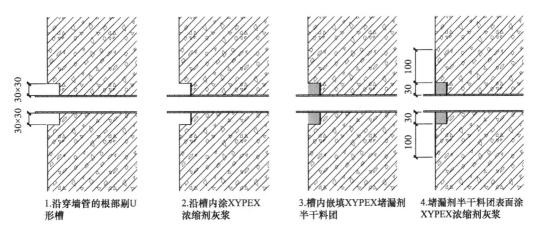

1.沿穿墙管的根部剔U　　2.沿槽内涂XYPEX　　　3.槽内嵌填XYPEX堵漏剂　　4.堵漏剂半干料团表面涂
　形槽　　　　　　　　　　浓缩剂灰浆　　　　　　半干料团　　　　　　　　XYPEX浓缩剂灰浆

图 14　管根部位的处理

4）涂刷施工。

① 基面润湿（图 15）。

用水充分湿润处理过的待施工基面，一般需浸润 4～12h，使混凝土结构得到充分的润湿、润透，但不要有明水。

② 制浆（图 16）。

a. XYPEX 浓缩剂一般情况下每遍按 0.5～0.75kg/m²，涂刷 2～3 遍，达到总用量 1.5kg/m²。

b. XYPEX 粉料与干净的水调和（水内要求无盐、无有害成分），混合时可用手电钻装上有叶片的搅拌棒或戴上胶皮手套，用手及抹子来搅拌。

c. XYPEX 粉料与水的调和按体积比：刷涂时用 5 份料 2 份水调和；喷涂时 5 份料 3 份水。

d. XYPEX 灰浆的调制：将计量过的粉料与水倒入容器内，用搅拌器充分搅拌 3～5min，使料混合均匀；一次调的料不宜过多，要在 20min 内用完，混合物变稠时要频繁搅动，中间不能加水加料。

③ 涂刷（图 17）。

a. XYPEX 涂刷时需用半硬的尼龙刷或喷枪，不宜用抹子、滚筒油漆刷。

b. 涂刷时应注意来回用点力，以保证凹凸处都能涂上。

c. XYPEX 涂层要求均匀，各处都要涂到。不宜过薄和过厚，过薄则催化剂用量不足，过厚养护困难；因此一定要保证控制在单位用量之内。

d. 当需涂第二层（XYPEX 浓缩剂或增效剂）时，一定要等第一层初凝后仍呈潮湿状态时（即 24h 内，主要根据工地现场情况而定）进行，如太干则应先喷洒些雾水后再进行第二层的涂刷。

e. 热天露天施工时，建议在早晚进行施工，防止 XYPEX 过快干燥影响渗透；阳光过足时应进行遮挡处理。

f. 施工时必须注意将 XYPEX 涂匀，阳角及凸处要刷到，阴角处需开槽处理，参考图 13 操作。

④ 养护（图 18）。

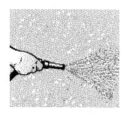

图 15　基面润湿　　　图 16　制浆　　　图 17　涂刷　　　图 18　养护

a. 养护很重要，千万不要忽视，以免影响施工质量。

b. 在养护过程中必须用净水，必须在终凝后 3～4h 或根据现场的湿度而定. 使用喷雾式洒水养护，一定要避免大水冲，以免破坏涂层。一般每天需喷雾状水 4 次，连续 2～3d。在热天或干燥天气要多喷几次，防止涂层过早干燥。

c. 在养护过程中，必须在施工后 48h 内防避雨淋、霜冻、日晒、沙尘暴、污水及 4℃

以下的低温，在空气流通很差的情况下，需用风扇或鼓风机帮助养护。露天施工用湿草垫覆盖好（需 24h 后方可覆盖），如果使用塑料薄膜作为保护层，必须注意架空，以保证涂层的"呼吸"及通风。

d. 对盛装液体的混凝土结构必须经 3d 的养护之后，再放置 12～21d 才能灌进液体。对盛装特别热或腐蚀性液体的混凝土结构，需放 18～21d（或 28d）才能灌盛。

e. 如需回填土施工时，在 XYPEX 施工 36h 后可回填湿土，7d 以后方可回填干土，以防止其向 XYPEX 涂层吸水（如工程紧迫，需提前回填干土，可在干土中洒水）。

f. 养护期间不得有任何磕碰现象。

5）地下室维修后完全解决了渗漏问题（图 19、图 20）。

图 19　维修之后的靶站地下室　　　　图 20　防水验收时的靶站地下室

5. 修缮效果

XYPEX 施工开始于 2014 年 7 月，共使用 XYPEX 系列材料超过 40t，顺利通过验收。在经过两个雨季、台风等恶劣天气的考验后，2016 年 5 月 12 日，XYPEX 全球技术总监 David Lynch 先生对项目进行了回访，和业主、总包、监理单位等相关负责人一起仔细勘察了施工部位（图 21、图 22）。

图 21　回访时拍摄的地下室现场　　　　图 22　赛柏斯工程技术人员

项目部对工程的评价："现场勘察表明 XYPEX 防水系统效果良好，施工部位没有渗漏现象，完全满足设计要求，地下室中的仪器设备等已安装到位。"在交流座谈中，业主单位、总包方、监理方均对 XYPEX 产品的优异表现感到满意，对严格的工艺管理表示赞赏，并就 XYPEX 对中国散裂中子源项目所做出的贡献表示感谢！

如今的中国散裂中子源，终于达到了"一次施工，永不渗漏"的要求了。赛柏斯作为全球渗透结晶材料的领导性品牌，其优异的品质和性能在此项目中再一次得到了验证（图23、图 24）。2017 年 9 月 1 日，中国散裂中子源投入试运行并取得了圆满成功，这是中国科学发展的又一个里程碑。由衷地为中国的科技进步感到骄傲，也为赛柏斯所做出的贡献而自豪！

图 23　今天的散裂中子源装置

图 24　今天的散裂中子源装置

（ZJYCPS）强力密封反应粘防水卷材在房屋渗漏工程修缮中的应用

中建友（唐山）科技有限公司　武文利[1]　王丹

1. 工程概况

1.1　北京亚宝生物药业有限公司（图1）是一家集药品研发、生产于一体的现代化制药企业，隶属于亚宝药业集团，是工信部认定的中国医药高新技术企业和百强企业。北京亚宝生物药业是集团八大生产基地之一，位于北京经济技术开发区，大兴区科创六街与经海二路交汇处。本次北京亚宝生物药业有限公司房屋渗漏修缮包括：国际标准化研发平台实验室创新能力建设 B1 区屋面防水维修、动力车间屋面防水维修、针剂车间屋面防水维修、实验室及办公楼屋面防水维修等。

图 1　北京亚宝生物药业有限公司

1.2　北京亚宝生物药业有限公司的大部分车间属于洁净厂房，实验室的洁净程度要求更高，工程投入使用后不允许有一点渗漏。公司也尝试过用传统防水材料维修，基本上使用一年后屋面又出现渗漏，然后又做局部的漏水处理，还是不能根治渗漏，一旦屋面有渗漏，工程就被迫停止使用，给公司造成了很大损失。屋面在一年前已使用传统防水卷材进

1. ［第一作者简介］武文利，男，1963 年 6 月出生，建筑工程专业高级工程师，河北建筑防水协会沥青分会技术委员会专家委员，现任中建友（唐山）科技有限公司防水技术总工，联系电话：13910922433。

行过大修，今年又出现渗漏（图 2～图 4）。

图 2　渗漏现场　　　　　图 3　渗漏现场　　　　　图 4　渗漏现场

2. 渗漏原因分析

2.1　防水基层存在缺陷。

（1）找平层表面疏松、起砂，用手一搓沙子就会分层浮起；用手击拍，表面水泥胶浆会成片脱落或有起皮、起鼓现象；用木锤敲击，有时还会听到空鼓的哑声。防水层失去了和基层间的约束力，在使用荷载或温度变形的反复作用下，导致防水层开裂，出现渗漏。

（2）基层的阴阳角没有抹圆弧和钝角，卷材铺贴时阴阳角处不服帖、空鼓，在温度变化和荷载作用下，容易发生较大变形导致窜漏水。

（3）屋面防水基层含水量大，环境温度升高后基层内水分蒸发使防水卷材起鼓。

2.2　细部防水构造处理不规范。

（1）女儿墙等出屋面部位的卷材收口未做钉压处理、未涂刷密封材料，出现开裂、脱落、老化、破损等现象形成漏水通道。

（2）伸出屋面管道周边没有嵌填密封材料。

（3）水落口面高于防水层，周围积水；水落口杯与结构层接触处没有用砂浆堵嵌密实，没有做防水附加层，造成雨水在水落口周围漏水。

2.3　卷材防水层施工质量存在缺陷。

（1）热熔法铺贴卷材时，加热温度不均匀，致使卷材与基层之间不能完全密贴。

（2）卷材铺贴时压实不紧，残留的空气未全部排出，形成部分卷材与基层脱落、起鼓，雨水从防水层薄弱部位渗入，出现漏水现象。

传统的 SBS 卷材靠涂盖层的沥青胶与基层热熔粘结，不能保证卷材与基层满粘。自粘改性沥青防水卷材对基层要求比较高，遇水、油和灰尘时，影响使用效果，自粘改性沥青防水卷材与基层粘结只是物理黏附。防水层施工完成后是一个漫长的使用过程，其间，建（构）筑物不可避免地会由于建筑物自重、温度变化、使用过程中各种动荷载、不均匀沉降、建筑物收缩、变形等，破坏了防水层的完整性，出现渗漏通道，传统防水卷材无法达到满粘效果，只要一处破损，在防水层间及基层间的缝隙形成窜漏，防水层失效，且维修找不到漏水点。

2.4　成品保护存在缺陷。

（1）卷材防水层成品保护不到位，施工操作人员未穿平底鞋操作。

（2）卷材施工后，其他专业安装管道、设备，对防水卷材造成破坏，未进行有效修复。

（3）卷材上施工刚性材料保护层时，运输小车（如手推车）直接将砂浆或混凝土材料倾倒在防水卷材上。

2.5 使用中维护管理缺失。

屋面防水在工程交付使用后未加强维护管理，在屋面上任意堆放杂物、乱搭乱盖、增设电视天线、太阳能热水器及广告牌等设施，造成防水层破坏。

3. 治理技术方案

3.1 基本方案。

屋面整体防水修缮，选用能和防水基层实现密封满粘的防水材料 CPS 反应粘卷材作屋面新的防水层。CPS 密封反应粘卷材有强力交叉膜防水及密封层，密封层在混凝土基面干、湿的条件下均能有效粘结不窜水；强力交叉膜防水层，有足够的强度、延伸率、耐高低温性和耐化学腐蚀性，防水层与基层形成牢固的粘结界面，即使防水层局部破损也易修复。

3.2 主要技术要求。

（1）排水坡度技术要求。

根据建筑物的使用功能，在修缮方案设计中应正确处理分水、排水和防水之间的关系。平屋面材料找坡时坡度不小于 2%。天沟、檐沟的纵向坡度不应小于 1%；沟底水落差不得超过 200mm；平屋面应采用结构找坡或材料找坡。水落口杯安装位置应正确，水落口设置的标高应考虑到增加防水附加层和柔性密封层厚度及加大排水坡度等具体情况，水落口杯的标高应比天沟找平层低 50mm，水落口周围直径 500mm 范围内的坡度应大于5%。屋面找平层施工时，应严格按照设计坡度拉线，并在相应位置上设基准点（冲筋）。屋面找平层施工完成后，对屋面坡度、平整度应及时组织验收。必要时可在雨后检查屋面是否积水。

（2）找平层技术要求。

严格控制结构或保温层的标高，确保找平层的厚度符合设计要求。在松散材料保温层上做找平层时，宜选用细石混凝土材料，其厚度一般为 30～35mm，混凝土强度等级应大于 C20。必要时，可在混凝土内配置双向 $\phi 4@200mm$ 的钢丝网片。水泥砂浆找平层宜采用 1：2.5～1：3（水泥：砂）体积配合比，水泥强度等级不低于 42.5 级；不得使用过期和受潮结块的水泥，砂子含泥量不应大于 1%。当采用细砂骨料时，水泥砂浆配合比宜改为 1：2（水泥：砂）。水泥砂浆摊铺前，屋面基层应清扫干净，并允分湿润，但不得有明水现象。摊铺前应用水泥净浆薄薄涂刷一层，确保水泥砂浆与基层粘结良好。水泥净浆宜用机械搅拌，并要严格控制水灰比（一般为 0.60～0.65），砂浆稠度为 70～80mm，搅拌时间不得少于 1.5min。水泥砂浆应做到随拌随用。做好水泥砂浆的摊铺和压实工作。推荐采用木靠尺刮平，木抹子初压，并在初凝收水前再用铁抹子二次压实和收光的操作工艺。

基层表面应坚实、平整、干净、无尖锐突起物（对基层含水率无要求）；阴阳角采用水泥砂浆抹成圆弧形，阴角最小半径 50mm，阳角最小半径 20mm（图 5）。

屋面找平层施工后应及时覆盖浇水养护（宜用薄膜塑料布或草袋），使其表面保持湿润，养护时间宜为 7～10d。也可使用喷养护剂、涂刷冷底子油等方法进行养护，保证砂浆中的水泥能充分水化。

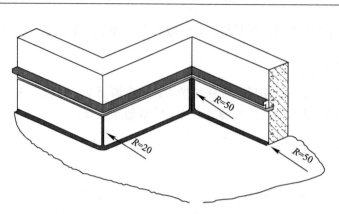

图 5　阴阳角圆弧处理

（3）水落口安装技术要求直式水落口杯，要先安装在模板上，方可浇筑混凝土，沿杯边捣固密实。预制天沟水落口杯安装好后要托好杯管周的底模板，用配合比为 1：2：2 的水泥、砂、细石子混凝土灌筑捣实，沿杯壁与天沟结合处上面留 20mm×20mm 的凹槽并嵌填密封材料，水落口杯顶面不应高于天沟找平层（图 6）。

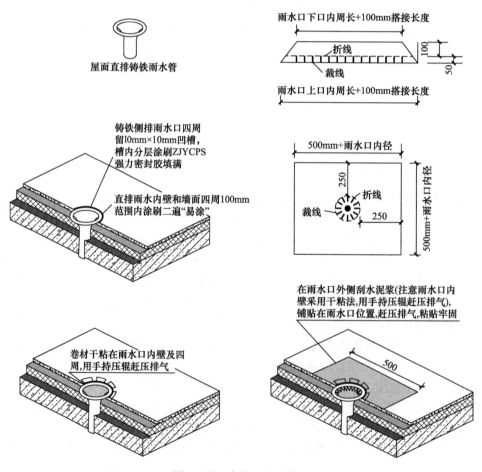

图 6　屋面直排雨水口做法

（4）湿铺防水卷材技术要求。

1）基层不得有明水；

2）卷材铺贴时与基层面应紧密接触，从卷材中间开始向两侧辊压排尽空气，确保粘结牢固。

3）混凝土墙上的卷材收头距屋面找平层不应小于250mm，应采用金属压条钉压，并用密封材料封严（图7）。

4）其他施工操作应符合相关规范规定。

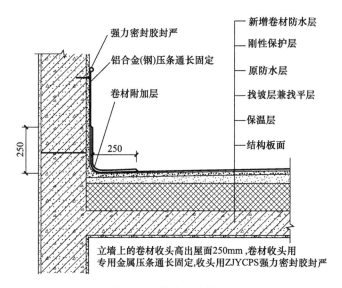

图 7　女儿墙防水构造

（5）排水系统设计安装技术要求。

整体找坡层、保温层应设置纵横贯通的排汽通道，排气孔一般每隔 36mm² 设置一个；防水卷材施工前安装完成（图8）。

（6）成品保护要求。

1）编制施工组织方案，确定合理的施工顺序和施工流程，避免工序倒置，造成不必要的返工，破坏防水层的整体密封性。

2）防水层施工前，出屋面的管道、预埋件等应安装完毕，基面应办理验收、工作面移交手续。

3）施工人员必须穿软底鞋操作，无关人员不准在铺好的防水层上随意行走或踩踏。

4）在卷材防水层上做保护层时，运输材料的手推车必须包裹柔软的橡胶或麻布；在倾倒砂浆或混凝土材料时，其他运输通道上必须铺设木垫板，以防损坏卷材防水层。

3.3　屋面修缮主要材料简介。

（1）ZJY-616（ZJYCPS）强力密封反应粘防水卷材。

ZJY-616（ZJYCPS）强力密封反应粘防水卷材产品结构有两种类型，单面粘和双面粘。它是和水泥具有反应活性的新一代功能环保材料。强力交叉层压膜与智能渗透反应活性粘结技术优势互补，是从"雨衣式防水"向"皮肤式防水"发展的新一代功能型环保材料。它将防水材料技术和施工技术进行了重大的改良，也将中国的防水材料引向了高强度、薄型化、功能化的发展方向。适用于民用建筑屋面及地下防水工程，地铁、隧道、管廊、水池、水渠等市政防水工程。可采用干铺法、湿铺法、预铺法等自粘卷材常用方法进行施工。

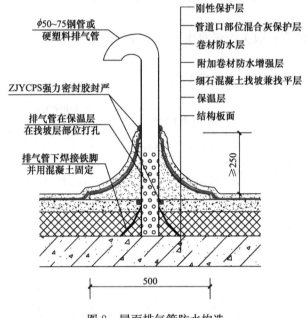

图8 屋面排气管防水构造

1）材料特点。

① 刚柔相济：ZJY-616（ZJYCPS）强力密封反应粘防水卷材-E通过特殊活性成分同混凝土生长为一体，实现真正意义上的"刚柔相济"。

② 皮、肉、骨相连：特殊的界面处理，使得防水层和混凝土结构成为皮、肉、骨相连的一个不可分割的整体，具有极强的撕裂强度和抗撕裂传递性，能够锁定破损点，防止破损扩大，并且能够抵抗线、点受拉带来的破坏，使防水更持久。

③ 安全无忧：服贴性好、细部处理完美，可达到100％满粘效果，既能够适应构造多、不平整的基层，也能通过蠕变吸收基层开裂、裂缝运动产生的应力，使整体防水结构无任何缝隙，杜绝了窜水、渗漏隐患。

2）性能指标。

ZJY-616（ZJYCPS）强力密封反应粘防水卷材执行《湿铺防水卷材》GB/T 35467—2017中E类标准要求（表1）。

ZJY-616（ZJYCPS）强力密封反应粘防水卷材性能指标　　　表1

项目			指标	实测值
拉伸性能	拉力（N/50mm）	纵向	≥200	389
		横向	≥200	357
	最大拉力时延长率（％）	纵向	≥180	341
		横向	≥180	353
	拉伸时现象		胶层与高分子膜或胎基无分离	胶层与高分子膜无分离

续表

项目		指标	实测值
撕裂强度（N）	纵向	≥25	33
	横向	≥25	33
耐热性（70℃，2h）		无流淌、滴落、滑移≤2mm	无流淌，滴落，滑移0.5mm
低温柔性（-20℃）		无裂纹	
不透水性（0.3MPa，120min）		不透水	
卷材与卷材剥离强度（搭接边）（N/mm）	无处理	≥1.0	1.9
	浸水处理	≥0.8	1.7
	热处理	≥0.8	1.6
渗油性（张数）		≤2	1
持黏性（min）		≥30	>60
与水泥砂浆剥离强度（N/mm）	无处理	≥1.5	2.0
	热处理	≥1.0	1.8
与水泥砂浆浸水后剥离强度（N/mm）		≥1.5	2.2
热老化（80℃，168h）	拉力保持率（%）≥ 纵向	≥90	93
	横向	≥90	93
	伸长率保持率（%） 纵向	≥80	94
	横向	≥80	91
低温柔性（-18℃）		无裂纹	
尺寸变化率（%）		±1.5	纵向：0.2；横向：0.3
热稳定性		无起鼓、流淌，高分子膜或胎基边缘卷曲≤边长1/4	

（2）ZJY-838（ZJYCPS）强力密封胶。

可用于防水卷材的收头密封，也可直接在混凝土基层涂刮1~2层防水密封胶，胶层厚度1.5~2mm，固化后即可达到防水效果。作为装饰材料的胶粘剂，在基层表面直接涂抹一层厚度1.5~2mm防水密封胶层，即可粘结各种装饰材料，使防水与粘结一步到位。与基材粘结良好，可用于密封、嵌缝和防水，涂膜可随着缝隙尺寸的变化而伸缩。大风天、雨天等恶劣气候不宜进行户外施工，施工温度以5~35℃为宜。材料特点如下：

① 单一组分，现场即开即用，冷施工，施工方便；

② 拉伸强度大、延伸率高，弹性好，耐高、低温性能好，对基层收缩、开裂、变形的适应性强，尤其适用于各种细部节点密封处理；

③ 粘结力强，能够同各种基面有效粘结，尤其是同水泥基材料的粘结强度最高；

④ 一次厚涂，涂膜密实，无针孔、气泡；

⑤ 化学反应和物理挥发成膜，良好的内聚力，不产生蠕变，耐长期水浸蚀、耐油、耐腐蚀、耐霉变、耐疲劳，耐候性好，使用寿命长；

⑥ 环保型密封材料，无毒、无害、对环境无污染。

3.4 修缮质量要求。

（1）屋面修缮后的防水等级不应低于原设计要求；

（2）修缮选用的防水材料应与原防水层相容、结合严密；

（3）防水层与基层应粘结牢固，接缝严密，无折皱、翘边、空鼓；天沟、檐沟、水落口、伸出屋面管道、屋面水平及垂直出入口等防水层构造合理，技术措施可行，封固严密，无翘边、空鼓、折皱；

（4）屋面基层及泛水处裂缝应用密封材料嵌缝封严，并做好增强处理；

（5）卷材的铺贴应顺屋面流水方向，卷材的搭接顺序应符合规范要求，卷材收头应采取固定措施并封严；

（6）屋面防水层修缮完成后应平整，排水畅通，不得积水、渗漏；

（7）防水保护层应与屋面原保护层一致，表面平整。

4. 施工基本情况

4.1　施工前准备。

（1）技术准备。

强力密封反应粘湿铺法施工，是采用 CPS 反应粘卷材与基层间用水泥凝胶（素水泥浆）粘结的施工方法，形成反应密封层，杜绝了窜水现象发生。

（2）材料准备。

1）根据设计要求选择 ZJYCPS 强力密封反应粘防水卷材（单面粘、和双面粘）。

2）42.5 号硅酸盐水泥、普通硅酸盐水泥，根据施工环境不同选择初凝和终凝时间（普通硅酸盐水泥初凝不小于 45min，终凝不大于 600min，硅酸盐水泥终凝时间不大于390min）。

3）防水卷材收头部位配套密封胶。

（3）施工机具准备。

1）清理用具：冲洗水管、小平铲、钢丝刷、笤帚、锤子等。

2）操作工具：胶皮水管、喷壶、配料桶、电动搅拌器、铁抹子、锤子、塑料刮板、毛刷、剪刀或裁纸刀、钢卷尺、皮卷尺、钢丁字尺、铁压辊、手持橡胶压辊、热风枪或喷枪、划（放）线用品、遮阳布等。

3）防护工具：工作服、安全帽、橡胶手套、平底橡胶鞋、安全带等。

4.2　作业条件。

（1）湿铺反应粘卷材严禁在雨、雪天施工，五级风及其以上时不得施工，环境温度不宜低于5℃。

（2）出屋面的管道、预埋件等已安装完毕，反应粘卷材施工前，应进行隐蔽工程检查验收。

（3）基层表面应平整、牢固，不得有空鼓、开裂、起砂、脱皮等缺陷。

4.3　施工工艺。

（1）工艺流程。

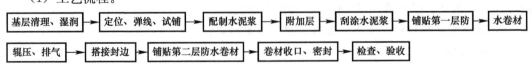

（2）基层清理。

清除基层表面的杂物，将基层表面突起物剔除。根据环境温度，提前1～12h洒水充分湿润基层，铺贴卷材时，表面不得有明水。常温下，浇水 20min 后仍没粘贴卷材，再次施工卷材，要重新浇水。

（3）定位、弹线、试铺。

确定铺设方向：视屋面坡度而定，屋面坡度大于 25% 时，卷材应采取满粘和钉压固定措施；屋面坡度小于 15% 时，卷材宜平行于屋脊方向铺贴；上下层卷材不得相互垂直铺贴；垂直于屋脊的搭接缝应顺当地主导风向搭接。平行于屋脊的搭接缝应顺水流方向搭接。在基层上弹好卷材长向铺贴和接头位置的控制线，基准线宽度为卷材宽度减搭接宽度 80mm。按流水方向从低往高进行卷材试铺。

（4）配置水泥素浆。

按 42.5 号普通硅酸盐水泥：水＝2：1（重量比）。先按比例将水倒入原已备好的拌浆桶，再将水泥放入水中，浸透后用电动搅拌机进行搅拌，搅拌时间 5min 左右至水泥素浆均匀。

（5）附加层。

檐沟、天沟与屋面交接处、屋面平面与立面交接处，以及水落口、伸出屋面管道根部等部位，应设置附加层，按规范及设计要求将卷材裁成相应的形状进行铺贴（图9、图10）。

（6）铺贴第一层防水卷材。

第一层防水卷材采用双面粘卷材，基层刮好水泥浆后，将卷材隔离膜从一端揭开长约 500mm 的一段，沿基准线慢慢向前推铺，随铺卷材向后拉隔离膜，使撕去隔离膜的卷材平铺在基层。

1）卷材的铺贴顺序应从阴阳角一端开始，注意与附加层的衔接。

2）卷材的搭接缝留在底板平面，距离立面应不小于 600mm。

3）同一层相邻两幅卷材的横向接缝，应彼此错开 500mm，交接处应交叉搭接。

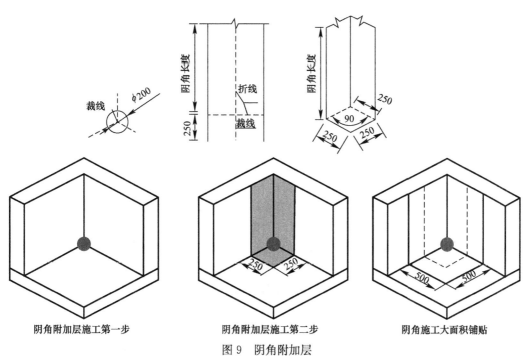

| 阴角附加层施工第一步 | 阴角附加层施工第二步 | 阴角施工大面积铺贴 |

图 9　阴角附加层

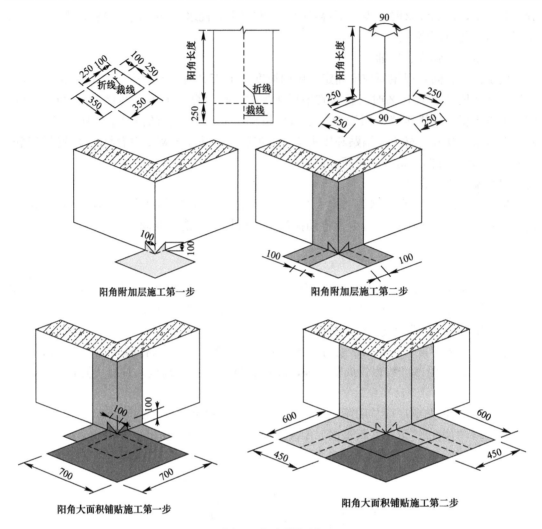

图 10　阳角附加层

4）卷材的长、短边搭接 80mm 宽。

（7）辊压排气。

待卷材铺贴完成后，用软橡胶板或辊筒等从中间向卷材搭接方向另一侧刮压并排出空气，使卷材充分满粘于基面上。

（8）搭接封边。

每幅卷材铺贴完成后，撕去卷材搭接边隔离膜，搭接边粘结采用干粘法施工，用压辊从一端开始辊压卷材，排出搭接部位空气，使搭接缝卷材与卷材粘结牢固。

1）长边搭接：直接将上下卷材搭接处的隔离膜撕开，搭接边刮涂（大面积涂刮水泥素浆时同时施工）水泥素浆胶搭接在一起，辊压排气密封。

2）短边搭接：施工时清理干净搭接边部位的泥浆及灰尘，再揭除上下卷材搭接部位的隔离膜，刮涂水泥浆，辊压排气密封（图 11）。

（9）铺贴第二层防水卷材。

1）第一层防水卷材铺贴完成后，铺贴第二层，施工第二层采用单面粘防水卷材。

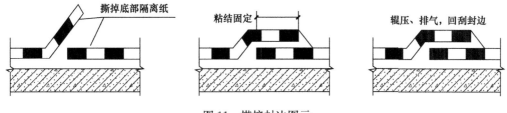

图 11　搭接封边图示

2）以下层卷材搭接缝为基准线，第二层卷材与第一层卷材的长向搭接缝错开 1/3～1/2 幅宽，卷材长短边搭接宽度不小于 80mm，相邻两幅卷材的短向搭接边错开不小于 500mm。

3）第二层防水卷材的辊压排气、搭接封边同第一层卷材施工工艺（图 12）。

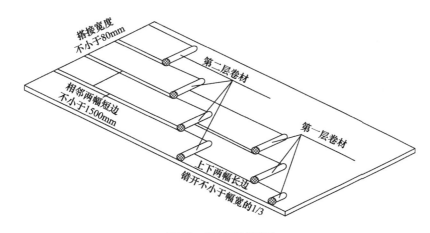

图 12　卷材搭接图示

（10）卷材收口、密封。

屋面卷材收口接缝部位是屋面渗水的主要通道，处理好坏直接影响屋面防水层的连续性和完整性。

卷材收头应采用通长金属压条钉压，收口封边采用抗裂性能好、延伸率大、耐老化的"方雨牌" ZJYCPS 强力密封胶密封。

（11）检查、验收。

检查 ZJYCPS 强力密封反应粘防水卷材粘贴质量方法：从防水层边角剥开，防水层粘结应牢固，有和粘结水泥浆连接在一起的密封层；用壁纸刀从防水层中间划开，从划开部位撕开，防水层交叉层压膜很难撕开，交叉层压膜下有密封胶黏层，达到这种效果防水层粘贴质量是合格的。

检查所有卷材面有无撕裂、刺穿、气泡情况，维修时将缺陷部位清理干净，并严格按缺陷部位尺寸加宽 80mm 后重新再铺贴卷材。

1）卷材防水层的基层应坚实，表面应洁净、平整，不得有空鼓、松动、起砂和脱皮现象。

2）卷材防水层的搭接缝应粘结牢固，密封严密，不得有皱折、翘边和鼓泡等缺陷。防水层的收头应与基层粘结并固定牢固，缝口封严，不得翘边。

3）卷材搭接宽度的允许偏差为±10mm。

5. 修缮效果

5.1　ZJYCPS 强力密封反应粘防水卷材，解决了传统防水层不能与基层形成密封满粘，只要一处破损，在防水层间及基层间形成蹿漏，防水层失效，且维修找不到漏水点的弊病。

5.2　ZJYCPS 强力密封反应粘防水卷材，可以实现多种材质界面粘结密封；在基面潮湿、不平整、传统材料难以施工的情况下，实现粘结牢固的效果。

5.3　ZJYCPS 强力密封反应粘防水卷材，具有超强的抗撕拉性和抗穿刺性，卓越的抗点拉力强度，抗破裂力，防水，抗化学腐蚀，保证了由于结构变形、温度变化，防水卷材在受到剪切力和拉伸的情况下，防水层的完整性和密封性。

　　一个成熟的防水密封系统离不开与主产品配套的各种辅助材料，"方雨牌" ZJYCPS 强力密封胶，专用于反应粘卷材的收头和细部节点密封，解决与金属、塑料等多种材质界面间的有效粘结和密封问题。

　　北京亚宝生物药业有限公司的屋面，使用 ZJYCPS 强力密封反应粘防水卷材和 ZJYCPS 强力密封胶维修后，通过两年的使用，受到公司的好评，彻底解决了公司的屋面年年漏、年年修、越漏越修、越修越漏的问题。

澎内传系列材料在地下工程修缮中的应用技术

北京澎内传国际建材有限公司　高剑秋[1]　张二芹

一、韩美林艺术馆地下室

1. 工程概况

韩美林艺术馆（图1）位于北京市通州区，主体建筑面积近万平方米，于2005年竣工，馆藏绘画、书法、雕塑、民间工艺等作品2000件，另有近3000件作品将在此轮换展出，是我国目前展出作品最多、艺术门类最丰富的个人艺术馆。

在2008年奥运会期间，该馆对外展出许多有较大影响的艺术品，地下室需存放艺术珍品，故对防水要求很高，地下室围护结构防水等级为一级。但该项目地下室多处出现开裂、漏水现象（图2、图3），导致无法存放艺术珍品，最终采用澎内传水泥基渗透结晶型防水材料对地面、墙面进行防水处理，以期达到整体封闭式的结构内防水。

该工程地下室围护结构防水等级为一级，由于原施工单位在施工中的种种原因，导致防水效果很不理想，地下室底板、外墙内侧及所有与底板、外墙相连的内部建筑结构（包括消防水池内侧）处出现开裂、漏水现象（图2、图3）。

图1　韩美林艺术馆

图2　地下水丰富前

图3　混凝土剥落、露筋

2. 治理技术方案

2.1　基本方案

采用澎内传渗透结晶型系列防水材料背水面修缮处理。地下室结构中的蜂窝麻面及疏松部位先剔凿至坚实的混凝土，渗漏水裂缝部位先进行开槽处理，再采用澎内传修补材料PENECRETE MORTAR 澎内传修补砂浆（PNC302）、PENEPLUG 澎内传快速堵漏剂（PNC602）与 PENETRON 澎内传防水涂料（PNC401）进行修补处理；底板、侧墙的背水面直接采用 PENETRON 澎内传防水涂料（PNC401）进行整体防水处理。

[1] [第一作者简介]　高剑秋，男，1963年3月出生，工程师，单位地址：北京市石景山区鲁谷路51号泰禾长安中心A塔801室。邮政编码：100043。联系电话：010-68667672。

2.2　渗漏治理主要材料简介

(1) PENECRETE MORTAR-澎内传修补砂浆 (PNC302)。

1) 材料特点。

该产品为专门用于修补混凝土结构缺陷的粉状材料,用于填充裂缝,覆盖接缝,填补模板拉杆孔、蜂窝麻面、施工缝、后浇带和结构受损剥落等缺陷部位。具有粘结效果好,可用于潮湿基层的特点。

2) 性能指标 (表1)。

符合《无机防水堵漏材料》GB 23440—2009 标准要求。

澎内传修补砂浆 (PNC302) 性能指标　　表1

序号	试验项目		标准要求	实测值
1	凝结时间	初凝 (min)	≥10	68
		终凝 (min)	≤360	84
2	抗压强度 (MPa,3d)		≥13.0	27.5
3	抗折强度 (MPa,3d)		≥3.0	3.6
4	涂层抗渗压力 (MPa,7d)		≥0.4	0.6
5	试件抗渗压力 (MPa,7d)		≥1.5	1.7
6	粘结强度 (MPa,7d)		≥0.6	0.7
7	耐热性 (100℃,5h)		无开裂、起皮、脱落	无开裂、起皮、脱落
8	冻融循环 (−15~+20℃,20次)		无开裂、起皮、脱落	无开裂、起皮、脱落
9	外观		色泽均匀、无杂质、无结块	色泽均匀、无杂质、无结块

(2) PENEPLUG-澎内传快速堵漏剂 (PNC602)。

1) 材料特点。

该产品专门用于快速堵水的粉状速凝材料。用于快速封堵有压力的渗漏点,以及需速凝和早期强度高的部位。PNC602施工简单方便,可以根据渗漏情况对材料凝结时间进行调整;抗渗压力高。

2) 性能指标 (表2)。

符合《无机防水堵漏材料》GB 23440—2009 标准要求。

澎内传快速堵漏剂 (PNC602) 性能指标　　表2

序号	试验项目		标准要求	实测值
1	凝结时间	初凝 (min)	≤5	3.7
		终凝 (min)	≤10	6.4
2	抗压强度 (MPa)	1h	≥4.5	11.5
		3d	≥15.0	26.4
3	抗折强度 (MPa)	1h	≥1.5	3.4
		3d	≥4.0	6.4
4	试件抗渗压力 (MPa,7d)		≥1.5	1.9
6	粘结强度 (MPa,7d)		≥0.6	0.8
7	耐热性 (100℃,5h)		无开裂、起皮、脱落	无开裂、起皮、脱落
8	冻融循环 (−15~+20℃,20次)		无开裂、起皮、脱落	无开裂、起皮、脱落
9	外观		色泽均匀、无杂质、无结块	色泽均匀、无杂质、无结块

（3）PENETRON-澎内传防水涂料（PNC401）。

1）材料特点。

① 无机材料，使用寿命长，防水性能不衰减。

② 具有愈合混凝土结构不大于 0.4mm 裂缝的能力。

③ 施工方便。既可用于混凝土结构迎水面施工，也可用于背水面施工。

④ 无需找平层和保护层。

⑤ 产品无毒、无味。

2）性能指标（表 3）。

符合《水泥基渗透结晶型防水材料》GB 18445—2012 标准要求。

澎内传防水涂料（PNC401）性能指标　　　　表 3

序号	试验项目		标准要求	实测值
1	外观		均匀，无结块	均匀，无结块
2	含水率　≤		1.5	0.4
3	细度，0.63mm 筛余（%）　≤		5	0
4	氯离子含量（%）　≤		0.10	0.009
5	施工性	加水搅拌后	刮涂无障碍	刮涂无障碍
		20min	刮涂无障碍	刮涂无障碍
6	抗折强度（MPa，28d）　≥		2.8	3.1
7	抗压强度（MPa，28d）　≥		15.0	36.1
8	湿基面粘结强度（MPa，28d）　≥		1.0	1.0
9	砂浆抗渗性能	基准砂浆的抗渗压力（MPa，28d）	报告实测值	0.3
		带涂层砂浆的抗渗压力（MPa，28d）	报告实测值	0.9
		抗渗压力比（带涂层）（%，28d）　≥	250	300
		去除涂层砂浆的抗渗压力（MPa，28d）	报告实测值	0.6
		抗渗压力比（去涂层）（%，28d）　≥	175	200
10	混凝土抗渗性能	基准混凝土抗渗压力（MPa，28d）	报告实测值	0.3
		带涂层混凝土的抗渗压力（MPa，28d）	报告实测值	0.9
		抗渗压力比（带涂层）（%，28d）　≥	250	300
		去除涂层混凝土的抗渗压力（MPa，28d）	报告实测值	0.6
		抗渗压力比（去涂层）（%，28d）　≥	175	200
		带涂层混凝土的第二次抗渗压力（MPa，56d）　≥	0.8	1.0

2.3 质量要求

澎内传修补材料 PENECRETE MORTAR-澎内传修补砂浆（PNC302）及 PENE-PLUG 澎内传快速堵漏剂（PNC602）严格按照产品说明书施工，PENETRON 澎内传防水涂料（PNC401）涂层厚薄均匀，不允许有漏涂和露底，用量及厚度符合国家相关标准要求；修补完成后结构达到不允许渗水、结构表面无湿渍的防水等级要求。

3. 施工基本情况

3.1　施工基本程序

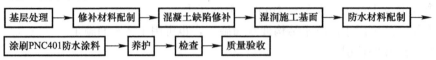

3.2　主要施工工艺

（1）基层处理：

1）对蜂窝及疏松结构均应开凿至坚实的混凝土基层（图4）。

2）施工缝及宽度大于0.4mm的结构裂缝均凿成U形槽，槽宽20mm，深25mm。

3）水压与渗漏量小的裂缝，沿裂缝深度方向开凿成宽40mm、深40～50mm的U形槽；渗漏点剔凿成U形洞。

4）清除混凝土表面的浮浆、灰尘、油污等杂物，打磨混凝土表面，充分暴露毛细孔。

（2）修补材料配制：

1）PENECRETE MORTAR澎内传修补砂浆（PNC302）加水搅拌直至中等硬度，达到可涂抹稠度要求，混合比例约为（体积比）：4.5份粉末：1份水。

2）PENEPLUG澎内传快速堵漏剂（PNC602）标准混合比例1公斤（1公斤＝1kg）澎内传快速堵漏剂（PNC602）混合需约0.25升水，加水后快速拌和，拌合物呈干硬状。

（3）混凝土缺陷修补：

1）对蜂窝及疏松结构的混凝土部位，进行基层处理后用水冲洗干净并充分润湿，涂刷PENETRON澎内传防水涂料（PNC401），再采用PENECRETE MORTAR澎内传修补砂浆（PNC302）分层填充补强，使材料与基面紧密结合；封堵完毕后再涂刷一遍PENETRON澎内传防水涂料（PNC401）。

2）施工缝及宽度大于0.4mm的结构裂缝部位开槽处理后，用水冲洗干净并充分润湿，先涂刷PENETRON澎内传防水涂料（PNC401），并用PENECRETE MORTAR澎内传修补砂浆（PNC302）嵌填U形槽补平压实；封堵完毕后再涂刷一遍PENETRON澎内传防水涂料（PNC401）。

3）漏水部位开凿处理后采用PENEPLUG澎内传快速堵漏剂（PNC602），用力压入渗漏处进行封堵，保持30s直至其凝固；预湿后涂刷PENETRON澎内传防水涂料（PNC401），再用PENECRETE MORTAR澎内传修补砂浆（PNC302）分层填充补强，挤压密实使材料与基面紧密粘结。封堵完毕后再涂刷一遍PENETRON澎内传防水涂料（PNC401）。

4）湿润施工基面：基层应充分湿润，但不得有明水。

5）防水材料配制：将计量好的PENETRON澎内传防水涂料（PNC401）粉料和水倒入混合容器内（5份粉料：3份水，体积比），充分搅拌以保证混合均匀，一次搅拌量不宜过多，以20min内用完为宜。使用过程中应不间断地搅拌，严禁另行加水、加料。

6）涂刷PENETRON澎内传防水涂料（PNC401）：涂刷时需用半硬尼龙刷的专用工具，应来回往返用力涂刷，确保凹凸处都能涂刷均匀（图5）；坑洞沟槽等处要用力涂刷开，不得有积浆，否则在积浆处易开裂；背水面（内防）做法如下：

①地下室底板与侧墙一律涂刷三遍 PENETRON 澎内传防水涂料（PNC401），每遍用量为 0.5～0.7kg/m²，三遍总用量为 1.5kg/m²（不包括修补用量在内）。

②每遍涂刷力求涂刷均匀、薄厚一致。第一遍工序施工时，一定要等混凝土结构初凝（约 4～6h）后但仍为潮湿状态时涂刷，间隔时间不宜超过 24h。若第一遍涂层不是潮湿状态，则需要湿润后，再进行第二遍施工。

7）养护：养护时以保证潮湿为准，一般每天喷雾水 3～4 次。天气炎热或干燥时应多喷几次。养护时间和方法应符合产品说明书要求，养护时间不得小于 72h。

图 4　基层处理

图 5　涂刷 PNC401

3.3　修缮质量内部检验

涂层施工完后，需检查涂层是否均匀，如有不均匀处需进行返工。检查涂层是否有起皮现象，如有，起皮部位需剔除，重新进行基层处理后，再用浓缩剂灰浆涂刷。返工部位施工前均需充分湿润，但不得有明水。

3.4　质量验收

（1）使用的防水材料必须符合设计、技术规范和工程质量验收规范要求，并具有出厂合格证、建材质量监督部门的检测报告及其他证明材料等。

（2）检查混合配料比及涂层施工操作记录，施工操作应符合规定的要求。

（3）按总用量控制法检查，保证单位面积的用量，涂层用量应符合规定要求。

（4）修补堵漏后工程的防水标准应符合相应防水等级的规定。

（5）观察法检查：涂层厚薄均匀，不允许有漏涂和露底，凡不符合要求的应重新修补。

（6）涂层与结构基层粘结牢固，不允许空鼓、起皮、剥落，涂层无裂纹；薄弱部位加强层应与基层粘结牢固、表面平整、涂刷均匀，不得有流淌、皱折、鼓泡，否则需剔除，在符合要求的基层上进行修补。

（7）PENETRON 澎内传防水涂料（PNC401）涂层在施工养护期间不得有砸坏、磕碰等现象，如有，需要进行修补。

4. 修缮效果

澎内传渗透结晶技术已在全球众多重大项目中成功应用。

本项目修缮完毕后，工程无渗漏情况出现，达到一级防水要求。施工效果如图 6、图 7 所示。

本工程修缮，我司从 2007 年 7 月进入施工，至 2007 年 8 月修缮完成，总工期 35d，按照公司制定的修缮方案，圆满完成修缮任务。

地下室渗漏水病害治理施工完成后至今天已 13 年，经多次现场查看封堵情况，观察病害部位，无一渗漏，达到修缮预期要求，业主非常满意。

图 6　维修后室外南侧　　　　　　　　　　图 7　维修后室内情况

二、望海楼地下室

1. 工程概况

望海楼位于北京什刹海风景区后海北岸半岛上，是一座三面环水具有中国古典建筑风格的建筑群（图 8）；望海楼是什刹海一带、更是京城景致的精华所在，坐拥玉泉清流，得天独厚，保存着京城珍贵的人文气息。

该项目天井侧墙施工缝、变形缝、八角楼基础根部均出现渗漏水（图 9）；地下室墙壁有蜂窝麻面等缺陷（图 10）；地下二层电梯井、积水坑、游泳池和机房均有积水，清除积水后发现均有渗漏，严重影响地下室的使用，最终选用澎内传系统进行维修处理。

图 8　望海楼　　　　　　图 9　天井渗漏部位　　　　图 10　地下室墙壁蜂窝麻面

2. 渗漏原因分析

（1）本工程是边施工、边出图、边修改，施工中一再调整设计图纸，使用功能也一再进行调整，造成不能准确依据设计施工，大量返工影响了防水工程质量。

（2）工程所购用的防水材料中，部分材料不符合相关标准规定，给防水工程质量造成重大隐患。

3. 治理技术方案

3.1 基本方案

采用澎内传渗透结晶型系列防水材料背水面修缮处理。

（1）地下室结构中的蜂窝麻面及疏松部位先剔凿至坚实的混凝土，渗漏水裂缝部位先进行开槽处理，再采用 PENECRETE MORTAR 澎内传修补砂浆（PNC302）、PENE-PLUG 澎内传快速堵漏剂（PNC602）与 PENETRON 澎内传防水涂料（PNC401）进行修补处理。

（2）底板、侧墙的背水面直接采用 PENETRON 澎内传防水涂料（PNC401）进行防水处理。

（3）地下室大面积渗漏（空洞直径大于等于 50mm）或者水压较大时，采用 PNC901 注浆止水，止水后在注浆部位及周围涂刷 PENETRON 澎内传防水涂料（PNC401），止水针头拆除后采用 PENECRETE MORTAR 澎内传修补砂浆（PNC302）修复注浆孔。

3.2 渗漏治理主要材料简介

PENECRETE MORTAR 澎内传修补砂浆（PNC302）、PENEPLUG 澎内传快速堵漏剂（PNC602）、PENETRON 澎内传防水涂料（PNC401）简介见本文案例一 3.2 相应内容。PENETRON INJECT 澎内传水泥基注浆料（PNC901），双组分，具有阻断水渗入、整体结晶的防水能力。

（1）材料特点。

能够填充、密封裂缝和孔洞，提高混凝土的强度和耐久性，渗透性能优异，可在潮湿区域使用。

（2）性能指标。

拉伸粘结强度：>2MPa；

抗剪粘结强度：整体破坏；

收缩率：<3%；

适用性：大于 0.1mm 的干燥、潮湿裂缝；

腐蚀：无腐蚀作用。

3.3 质量要求

（1）澎内传修补材料 PENECRETE MORTAR 澎内传修补砂浆（PNC302）及 PENE-PLUG 澎内传快速堵漏剂（PNC602）严格按照产品说明书施工；

（2）PNC401 涂层厚薄均匀，不允许有漏涂和露底，用量及厚度符合国家相关标准要求；

（3）严格控制注浆压力、注浆速度与注浆量，施工工艺按照产品说明书要求操作；

（4）修缮完成后达到结构不允许渗水，结构表面无湿渍的防水标准要求。

4. 施工基本情况

4.1 地下室渗漏水病害治理施工

（1）施工基本程序。

（2）主要施工工艺。

1）基层处理：清除混凝土表面的浮浆、尘土、油污等杂物，要求混凝土基层平整、坚实、粗糙、清洁。

① 用电动角向磨光机打磨全部混凝土基面，去除污渍、脱膜剂、松浮物以及其他外来物质，保证混凝土基面适当粗糙以利于渗透。

② 蜂窝麻面部位、施工缝跑浆、漏振部位剔凿到坚固的混凝土部位。

③ 施工缝及宽度大于 0.4mm 的结构裂缝均凿成 U 形槽，槽宽 20mm，深 25mm，用水冲洗干净并充分润湿。

④ 水压与渗漏量小的裂缝，沿裂缝深度方向开凿成宽 40mm、深 40～50mm 的 U 形槽；渗漏点剔凿成 U 形洞。

⑤ 模板拉筋头切割后应低于墙面 20mm，去除氧化铁及垫块。

⑥ 将池内杂物、垃圾清理干净。

2）修补材料配制：

① PENECRETE MORTAR 澎内传修补砂浆（PNC302）加水搅拌直至中等硬度，达到可涂抹稠度要求，混合比例约为（体积比）：4.5 份粉末：1 份水。

② PENEPLUG 澎内传快速堵漏剂（PNC602）混合比例，1 公斤澎内传快速堵漏剂（PNC602）混合需约 0.25 升水，加水后快速拌和，拌合物呈干硬状。

3）结构缺陷修补：

① 蜂窝及疏松结构处理后用水冲洗干净，并在潮湿的混凝土表面涂刷 PNC401 涂料，再采用 PNC302 修补砂浆分层填充补强，使材料与基面紧密结合，封堵完毕后再涂刷一遍 PENETRON 澎内传防水涂料（PNC401）。

② 潮湿而无明水的施工缝、宽度大于 0.4mm 的结构裂缝及穿墙管部位均凿成 U 形槽后用清水冲洗干净。先涂刷一遍 PENETRON 澎内传防水涂料（PNC401），并采用 PENECRETE MORTAR 澎内传修补砂浆（PNC302）嵌填 U 形槽补平压实（图 11），封堵完毕后再涂刷一遍 PENETRON 澎内传防水涂料（PNC401）。

 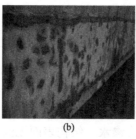 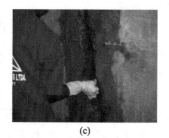

(a) (b) (c)

图 11　施工缝处理措施

(a) 施工缝开槽后涂刷 PNC401；(b) 采用 PNC302 修补；(c) 渗漏处采用 PNC602 封堵

③ 渗漏部位开槽后，用清水冲洗干净，先采用 PENEPLUG 澎内传快速堵漏剂（PNC602）用力压入渗漏处进行封堵，保持 30s 直至其凝固；预湿后涂刷 PENETRON 澎

内传防水涂料（PNC401），再用 PENECRETE MORTAR 澎内传修补砂浆（PNC302）分层填充补强，挤压密实使材料与基面紧密粘结，封堵完毕后再涂刷一遍 PENETRON 澎内传防水涂料（PNC401）。达到不渗不漏后，方可进行大面积防水施工。

④ 湿润施工基面：基层应充分湿润，但不得有明水。

⑤ 防水材料配制：将澎内传防水涂料（PNC401）和水倒入混合容器内（5 份粉料：3 份水，体积比），充分搅拌以保证混合均匀，一次搅拌量不宜过多，以 20min 内用完为宜。使用过程中应不间断地搅拌，严禁另行加水、加料。

⑥ 涂刷澎内传防水涂料（PNC401）：涂刷时需用专用的半硬尼龙刷工具，来回往返用力，确保凹凸处都能涂刷均匀，阳角与凸处涂覆均匀，阴角与凹处不得涂料过厚或沉积，否则影响涂料渗透或造成局部涂层开裂。待第一遍涂层不粘手时，即可进行第二遍涂刷。涂刷或喷涂依据施工现场情况任选一种，施工后涂层厚度必须达到设计或国家相关标准要求（图 12）。背水面（内防）做法如下：

a. 地下室底板、侧墙、电梯井、集水坑、泳池、机房一律涂刷三遍澎内传防水涂料（PNC401），每遍用量为 0.5～0.7kg/m²，三遍总用量为 1.5kg/m²（不包括修补用量在内）。

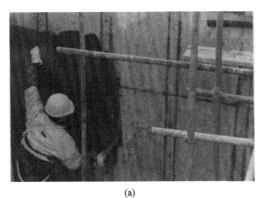
(a)

(b)

图 12 涂刷 PNC401
(a) 墙面涂刷 PNC401；(b) 地面涂刷 PNC401

b. 每遍涂刷力求涂刷均匀、薄厚一致。第一遍工序施工时，一定要等混凝土初凝（约 4～6h）后但仍为潮湿状态时涂刷，间隔时间不宜超过 24h。若第一遍涂层不是潮湿状态，则需要湿润后，再进行第二遍施工。

⑦ 养护：养护时以保证潮湿为准，一般每天喷雾水 3～4 次。天气炎热或干燥时应多喷几次。养护时间和方法应符合产品说明书要求，养护时间不得小于 72h。

（3）修缮质量内部检验

涂层施工完毕后，需检查涂层是否均匀，如有不均匀处需进行返工。检查涂层是否有起皮现象，如有，起皮部位需剔除，重新进行基层处理后，再涂刷澎内传防水涂料（PNC401）。返工部位施工前均需充分湿润，但不得有明水。

（4）质量验收

1）使用的防水材料必须符合设计、技术规范和工程质量验收规范要求，并具有出厂合格证、建材质量监督部门的检测报告及其他证明材料等。

2）检查混合配料比及涂层施工操作记录，施工操作应符合规定的要求。

3）按总用量控制法检查，保证单位面积的用量，涂层用量应符合规定要求。

4）修补堵漏后工程的防水标准应符合相应防水等级的规定。

5）观察法检查：涂层厚薄均匀，不允许有漏涂和露底，凡不符合要求的应重新修补。

6）涂层与结构基层粘结牢固，不允许空鼓、起皮、剥落，涂层无裂纹；薄弱部位加强层应与基层粘结牢固，表面平整、涂刷均匀，不得有流淌、皱折、鼓泡，否则需剔除，在符合要求的基层上进行修补。

7）PENETRON 澎内传防水涂料（PNC401）涂层在施工养护期间不得有砸坏、磕碰等现象，如有，需要进行修补。

4.2 大面积渗漏或水压较大时注浆施工

（1）施工基本程序。

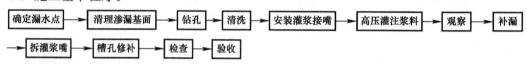

（2）主要施工工艺。

1）找准渗水点，将渗水部位清理干净。

2）用 PENEPLUG 澎内传快速堵漏剂（PNC602）预埋注浆管，间距应根据实际情况而定，一般 0.5～1m。

3）用电动高压注浆泵，将 PENETRON INJECT 澎内传水泥基注浆料（PNC901）从注浆管中注入混凝土空隙缝，直到压不进为止（注入率≤0.011/min）随即关闭阀门，24h后割除（去除）注浆嘴。

4）为达到长期防水目的，止水后在注浆部位及周边 500mm 的范围内涂刷 PENETRON 澎内传防水涂料（PNC401）。

5）注浆完毕及时用溶剂清洗设备与工具。

6）施工现场保持通风，注意防火，严禁火种。

（3）修缮质量内部检验。

注浆材料施工完成后，检查是否有渗漏水现象，若仍有，则需补注浆。

（4）质量验收。

1）材料及配套材料的质量，应符合设计要求，检查出厂合格证、质量检验报告和现场抽样复验报告。

2）检查混合配料比及涂层施工操作记录，施工操作应符合规定的要求。

3）修补堵漏后工程的防水标准应符合相应防水等级的规定。

5. 修缮效果

本工程采用澎内传系统修缮之后防水效果良好，未出现任何渗漏情况，得到业主的认可。施工效果如图 13 所示。

本工程修缮，我司从 2013 年 6 月进入施工，至 2007 年 8 月修缮完成，总工期 55d，按照公司制定的修缮方案，圆满完成修缮任务。

地下室渗漏水病害治理施工完成后至今天已 7 年，经多次现场查看封堵情况，观察病害部位，无一渗漏，达到修缮预期要求，业主非常满意。

(a)

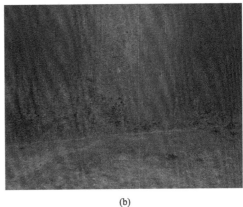
(b)

图 13　地脚修复前后对比

（a）八角楼地脚渗漏部位；（b）八角楼地脚修补后

三、四元桥绿化地配套地下室

1. 工程概况

四元桥是位于北京的道路立交桥，目前为止是除四惠桥外占地面积最大、结构形式最为复杂、桥梁长度最长的大桥。2012 年，北京"7.21"特大暴雨将四元桥基坑周围的护坡冲塌（图 14），泥土将附近正在建设的四元桥绿化地配套地下工程的基础完全掩埋了，此时如果用防水卷材完成剩余的防水工程几乎不可能，因为做卷材防水需要将塌落物清理出来，但实际上无法清理出来。特大暴雨来临后，为保证与在建工程相邻的奔驰 4S 店的围墙不发生倾倒事故，东、南两面基础外墙已用混凝土回填，以保证在建工程和奔驰 4S 店的安全。

经到施工现场实际考察，该地下工程地下室底板、侧墙出现开裂、渗漏水现象（图 15～图 17），工程无法继续采用卷材外防水做法。根据我公司十几年来的施工经验，我们建议使用美国澎内传 401 防水材料在该地下工程建筑物的背水面进行防水施工。

图 14　被水冲塌的护坡

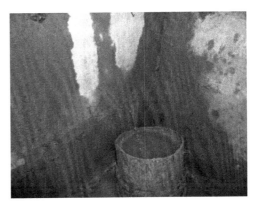
图 15　墙面情况

图 16　地面情况

图 17　墙柱情况

2. 渗漏原因分析

该工程受特大暴雨影响，致使地下室外墙、底板出现开裂，造成渗漏；同时，基坑周围的护坡被雨水冲塌，掩埋了地下室肥槽，使基础不能继续按设计要求采用卷材进行外防水施工。

3. 治理技术方案

3.1　基本方案

（1）PENEPLUG 澎内传系列防水堵漏材料，在该地下工程背水面进行渗漏处理与施做新防水层。

（2）地下室结构中的蜂窝麻面及疏松部位剔凿至坚实的混凝土，渗漏水裂缝部位先进行开槽处理，再采用 PENECRETE MORTAR 澎内传修补砂浆（PNC302）、PENEPLUG 澎内传快速堵漏剂（PNC602）与 PENETRON 澎内传防水涂料（PNC401）进行处理。

（3）底板、侧墙的背水面直接采用 PENETRON 澎内传防水涂料（PNC401）作整体防水层。

3.2　渗漏治理主要材料简介（见本文案例一 3.2 相应内容）

3.3　质量要求

（1）渗漏治理处理质量要求。

澎内传修补材料 PENECRETE MORTAR 澎内传修补砂浆（PNC302）及 PENEPLUG 澎内传快速堵漏剂（PNC602）严格按照产品说明书施工，PNC401 涂层厚薄均匀，不允许有漏涂和漏刷，用量及厚度符合国家相关标准要求；修补完成后达到结构不允许渗水、结构表面无湿渍的防水等级要求。

（2）PENETRON 澎内传防水层质量要求。

1）防水涂层与混凝土结构粘结紧密、牢固，不开裂、不空鼓，涂层厚度不小于 1.0mm。

2）防水涂层养护及时，方法正确。

4. 施工基本情况

4.1　施工基本程序

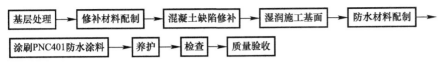

4.2 渗漏治理主要施工工艺

（1）基层处理。

1）清除混凝土表面的浮浆、灰尘、油污等杂物，用电动角向磨光机打磨混凝土表面，充分暴露毛细孔。

2）对蜂窝及疏松结构均应凿除至坚实的混凝土基层。

3）施工缝及宽度大于 0.4mm 的结构裂缝均凿成 U 形槽，槽宽 20mm，深 25mm。

4）水压与渗漏量小的裂缝沿裂缝深度方向开凿成宽 40mm、深 40~50mm 的 U 形槽；渗漏点剔凿成 U 形洞。

（2）修补材料配制

1）PENECRETE MORTAR 澎内传修补砂浆（PNC302）加水搅拌直至中等硬度，达到可涂抹稠度要求，混合比例约为（体积比）：4.5 份粉末：1 份水。

2）PENEPLUG 澎内传快速堵漏剂（PNC602）混合比例 1 公斤澎内传堵漏剂（PNC602）混合需约 0.25 升水，加水后快速拌和，拌合物呈干硬状。

（3）混凝土缺陷修补

1）蜂窝及疏松结构的混凝土进行基层处理后用水冲洗干净并充分润湿，涂刷 PENE-TRON 澎内传防水涂料（PNC401），再采用 PENECRETE MORTAR 澎内传修补砂浆（PNC302）分层填充补强，使材料与基面紧密结合，封堵完毕后再涂刷一遍 PENETRON 澎内传防水涂料（PNC401）。

2）施工缝及宽度大于 0.4mm 的结构裂缝部位开槽处理后用水冲洗干净并充分润湿，先涂刷 PENETRON 澎内传防水涂料（PNC401），并用 PENECRETE MORTAR 澎内传修补砂浆（PNC302）嵌填 U 形槽补平压实，封堵完毕后再涂刷一遍 PENETRON 澎内传防水涂料（PNC401）。

3）漏水部位开凿处理后，先用 PENEPLUG 澎内传快速堵漏剂（PNC602）用力压入渗漏处快速封堵，保持 30s 直至其凝固；预湿后涂刷 PENETRON 澎内传防水涂料（PNC401），再用 PENECRETE MORTAR 澎内传修补砂浆（PNC302）分层填充补强，挤压密实使材料与基面紧密粘结，封堵完毕后再涂刷一遍 PENETRON 澎内传防水涂料（PNC401）。达到不渗不漏效果后，方可进行大面积防水施工。

4.3 防水层施工工艺

（1）湿润施工基面：基层应充分湿润，但不得有明水。

（2）防水材料配制：将计量好的 PENETRON 澎内传防水涂料（PNC401）粉料和水倒入混合容器内（5 份涂料：3 份水，体积比），充分搅拌以保证混合均匀，一次搅拌量不宜过多，以 20min 内用完为宜。使用过程中应不间断地搅拌，严禁另行加水、加料。

（3）涂刷 PENETRON 澎内传防水涂料（PNC401）：涂刷时需用专用半硬的尼龙刷来回往返用力，确保凹凸处都能涂刷均匀；坑洞沟槽等处要用力涂刷开，不得有积浆，否则在积浆处易开裂；背水面（内防）做法如下：

1）底板、侧墙一律涂刷三遍 PENETRON 澎内传防水涂料（PNC401），每遍用量为 $0.5\sim0.7kg/m^2$，三遍总用量为 $1.5kg/m^2$（不包括修补用量在内）。

2）每遍涂刷力求涂刷均匀、薄厚一致。第一遍工序施工时，一定要等混凝土结构初凝（4～6h）后但仍为潮湿状态时涂刷，间隔时间不宜超过 24h。若第一遍涂层不是潮湿状态，则需要湿润后，再进行第二遍施工。

（4）养护：养护时以保证潮湿为准，一般每天喷雾水 3～4 次。天气炎热或干燥时应多喷几次。养护时间和方法应符合产品说明书要求，养护时间不得小于 72h。

4.4 修缮质量内部检验

涂层施工完后，需检查涂层是否均匀，如有不均匀处需进行返工。检查涂层是否有起皮现象，如有，起皮部位需剔除，重新进行基层处理后，再用浓缩剂灰浆涂刷。返工部位施工前均需充分湿润，但不得有明水。

4.5 质量验收

（1）使用的防水材料必须符合设计、技术规范和工程质量验收规范要求，并具有出厂合格证、建材质量监督部门的检测报告及其他证明材料等。

（2）检查混合配料比及涂层施工操作记录，施工操作应符合规定的要求。

（3）按总用量控制法检查，保证单位面积的用量，涂层用量应符合规定要求。

（4）修补堵漏后工程的防水标准应符合相应防水等级的规定。

（5）观察法检查：涂层厚薄均匀，不允许有漏涂和露底，凡不符合要求的应重新修补。

（6）涂层与结构基层粘结牢固，不允许空鼓、起皮、剥落，涂层无裂纹；薄弱部位加强层应与基层粘结牢固，表面平整、涂刷均匀，不得有流淌、皱折、鼓泡，否则需剔除，在符合要求的基层上进行修补。

（7）PENETRON 澎内传防水涂料（PNC401）涂层在施工养护期间不得有砸坏、磕碰等现象，如有，需要进行修补。

5. 修缮效果

本工程防水修缮，我司从 2012 年 10 月进入施工，至 2013 年 6 月修缮完成，总工期 255d，按照公司制定的防水修缮方案，圆满完成了全部防水修缮工程。经受住了北京 2013 年一个雨季和人工闭水 72h 的考验，地下室不渗、不漏（图 18～图 20）。

地下室渗漏水病害治理施工完成后至今已 7 年，经多次现场查看封堵情况，观察病害部位，无一渗漏，达到修缮预期要求，业主非常满意。

图 18 墙面、地面维修后　　图 19 墙柱维修后　　图 20 地下室修缮后

四、砖混结构电力隧道

1. 工程概况

北京市电力隧道，砖混结构，位于北京市灯市口大街天伦王朝饭店北门前。隧道顶板由混凝土浇筑而成，墙体为红砖砌筑，内表面砂浆罩面；其深约为9m，分三层，第一层距地面约4m，这一层的两端用砖砌封闭，电缆与砖墙的交接处有3个漏水点；墙体和顶板上有一道呈n形的裂缝，漏水呈流线状。混凝土顶板和砖墙由两种不同材料组成，如不采取有效堵漏措施，即使一时堵住漏水，在其后长期使用中也会因不同材料的变形差异而前功尽弃；地面有厚1cm左右的污泥，经过考察判断为漏水所致（这些漏水部位经初步查看后，发现均进行过防水堵漏处理）。

此电力井周边有数个污水井，如果任由漏水情况发展下去，很可能污水会将电力井周边的土壤带走，形成塌陷，造成人员、财产的损失；同时污水长时间在电力井内存在，形成的有害气体，直接威胁着电力工作人员的人身安全，为了排除隐患，必须根治漏水（图21、图22）。

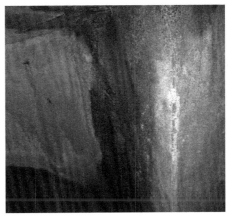

图21　穿墙电缆渗漏情况　　　　　图22　混凝土顶板和砖墙渗漏情况

2. 渗漏原因

电力井结构采用混凝土与红砖两种材料，在其墙面和边角处由于材质不同（其线膨胀系数相差可达10倍），在荷载、温差等作用下，容易形成空隙或开裂，在周围污水的长期浸泡下，砖砌体透水发生后，很容易发生室内渗漏。此外，穿墙电缆与墙体交接处由于两种材质不同形成裂缝造成漏水，以上部位曾经处理过，但渗漏未能根治。

3. 治理技术方案

3.1　基本方案

（1）采用澎内传渗透结晶型系列防水堵漏材料背水面处理。

（2）电力井顶板与砖墙的n形裂缝部位先进行开槽处理，再采用澎内传修补材料 PE-NECRETE MORTAR 澎内传修补砂浆（PNC302）、PENEPLUG 澎内传快速堵漏剂

（PNC602）与 PENETRON 澎内传防水涂料（PNC401）进行处理。

3.2 渗漏治理主要材料简介（见本文案例一 3.2 相应内容）

3.3 质量要求

澎内传修补材料 PENECRETE MORTAR 澎内传修补砂浆（PNC302）、PENEPLUG 澎内传快速堵漏剂（PNC602）严格按照产品说明书施工，PNC401 涂层厚薄均匀，不允许有漏涂和露底，用量及厚度符合国家相关标准要求；修补完成后达到结构不允许渗水，结构表面无湿渍的防水等级要求。

4. 施工基本情况

4.1 施工基本程序

基层处理 → 材料配制 → 渗漏处维修 → 养护 → 检查 → 质量验收

4.2 主要施工工艺

（1）基层处理：

1）清除混凝土表面原有的堵漏材料、浮浆、灰尘、油污等杂物，使裂缝暴露出来。

2）砖墙上的裂缝开凿成宽 100～120mm、深 150～180mm 的凹槽。

3）顶板裂缝开凿成宽 20～30mm、深 30～50mm 的凹槽。

4）沿电缆与墙交接处开凿成宽 20～30mm、深 30～50mm 的凹槽。

（2）修补材料配制：

1）PENECRETE MORTAR 澎内传修补砂浆（PNC302）加水搅拌直至中等硬度，达到可涂抹稠度要求，混合比例（体积比）约为 4.5 份粉末：1 份水。

2）PENEPLUG 澎内传快速堵漏剂（PNC602）混合比例，1kg 澎内传堵漏剂（PNC602）混合需约 0.25 升水，加水后快速拌和，拌合物呈干硬状。

3）PENETRON 澎内传防水涂料（PNC401）粉料与水的混合比例（体积比）为 5 份粉料：3 份水，充分搅拌以保证混合均匀，一次搅拌量不宜过多，以 20min 内用完为宜。使用过程中应不间断的搅拌，严禁另行加水、加料。

（3）渗漏处修补：

1）n 形裂缝维修。

裂缝开槽后用洁净的水冲干净，采用 PENEPLUG 澎内传快速堵漏剂（PNC602）半干料团封堵砖缝。漏水最严重的部位插入导水管引流，用 PENEPLUG 澎内传快速堵漏剂（PNC602）将水管在周边封好，凹槽内均匀涂刷 PENETRON 澎内传防水涂料（PNC401）；待 PENETRON 澎内传防水涂料（PNC401）涂层不沾手时，分层填充 PENECRETE MORTAR 澎内传修补砂浆（PNC302），填充厚度为 20mm 左右；待其强度形成后（约 20min 后），再涂刷一遍 PENETRON 澎内传防水涂料（PNC401）（厚度 1mm）；待其终凝后，用专用胶将澎内传橡胶止水条粘到凹槽中间部位，用 PENECRETE MORTAR 澎内传修补砂浆（PNC302）分层填充凹槽至表面 70mm 处时止；待其强度达到要求后，拔出导流管用 PENEPLUG 澎内传快速堵漏剂（PNC602）迅速堵上，用锤子敲实，止水后，涂刷一遍澎内传防水涂料（PNC401），待其不粘手后，采用 PENECRETE MORTAR 澎内传修补砂浆（PNC302）封平凹槽。封堵完毕后，在封堵部位及其周边 300mm 范围内分多遍涂刷 PENETRON 澎内传防水涂料（PNC401），用量为 1.5kg/m²，厚度不小于 1mm。

2）穿墙电缆处渗漏维修。

电缆与墙交接处开槽后用水清洗干净，采用 PENEPLUG 澎内传快速堵漏剂（PNC602）半干料团封堵漏水点，止水后涂刷 PENETRON 澎内传防水涂料（PNC401），再采用 PENECRETE MORTAR 澎内传修补砂浆（PNC302）分层填充凹槽，使材料与基面紧密粘结。封堵完毕后，在封堵部位及其周边 300mm 范围内分多遍涂刷 PENETRON 澎内传防水涂料（PNC401），用量为 1.5kg/m²，厚度不小于 1mm。

（4）养护：

养护时以保证潮湿为准，一般每天喷雾水 3～4 次。天气炎热或干燥时应多喷几次。养护时间和方法应符合产品说明书要求，养护时间不得小于 72h。

4.3 修缮质量内部检验

涂层施工完后，需检查涂层是否均匀，如有不均匀处需进行返工。检查涂层是否有起皮现象，如有，起皮部位需剔除，重新进行基层处理后，再用浓缩剂灰浆涂刷。返工部位施工前均需充分湿润，但不得有明水。

4.4 质量验收

（1）使用的防水材料必须符合设计、技术规范和工程质量验收规范要求，并具有出厂合格证、建材质量监督部门的检测报告及其他证明材料等。

（2）检查混合配料比及涂层施工操作记录，施工操作应符合规定的要求。

（3）按总用量控制法检查，保证单位面积的用量，涂层用量应符合规定要求。

（4）修补堵漏后工程的防水标准应符合相应防水等级的规定。

（5）观察法检查：涂层厚薄均匀，不允许有漏涂和露底，凡不符合要求的应重新修补。

（6）涂层与结构基层粘结牢固，不允许空鼓、起皮、剥落，涂层无裂纹；薄弱部位加强层应与基层粘结牢固，表面平整、涂刷均匀，不得有流淌、皱折、鼓泡，否则需剔除，在符合要求的基层上进行修补。

（7）PENETRON 澎内传防水涂料（PNC401）涂层在施工养护期间不得有砸坏、磕碰等现象，如有，需要进行修补。

5. 修缮效果

本工程防水修缮，我司从 2012 年 10 月进入施工，至 2012 年 11 月修缮完成，总工期 36d，按照公司制定的防水修缮方案，圆满完成了防水修缮工程。处理过的部位均未再发现渗漏水现象（图 23）。

 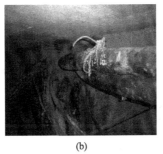 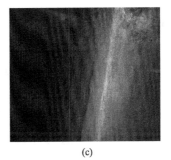

     （a）   （b）   （c）

图 23　维修后

（a）检查井；（b）穿墙电缆部位；（c）混凝土顶板和砖墙部位

渗漏水病害治理施工完成后至今已8年，经多次现场查看封堵情况，观察病害部位，无一渗漏，达到修缮预期要求，业主非常满意。

五、石油化工雨水及污水收集池渗漏修缮技术

1. 工程概况

某石化炼化厂建于海边（图24），油罐区的初期雨水收集池及污水提升池为全埋式钢筋混凝土结构，池内高度5m。其主要用途是收集罐区围堰内的雨水和污水，而后排送到污水处理厂。该水池的防渗处理非常重要，如果有渗漏很难被发现，所收集的污水将会直接污染地下水，甚至可能对周边海域造成污染。池中收集的污水可能含油和其他化学污染物，这些物质会对混凝土产生一定侵蚀破坏，因此池内还需做防腐处理。

该水池在使用中出现渗漏，内部环池壁有30多条不规则贯穿裂缝在渗水（图25），全部在边墙的第一道施工缝以上，高低不一；边墙施工缝下有蜂窝、空洞缺陷（图26），个别螺栓孔有渗漏，其余大部分基面质量较好。

图24　雨水收集池及污水提升池　　　图25　渗漏裂缝　　　图26　蜂窝、空洞部位

2. 渗漏原因分析

（1）该炼化厂所在地区雨水较大，水源丰富，现场查看时水池外部有3m深的积水，存在外部渗漏条件。

（2）池体内部存在30多条不规则贯穿裂缝。

（3）混凝土浇筑振捣不到位，施工缝部位局部存在空洞、蜂窝缺陷。

（4）由于施工质量不佳导致部分螺栓孔渗漏。

3. 治理技术方案

3.1　基本方案

（1）经业主的工程技术人员与设计师共同研究达成共识，认为技术先进、耐久性强、施工简便、满足防腐要求、经济合理、已在全球众多重大项目中成功应用的澎内传渗透结晶系列防水堵漏材料，是本项目渗漏治理最佳的选择。

（2）水池池壁的贯穿裂缝部位先进行开槽处理，再采用澎内传修补材料 PENECRETE MORTAR 澎内传修补砂浆（PNC302）与 PENETRON 澎内传防水涂料（PNC401）进行处理。缺陷修补完成后，水池底板与侧壁均采用 PENETRON 澎内传防水

涂料（PNC401）进行整体防渗防腐处理；水池内壁考虑到未来使用中水位只到 3m，因此涂刷高度为 3.5m。

3.2 渗漏治理主要材料简介（见本文案例一 3.2 相应内容）

3.3 质量要求

澎内传修补材料 PENECRETE MORTAR 澎内传修补砂浆（PNC302）严格按照产品说明书施工，PENETRON 澎内传防水涂料（PNC401）涂层厚薄均匀，不允许有漏涂和露底，用量及厚度符合国家相关标准要求；修补完成后结构达到不允许渗水，结构表面无湿渍的防水等级要求。

4. 施工基本情况

4.1 施工基本程序

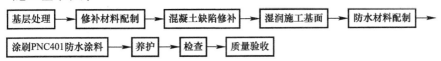

4.2 主要施工工艺

（1）基层处理

1）对蜂窝及疏松结构均应开凿至坚实的混凝土基层。

2）宽度大于 0.4mm 的结构裂缝均凿成 U 形槽，槽宽 20mm，深 25mm。

3）模板拉筋头切割后低于墙面 20mm，去除氧化铁及垫块。

4）清除混凝土表面的浮浆、灰尘、油污等杂物，打磨混凝土表面，充分暴露毛细孔。

（2）修补材料配制

PENECRETE MORTAR 澎内传修补砂浆（PNC302）加水搅拌直至中等硬度，达到可涂抹稠度要求，混合比例（体积比）约为 4.5 份粉末：1 份水。

（3）混凝土缺陷修补

1）混凝土的蜂窝、空洞部位进行基层处理后用水冲洗干净并充分润湿，涂刷 PENETRON 澎内传防水涂料（PNC401），再采用 PENECRETE MORTAR 澎内传修补砂浆（PNC302）分层填充补强，使材料与基面紧密结合；封堵完毕后再涂刷一遍 PENETRON 澎内传防水涂料（PNC401）。

2）宽度大于 0.4mm 的结构裂缝部位开槽（图 27）处理后，用水冲洗干净并充分润湿，先涂刷 PENETRON 澎内传防水涂料（PNC401），并用 PENECRETE MORTAR 澎内传修补砂浆（PNC302）嵌填 U 形槽补平压实（图 28）；封堵完毕后再涂刷一遍 PENETRON 澎内传防水涂料（PNC401）。

3）湿润施工基面：基层应充分湿润，但不得有明水。

4）防水材料配制：将计量好的 PENETRON 澎内传防水涂料（PNC401）粉料和水倒入混合容器内（5 份粉料：3 份水，体积比），充分搅拌以保证混合均匀，一次搅拌量不宜过多，以 20min 内用完为宜。使用过程中应不间断地搅拌，严禁另行加水、加料。

5）涂刷 PENETRON 澎内传防水涂料（PNC401）：涂刷时采用专用半硬的尼龙刷来回往返用力涂刷，确保凹凸处都能涂刷均匀；坑洞沟槽等处要用力涂刷开，不得有积浆，否则在积浆处易开裂。水池大面积整体防渗做法如下：

①水池底板与侧壁一律涂刷三遍 PENETRON 澎内传防水涂料（PNC401）（图 29），每遍用量为 0.5～0.7kg/m²，三遍总用量为 1.5kg/m²（不包括修补用量在内）。

②每遍涂刷力求涂刷均匀、薄厚一致。第一遍工序施工时，一定要等混凝土结构初凝（约 4～6h）后但仍为潮湿状态时涂刷，间隔时间不宜超过 24h。若第一遍涂层不是潮湿状态，则需要湿润后，再进行第二遍施工。

（4）养护：养护时以保证潮湿为准，一般每天喷雾水 3～4 次。天气炎热或干燥时应多喷几次。养护时间和方法应符合产品说明书要求，养护时间不得小于 72h。

图 27　裂缝开槽处理

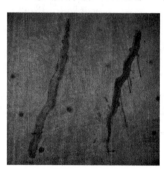
图 28　封堵裂缝、施工

图 29　涂刷 PNC401

4.3　修缮质量内部检验

涂层施工完后，需检查涂层是否均匀，如有不均匀处需进行返工。检查涂层是否有起皮现象，如有，起皮部位需剔除，重新进行基层处理后，再用浓缩剂灰浆涂刷。返工部位施工前均需充分湿润，但不得有明水。

4.4　质量验收

（1）使用的防水材料必须符合设计、技术规范和工程质量验收规范要求，并具有出厂合格证、建材质量监督部门的检测报告及其他证明材料等。

（2）检查混合配料比及涂层施工操作记录，施工操作应符合规定的要求。

（3）按总用量控制法检查，保证单位面积的用量，涂层用量应符合规定要求。

（4）修补堵漏后工程的防水标准应符合相应防水等级的规定。

（5）观察法检查：涂层厚薄均匀，不允许有漏涂和露底，凡不符合要求的应重新修补。

（6）涂层与结构基层粘结牢固，不允许空鼓、起皮、剥落，涂层无裂纹；薄弱部位加强层应与基层粘结牢固，表面平整、涂刷均匀，不得有流淌、皱折、鼓泡，否则需剔除，在符合要求的基层上进行修补。

（7）PENETRON 澎内传防水涂料（PNC401）涂层在施工养护期间不得有砸坏、磕碰等现象，如有，需要进行修补。

5. 修缮效果

本工程防水修缮，我司从 2015 年 4 月进入施工，至 2015 年 6 月修缮完成，总工期50d，按照公司制定的防水修缮方案，圆满完成了防水修缮工程。处理过的部位均未再发现渗漏水现象。

渗漏水病害治理施工完成后至今已 5 年，经多次现场查看封堵情况，观察病害部位，无一渗漏，达到修缮预期要求，业主非常满意。

汕头海湾隧道盾构竖井堵漏和加固技术

南京康泰建筑灌浆科技有限公司 陈森森[1] 王军 李康 刘文

1. 工程概况

汕头海湾隧道盾构竖井，位于汕头市内海湾古盐田的海滩下，地层软硬不均、易坍塌，邻水深基坑施工带压作业、砂土液化、软土震陷，施工难度极大，结构抗震和防水要求高。竖井主体结构为地下四层三跨框架结构，采用大体积钢筋混凝土，围护结构采用旋喷桩加钢筋混凝土地下连续墙结构。围护结构和主体结构都处在古盐田海滩地质下，浸泡在高盐分（5%～10%）的海水地质中，当主体结构出现裂缝渗漏水后，海水会腐蚀结构内钢筋造成锈胀开裂，加剧结构混凝土开裂，影响结构安全。

竖井各部位采用的主要混凝土材料如下：顶板、底板、侧墙采用 C50 防水混凝土；中隔墙、中板采用 C50 混凝土；车道板、中板采用 C50 混凝土；其他内部附属结构采用 C40 混凝土。

盾构结构井顶板、侧墙混凝土抗渗等级为 P10，底板混凝土抗渗等级为 P12。

竖井处在海湾地区，地下水的补给主要为大气降水和海滩垂直渗入补给。此外，松散岩类孔隙水还接受河沟水和古盐田海滩水等地表水的补给；承压含水层以平缓的单斜层为主，接受越流补给。水位随季节有所变化，一般年变幅在 0.5～1m 之间。该层地下水具有承压特点，含水岩组厚度一般为 18～28m，地下水位高出海平面 0.82～1.14m，单井涌水量 508.7～666.1t/d。

总体渗水量大，出现渗漏的部位主要在结构薄弱处和缺陷处，如蜂窝、麻面、空洞，以及各种缝，如施工缝、诱导缝、变形缝、结构不规则裂缝及温度收缩裂缝、海水腐蚀结构钢筋锈胀裂缝、水化热造成的裂缝等，如图1、图2所示。

图 1　施工前渗水情况

图 2　表面不规则裂缝渗漏水

[1][第一作者简介]　陈森森，男，1973 年 5 月出生，高级工程师，单位地址：江苏省南京市栖霞区万达茂中心 C 座。邮政编码：210000。联系电话：13905105067。

2. 渗漏原因分析

2.1　蜂窝、麻面及孔洞引起渗漏

混凝土施工过程中，由于配料比中细料不够，加之振捣不实或漏振、振捣时间不足，造成混凝土离析以及模板接缝处或连接螺栓孔部位漏浆，会带来蜂窝、麻面等缺陷。钢筋密集，混凝土坍落度小、振捣不充分，会造成混凝土结构中存在较大的孔洞，使钢筋局部或全部裸露。

2.2　表观不规则微裂缝引起渗漏

混凝土结构表面的裂缝成因很多，主要有五种：

（1）刚浇筑完成的混凝土结构表面水分蒸发变干较快，未及时养护。

（2）混凝土硬化时水化热使结构产生内外温差。混凝土在硬化过程中，会释放大量的水化热，使结构内部温度不断上升（在大体积混凝土结构中，水化热使温度上升更加明显），在混凝土表面与内部之间形成很大温度差，表层混凝土收缩时受到阻碍，混凝土结构将受拉，一旦超过混凝土结构的应变能力，将产生裂缝。这类裂缝通常不连续，且很少发展到边缘，一般呈对角斜线状，长度不超过 30cm。但较严重时，裂缝之间也会相互贯通。

（3）较深层的混凝土结构，在上层混凝土浇筑的过程中，会在自重作用下不断沉降。当混凝土开始初凝但未终凝前，如果遇到钢筋或者模板的连接螺栓等时，这种沉降受到阻挠会立即产生裂缝。特别是当模板表面不平整，或脱模剂涂刷不均匀时，模板的摩擦力阻止这种沉降，会在结构的垂直表面产生裂缝。

（4）碱-骨料反应也会使混凝土结构产生开裂。由于硅酸盐水泥中含有碱性金属成分（钠和钾），因此，混凝土内孔隙的液体中氢氧根离子的含量较高，这种高碱溶液能和某些骨料中的活性二氧化硅发生反应，生成碱硅胶，碱硅胶吸收水分膨胀后产生的膨胀力会使混凝土结构开裂。

（5）古盐田地质条件下高盐分海水对结构内钢筋的腐蚀，使其锈胀，造成结构开裂。

2.3　变形缝渗漏水

（1）结构沉降或变形不均匀导致内外止水带被撕裂，以及搭接头部位焊接不牢固、施工时遭破坏穿洞、地表的水压力太大超出止水带设计承受的压力等，如遇外防水也存在隐患而失效，就会造成变形缝、伸缩缝漏水。

（2）止水带一侧的混凝土未振捣密实，会在其周围形成渗水通道。

（3）在夏季高温季节或冬季严寒天气浇筑混凝土时，昼夜温差较大或与外界温差大，由于结构收缩而导致诱导缝（变形缝、沉降缝）处止水带一侧出现空隙，从而形成渗水通道，导致诱导缝（变形缝、沉降缝）漏水。

2.4　施工缝（冷缝）渗漏水

结构混凝土浇筑前纵向水平施工缝面上的泥砂清理不干净。纵向水平施工缝凿毛不彻底，积水未排干。施工缝处钢板止水带未居中或接头焊接有缺陷。施工缝混凝土浇筑时漏浆或振捣不密实。现浇衬砌施工缝止水带安装不到位，振捣造成止水带偏移。

2.5　其他部件

设备安装件的管头、钢筋头、拉筋孔等预埋件处防水密封处理不好，也常会导致渗漏。

3. 治理技术方案

按照设计要求，盾构竖井经治理后达到地下工程防水一级标准，混凝土结构不允许渗水，表面无湿渍。

3.1 混凝土表面蜂窝、麻面渗漏水治理

对于混凝土表面蜂窝、麻面处的渗漏水，应先剔除酥松、起壳部分，钻孔泄压排水，再采用抹压抗盐分聚合物水泥防水砂浆的修补工艺。

3.2 主体结构渗漏水处理措施

竖井结构混凝土裂缝比较多，主要是水化热造成的不规则裂缝，考虑到结构的安全性，施工顺序为：

（1）对目测的所有裂缝进行灌注改性环氧结构胶，对破碎严重的结构先进行加固；

（2）对主体结构和围护结构之间灌注水泥类无收缩灌浆材料，对存水空腔进行回填灌浆；

（3）结构深层和水泥灌浆达不到的空隙进行灌注超细水泥基类高强度无收缩灌浆材料；

（4）对注浆过程中发现的严重渗漏或严重不密实的地方，采用深孔注浆，钻孔到结构厚度的 80%～90% 位置，灌注改性环氧结构胶，进一步加强裂缝整治效果；

（5）从地表注浆到围护结构外面，进行帷幕注浆和固结灌浆，增加围护结构外面的围岩结构强度，降低围岩透水率，发挥围护结构隔离海水的作用；

（6）在墙角位置钻孔泄压排水，限量排放；

（7）在结构混凝土表面涂刷高渗透环氧涂料以抵御海水腐蚀，结构裂缝比较严重的部位用碳纤维加固，结构表面其他缺陷选用防水型修补砂浆进行修复和修饰。

主体结构迎水面回填灌浆和固结灌浆、帷幕灌浆采用低压、慢灌、快固化、间隙性控制灌浆 KT-CSS 新工法。

涌过多次多种材料控制灌浆，灌浆饱满度好，并能修复原先已失效的防水层和钻孔对防水层的破坏，相当于再造防水层系统；灌浆固化后的材料相当于埋进了灌浆层内部，修复了防水层破损。

4. 施工基本情况

按照施工方案和工作计划有序进行了施工组织安排，克服现场施工困难，在规定的工期内，完成了裂缝、麻面、施工缝、变形缝渗漏的治理（图3～图5）。

图 3　表面施工中　　　　图 4　施工后整体情况　　　　图 5　施工后表面恢复

5. 修缮效果

通过采用堵漏和加固相结合的新工艺,对结构迎水面采取回填灌浆、帷幕灌浆、固结灌浆,利用低压、慢灌、快速固化、间隙性灌浆新工法,结合抗盐分的配方材料,有效地对古盐田地质条件海湾隧道盾构竖井的渗漏水进行了堵漏和加固治理。

南京长江五桥盾构隧道渗漏水修缮技术

南京康泰建筑灌浆科技有限公司　陈森森　王军　李康　刘文

1. 工程概况

南京长江第五大桥工程在南京长江第三大桥下游约 5 公里（1 公里＝1km）、南京长江大桥上游约 13 公里处。路线起自南京市浦口区五里桥，接拟改建的江北大道，跨越长江主航道后，经梅子洲，下穿夹江南岸，接已建成的江山大街，全长约 10.33 公里，其中，跨长江大桥约 4.4 公里，夹江隧道长约 1.8 公里，其余路段长约 4.1 公里。

本盾构隧道为南京长江第五大桥工程夹江隧道施工项目 A3 标段，位于南京长江第五大桥项目的南端，隧道起自梅子洲规划中新大道（葡园路）西侧桥隧分界点，终点为已建成通车的青奥轴线地下工程（扬子江大道西侧）。主线隧道总长 1754.834m，明挖暗埋段长 395.400m，并于梅子洲及江南各设置工作井 1 座，其中梅子洲工作井长 24.600m，江南工作井长 35.850m。隧道在梅子洲上设置一对进出匝道，其中 A 匝道为江南至梅子洲方向匝道，长 298.114m；B 匝道为梅子洲至江南方向匝道，长 297.411m。

2. 渗漏原因分析

2.1 盾构隧道设计理念

盾构隧道发生渗漏水首要因素是它的多缝特性，而这又与盾构隧道的结构与构造设计相关，拼接缝较其他部位更易产生渗漏水。

盾构管片、拼接缝、相关预留孔、弹性密封垫及内部嵌缝条等组成了区间隧道防水体系，螺栓孔、注浆孔和手孔等也经常出现渗漏水，但前两者发生渗漏水的情况较多。螺栓孔和手孔一般不与管片背后的空腔水直接接触，而是通过拼接缝间接发生渗漏。纵缝和环缝是最容易发生渗漏水的部位，它们直接与管片背后的空腔水联通，水从拼接缝直接渗入或流入（图 1）。

原设计构想中，理想情况下弹性密封垫径向宽度的重叠量为 22～25mm，适当承受环面间张开 4～6mm。当环间错台量达到 4～8mm 或者更大一点，只要管片间密封垫不失效，理论上隧道不会产生渗漏水。但由于整个环面上的密封垫并不是完整的，分别粘贴在十多块尺寸并不一致的管片上，装配后仅环缝单侧整环密封垫就长达十几米，通常情况下拼接缝长度是隧道本身的十几倍、几十倍，且存在许多凹凸组合，加上防水材料不达标、施工条件差，即便错台量＜8mm 甚至更小的情况下也会产生渗漏水。如果隧道椭圆度保持良好，各管片之间对接平整、紧密，不发生较大错位，管片上的弹性密封垫一般情况下都能正常发挥功效，隧道整体防水效果是可以满足设计要求的，但恰恰是因施工质量、地质条件等影响，导致弹性密封垫时常满足不了设计要求，产生渗漏水。

2.2 盾构施工特点

盾构隧道的病害与盾构施工过程、周边地质条件、临近施工等有密切关系，主要体现

在如下几点:

(1) 施工中新产生的不规则裂缝、拼接缝不密贴形成错台或张开、弹性密封垫质量较差、橡胶止水带与管片的粘结不牢固等施工阶段产生的问题。

(2) 隧道所在的特殊地质土层长期变形,水土流失等地质条件问题。

(3) 施工过程中曾经发生过涌流或其他施工险情,对结构产生影响。

(4) 设计单位对结构防水问题的认知深度不足、当时设计标准可能存在部分缺陷,导致设计出现问题。

(5) 相邻位置区域,有大型工程项目的活动影响,尤其是大型基坑工程及大直径隧道上下穿越施工,对结构纵向、横向变形产生影响,导致管片变形错位,从而引起渗漏水。

(6) 项目建设体量大,施工强度高,设计施工技术力量及管理水平难以满足质量要求。

2.3　渗漏原因

除管片及部件自身可能存在一定缺陷外,施工过程中因拼装不当或未按拼装工艺要求拼装,造成管片环接缝出现张开、错台,接缝防水失效。盾构隧道管片纵缝存有内外张角时,结构外表面接缝处易产生应力集中,混凝土出现破损,最终导致止水带和管片间无法密贴引起渗漏(图 2)。

盾构掘进过程中推力不均、盾构前进反力不足、管片上浮或侧移等均会导致渗漏水的出现。

道床脱空也会造成渗漏水、翻浆冒泥等,道床脱空是指道床嵌缝混凝土与管片存在的不同程度的剥离。

图 1　拼接缝渗漏水情况　　　　　　　图 2　管片裂缝渗漏水

3. 治理技术方案

3.1　盾构管片接缝渗漏修复

(1) 为了保证化学灌浆的压力效果,首先在渗漏水部位两端各延长 20～50cm 位置钻孔设立隔离柱,用切割机清理渗漏水缝部位的两内侧(图 3)。

(2) 用快速封堵材料对渗漏水缝部位底部进行封堵,用 ϕ14mm 钻头钻孔,安装注浆嘴。

(3) 通过已安装好的注浆嘴,采用 KT-CSS 系列改性环氧树脂材料进行化学灌浆,通过 KT-CSS 控制灌浆工法,确保注浆饱满度达到 95％以上,超过国家规定的 85％标准。

粘结原来因密封胶失效而形成与结构之间的渗漏缝隙，修复原来密封胶的功能。

（4）灌浆完成后，待环氧树脂类材料固化后，撤除注浆嘴，清理管片缝内的灰尘，用热吹风对管片缝进行加热升温，然后在管片缝内填塞 KT-CSS 系列高弹性的非固化橡胶材料(图 3)。

（5）在非固化橡胶材料表面涂刷两层 KT-CSS 系列环氧改性聚硫密封胶和一层玻璃纤维布（图 4）。

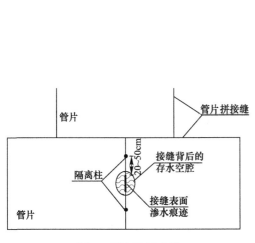

图 3　隔离柱示意图

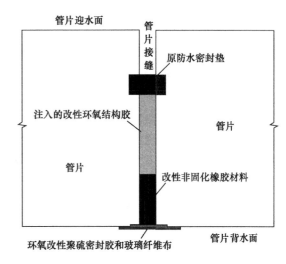

图 4　管片接缝处理示意图

3.2　盾构端头井渗漏修复

（1）为了保证化学灌浆的压力效果，首先在渗漏水部位开槽，槽宽 20mm，槽深大于50mm。

（2）用 KT-CSS 系列聚合物快速封堵材料对渗漏水缝部位底部进行封堵，用 ϕ14mm钻头钻孔，安装注浆嘴。

（3）通过已安装好的注浆嘴，采用 KT-CSS 系列改性环氧树脂材料进行化学灌浆，通过 KT-CSS 控制灌浆工法，确保注浆饱满度达到 95％以上，超过国家规定的 85％的标准。

（4）灌浆完成后，待 KT-CSS 系列改性环氧树脂材料固化后，撤除注浆嘴，清理管片缝内的灰尘，用热吹风对管片缝进行加热升温，然后在管片缝内填塞高弹性的 KT-CSS 系列非固化橡胶材料。

（5）在非固化橡胶材料表面涂刷两层 KT-CSS 系列环氧改性聚硫密封材料和一层芳纶纤维布作为密封胶的胎基，从而增加韧性。

3.3　壁后注浆

采用控制灌浆技术对结构背后的存水空腔充填灌浆，把空腔水变成裂隙水，把有压力的水变成无压力的水，从而达到整治的目的。

（1）盾构区间渗漏壁后注浆。

1）首先降低隧道涌水量。拧出预留注浆孔的六角螺母，用冲击钻沿预留注浆孔打孔，孔径建议为 25mm（封孔器直径为 24mm），用机械式封孔器封孔，并安装好注浆管。

2）打孔注浆顺序为：按照线路坡度，从高程较高处向高程较低处施工，同一侧注浆孔先注下端孔，依次向上。

3）先采用 50cm 短钻杆钻孔，然后采用 1.5m 的长钻杆，直至钻通盾构，钻到围岩。对管片结构迎水面充填灌浆和对松散的围岩进行固结灌浆、帷幕灌浆，减少壁后的空隙和围岩的透水率，采用 KT-CSS 控制灌浆工法，低压、慢灌、快速固化、间隙性分序的控制灌浆工法，最大注浆压力应小于 1.0MPa。

4）改性环氧材料注浆孔深约 450mm。当注浆压力大于 0.5MPa 时停止该孔的注浆。

5）注浆直至排气孔排出均匀浆液，要求注浆孔和排浆孔设置浆液阀，出浆孔应设浆液回浆管，保证回流浆液流入储料桶。当排浆孔无空气排出时，关闭出浆孔阀门，保持压力 2～3min 即可停止注浆，待终凝后将闸阀拆除，填塞注浆孔，用堵头封闭，进行防锈处理。

6）管片间缝隙出水，用快速封堵材料对缝隙进行临时性封堵，然后再按照管片接缝渗漏水的工艺进行处理。

（2）盾构端头井渗漏壁后注浆。

1）首先对端头施工缝位置和表面不密实处进行清理后封闭，然后在端头面和管片吊装孔位置用大功率电锤进行钻孔，安装注浆嘴。

2）对安装好的注浆嘴进行灌注 KT-CSS 系列水泥基类材料。

3）在施工缝两侧和端头不密实位置钻孔安装止水针头，使用 KT-CSS 系列改性环氧树脂类进行化学灌浆堵漏加固。

4）撤除注浆嘴，清理施工缝，以水泥砂浆封闭补实后，喷涂水性渗透结晶材料作为第二道防水和固定 KT-CSS 系列非固化橡胶类材料用途，或用 KT-CSS 系列环氧改性聚硫密封胶封闭。

3.4　盾构管片缺陷渗漏水整治

（1）裂缝渗漏水整治。

1）用快速封堵材料对裂缝部位进行封堵，用 ϕ10mm 钻头钻孔，安装注浆嘴，注浆嘴间距 150～200mm。

2）通过已安装好的注浆嘴，采用 KT-CSS 系列改性环氧树脂材料进行化学灌浆，通过 KT-CSS 控制灌浆工法，确保注浆饱满度达到 95％以上，超过国家规定的 85％的标准。

3）灌浆完成后，待环氧树脂材料固化后，撤除注浆嘴。

（2）盾构管片螺栓孔渗漏水整治。

1）采用 ϕ10mm 钻头钻孔，斜向螺栓孔位置，贯穿相交到螺栓孔，安装注浆嘴。

2）通过已安装好的注浆嘴，采用 KT-CSS 系列改性环氧树脂材料进行化学灌浆，通过 KT-CSS 控制灌浆工法，确保注浆饱满度达到 95％以上，超过国家规定的 85％的标准。

3）灌浆完成后，待环氧树脂材料固化后，撤除注浆嘴，采用环氧改性密封胶封闭螺栓孔的根部（图 5）。

（3）盾构管片注浆孔、吊装孔、管片结构预留的二次注浆孔渗漏水整治。

1）采用 ϕ10mm 钻头钻孔，在注浆孔侧边斜向孔位置，贯穿相交到注浆孔，安装注浆嘴。在孔周边钻孔 3～4 个。

2）通过已安装好的注浆嘴，采用 KT-CSS 系列改性高渗透环氧树脂材料进行化学灌浆。通过 KT-CSS 控制灌浆工法，确保注浆饱满度达到 95％以上，超过国家规定的 85％的标准。确保注浆孔内收缩的砂浆的空隙全部填充进高渗透环氧。使孔内 65cm 范围内砂浆的饱满度达到 90％以上，与结构完全粘结在一起，确保能抗地下水压，不会存在水压大把注浆孔冲开的可能。

3）灌浆完成后，待环氧树脂材料固化后，撤除注浆嘴。

4）凿除或用电锤、电镐清理注浆孔内砂浆，深度在15cm左右，采用聚合物无收缩微膨胀修补砂浆或环氧砂浆进行填塞，进一步加强注浆孔的封堵，确保注浆孔不被冲开（图6）。

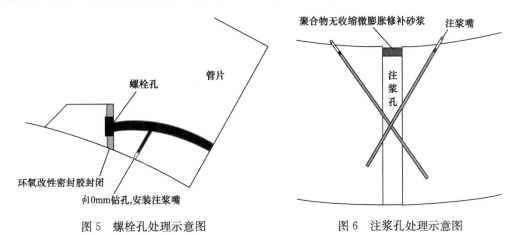

图5　螺栓孔处理示意图　　　　图6　注浆孔处理示意图

3.5　道床脱空渗漏水、翻浆冒泥整治

（1）锚固道床。根据地质情况，决定锚杆的深度和长度，采用中空注浆锚杆。或采用化学锚杆、中空涨壳式注浆锚杆。主要是固定道床。锚固前打泄压孔，泄水压。

（2）采取灌注KT-CSS系列特种水泥基无收缩灌浆材料，采用KT-CSS控制灌浆工法，要有泄压孔和观测孔。

（3）对轨道板和基层分离的，还需要向夹层灌注KT-CSS系列耐潮湿低黏度环氧结构胶粘接，通过KT-CSS控制灌浆工法，确保注浆饱满度达到95%以上，超过国家规定的85%的标准。

（4）对管片壁后进行回填灌浆，灌注牙膏状浓浆，采用KT-CSS控制灌浆工法。

4. 施工基本情况

由于全洞正处于盾构机施工中，且有很多队伍交叉施工，故安排了3个可移动式操作台架，人员分三组进行流程化作业，用时三个月处理了隧道1160m范围内的管片渗漏（图7、图8）。

图7　堵漏注浆施工中　　　　图8　表面封闭施工

5. 修缮效果

通过采用修复拼缝密封胶系统和背后回填灌浆的综合技术措施，可以有效地将结构迎水面的空腔水变成裂隙水，结合具有一定韧性的改性环氧材料，堵漏的同时对盾构管片结构进行了加固处理，也能抗车辆对结构的振动扰动和荷载扰动，对该盾构隧道的渗漏水进行了成功的整治，顺利通过业主和甲方的验收（图9）。

图 9　施工恢复后表面情况

广州金沙洲医院二期项目（放疗中心）渗漏水修缮技术

南京康泰建筑灌浆科技有限公司　陈森森　王军　李康　刘文

1. 工程概况

　　整个工程分为地下三层，地上两层。其中地下结构又分医疗区、车库人防区两部分。医疗区的渗漏集中在外侧墙和底板，以施工缝、不规则裂缝为主。车库人防区的渗漏集中在底板后浇带区域。迎水面防水层出现破损，结构自防水失效，总体渗水量较大，加之广东地区每年雨季降雨量大，形势相当严峻（图1、图2）。

图1　底板渗漏水情况　　　　　　　　　　图2　顶板渗漏水情况

2. 渗漏原因分析

2.1　施工缝、冷缝渗漏水

　　（1）结构混凝土浇筑前纵向水平施工缝面上的泥砂清理不干净；

　　（2）纵向水平施工缝凿毛不彻底，积水未排干；

　　（3）施工缝处钢板止水带未居中或接头焊接有缺陷；

　　（4）施工缝混凝土浇筑时漏浆或振捣不密实；

　　（5）现浇衬砌施工缝止水带安装不到位，振捣造成止水带偏移。

2.2　后浇带渗漏水

　　设计原因：对地下室防水工程的重要性认识不足，认为局部渗漏对结构和使用影响不大，没有对所建结构地下水环境进行分析，在设计中对防水工程不按等级要求处理，缺乏有效的防水方案，造成后浇带渗漏。

　　施工原因：

　　（1）施工组织不当，后浇带两侧上部结构浇灌混凝土的落差较大，以及设计中存在着局部不合理的现象，使得后浇带接缝处产生过大的拉应力。

（2）后浇带在底板位置处长时间地暴露，而使接缝处的表面沾了泥污，又未认真处理，严重影响了新老混凝土的结合。

（3）施工缝做法不当，特别是后浇带两端，往往将施工缝留成直缝。

（4）后浇带部位的混凝土施工过早，而后浇带两侧结构混凝土收缩变形尚未完成。

（5）柔性防水材料本身性能的局限性，防水层的抗拉强度低，延伸率小，抗裂性差，对温度变化较敏感，在遇到不利因素影响时，往往经受不住各种应力的作用而被破坏。

（6）浇灌前对后浇带混凝土接缝的界面局部有遗留的零星模板碎片或残渣未能清除干净。

（7）垫层上做好的防水层在灌注底板混凝土前遭到破坏（如被坠物砸伤），未作修补就灌筑后浇带混凝土，留下隐患。

2.3　表面不规则裂缝渗漏水

现浇衬砌也会因各种原因出现结构裂缝，如材料使用不当（原材料质量差、配比不合理），施工质量存在缺陷（拆模早、养护不及时、混凝土离析），外界环境（温度、湿度）不良影响等因素，都有可能引起混凝土裂缝发生。水平方向和斜向裂缝作为结构性裂缝，尤其需要灌注改性环氧结构肢的同时骑缝植筋加固。

2.4　结构面混凝土缺陷渗漏水

结构面的混凝土缺陷，主要是：

（1）由于振捣方法不当或者模板质量缺陷等导致混凝土浇筑不密实而引起；

（2）大体积混凝土浇筑，温度收缩裂缝；

（3）冬期施工，温差大造成的裂缝；

（4）材料引起的裂缝；

（5）收面时机不当造成的浅表裂缝；

（6）结构稳定期，存在稳定期正常沉降造成的裂缝。

当外界水压大于此处混凝土抗渗压力时，就出现渗漏水现象，主要表现为点渗漏和面渗漏。

2.5　变形缝、诱导缝渗漏水（二期通道与车库交界、车库坡道和车库主体、设计设置变形缝等位置）

（1）结构沉降或变形不均匀导致内外止水带被撕裂，以及搭接头焊接不牢固、施工时遭破坏穿洞、地表的水压力太大超出设计止水带能承受的压力等，如遇外防水也存在隐患而失效，就会造成诱导缝、变形缝漏水。这个主要涉及对结构外的围岩基础的稳定性和坚固性考虑措施不够充分和重视，而造成沉降；还有对结构和围岩之间的空腔存水和积水，没有注意考虑回填灌浆的步骤，而造成积水形成水压，对橡胶止水带造成破坏。

（2）止水带一侧的混凝土未振捣密实，会在其周围形成渗水通道。

（3）在夏季高温季节浇筑混凝土时，昼夜温差较大，由于结构收缩而导致变形缝处止水带一侧出现空隙，从而形成渗水通道，导致漏水。

（4）前施工队伍不正确地施工，造成缝内污染严重，防水失效。

（5）车辆通行的时候对结构有一定的振动扰动，造成变形缝变形量大且频繁，止水带疲劳造成功能失效，需要优化现有防水堵漏设计。

（6）变形缝填塞密封胶的不规范操作。

2.6 其他部件

设备安装件的管头、钢筋头、拉筋孔以及留在结构内的工字钢、格构柱等预埋件处防水密封处理不好，也常出现渗漏。

3. 治理技术方案

3.1 衰减池部分

（1）水池外侧墙（和桩基围护结构交接的），主要防止结构裂缝和缺陷，渗漏水造成结构内锈胀开裂，影响结构的耐久性和抗水压的能力，防止水池内重金属水渗漏到周边的地层中，造成周边地下水的重金属辐射性污染，引起环保检查和周边居民的恐慌。

首先，仔细排查结构表面的裂缝，对肉眼能发现的裂缝，灌注改性的环氧结构胶（延伸率在5%左右的韧性环氧），很多裂缝是结构性收缩和温度收缩性裂缝，具备一定的细小变形，所以需要韧性的改性环氧。对结构上的施工缝（边墙纵向施工缝）进行灌注改性的环氧结构胶（延伸率在8%左右的韧性环氧）。还有对所有的拉筋的根部凿除3cm，采用环氧砂浆修复，对渗漏水的拉筋，还需要采用斜向针孔法灌注改性环氧结构胶进行堵漏。

其次，建议打穿结构，对结构迎水面的存水空腔进行水泥基无收缩灌浆材料回填灌浆，把空腔水变成裂隙水，把压力水变成微压力水。

最后，对水池内墙面，做防水措施和防辐射措施。打磨表面的碳化层、氧化层、污染层到原混凝土面层，清理干净，对阴角切槽3～4cm深度，清理干净，填塞改性耐潮湿的环氧弹性密封胶，然后再填塞环氧改性聚硫密封胶，采用喷涂的改性具备抗辐射的环氧腻子（改性环氧腻子中加入沉淀硫酸钡抗辐射粉料的一种涂料）1～2mm的厚度，然后再涂刷具备一定弹性的环氧树脂涂料，喷射细小石英砂，最后喷涂1.2mm厚度的防腐防水特种聚脲防水涂料。

（2）水池和办公区之间的共用墙体，首先在水池内侧仔细排查结构表面的裂缝，对肉眼能发现的裂缝，灌注改性的环氧结构胶（延伸率在5%左右的韧性环氧），很多裂缝是结构性收缩和温度收缩性裂缝，具备一定的细小变形，所以需要韧性的改性环氧。对结构上的施工缝（边墙纵向施工缝）进行灌注改性的环氧结构胶（延伸率在8%左右的韧性环氧）。还有对所有的拉筋的根部凿除3cm，采用环氧砂浆修复，对渗漏水的拉筋，还需要采用斜向钻孔法灌注改性环氧结构胶进行堵漏。进行蓄水试验，检查堵漏效果和遗漏的没被发现的裂缝，在外侧墙发现渗漏水的位置对应内侧找渗漏水的裂缝进行再次防水堵漏。然后再蓄水检查效果。

其次，在办公区内侧的墙面（水池外墙），打磨表面的碳化层、氧化层、污染层到原混凝土面层，清理干净，采用喷涂的改性具备抗辐射的环氧腻子（改性环氧腻子中加入沉淀硫酸钡抗辐射粉料的一种涂料）1～2mm的厚度。

最后，采用砖墙砌筑离壁沟，离墙5cm，墙厚度6cm，高度6cm左右，沟底部和内侧做防水砂浆，顺坡向结构排水管引排，在沟上方的墙上贴保温苯板，厚度5cm，在水沟沿上砌墙，厚度6cm，采用防辐射砂浆和防辐射涂料粉刷装修2cm厚度。采取保温墙的目的是减少因为内外温差和广州潮湿闷热的天气造成的凝结水，可以和医院地下空间内的除湿机一起减少空间的潮湿度，杜绝墙上的结露和凝结水。

（3）水池内的隔墙，首先在水池内侧仔细排查结构表面的裂缝，对肉眼能发现的裂缝，灌注改性的环氧结构胶（延伸率在5%左右的韧性环氧），很多裂缝是结构性收缩和温度收缩性裂缝，具备一定的细小变形，所以需要韧性的改性环氧。对结构上的施工缝（边墙纵向施工缝）进行灌注改性的环氧结构胶（延伸率在8%左右的韧性环氧）。还有对所有的拉筋的根部凿除3cm，采用环氧砂浆修复。

3.2 结构边墙及顶板

首先，仔细排查边墙和顶板结构表面的裂缝，对肉眼能发现的裂缝，灌注改性的环氧结构胶（延伸率在5%左右的韧性环氧），很多裂缝是结构性收缩和温度收缩性裂缝，具备一定的细小变形，所以需要韧性的改性环氧。对结构上的施工缝（边墙纵向施工缝）进行灌注改性的环氧结构胶（延伸率在8%左右的韧性环氧）。还有对所有的拉筋的根部凿除3cm，采用环氧砂浆修复，对渗漏水的拉筋，还需要采用斜向钻孔法灌注改性环氧结构胶进行堵漏。

其次，建议打穿结构，对结构迎水面的存水空腔进行水泥基无收缩灌浆材料回填灌浆，把空腔水变成裂隙水，把压力水变成微压力水。检查堵漏效果和遗漏的没被发现的裂缝，进行再次防水堵漏措施。

最后，打磨表面的碳化层、氧化层、污染层到原来混凝土新鲜坚实的基层，清理干净，涂刷具备一定弹性的环氧树脂涂料，喷射细小石英砂，增加后面砂浆层的附着力。采用防辐射砂浆和防辐射涂料。

对于顶板上面的露天的防水层TPO材料，对细节部分需要处理，对和外部结构接触的部位，采用丁基耐候性胶带和非固化密封胶相结合的方式来封闭，减少从细节部位渗漏水的可能。

3.3 结构底板渗漏水

首先，采用干粉法查找渗水缝和渗水点，仔细排查底板结构表面的裂缝，对肉眼能发现的裂缝，灌注改性的环氧结构胶（延伸率在5%左右的韧性环氧），很多裂缝是结构性收缩和温度收缩性裂缝，具备一定的细小变形，所以需要韧性的改性环氧。对不密实的部位采用梅花型钻孔法布置注浆孔，采用控制灌浆的工法，灌注低黏度改性耐潮湿环氧。

如果是渗漏的阴角，除注浆外，切槽3～4cm左右深度，清理干净，填塞改性耐潮湿的环氧弹性密封胶，然后再填塞环氧改性聚硫密封胶。

建议打穿结构，对结构迎水面的存水空腔，进行无收缩水泥基灌浆材料和水中不分散水泥基灌浆材料等回填灌浆，把空腔水变成裂隙水，把压力水变成微压力水，把无序水变成有序水，把分散水变成集中水，并且能检查堵漏效果和遗漏的没被发现的裂缝。

然后，打磨表面的碳化层、氧化层、污染层到原来混凝土新鲜坚实的基层，清理干净，涂刷具备一定弹性的环氧树脂涂料。

最后，对车库渗漏水严重的侧墙、底板位置，建议钻透结构，开泄压孔、布置排水管引排至集水井，实现堵排结合、以堵为主、以排为辅、限量排放，综合整治的基本原则，底板上的排水沟槽结构布置示意图如图3、图4所示。

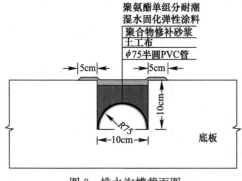

图3 排水沟槽截面图

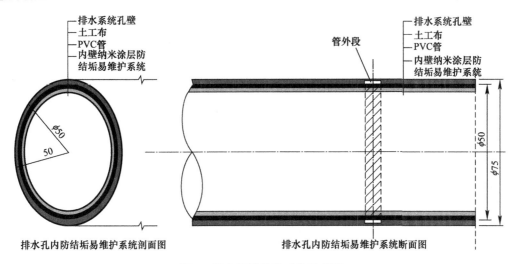

图 4 排水管易维护系统示意图

3.4 施工缝、后浇带

用微损的办法——针孔斜侧钻孔法灌注低黏度耐水耐潮湿型改性环氧灌浆料（符合《混凝土裂缝用环氧树脂灌浆材料》JC/T 1041—2007、《工程结构加固材料安全性鉴定技术规范》GB 50728—2011 标准要求），堵漏的同时补强加固。灌浆材料采用 KT-CSS系列环氧灌浆料，这些材料固化快、无溶剂、黏度低，并且有很强的粘结强度，让有裂缝处的衬砌混凝土恢复形成一个整体，防止因振动扰动变形再重新出现裂缝。如图 5所示。

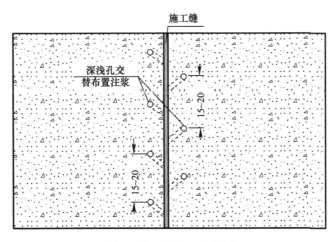

图 5 施工缝处理示意图

3.5 不规则裂缝渗漏水

采用针孔法化学灌浆，灌 KT-CSS 系列环氧树脂结构胶；对麻面坑洞，凿除松动的部分，并用聚合物修补砂浆或环氧砂浆进行修补。先用切割机沿缝切成"V"形槽，宽度20mm，深度 20mm，清理干净后嵌填特种胶泥，然后沿着缝的两边，打注浆孔至 1/3~1/2处，灌注特种改性环氧注浆材料，如图 6、图 7 所示，确保灌浆饱满度超过国家规范要求的85%。

用针孔法灌注 KT-CSS 耐潮湿低黏度无溶剂环氧建筑结构胶后，沿缝填环氧弹性封闭胶或高触变快速聚硫密封胶。

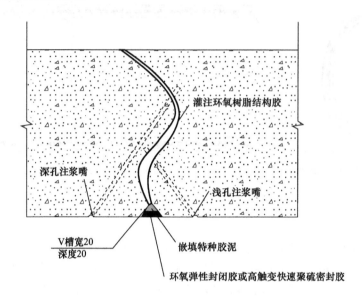

图6　不规则裂缝处理剖面图

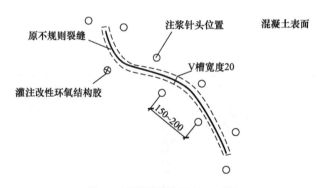

图7　不规则裂缝处理正面图

3.6　结构面渗漏水

结构大面积渗漏水，渗漏水较大时，先灌注聚氨酯灌浆材料、水泥基高强复合无收缩胶凝灌浆材料到结构背面止住水；然后再对结构补充灌注低黏度耐水耐潮湿型改性环氧灌浆料，作补强加固。对麻面渗水，渗水量不大的，采用梅花型针孔灌浆法灌注低黏度耐水耐潮湿型改性环氧灌浆料，作堵漏和补强加固。对无法灌浆的微细缝隙（缝隙在0.01mm以下）渗漏部位，可涂刷水泥基渗透结晶型防水材料，让渗透性强的结晶体填满渗潮部位细小的渗水通道。用以上方法恢复有缺陷混凝土的密实度和结构整体性，把水挤出二衬的裂隙和孔隙；再用水泥基类刚性抗渗砂浆喷涂或刮涂，增强结构的抗渗效果，起到防水、加固双重作用；最后，在整治区域向外延伸30mm的范围内用打磨机清理结构表面，涂刷渗透性环氧界面剂，用环氧腻子在此面积粉刷10mm厚度，确保这范围永久性防水，如

图 8 所示。

3.7 其他部件

管件、钢筋头、格构柱等预埋件，以格构柱为例，在后期使用中极有可能出现渗漏水，建议对所有的格构柱（不管是否发生渗漏）都要进行防水处理（其他预埋件也是如此），后浇带也是极易渗漏水的隐患，建议对所有的后浇带进行处理。钢结构两侧开槽（5cm 深、5cm 宽），使用环氧砂浆及环氧改性的弹性密封胶进行封闭，深浅孔布置注浆孔，灌注改性环氧结构胶。构造中间采用梅花型注浆孔布置，灌注改性环氧结构胶，完成后表面再用环氧砂浆进行封闭处理，如图9、图10所示。

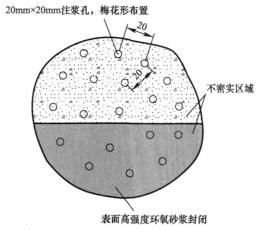

图 8 结构面渗漏水处理示意图

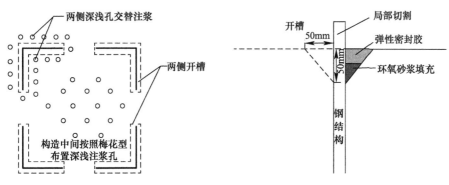

图 9 格构柱处理正面示意图   图 10 格构柱处理剖面示意图

穿墙管两侧钻深浅孔，接触到管件为止，采用 $\phi14$ 的注浆嘴灌注高弹性耐潮湿改性环氧结构胶，待环氧固化后拆除针头。根部堵漏完成后，再开槽填嵌环氧砂浆和弹性密封胶，如图11所示。

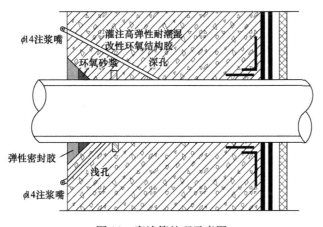

图 11 穿墙管处理示意图

4. 施工基本情况

组织人员阶段性处理医疗区、车库人防区渗漏问题，按照工序，分组流水化作业。提升施工效率的同时，更注重施工的细节和质量，保证严格按照施工方案进行处理（图 12、图 13）。

图 12　底板注浆过程中　　　　　　　　　图 13　顶板裂缝处理施工

5. 修缮效果

利用材料复合、工法组合、设备配合、工艺融合，进行综合治理，以堵为主，以排为辅，解决了现有的渗漏问题，经业主、甲方验收质量合格（图 14）。

图 14　底板施工后情况

EAA 环氧系列产品在地铁隧道工程修缮中的应用技术

广州市泰利斯固结补强工程有限公司　邱小佩[1]

一、受水土流失影响运行地铁隧道出现变形受损修缮

1. 工程概况

某运行多年的盾构隧道与地铁车站连接口的上、下行线隧道突发性出现崩角、掉块和管片的纵向裂缝。经监测，该盾构隧洞有椭变和扭曲移位征象；经对周边环境探查，发现与车站周边连接的物业公司为了商业开发，将其与地铁车站地下连续墙紧接的地下连续墙东侧、西侧破墙开洞门 9 个，该连续墙与原地铁连续墙仅 30cm 间距。该地质环境为强透水沙层，紧邻河道，受潮水影响。

2. 渗漏原因分析

由于施工单位在其一侧连续墙破洞门时，未能充分考虑破洞门后的地下水流失对地铁结构的损害，检查中发现其 9 个地下连续墙洞门墙体与地铁地下连续墙体之间的缝口，流出水量达 565m³/d，其中 2 号、3 号、4 号、5 号、6 号、7 号、8 号、9 号洞门出水量较大。大量地下水的流失导致地铁盾构隧道上行线发生侧向位移，并环绕隧道中心线发生一定程度偏转。下行线出现偏移，导致盾构结构管片病害的发生。为确保地铁安全运行，启动应急处理措施。

3. 治理技术方案

3.1　对开发商物业地下连续墙与地铁车站地下连续墙两墙间隙流水封堵，封堵在开发商地下连续墙开凿的 7 个洞门中进行。

3.2　为有效稳定盾构隧道的侧向移位和椭变扭曲，在地铁原地下连续墙与盾构隧道之间进行地表水泥充填灌浆。

3.3　对地铁原地下连续墙向东与商业区地下连续墙外接口进行地表灌浆封水处理。

3.4　将开发商地下连续墙凿开的洞门位与原地铁连续墙位相对应的位置（地铁地下连续墙未开洞门），进行洞门口止水充填封闭。

4. 施工基本情况

4.1　地下连续墙洞门封水处理：

由于施工方开凿地下连续墙时，两个地下连续墙间 30cm 的间隔部位出现较大漏水，施

---

[1][作者简介]　邱小佩，女，1951 年 4 月出生，高级工程师，单位地址：广东省广州市荔湾区浣花西路 5 号 306。邮政编码：510378。联系电话：020-81404730。

工方采用木条、砖块、硬泡沫板进行堵塞，未能将水封堵住，出水量仍较大，且带有一定水压力。为了彻底封堵流水，对两个地下连续墙间隔部位充填杂物进行清理，深度约40cm；沿缝腔中心线布孔，孔深 1.0m，采用早强水泥封填洞门周边；进行稳定性水泥砂浆施灌，施灌压力 0.3MPa，施灌中浆体沿间隔缝窜浆，东侧施灌时浆体沿 2 号洞门→3号洞门→4 号洞门扩散铺展充填，西侧施灌时浆体沿 9 号洞门→地铁站连接 C 口和 8 号洞门、8 号洞门→其他物业一层和距 3.0m、6.0m 的侧墙顶部的穿埋管扩散铺展充填，6 号洞门→7 号洞门扩散铺展充填。7 个洞门封闭总长 133.2m，填充方量 204.53m³。

为防止灌体水化收缩出现微渗，依设计要求对 7 个洞门进行外封贴三元乙丙橡胶卷材。

4.2　地铁连续墙与运行盾构隧道之间控制沉降充填灌浆。

根据测量，地表布孔在距原地铁连续墙 50cm 位置，地表共布 10 个灌浆孔，孔深13.0m。由于该车站地质条件为沙层且透水性大，为能有效控制隧道基底沙土流失，减少对沙层的扰动，对大涌水部位及时采用注浆充填稳定的控制措施。同时对未封闭地下连续墙与近河道的夹缝口位置，在地铁出口处布 3 个灌浆斜孔，斜角角度 60°，孔深 11.8m。

施灌采用稳定性水泥浆，水灰比 0.8：1，由于灌浆位置紧邻地铁盾构隧道，必须严控水泥灌浆压力对隧道再次产生变形伤害，水泥施灌压力控制在 0.07MPa。由于灌浆部位因地下水流动出现隧道基土淘蚀，钻孔中出现塌孔现象，塌孔孔深最大的约有 2.0m，使第二段和第三段的施灌浆量较大。最大灌入单耗浆量 1891.6L/m。在距灌浆 2.0m 的邻孔进行钻孔时，抽到灌浆孔内水泥浆与少量沙粒结石芯样，说明浆液扩散到该部位。地下基土稳定注浆共布 13 个孔，注浆充填总方量 66.2m³。

4.3　对受椭变出现崩块裂缝的管片进行修复处理。

（1）崩块采用 EAA 环氧修补砂浆进行修复，修复嵌补 29 处。

（2）裂缝采用 EAA 高渗透性亲水环氧浆材进行固结补强处理，修复工程量 379.5m。

≤0.2mm 微细裂缝采用 XYPEX 水泥基渗透结晶型材料修复，修复工程量 52.8m，螺栓孔填平修复 184 个。

5. 修缮效果

5.1　物业方地下连续墙破洞门部位灌浆封堵处理。

灌浆时，水泥浆液在洞门与洞门间窜浆，洞门灌浆窜向地面一层变形缝和距洞口侧墙3.0m 的穿墙管部位。灌浆完成后，隧道水位监测，出水量由 565m³/d 降到 65m³/d，较封堵灌浆前减少出水量约 8.7 倍。事后经过半个多月的监测，控水稳定达到预期目的，同时在完成基土稳定注浆处理后，基本控制外水流入。

5.2　地面控制沉降灌浆。

通过在原地铁地下连续墙与盾构隧道间的控制沉降灌浆，灌入浆量最大的在 8～13m处，最大耗浆达 1688.9kg/m，单孔灌入量＞5000kg/孔，50% 单孔灌入浆量达 8200kg/孔，说明水泥浆体充填量大的部位是隧道底砂水流失较大的部位。在第三段钻孔可抽到邻孔注浆时水泥窜至该孔的水泥与砂石的结石体芯样，邻孔灌浆最大单孔耗浆 7800kg/孔，有效充填隧底控制沙土流失。

5.3　修复的裂缝、崩块、螺栓孔无渗漏水、无湿迹。

经处理后至今，该盾构隧道满足地铁安全运行，效果稳定（图 1～图 4）。

图1 隧道管片崩块处理前和用EAA环氧
砂浆初步封填修复的照片。盾构隧道管片崩块，
EAA环氧砂浆封填，打磨上色后的效果照

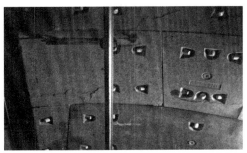

图2 地铁盾构隧道顶拱出现裂缝、
崩块，导致渗漏流水

图3 EAA环氧材料注浆对隧道顶拱裂缝、
崩块进行修复

图4 EAA环氧材料修复后，对隧道顶拱进行
芳纶布粘贴，提高其延展性

二、外部堆土隧道受力变化产生变形病害修复

1. 工程概况

2012年，已建成的某盾构隧道在例行巡查时，发现盾构隧道管片顶拱出现裂纹、腰拱出现挤压碎裂与掉块，并出现渗漏水现象。

2. 渗漏原因分析

2.1 超荷载引起的盾构区间隧道的病害问题。经查，出现异常的区间隧道地表面大面积堆土，高约5～7m。受应力荷载变化影响，隧道出现较大收敛变形。

2.2 管片裂缝；管片受压变形碎裂，掉块、手孔渗漏水。

2.3 联络通道口旁钢管片隔仓渗漏。

2.4 道床剥离，道床与水沟、水沟与管片剥离出现裂缝。
为确保地铁隧道按时安全开通，须及时进行修复整治。

3. 治理技术方案

3.1 管片裂缝处理。

3.2　管片碎裂，掉块处理。

3.3　联络通道口旁钢管片隔仓封填处理。

3.4　道床加固处理：

（1）对道床加固区段内做进行水沟与道床边、水沟与管片连接边，道床存在的裂缝进行封闭注浆。

（2）对道床面进行布孔，采用先水泥注浆后 EAA 高渗透性亲水环氧灌浆材料进行复合灌注。

（3）对施灌孔采用 2 次以上的重复施灌，确保浆液充分渗透固结。

（4）处理裂缝 2344m，处理深度 1～40cm 塌块约 126m，道床加固 339m。

4. 施工基本情况

4.1　裂缝宽度<0.2mm，采用 XYPEX 水泥渗透结晶型材料及工艺进行处理；裂缝宽度≥0.2mm，采用沿缝布孔，施灌 EAA 高渗透性亲水环氧进行固结补强。

4.2　对碎裂面修复处理：

（1）对碎裂面进行清理，依缺陷性状布孔，预埋注浆管，并对清理面涂刷 EAA 环氧界面剂。

1）碎裂面深度≤1cm 的部位，压填水泥砂浆，对预埋注浆管进行 EAA 高渗透性亲水环氧固结施灌。

2）碎裂面和掉块部位深度≥1.0cm 的部位，根据缺陷深度植筋挂网，涂刷 EAA 界面剂后，分 2～3 次压入 EAA 环氧修补砂浆，待凝固后对预埋管进行 EAA 高渗透性亲水环氧固结灌浆，施灌压力 0.5～0.6MPa；终凝后，对修复面进行打磨，同时调整错台位弧度偏差修饰，与原管片表面外观色泽一致。

（2）对隔仓内缺陷处理。

1）对隔仓内进行清理，采用 EAA 环氧界面剂进行基面涂刷。

2）对隔仓内分次压填 EAA 环氧修补砂浆，充填密实。

3）终凝后，对表面进行打磨饰面。

4.3　对道床加固区段内做的水沟与道床边、水沟与管片连接边，道床存在的裂缝进行封闭注浆。

4.4　对道床面进行布孔，采用先水泥注浆后 EAA 高渗透性亲水环氧灌浆材料进行复合灌注。

4.5　对施灌孔采用 2 次以上的重复施灌，确保浆液充分渗透固结。

4.6　处理裂缝 2344m，处理深度 1～40cm 塌块约 126m，道床加固 339m。

5. 修缮效果

本项目 2012 年修缮至今，质量稳定，效果良好，满足设计要求，确保地铁列车安全运行。

5.1　裂缝处理涂刷 XYPEX 和 EAA 高渗透性亲水环氧部位，均无湿迹，缝面干燥。

5.2　碎裂、掉块的管片部位经处理后，与管片混凝土粘贴密实，无翘边开裂现象，表面干燥平整，形成一个整体。

5.3 道床加固后，经列车的运行振动，灌浆处理过的部位粘结良好，无开裂、无渗漏水，满足地铁的安全运行（图 5～图 8）。

图 5 道床边水沟混凝土破损，冒水、
冒砂、冒泥

图 6 地铁隧道受挤压的道床、底部脱空、
道床混凝土碎裂

图 7 运行地铁道床翻浆、冒泥、冒水，
经 EAA 高渗透亲水性环氧材料灌浆后，
道床面干燥、无湿迹，满足地铁列车运行需要

图 8 运行地铁道床翻浆、冒泥、冒水，
经 EAA 高渗透亲水性环氧材料灌浆后，
道床面干燥、无湿迹，满足地铁列车运行需要

三、暗挖法施工隧道大面积气腔空鼓漏水修缮

1. 工程概况

2010 年，某矿山法暗挖施工隧道，二衬混凝土厚 30～35cm，采用高分子合成树脂卷材作外包防水层，结构浇筑完成后，该隧道顶拱出现大面积的渗水和点流水，为确保地铁的安全运行需要，需对渗漏病害问题进行修复处理（图 9～图 12）。

2. 渗漏原因分析

顶拱大面积渗漏主要是浇捣混凝土时模板跑位，外包混凝土厚度不够，在混凝土的浇捣中，振捣排气不到位，形成气腔、气洞，导致渗水、点流和大面积渗漏。处理较大流水气腔有 2 处。

图 9　暗挖隧道浇筑混凝土时形成的气　　图 10　暗挖隧道跑模钢筋外包厚度不够，
腔，列车振动外包混凝土泥皮脱落漏水　　外包层碎裂可见钢筋和防水层、破碎面漏水

图 11　大断面暗挖隧道在运行使用　　图 12　暗挖隧道顶拱气洞
中出现斜长裂缝　　渗漏水

3. 治理技术方案

3.1　顶拱大面积渗漏处理。

3.2　顶拱混凝土点面流水处理。

4. 施工基本情况

4.1　清理基面后，快速封闭渗漏点，采用 EAA 亲水性环氧型界面剂与无纺布封闭混凝土渗漏面。依据渗漏部位布设 3 排孔，采用先水泥浆充填空洞部位，后进行 EAA 高渗透性亲水环氧灌浆材料施灌，水灰比 0.6～1，施灌压力水泥浆 0.3～0.5MPa，施灌中严格控制"气腔"外包混凝土掉块，确保施工效果，防止运行列车振动产生的掉块。

4.2　清除表面碎裂面混凝土，露出"气腔"洞，预埋注浆管和铁丝网罩，涂上 EAA 亲水性环氧界面剂，压填水泥砂浆至充填密实，封面后，进行 EAA 环氧注浆，注浆压力 0.6～0.8MPa。

5. 修缮效果

由于采用了"先稳定渗漏面后充填粘结处理"的原则，确保渗漏面"气腔"位注浆充填-扩散-粘结，注浆中无碎裂崩块和窜冒浆现象发生，克服传统的先清理、后上模板、重新浇捣混凝土处理方法带来的问题，确保地铁正常安全运行。本项目 2010 年修缮完成，至今效果稳定。

四、区间隧道浮置板道床上抬问题的稳定处理

1. 工程概况

某暗挖法施工区间隧道段有一段为浮置式板道床，道床浮置板宽约 3200mm，厚 310mm，由固定弹簧装置连接在下部的道床混凝土垫层上。经过两年运行，2014 年，该段道床约有 10m 范围的轨道出现不同程度的上抬，最大上抬量约 40mm，为确保列车的安全运行和控制病害发展，需对浮置板道床进行加固处理。

2. 渗漏原因分析

经抽芯检查，浮置板道床隆起的原因是隧道道床下部混凝土垫层与二衬结构混凝土之间出现剥离，产生间隙出现脱空。当钻孔钻穿二衬防水板后有明显的压力水涌出，当压力水泄压后，上抬位段轨道出现下沉，道床上抬的原因与外水压力影响有关。道床出现上抬期间正是多雨季节，隧道内正进行大范围的注浆堵漏工作，经分析可能注浆堵漏使二衬背后局部形成水量集中点位水压力增大导致结构上抬。随列车运行振动影响，剥离脱空段位渐有向两端延伸发展的趋势（图 13～图 17）。

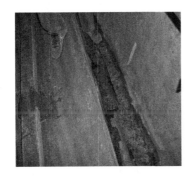 

图 13 道床水沟剥离　　图 14 剥离道床边水沟冒泥、冒砂

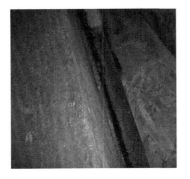 

图 15 道床水沟剥离　　图 16 道床预留孔渗漏

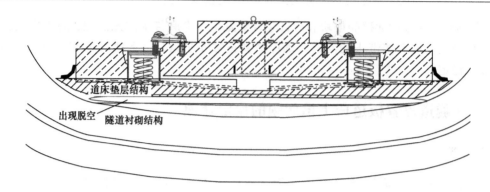

图17　道床垫层与隧道衬砌结构间出现脱空断面示意

3. 治理技术方案

采用水泥浆扩散充填、EAA环氧渗透粘结止水补强，结合锚杆加固的方法。

4. 施工基本情况

浮置板道床上抬加固处理分两步进行：

第一步：对浮置板道床与二衬剥离和二衬与初支剥离产生的空隙进行固结、止水、补强灌浆处理。在两钢轨内侧各布一排注浆孔，孔距2.5m，最大隆起位加布2孔，孔距1.2m。以确保隧道基底灌浆过程中外水不产生内渗漏，同时防控二衬道床的二次抬动影响。先进行浮置板道床底与二衬的充填固结灌浆，后进行二衬与初支的充填固结灌浆，注浆压力0.1～0.2MPa，灌浆时要严控道床及结构产生的二次上抬和位移，采用重复施灌确保EAA高渗透性亲水环氧灌浆材料充填饱满。由于EAA浆液具有良好的渗透性，施灌过程要做好浆液出现冒浆、窜浆的处理措施，确保施工效果。

第二步：隧道结构底部充填注浆和锚杆加固。

待道床与二衬结构间EAA高渗透性亲水环氧灌浆等强时段，进行道床基底与仰拱间充填灌浆和道床两侧受损水沟的修复处理，EAA环氧灌浆结束后（7d）进行隧道基底水泥充填灌浆和锚杆加固，隧道基底下约1.5m深，钻孔后安装自攻式锚杆。通过锚杆内孔灌注稳定性水泥浆和EAA环氧灌浆材料，水泥浆水灰比0.6～1，水泥浆施灌压力0.1～0.2MPa，EAA环氧施灌压力0.3～0.6MPa，EAA环氧灌浆时须确保二次以上重复注浆。

水泥浆-EAA环氧浆复合施灌后，采用10mm不锈钢垫板固定在浮置板道床基层顶面做好锚杆头锚封处理和浮置板取芯孔的封堵处理（图18）。

5. 修缮效果

该区间浮置板道床上抬段处理共计15m，进行浮置板道床与二衬、二衬与初支剥离空隙位的固结补强处理和隧道基底锚杆锚固处理。由于采用分步进行、重复施灌的措施，确保浆液的充分渗入充填粘结，施灌压力满足施工要求，施工过程进行全程的抬动监测，未发现道床和结构的异常变化，2014年7月完成修缮，至今质量稳定，效果良好。

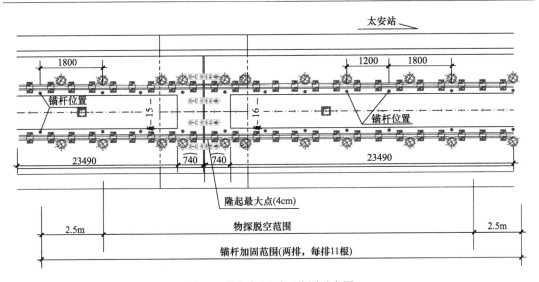

图 18   锚杆加固平面范围示意图

翔安隧道施工缝维修技术

大禹伟业（北京）国际科技有限公司　李延伟[1]　李林飞

1. 工程概况

　　翔安隧道位于厦门岛东北部，是连接厦门市本岛和翔安区陆地的重要通道，兼具高速公路和城市道路的双重功能，对缓解厦门、海沧大桥的运输压力和金门、厦门岛、海沧旅游环线的形成，以及翔安区经济发展和国防巩固，均起到积极的促进作用。隧道采用三孔形式，两侧为行车主洞，中间为服务隧道，行车主洞为双向六车道，建筑限界净高 5.0m，净宽 13.5m。隧道全长约 5950m，跨越海域总长约 4200m。

　　翔安海底隧道海水总水头在 50～70m，其水头较为恒定、水源无限补给，施工中不具备自然坡排水条件，这是海底隧道区别于一般山岭隧道和城市地铁隧道的最大特点之一。一旦发生大的突涌水，就可能引起严重的灾难性后果。

　　翔安海底隧道渗漏部位主要是衬砌的伸缩缝、施工缝、沉降缝及衬砌薄弱部位。漏水情况见图 1。从图中可以看出，海水的渗入，对渗水部位的二次衬砌混凝土产生了腐蚀作用。

2. 渗漏原因分析

　　本次防水施工主要是对翔安隧道暗挖段已渗水的二次衬砌结构施工缝以及隧道裂缝渗水路面进行防水修补处理。

　　隧道衬砌渗漏水现象主要存在于两个部位：一是衬砌的缝隙，包括伸缩缝、施工缝、沉降缝等；二是衬砌本身的薄弱部位，主要表现为小面积或大面积的漫渗。通过对翔安隧道渗漏情况现场勘察，分析其渗漏的主要原因如下。

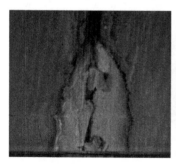

图 1　现场渗漏情况

2.1　原有防水层防水作用失效。

[1]［第一作者简介］　李延伟，男，1984 年 7 月出生，高级工程师，单位地址：北京市海淀区中关村南大街 12 号天作国际大厦 A 座 2601 室。邮政编码：100085。联系电话：010-62670616。

2.2 防水材料自身质量存在问题。

2.3 防水材料的断裂伸长率小于结构变形量，导致了防水层破损。

2.4 防水层的完整性有缺损，如搭接不好，或者初期支护结构表面有尖锐物、露头钢管等都有可能会在有水压的条件下，对防水层造成破坏。

2.5 防水层与基面粘结不良，容易在有水压的情况下产生空鼓、脱落现象。

2.6 隧道的接缝、施工缝、伸缩缝等本身过多，使隧道的薄弱环节变得较多。

2.7 二次衬砌混凝土自身防水失效。

3. 治理技术方案

隧道施工缝（沉降缝）是整个衬砌防水的薄弱环节，由于海底隧道所处的特殊环境，为了保证衬砌结构的防水能力，隧道环向施工缝在拱部及边墙都采用四道防水措施。内部先用涂灵®堵漏剂对施工缝及渗水点进行注浆处理，然后用涂灵®非固化橡胶沥青进行填充，中间用涂灵®加强材料对注浆部位进行加强处理，外部用涂灵®喷涂速凝橡胶沥青防水涂料喷涂封面处理。

隧道路面裂缝的防水修补处理采用涂灵®喷涂速凝橡胶沥青防水涂料封底处理，然后采用附加层（涂灵®喷涂速凝橡胶沥青防水涂料手刷料＋无纺布）进行加强处理。

4. 施工基本情况

针对本工程防水修复施工特点，本着规范的施工管理、合理的施工流程、先进的施工方法、完善的组织机构建设和技术保证措施以及完善的人力、物资、后勤供应保证的原则，保证质量安全和进度，作以下部署。

4.1 确定本项目的施工管理组织机构，并明确管理岗位主要职责。

4.2 施工准备：根据本工程防水施工主要细部做法和施工方案，组织施工人员召开防水工程施工专题会议，对施工作业人员进行技术交底。

4.3 材料准备：根据技术方案，采用大禹伟业（北京）国际科技有限公司 TLS-100 型产品；辅料为 TLS-D/S、涂灵®非固化橡胶沥青材料。

4.4 人员准备：合理组织劳动力，选择素质高、操作熟练的施工人员；人员进场后进行入场教育、技术交底，防水施工人员必须持证上岗；施工过程中依据实际情况安排工人进行防水喷涂和维护工作。

4.5 机具准备：根据本工程特点，安排机器设备——涂灵®专用喷涂机，以及高压软管和喷枪，高压注浆机，注浆枪管，注浆枪和配套使用机具及防护工具。

4.6 施工安排：按照施工节奏、实际工作面情况及具体指令安排施工与前置准备工作；衬砌施工需要脚手架，3 人一个班组，包括 1 名喷枪手、2 名辅助人员；先注浆处理，然后用喷涂橡胶沥青防水涂料作封面处理。

4.7 质量安全进度：质量合格，无任何安全事故，且满足业主方工期要求；施工完毕后清理现场，无遗留，保证行车安全。

5. 修缮效果

该项目的防水施工于 2015 年 2 月 5 日完成。截至目前已近 5 年，从应用效果看，修补的部位未发生漏水现象。施工效果见图 2。

图 2　修缮后工程情况

金隅-时代城地下防水修缮技术

大禹伟业（北京）国际科技有限公司　刘正杰[1]　王伟

1. 工程概况

金隅-时代城是由北京金隅斥资开发的城市大规模升级型综合体项目，总建筑面积360万 m^2，位于内蒙古呼和浩特市公安局南，城市东二环与百米景观大道交汇处，东至腾飞路，南到小黑河，西临东二环，北至百米景观大道与内蒙古公安局、发展改革委、财政厅以及党政机关办公大楼隔路相望。

金隅-时代城地下渗漏的主要部位为地下设备用房、地下停车库、变形缝（施工缝），其中高压配电机房、变形缝是防水渗漏重点（图1）。

图1　现场渗漏情况

2. 渗漏原因分析

经现场勘察发现地下渗漏情况严重，渗漏点较多，如变形缝，施工缝，后浇带，侧墙转角处，顶板裂缝、侧墙裂缝及底板裂缝的渗漏水，还有高压配电室漏水比较严重。

此项目造成地下设备用房和地下车库发生渗漏原因主要是两个方面：一是防水层和止水带未能按规范要求施工，二是后期地基沉降。

3. 治理技术方案

业主要求在维修期间要保证小区的正常用电，不能断电，渗漏维修难。

根据现场的实际情况与业主进行沟通，制定了最终的维修方案。针对不同部位的渗

[1]［第一作者简介］ 刘正杰，男，1988年6月出生，工程师，大禹伟业（北京）国际科技有限公司，单位地址：北京市海淀区中关村南大街12号天作国际大厦A座2601室。邮政编码：100085。联系电话：010-62670616。

漏，采取了不同的处理方案。主要分为车库变形缝的处理方案，顶板、底板、侧墙裂缝及细部节点的处理方案。

3.1　车库变形缝的处理（图 2）

（1）先进行基面处理：用 JS 将基面找平。

（2）增强片封堵：用塑料增强片封堵并用 JS 在变形缝两侧做成 1.5cm 的夹头。

（3）填充 TLH-2 密封胶：填充约 3cm 厚涂灵 TLH-2 密封胶（两面粘贴）。

（4）注入非固化橡胶沥青材料：涂灵 TLH-2 密封胶固化后用 5mm 厚橡胶板铆钉固定，预留注入非固化橡胶沥青防水材料的空间。用专用设备将非固化橡胶沥青注入预留空间内。

（5）最后对整个变形缝喷涂 5.0mm 厚（两次喷涂，每次 2.5mm 厚）的涂灵®喷涂速凝橡胶沥青防水涂料。

（6）金属盖板保护：待涂灵®喷涂速凝橡胶沥青防水涂膜实干后，在涂层上将 6mm 厚金属盖板（镀锌板）做单侧固定。

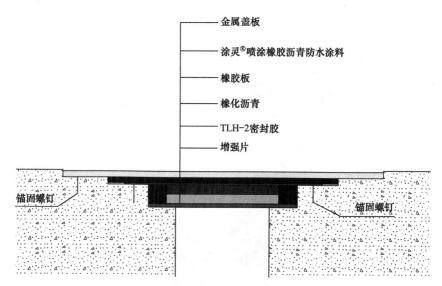

图 2　变形缝节点处理示意图

3.2　裂缝渗漏及渗漏点处理

首先查找裂缝渗漏位，对沿缝开槽钻孔，采用早强水泥封缝埋管，再进行高渗性环氧树脂注浆。注浆完成后再进行基面处理，涂刷涂灵®底涂，施作防水附加层，最后喷涂 2.0mm 涂灵®喷涂速凝橡胶沥青防水涂料。

4. 施工基本情况

针对本工程防水维修施工特点，本着规范的施工管理，合理的施工流程，先进的施工方法，完善的组织机构建设和技术保证措施以及完善的人力、物资、后勤供应保证的原则，保证质量安全和进度，作以下部署。

确定本项目的施工管理组织机构，并明确管理岗位主要职责；根据本工程防水施工主要细部做法和施工方案，组织施工人员召开防水工程施工专题会议，对施工作业人员进行技术交底。

按照实际工作面情况及具体指令安排施工与前置准备工作。施工人员5人一个班组：1名喷枪手、4名辅助人员，根据不同部位搭设移动脚手架，按设计方案要求的施工工艺，分部位进行基层处理、注浆和喷涂处理，完毕后检查各个部位，达到设计要求。

质量合格，无任何安全事故，且满足业主方工期要求，施工完毕后清理现场，无遗留（图3）。

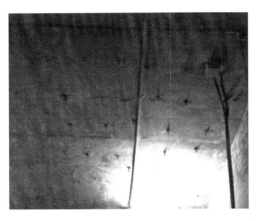

图3　现场维修情况

5. 修缮效果

维修完成后，防水效果明显，从项目维修完成截至目前已有5年多时间，未发现地下车库及地下高压配电室出现渗漏情况（图4）。

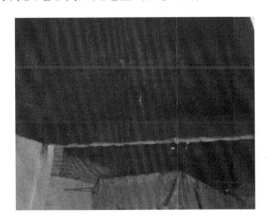

图4　修缮施工后效果

秦皇半岛地下室变形缝渗漏修缮技术

大禹伟业（北京）国际科技有限公司　王伟[1]　李林飞

1. 工程概况

秦皇半岛是由金屋集团联合中铁置业、富立地产、紫城地产共同打造的一个集休闲、娱乐、养生、养老、度假为一体的城市级综合宜居大盘，是继金海湾·森林逸城后金屋集团打造的又一个大型综合社区，同时，也是秦皇岛乃至河北省甚至全国屈指可数的大型社区。建筑面积400万 m²、占地面积2010亩、绿地率45.6%、容积率2.8%（图1）。

1.1　工程名称：秦皇岛金屋集团房地产项目。

1.2　开发商：秦皇岛金屋集团。

1.3　总包单位：秦皇岛海三建设发展股份有限公司。

1.4　工程性质：地产。

1.5　工程地点：秦皇岛市海港区。

图1　秦皇岛金屋集团房地产项目鸟瞰图

---

[1]［第一作者简介］　王伟，男，1981年11月出生，工程师，大禹伟业（北京）国际科技有限公司，单位地址：北京市海淀区中关村南大街12号天作国际大厦A座2601。邮政编码：100085。联系电话：010-62670616。

2. 渗漏原因分析

秦皇岛金屋地产项目地处秦皇岛海港区,紧靠海岸线,项目地下施工时,常常会出现地下水位高于所挖基层的现象,或者地下水位与基层标高基本在一个水平面上,即地下结构施工承受的水压较大,此项目地下车库变形缝处于地下水位较高的情况下,没有按规范进行施工,造成渗漏。众所周知变形缝是地下结构防水薄弱环节,一直以来都是重中之重。

3. 治理技术方案

3.1 将原填充材料进行剔凿,露出止水钢板,形成操作面。在已裸露出的止水钢板裂缝处填塞 TLS-S 型填充材料,填塞深度 30mm,养护充分。

3.2 采用遇水膨胀止水胶密封,密封胶施工厚度为 40mm。然后再用 TLS-S 型产品进行封边处理,将遇水膨胀止水胶密封至凹槽,填塞深度为 30mm,养护充分。

3.3 在施工部位进行速凝橡胶沥青防水涂料喷涂施工,喷涂宽度为钢板预留宽度,喷涂厚度为 10mm,喷涂完毕后在钢板预留螺栓处用密封胶密封。待喷涂养护完成后,在喷涂防水材料外用水泥砂浆进行隔离处理(图 2)。

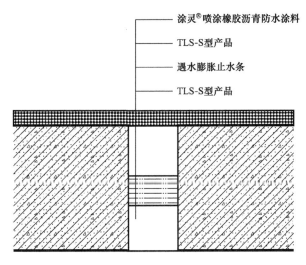

涂灵®喷涂橡胶沥青防水涂料

TLS-S型产品

遇水膨胀止水条

TLS-S型产品

图 2 变形缝节点处理示意图

4. 施工基本情况

针对本工程防水维修施工特点,本着规范的施工管理,合理的施工流程,先进的施工方法,完善的组织机构建设和技术保证措施以及完善的人力、物资、后勤供应保证的原则,保证质量安全和进度,作以下部署。

确定本项目的施工管理组织机构,并明确管理岗位主要职责;根据本工程防水施工主要细部做法和施工方案,组织施工人员召开防水工程施工专题会议,对施工作业人员进行技术交底。

根据技术方案,采用大禹伟业(北京)国际科技有限公司涂灵 TLS-S 型/涂灵®液体橡胶产品。合理组织劳动力，选择素质高、操作熟练的施工人员。人员进场后进行入场教育、技术交底，防水施工人员必须持证上岗。使用涂灵®专用喷涂机，以及高压软管和喷枪，注浆枪、切割机和配套使用机具及防护工具。

按照实际工作面情况及具体指令安排施工与前置准备工作。施工人员 5 人一个班组：1 名喷枪手、2 名辅助人员，按设计方案要求的施工工艺，分部位进行基层处理、封堵和喷涂处理，完毕后检查各个部位，达到设计要求。

质量合格，无任何安全事故，且满足业主方工期要求，施工完毕后清理现场，无遗留。

图 3 变形缝处理完成后效果

5. 修缮效果

秦皇岛金屋地产项目地下变形缝渗漏，经我司专业人员现场勘察，针对变形缝节点处渗漏，提出了科学的技术方案，采取了可靠的修缮工艺，严格施工管理，保证了修缮质量。修缮完成后，经几次大雨及地下水的验证，防水效果良好，目前未发现任何渗漏现象（图 3）。

铁路隧道工程渗漏水在振动环境下的修缮技术

1. 工程概况

1.1　京原线铁路隧道中心里程 K603＋938，隧道全长 306.56m，位于北京市房山区十渡风景区，线路以隧道穿越平峪山。最大埋深 100m，隧道进口端基岩裸露，上部山坡为风积黏质黄土覆盖，山坡自然坡度为 40°～60°。坡面植被较发育，洞身通过区山高坡陡，交通较不便利。洞身为砂岩及砾石，泥质胶结，基岩表层分化严重，岩性松散。由于当年隧道施工方法还不完善以及地下水的作用，受到列车运行过程中的高频振动扰动的影响，隧道拱顶出现多处不规则裂缝以及大面积渗漏水，部分区段设备管理单位前期已做过开槽引排处理，但仍反复出现渗漏水情况，其中 K603＋926～K603＋938 段较为严重。

1.2　京沪高铁隧道中心里程 K588＋726，隧道全长 9353m。上行侧分隔标 6370m 处靠中心沟侧整体道床空洞 15cm×10cm×5cm，过车有水涌出，上行 6735～6738m 整体道床靠道心侧向外冒泥，上行 6945m 整体道床向上涌水；下行分隔标 6520～6560m 整体道床板与沟帮间冒泥。该隧道线路两侧排水沟局部开裂渗漏水以及整体道床渗漏，造成雨季大量积水汇集道床内无法及时排出，在列车荷载作用下，造成道床板下沉及翻浆病害。

2. 渗漏原因分析

2.1　由于隧道开挖的过程，施工会给地下水带来影响，使其水流路径发生转变，进而造成隧道内汇聚了大量的地下水，导致隧道底部和衬砌渗漏。还有就是排水系统不完善，造成隧道排水不畅，进而引起隧道渗漏水。

2.2　铁路隧道翻浆冒泥主要是由于隧道渗漏水病害在车辆荷载作用下形成和暴露的。重载列车的循环荷载对隧道底部结构病害的影响主要有：隧道底部结构应力分布不均衡产生的较大弯拉应力，致使基底开裂；列车循环荷载的长期作用会加速隧道底部结构破损与扩展，必然会逐步产生疲劳破坏；基底围岩在受压、退压、振动、冲击下破碎、粉化甚至浆化，恶化了结构受力状态。

3. 治理技术方案

3.1　隧道渗漏水病害治理。

　　主要采用围点注浆、层间注浆相结合，将混凝土细微裂缝中全部注满浆液，使水侵蚀不到隧道衬砌内部，整个隧道衬砌变成了一个整体，利用环氧高粘结力的结构胶作用，起到堵漏的同时又有补强加固的作用，避免因振动扰动引发衬砌再次开裂、渗漏。经过多年的实践和施工，我们总结出了在隧道运行后长期在振动扰动环境下的堵漏技术。

3.2　隧道翻浆病害。

　　铁路隧道道床翻浆冒泥是我国铁路首要的道床病害，通过分析造成翻浆冒泥病害因素以及结合工程实际情况，采用多种设备、多种工艺、多种材料组合的综合技术措施，方能取得良好的整治效果。

4. 施工基本情况

4.1　隧道渗漏水病害治理。

（1）渗漏治理选材：

1）改进型丙烯酸盐灌浆材料：

① 丙烯酸盐灌浆材料是由过量的金属氧化物、氢氧化物和丙烯酸反应生成的丙烯酸盐混合物，加入各种所需的组分生成的一种低黏度的灌浆材料。该材料以丙烯酸钙和丙烯酸镁为主体成分，在促进剂和引发剂的作用下，双键发生自由基反应生成线性高分子，在交联剂的作用下，线性分子发生交联生成网格状的高分子凝胶体，水与网格中所含的大量亲水基团相互作用，依靠氢键、分子键作用力等物理作用能容纳两倍于自身体积的水。该凝胶体是以 C 分子为骨架的高分子聚合物，不溶于水。

② 采用灌浆方法解决裂缝的渗漏，通常可以分为 3 种工作机理：a. 粘结机理，通过浆材把裂缝界面粘合起来；b. 填塞机理，利用浆材对裂缝间隙进行充填；c. 胀塞防渗机理，利用浆材的浸水膨胀特性，把裂缝胀塞起来进行防渗堵漏，丙烯酸盐灌浆材料的堵水防渗机理符合粘结机理。丙烯酸盐凝胶体在混凝土表面主要存在物理吸附和化学吸附作用，物理吸附的主要形式有毛细管作用、氢键分子间作用力等；毛细管作用主要发生在浆液未固化前，浆液在毛细管作用下进入混凝土的毛细管道，固化后犹如一条条锚索牢固地嵌入混凝土的内部。

2）柔性潮湿型改性环氧灌浆材料：

柔性潮湿型改性环氧灌浆材料渗透力较强，固化速度较快，能在 0℃ 以上固化。可在潮湿或带水环境条件下施工，也可在无水条件下施工，具有较好的综合力学强度。胶体伸长率可达到 15%～18%，可抵抗一定程度的螺栓和振动，适用于地铁隧道、桥梁等应力较大的裂缝灌注，快速修复，也可做新旧混凝土修复时的界面剂和胶粘剂。使用配比：A：B＝10：5。

3）无收缩聚氨酯堵漏堵涌灌浆材料：

无收缩聚氨酯堵漏堵涌灌浆材料是一种无溶剂、低黏度、疏水型、高强度、双组分灌浆材料。A、B组分按体积比 1：1 进行施工，浆液快速反应膨胀，固结形成坚韧、闭孔泡沫体，抗压强度大，适用于非结构性部位的高流速或高水压的涌水封堵以及岩石固结、锚固灌浆等需求高抗压强度的结构灌浆。遇水快速发泡，产生很大的膨胀压力，快速终止高流速或高水压涌水，无水则形成高强度刚性树脂，对结构进行补强加固，不含溶剂、环保、施工使用安全、固化后无溶剂和可挥发气体逸出，耐化学品性能好，耐大多数有机溶剂、酸、碱、盐以及有机微生物侵蚀，采用双液型灌浆机，按体积比 1：1 灌浆施工，简单方便。适用于采矿、地铁、隧道、水利、水电、民用建筑等工程中非结构性部位的高流速或高水压的涌水封堵，以及岩石固结、锚固灌浆等需求高抗压强度的结构灌浆。

4）柔性潮湿型环氧结构密封胶：

密封胶流变性，常用密封胶通常有两种类别，即非触变性的自流平和触变性的不坍塌。前者在施工后能流平，而后者有时类似膏状，不能流平，可用于垂直表面等部位。

5）高渗透改性环氧防水涂料：

①具有优异的渗透性和排水置换性，能渗入混凝土内 1～5mm，无明水的潮湿基面仍可施工；

②具有良好的固结性和力学性能，固结层的强度比原混凝土提高了 30％以上，耐戳穿性强，无需作保护层；

③固结体无毒，不产生污染；

④具有优良的抗冻融、耐老化性能和较好的抗腐蚀性能；

⑤具有良好的施工性，形状复杂的基面施工非常方便，无需作找平层，施工工艺非常简单，工效快捷；

⑥在多道设防的防水工程中，作为其中一道，与其他卷材或涂料相容性好，可提高与其他材料的粘结性能。

（2）渗漏水病害复合堵漏止水体系：

1）基层清理（图1）：清理表面，用空压机把表面吹干净，仔细检查、分析裂缝的情况，以渗漏缝为中心点，两边分别延伸 30～50cm，确定钻孔的位置、间距和深度。

2）钻孔（图2）：沿裂缝两侧交叉进行钻孔，孔距约 25～40cm，钻头直径为 10～14mm，钻孔角度不宜大于 45°，孔深 10～30cm（具体根据结构情况科学调整）。

3）埋嘴灌浆（图3）：注浆孔钻好、经检查符合标准后，安装灌浆嘴，并确保灌浆嘴安装到位、密封完全，使用高压灌浆机向灌浆孔（嘴）内灌注灌浆料，注浆压力控制在0.2～0.5MPa。从下向上或从一侧向另一侧逐步灌注，当相邻孔或裂缝表观测孔开始出浆后，保持压力 10～30s，观测缝中浆料的情况，再适当进行补灌。单个注浆管注浆量在3.5～5.0kg，沿裂缝每米注浆量为 10～25kg。

图1　基层清理　　　　　图2　钻孔　　　　　图3　埋嘴灌浆

4）开槽（图4、图5）、密封（图6、图7）：沿裂缝开 3.0～5.0cmV 形槽，以裂缝为点，两边延伸 15～20cm；涂刷高渗透环氧防水材料底涂，渗入基层起到加固、密实、过度、和下一道粘结牢固的作用，以利于嵌填聚酯纤维棉絮及环氧密封胶泥，裂缝位移时，柔性材料随之延伸、保证位移时的防水堵漏性能。

4.2　隧道翻浆病害治理。

（1）渗漏治理选材：

1）抗振动扰动永不固化防水材料：

抗振动扰动永不固化防水材料是一种水性涂料，无毒、无害、无污染，环保性能优异。涂膜具有较高抗拉强度、耐水性、低温柔性及抗裂性的优点，可在潮湿基层上施工并粘结牢固。使用便捷，配料简单，操作方便，快速冷涂，工效高、工期短，适用于不规则基面的防水处理,亦可在雨后的基面立即施工。其优点为:①弹性材料、活动量高,永不固化,能够多次产生愈合;②可长期浸于水中,与各种基面粘结能力强;③耐－50℃低温;④抗振动扰动、列车荷载影响。

图 4　开槽(一)

图 5　开槽(二)

图 6　密封(一)

图 7　密封(二)

2)高渗透改性环氧防水涂料:

材料介绍见本文"3.1 隧道渗漏水病害治理"相关内容。

3)无机复合型水中不分散灌浆材料:

无机复合型水中不分散灌浆材料是一种以水泥基胶凝材料为基材,与超塑化剂等外加剂及细集料等混合而成的灌浆修补材料,具有大流动性、早强、高强、微膨胀的性能。常用于干缩补偿、早强、高强灌浆、修补,形成高强、致密、抗渗的硬化体。其可以用在填充孔洞、基层和底板间起支撑作用,如梁柱接头、桥梁支座、设备支撑、吊车轨道等,亦可用作螺栓、钢筋搭接、支座等的固定。对于灌浆料而言,亟待解决的是早强和膨胀的问题,还有大流动性和水下抗分散性的矛盾问题。针对这些问题,目前已形成了以下几种处理途径:一是在普通硅酸盐水泥中加早强剂和膨胀剂,二是使用特性水泥,三是普通硅酸盐水泥和特性水泥复合。这些方法都存在着稳定性差、耐久性能不理想等问题。无收缩灌浆料优点为:①早强高强浇筑后 1~3d 强度高达 211~330MPa 以上,缩短工期;②自流态现场只需加水搅拌,直接灌入设备基础,砂浆自流,施工免振,确保无振动、长距离地灌浆施工；③微膨胀浇筑体长期使用无收缩，保证设备与基础紧密接触，基础与基础之间无收缩，并适当的膨胀压应力确保设备长期安全运行；④抗油渗，在机油中浸泡30d后其强度提高10％以上，成型体密实、抗渗，适应机座油污、环保；⑤灌浆料与水泥的主要区别，还在于低水胶比、掺有高效减水剂和矿物细掺料，改变了水泥石。

4) 改进型丙烯酸盐灌浆材料。

5) 无收缩聚氨酯堵漏灌浆材料，材料介绍见本文"3.1隧道渗漏水病害治理"相关内容。

6) 柔性潮湿型改性环氧结构密封胶，材料介绍见本文"3.1隧道渗漏水病害治理"相关内容。

(2) 翻浆病害复合堵漏止水体系：

疏通排水：铁路隧道路基翻浆冒泥病害产生的主要原因是路基中有水，因此，采取有效措施，使路基中的水及时排出，让路基始终处于一种比较干燥的状态，路基就不会产生翻浆冒泥病害。其中有效措施为在中心排水渠道内打孔泄压排水，将水引流到排水槽内。

4.3 道床贯穿式裂缝病害治理。

钻孔（图8）：清理排水槽外侧墙壁杂物，分析裂缝的情况，沿裂缝两侧交叉进行钻孔，孔距在25～30cm，孔深30～120cm。同时清理排水槽内杂物并在排水槽内压密布设注浆管，间隔15～20cm均匀布设（根据结构科学调整）。

1) 深层注浆（图9）：在钻好的孔内安装灌浆嘴，使用高压灌浆机向灌浆孔（嘴）内灌注水中不分散灌浆材料。

 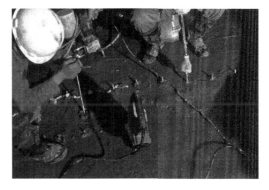

图8 图9

2) 层间注浆（图10）：从一侧交叉逐步灌注丙烯酸盐堵漏灌浆材料及潮湿型改性环氧注浆材料，注浆压力控制在0.2～0.5MPa，当相邻孔或裂缝表面观测孔开始出浆后，保持压力10～30s，观测缝中出浆情况，再适当进行补灌。要反复多次补充灌浆，直到灌浆的压力变化比较平缓后才停止灌浆。单管注浆量15～20kg，排水槽每米注浆量80～100kg。

3) 拆嘴：灌浆完毕，确认树脂完全固化即可去掉外露的灌浆嘴，清理干净溢漏出的已固化的灌浆液。

4) 用聚酯纤维棉絮配合环氧密封胶填充贯穿式裂缝。

5) 排水渠侧面及排水槽处理：高压水枪清理排水槽及侧面，保持干燥干净，双层刮涂（底涂＋面涂）高渗透改性环氧防水材料，厚度为3.0～3.5mm，每米使用量25～35kg。

6）待上道材料固结后，裂缝处刮涂永不固化防水材料进行二次密封（如图11），厚度3～5mm，每米使用量3.0～5.0kg。

图 10　　　　　　　　　　　　　　　　　　图 11

由于铁路隧道施工受"天窗"点的限制，受隧道所处环境及气温的多种条件影响，因此对堵漏施工材料的凝固时间、粘结效果、材料的耐低温及拉伸强度都有极高的要求。而针对本次铁路隧道渗漏水病害的多种形式，存在着多种疑难问题，我公司根据现场具体情况科学选择堵漏材料，多种材料复合应用，以及根据现场实际渗漏病害情况采取相应的科学的堵漏施工工法，完成了对表面封闭材料、化学灌浆材料的性能分析，并根据不同渗漏形态、不同渗漏部位，对材料适应性进行匹配，从而可以根据不同渗漏形态、部位、结构特点，选择相适宜的材料。优化了配套结构、明确了配套措施，保证了不同渗漏部位形态，选择正确的材料和堵漏工艺。

针对本次修缮，我公司结合对材料的研究分析、对施工工艺的创新，分别选取陕西高速公路隧道、西安地铁、北京地铁作为依托工程。完成材料、施工工艺的试验验证，创新施工工艺，施工效果均达到预期要求。

公司新材料新技术的应用，有效解决高速公路隧道、地铁隧道、高铁隧道、铁路隧道、地下空间等设施的渗漏水难题。延长混凝土工程的使用寿命，保障隧道畅通安全。为施工企业节约了材料、人力、物力、降低施工成本；为国家节约了大量维修资金。

4.4　隧道渗漏水病害治理效果。

施工完成后，经多次现场查看封堵情况，观察病害部位，无一渗漏，达到预期试验验证要求，经业主、设计、监理单位领导到工地检查指导，查看堵漏效果，给予充分肯定（图12、图13）。

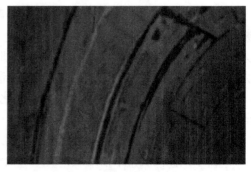

图 12　隧道渗漏水病害施工前　　　　　　　图 13　隧道渗漏水病害施工后

4.5 隧道翻浆病害治理效果。

修复后的翻浆冒泥病害，通过多次现场查看，治理部位没有再出现冒水、冒泥现象，经受住了时间考验，保障了列车通行安全（图14、图15）。

图14 病害施工前

图15 病害施工后

高分子益胶泥在广州地铁实验段工程防水应用

中外合资华鸿（福建）建筑科技有限公司　陈虹生[1]　周立学　魏华基

1. 工程概况

1.1　广州地铁轨道交通 4 号～7 号线区间地处珠江三角洲河道交错的冲积平原，埋深约 14～24m，基层主要为岩石风化带和混合岩硬塑状残积地层以及混合岩可塑状残积地层，局部开挖面岩土结构松散易坍塌，用作复合防水层试验的地段处于 7 号线暗挖区间，属矿山法隧道复合衬砌结构，埋深约 20m。

　　7 号线区间地铁洞壁初期支护喷射完后，由于其没有找平要求，基层表面呈大面积、连续性的石质犬牙状和蜂窝状（图 1）。

图 1　基层现状

1.2　3 号线华岗区间和 7 号线联络—隧道为防水抗渗堵漏试验项目。

　　本项目试验工作由 2002 年 9 月开始至 2005 年 8 月，由于稠度和粘结力等原因，犬牙尖和牙刃部位的初支喷射砂浆大部分滑落，余下的初支砂浆基本聚集在犬牙根部和蜂窝底部，因而尖利的石质犬牙密布整个基面，其凹凸面深的部位达 80mm。

　　原设计该处使用 PVC 卷材做防水层，将 PVC 卷材铺设在初期支护的基面上后，即在卷材面上浇筑二期支护（钢筋混凝土厚 300mm）。

---

[1]［第一作者简介］　陈虹生，男，1953 年出生，总经理、外方代表，单位地址：福建三明沙县金古工业。邮政编码：365050。联系电话：0598-5857616。

2. 渗漏原因分析

施工时 PVC 卷材的焊接头很可能被犬牙石挂住无法顺利展开，人力强行拉伸造成卷材撕扯开裂，而卷材自身也会被犬牙石刺破而致使卷材防水层产生漏点，水流在空铺状态的卷材内侧四处蹿动，使大量的地下水渗入初期支护与二期支护之间，对二期支护产生腐蚀和破坏作用，进而影响到地铁设施的使用功能和安全性。从这一角度看，PVC 卷材被应用于此部位，显然是弊多于利（图 2）。

可以肯定的是：PVC 卷材在铺设时如不被尖利的犬牙石划破，那么在二支立模、捆扎钢筋等后续工序中也可能遭到破坏；而且不可避免的是在浇筑二期支护时，由于侧墙混凝土浆料的挤压，拖动拱顶卷材下坠，形成空腔，使本来就不易浇灌的拱顶部分厚度更小以及混凝土密实度降低（图 3）。

图 2　PVC 卷材防水层破损　　　　图 3　拱顶混凝土密实度低

3. 治理技术方案

就其复杂的基层断面来说，首先防水层不应绷紧铺设在高低不平犬牙交错的基层面上，这时的防水层应该能够随着基层断面的变化紧紧地在基层上；其次由于基面上十分潮湿，因而防水层应具有能在潮湿的基面上作业的功能，而这两点正是 PVC 卷材甚至大部分卷材和涂料难以克服的瓶颈。基于上述原因，为满足刚柔相济、多道设防的防水原则，我们采用了高分子益胶泥＋柔性涂料的复合防水做法。

隧道渗漏水病害治理技术方案：

（1）该试验段原设计为 PVC 卷材，后变更为 5mm 厚高分子益胶泥（PA-A 型）防水层＋1.2mm 厚聚脲（SPUA）防水层的刚柔复合防水构造。

（2）渗漏修缮主要材料简介：

1）PA-A 型高分子益胶泥：

① 高分子益胶泥属水泥基聚合物改性复合材料，与水泥砂浆基面、混凝土基面的相容性较好，能很容易地涂覆在这类基面上，而且粘结力大（＞2MPa），不易起壳或脱落。

② 高分子益胶泥可以在潮湿的基面上涂覆施工。

③ 高分子益胶泥抗渗能力强（＞1.0MPa/3mm 厚涂层），在初支上涂覆高分子益胶泥

后，能有效阻断初支渗出的水分，给后续的涂料创造一个干燥良好的着床条件（图 4）。

图 4　涂覆高分子益胶泥后的初支

④ 高分子益胶泥涂层薄、粘结力大，因而它能牢固地黏附在蜂窝口和犬牙尖上，使它们的尖利部分都形成圆角，不易划破后续涂料的涂膜，使后续涂料的成膜条件相应得到改善。

⑤ 性能指标（表 1）

理化性能　　　　　　　　　　　　　　　　　　　　　　表 1

项目		指标	
		Ⅰ 型	Ⅱ 型
凝结时间	初凝时间（min）	≥180	
	终凝时间（min）	≤780	
抗折强度（MPa，7d）		≥3.0	
抗压强度（MPa，7d）		≥9.0	
涂层抗渗压力（MPa，7d）		≥1.0	
拉伸粘结强度（MPa）		≥0.5	≥1.0
浸水后拉伸粘结强度（MPa）		≥0.5	≥1.0
热老化后拉伸粘结强度（MPa）		≥0.5	≥1.0
耐碱性		无开裂、剥落	

2）聚合物水泥防水浆料（HL-K11），应符合《聚合物水泥防水浆料》JC/T 2090—2001 标准。

3）聚脲，应符合《喷涂聚脲防水涂料》GB/T 23446—2009 标准。

4. 施工基本情况

4.1　隧道渗漏水采用高分子益胶泥修缮施工技术。

（1）施工工艺流程：

基层处理 → 排水减压 → 修补裂缝 → 胶浆配制 → 涂布益胶泥防水层 → 堵塞排水孔 → 细部节点处理

（2）基层处理：

清洗基面、剔除疏松的碎石和松动的初支砂浆，清理出坚实、牢固干净的施工面。

（3）排水减压：

在渗漏水多的部位钻孔排水减压，孔径 10mm，孔深视具体情况而定，内插软管排水以保证水流不得流淌或溅在施工面上；基面可以干燥或潮湿，但不得有明水。

（4）修补裂缝。排水减压完成后即可进行裂缝的修补工作：

1）在裂缝位置开凿 U 形槽，槽宽 20mm，深 30～50mm。

2）缝隙若尚有微量渗水，则应先用堵漏材料封堵。

3）先用 HL-K11 聚合物防水浆料在槽面涂刷一遍，涂刷厚度约 1mm，第一遍防水浆料硬化后即可刷第二遍浆料，厚度约为 1mm。

4）HL-K11 防水浆料硬化后即可往 U 形槽内填充 PA-A 型高分子益胶泥浆料，填充时不可一次填满，U 形槽嵌填至距平面 3～5mm 时即中止，使其硬化后再填料至平面即可（图 5）。

（5）浆料配制：

1）高分子益胶泥粉料与清水按材料说明书规定的比例配制，灰水比＝1：0.25～0.28（用喷射机喷涂时，可视气候及机具要求适当增加清水比例以便适宜操作）。

2）在搅拌容器中加入适量清水，然后再按比例加入粉料，边加粉料边用电动搅拌器搅动容器中的混合胶浆料，直到胶浆料拌和均匀，不得有生粉团，拌好的胶浆料静置 5min 再拌和 2min 方可投入使用，拌好的胶浆料应在 3h 内用完。

图 5　裂缝修补施工

3）涂布高分子益胶泥防水层。

① 用高分子益胶泥胶浆对初支基面进行喷涂，喷涂量 18kg/min，涂覆面积 6m²，涂层厚约 2.5mm，每小时可喷涂面积＞300m²。

② 涂层终凝后对漏喷和遮盖厚度明显不足处进行喷射点补（或涂刷），力求使涂层厚度一致，并保持涂覆的整体性。

③ 点补处终凝后进行二次喷涂，喷涂量 18kg/min，涂层厚度约 2.5mm，每小时可喷涂面积＞300m²。

④ 涂层终凝后对喷涂不足处进行喷射点补（或涂刷），使犬牙牙尖、刃边及蜂窝口边挂浆饱满，并使初支基面呈现连续性的高、低处过度柔和的益胶泥涂层。

（6）堵塞排水孔：

益胶泥胶浆料防水层硬化 72h 后，方可用堵漏材料进行排水减压孔的封堵，由排水量较少的孔洞开始封堵，全部孔洞可视排水量及孔洞所设位置逐步逐批封堵（图 6）。

（7）细部节点处理：

1）益胶泥涂布好后，应按设计要求对通风洞口、排水预留孔等细部节点进行处理。

2）排水孔堵好后应补涂益胶泥胶浆料，补涂的胶浆料应与原喷涂的防水层交圈，交圈叠合宽度应≥80mm。

图 6　堵塞排水孔施工

4.2　高分子益胶泥涂层上聚脲防水涂层施工技术，按相关应用技术规范进行。

4.3　质量要求：

（1）用于本工程渗漏治理的防水材料及配套材料的品种、规格应符合治理技术方案要求，质量应符合国家相应材料标准。

（2）选派具有渗漏治理施工经验的操作员上岗，严格施工过程中的质量控制。

（3）本工程渗漏治理施工应符合《地下工程渗漏治理技术规程》JGJ/T 212—2010 相关规定和治理技术方案要求，治理后地下室应不渗不漏，满足使用要求。

5. 修缮效果

经过上述处理后，初期支护的基面上随高就低地覆盖着高分子益胶泥涂层，它有效地屏蔽在初期支护基面上，阻断了初期支护内的渗漏水，并在基面上形成了一道抗渗、抗裂、整体性好的构造层次，把一个干燥、坚实、凹凸过渡平缓的新的基面呈现出来，为后续柔性聚脲防水涂料的应用提供了一个良好的着床成膜条件（图 7）。

本项目实验工作自 2002 年 9 月至 2005 年 8 月，历经 3 号线华岗区间小范围现场试验和 7 号线联络一隧道较大面积试验，试验是成功的，基本达到试验目的。修缮施工完成后，做到了不渗不漏，满足使用要求。

广州市地下铁道总公司在其专题报告（图 8）中，做了很准确的总结：

图 7　初期支护高分子益胶泥涂层施工后效果良好

图 8　使用单位专题报告

"3. 在所试验的几类防水材料中，以益胶泥与聚脲相结合的防水层其防水效果相对较好，材料的环保性能更符合要求，它可采用喷涂的工艺施工更有利于提高矿山隧道防水层的施工效率与施工质量。"

"5. 益胶泥是一种刚性防水涂料，它与初期支护的混凝土具较强的粘结力，可在潮湿基面上施工，终凝后强度提高可以抵御初期支护层的渗漏水层，它与聚脲具有较好的相融性，粘结性好。

聚脲是一种双组分的柔性防水涂料，可采用喷涂的方法进行施工，凝固时间极短（30～60s），凝固后具较奻的弹性，与刚性防水层—益胶泥有较强的附着力（粘结力），两者所形成的刚柔相结合的防水层较好地抵御从初期支护混凝土中的渗漏。"

地下通道 BOT 项目变形缝渗漏修缮技术

江苏凯伦建材股份有限公司　陈斌[1]

1. 工程概况

（1）地下商业开发及地下通道 BOT 项目位于四川省南充市顺庆区人民南路附近区域，为单建掘开式平战结合人防工程，采用逆作法进行施工，该工程包括地下空间部分以及六条道路的地下工程部分。其中，负一层为商业区，负二层含下穿通道、小型汽车停车库、设备用房及人防战时电站。

（2）该工程大部分区域出现抗浮能力不足问题及墙、柱、板存在不同程度的质量缺陷，需对该工程总建筑面积约 8 万 m² 质量安全病害，特别是地下渗漏进行整治修缮。

2. 渗漏原因分析

（1）变形缝部位由于建筑物热胀冷缩，基础的不均匀沉降，附近水文、地质状况改变，导致变形过大，超过允许变形范围，使得原橡胶止水带被拉裂而产生渗漏。

（2）变形缝部位混凝土局部存在浇筑振捣不密实、蜂窝、麻面等现象，以及不规则甚至贯通性裂缝，导致窜水。

（3）排水系统堵塞，导致变形缝处较大的水压长期积累引起结构开裂，破坏防水体系，引起渗漏。

（4）变形缝防水设计不合理，选用的嵌缝材料不适应结构的变形，构造处理不当。

（5）变形缝嵌缝密封材料施工以及止水带安装质量不符合设计要求。

3. 治理技术方案

（1）基本方案

主要采用层间注浆维修治理的做法，在渗漏最为严重的 R6 伸缩缝处，进行治理实验，密实封堵、植入注浆嘴，同时分段、多次循环注入丙烯酸盐注浆料。

待所有工序完成后，观察一周，顶板、侧墙、底板均未发现渗漏现象时，清除变形缝内原维修灌入的聚氨酯灌浆料、填充料等杂物，用防水堵漏宝（内掺纤维）分层封堵。

（2）渗漏治理主要材料简介

（1）CL-DLB 无机防水堵漏宝材料。

无机防水堵漏宝是以特种水泥及添加剂经特殊工艺加工而成，是具有抗碱、防水防潮、抗裂、堵漏于一体的优质堵漏材料。

1）材料特点。

① 具有带水快速堵漏功能，初凝、终凝时间短，抢修首选。

---

[1]［作者简介］　陈斌，男，1989 年 10 月出生，工程师，单位地址：江苏苏州吴江七都镇亨通大道 8 号。邮政编码：215234。联系电话：13906253014。

② 施工方便，迎、背水面均可施工，有极强的抗渗、耐水性。

③ 防水、防粘一次完成、粘结力强。

④ 无机材料，对钢筋无腐蚀，微膨胀、密实、抗渗、抗腐蚀。

⑤ 绿色环保，无毒、无异味、不可燃，可用于饮用水工程。

2）性能指标。

符合《无机防水堵漏材料》GB 23440—2009 要求（表 1）。

CL-DLB 无机防水堵漏宝性能指标　　　　　　表 1

序号	项目		缓凝型（Ⅰ型）	速凝型（Ⅱ型）
1	凝结时间	初凝（min）	≥10	≤5
		终凝（min）	≤360	≤10
2	抗压强度（MPa）	1h	—	≥4.5
		3d	≥13.0	≥15.0
3	抗折强度（MPa）	1h	—	≥1.5
		3d	≥3.0	≥4.0
4	涂层抗渗压力（MPa，7d）		≥0.4	—
	试件抗渗压力（MPa，7d）		≥1.5	
5	粘结强度（MPa，7d）		≥0.6	
6	耐热性（100℃，5h）		无开裂、起皮、脱落	
7	冻融循环（20 次）		无开裂、起皮、脱落	

（2）CL-BXSY 丙烯酸盐灌浆材料。

CL-BXSY 丙烯酸盐灌浆材料，采用严格的先进工艺生产，杜绝任何有毒物质，兼具有安全环保、弹性大、粘结性强、耐腐蚀性能优良等特点。适用于各种干湿冷热环境，其凝胶体遇到水后二次膨胀率高达 150％，能有效防止裂缝再次渗漏。

1）材料特点。

① 黏度低、渗透性强。

② 凝胶时间可控。

③ 抗渗、抗压、弹性性能好。

④ 化学稳定性好。

⑤ 粘结能力好。

⑥ 干湿环境适应性强。

⑦ 遇水二次膨胀。

2）性能指标。

符合《丙烯酸盐灌浆材料》JC/T 2037—2010 要求（表 2）。

CL-BXSY 丙烯酸盐灌浆材料　　　　　　表 2

序号	项目	技术要求	
		Ⅰ型	Ⅱ型
1	外观	不含颗粒的均质液体	
2	密度（g/cm³）	1.0～1.15	
3	黏度（mPa·s）[（23±2）℃]≤	10	
4	pH 值	6.0～9.0	
5	凝胶时间（s）	30s～20min 可调	

续表

序号	项目	技术要求	
		Ⅰ型	Ⅱ型
6	渗透系数（cm·s^{-1}）　≤	1.0×10^{-6}	1.0×10^{-7}
7	固砂体抗压强度（kPa）　≥	200	400
8	抗挤出破坏比降　≥	300	600
9	遇水膨胀率（%）　≥	30	

4. 施工基本情况

4.1　施工基本程序

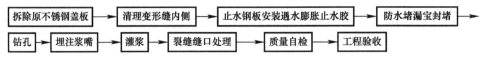

4.2　主要施工工艺

（1）搭设脚手架，并拆除原变形缝处不锈钢盖板。

（2）剔除原变形缝封口处混凝土，抠除变形缝内原维修灌入的聚氨酯灌浆料、原木板嵌缝以及原挤塑板填充物，去除混凝土断面滋生的水生物等影响灌浆液粘结强度的不利物质，必要时可采用溶剂清洗（图1、图2）。

图1　凿除、高压水枪冲洗　　　　图2　凿除垃圾清除

（3）变形缝内紧贴原钢板橡胶止水带打聚氨酯密封胶及安装遇水膨胀止水胶条。

（4）防水堵漏宝（内掺纤维）分层密实封堵、分层养护，同时植入注浆嘴（图3）。

（5）待堵漏宝初凝时立即分段、充分且三次以上循环注入丙烯酸盐注浆料（图4）。

（6）变形缝两侧注浆孔的钻孔。距离变形缝约10cm、20cm（需考虑混凝土的厚度、中埋止水带位置和宽度、钻孔角度、避免碰筋和崩角等相关因素来确定），斜钻孔至中埋止水带和原防水层之间。交叉钻孔，钻孔之间的间距宜为500mm（可根据现场的实际渗漏情况调整）。

（7）待注浆嘴安装完成后，循环注入丙烯酸盐注浆料。

（8）等浆液完全固化凝胶后再拆除注浆嘴。

4.3　修缮质量检查

根据现场工程量大小、工期要求，合理安排劳动力计划；施工过程中实行"自检-互检-专检"相互结合的"三检"制度，确保每道工序的施工质量。

图 3　开孔、预埋注浆嘴　　　　　　　　图 4　高压注浆

5. 修缮效果

采用上述修缮方案和施工工艺，对渗漏最为严重的 R6 伸缩缝处进行治理实验，整治效果良好，至今顶板、侧墙、底板均未发现渗漏现象。

CL-FSJ 有机硅防水剂在建筑外立面装饰层渗漏修缮中的应用技术

江苏凯伦建材股份有限公司　陈斌[1]

1. 工程概况

该工程位于安徽省蚌埠市蚌山区兴业街与广场四街交叉口处小区，整栋楼东立面山墙处出现大面渗漏水，住户室内墙体出现返潮、发霉等现象。我司根据以往堵漏经验，向甲方推荐使用建筑表面用有机硅防水剂材料对此工程进行堵漏修复。

2. 渗漏原因分析

（1）原外墙无防水设防处理。

（2）外墙砖本身易吸水，加上受环境、温度及紫外线辐射影响出现风化现象，强度降低。

（3）外墙砖接缝部位原水泥嵌缝材料受温度及环境影响开裂，雨水直接穿过裂缝进入外墙构造层内。

（4）外墙珍珠岩保温颗粒保温层本身易吸水且锁水，雨水透过外墙砖及砖缝进入保温层内积蓄，饱和后透过外墙加气块砖砌体结构进入室内，造成室内墙面长毛、发霉甚至渗漏的现象。

（5）外墙空调安装后穿墙管洞未做有效防水封堵处理，雨水穿过管道口进入外墙构造层内，造成渗漏的现象。

（6）外墙阳台部位存在渗漏现象。

3. 治理技术方案

3.1　基本方案

采用 CL-FSJ 建筑表面用有机硅防水剂，在建筑外墙装饰层上进行修缮处理。

建筑表面用有机硅防水剂喷涂到坚硬的混凝土上或石材表面之后，液体内的催化剂会和游离性碱类物质产生反应，在混凝土内部或石材内部生产稳定的晶体物质，完全堵塞混凝土或石材内部所有微细的空隙，成为结构的一部分，使混凝土内部或石材结构成为密实整体，增强其表面层的密度和硬度，起到密封、防水、防磨损的作用。

3.2　渗漏治理主要材料简介

CL-FSJ 建筑表面用有机硅防水剂。

建筑表面用有机硅防水剂是一种无毒环保化学渗透型混凝土防水剂、石材养护剂。

1）材料特点。

①防水性能优异：荷叶效果，雨水在表面成水珠滚落。

---

[1]［作者简介］ 陈斌，男，1989 年 10 月出生，工程师，单位地址：江苏省苏州市吴江七都镇亨通大道 8 号。邮政编码：215234。联系电话：13906253014。

②透气性佳：表面涂层不会起鼓、龟裂、剥落。

③防潮防霉性：内外干燥，杜绝墙体霉变。

④抗老化性：抗紫外线、耐酸碱，抗风化。

⑤抗污染性：表面光滑平整，不沾尘埃。

⑥中性环保：无毒、无污染、无残留、无刺激。

⑦耐久性强：乳液型防水剂配方、更耐久。

2）性能指标（表1）。

符合《建筑表面用有机硅防水剂》JC/T 902—2002 要求。

CL-FSJ 建筑表面用有机硅防水剂性能指标   表1

序号	试验项目		指标	
			W	S
1	pH 值		规定值±1	
2	固体含量（%）≥		20	5
3	稳定性		无分层、无漆油、无明显沉淀	
4	吸水率比（%）≤		20	
5	渗透性 ≤	标准状态	2mm，无水迹无变色	
		热处理	2mm，无水迹无变色	
		低温处理	2mm，无水迹无变色	
		紫外线处理	2mm，无水迹无变色	
		酸处理	2mm，无水迹无变色	
		碱处理	2mm，无水迹无变色	

注：1、2、3项为未稀释的产品性能，规定值在生产企业说明书中告知用户。

4. 施工基本情况

4.1 施工基本程序

4.2 主要施工工艺

（1）吊篮安装。外墙阳台两侧吊篮安装，以确保安全的前提下提升施工质量及效率（图1）。

（2）瓷砖缝填缝。人工手持切割机将所有瓷砖缝内的水泥全部切除，要求切除深度不小于瓷砖厚度。遵循由上到下、由左到右的顺序依次切割，并采用毛刷将瓷砖缝内的浮灰清除干净。

（3）空鼓瓷砖剔除及恢复。采用木锤或橡胶锤轻轻敲击外墙砖，检查是否有空鼓现象，空鼓部位的外墙砖必须剔除，然后用聚合物水泥砂浆抹平处理与颜色类似的外墙漆修补。

（4）穿墙管道节点加强。外墙后装空调等管道周边的一块外墙砖剔除，外墙构造层铲除至外墙结构，管道周边空腔部位采用防水堵漏宝（内掺纤维）密实封堵，然后采用聚合物水泥砂浆抹灰处理，再采用与外墙瓷砖颜色类似的外墙漆修复处理。

（5）瓷砖缝嵌缝。采用专用防水填缝剂对瓷砖缝重新嵌缝处理，要求嵌缝密实，不得有空鼓等漏嵌现象（图2）。

（6）外墙溶剂清洗。采用溶剂将外墙滞留的油污、浮尘以及前期维修施工的丙烯酸防水涂料清洗干净，以便于防水剂能顺畅快捷地完全渗入外墙砖内。

（7）防水剂大面涂布（涂刷、滚涂、喷涂）。采用防水剂对整个外墙进行喷涂施工，要求至少分两遍喷涂，且相互垂直喷涂施工。每遍防水剂喷涂完成后需待第一遍防水剂渗入外墙砖且表干后方可喷涂第二遍（图 3、图 4）。

图 1　安装吊篮、清洗墙面

图 2　瓷砖嵌缝处理

图 3　大面滚涂

图 4　机械喷涂

（8）检查验收。外墙防水维修工程现场项目经理先严格自检，经检查无渗漏后再向甲方及物业公司报验，经验收合格后方可拆除吊篮。

（9）吊篮拆除。将外墙施工吊篮拆除，整理完毕装车运出小区，施工现场要求工完场清，不得有残余施工垃圾滞留。

4.3　修缮质量检查

根据现场工程量大小、工期要求，合理安排劳动力计划；施工过程中实行"自检-互检-专检"相互结合的"三检"制度。

5. 修缮效果

该项目经过修缮处理后，外墙渗水、发霉处不再有此现象。通过两年来的观察，此施工做法达到了治理渗漏的预期效果，用户非常满意。

地下隧道涌水封堵技术

青岛天源伟业保温防水工程有限公司　李军伟[1]　李强

1. 工程概况

青岛地铁 8 号线青平结建段项目，属于大型隧道工程。位于胶东机场、大沽河附近。在地铁隧道掘进过程中遇原地质勘探井填埋部位，此部位钻探深度距离地面 60m，施工要求此部位需开挖 32m，在挖至负 16m 时水流喷涌而出，涌水部位压力大，涌水量可达 20m³/h，现场积水面积达到 180m²。导致现场 30 余人全部停工。第一家防水公司用聚氨酯发泡封堵，历时 2d，不见效果，严重影响现场施工，拖延了工期，为尽快恢复施工，我公司在接到青岛市建筑保温防水协会电话后，技术人员即刻前往现场进行勘察，勘察后连夜进行研究，根据现场情况制定了三套施工方案，经现场试堵施工，最后采用防水袋注浆导管加"天源专利堵漏材料"封堵，用"天源专利高压注浆机"注浆，经过两天的施工，成功封堵，获得了现场施工总包方的好评。

2. 渗漏原因分析

施工要求此部位需开挖 32m，此区域地质结构上层为泥土结构，下层为岩石结构。因农户用水浇地，在此区域开设地下用水井，开设深度未知。隧道施工开挖此处至负 16m 时水流喷涌而出，涌水部位压力大，涌水量可达 20m³/h。

3. 治理技术方案

3.1　基本方案

采用防水袋注浆导管注浆与天源专利堵漏材料封堵相结合的技术方案。

该项目自制的专用防水袋注浆导管，可根据要封堵深度随意调节，防水袋注浆导管可防止浆液外渗解决堵漏材料被高水压涌出的问题。

3.2　防水堵漏主要材料——天源专利堵漏材料简介

（1）材料特点：

市面常见的注浆料反应时间较长，凝固不充分，韧性不足，在压力较强的环境下无法充分完全反应。天源专利堵漏材料为新型双组分材料，注浆后可迅速反应凝固并不收缩反弹，韧性好，根据具体情况可控制浆料凝固时间，适应性强。

（2）性能指标：

符合《水性丙烯酸树脂涂料》HG/T 4758—2014 要求。

3.3　天源专利高压注浆机

（1）设备特点：

---

[1]［第一作者简介］　李军伟，男，1967 年 3 月出生，技术顾问教授，单位地址：青岛市城阳区惜福镇前金工业园抱虎山路天源伟业。邮政编码：266000。联系电话：400-624-9518。

天源专利高压注浆机，为大型、自吸注浆机，具备注浆、喷浆两种功能。传统注浆机压力小，装浆液量不充足，往往导致过程使用中出现压力不足、浆液流失、回流、缺材料

图 1　注浆机

等现象。采用大型、自吸注浆机，将注浆液搅拌均匀放在容料筒内，可在注浆的同时随时添加、保证浆料的补给，压力过大时有压力表显示可暂停注浆（平压状态时压力表匀速回落）。不会出现浆料回流、机器压力不足的情况。专利高压注浆机实现了两机并用，解决了传统注浆机压力不足、空压不稳、短时间内注浆量不足等问题。

（2）性能指标：

1）注浆机：注浆压力较大，可注浆可喷浆，压力可随意调节，从 3MPa 可调节至 10MPa（图 1）。

2）注浆针头：可注 80～100Ω 以上的复合注浆料，内设钢珠可起到压力融进，无压力时可起到封闭作用（图 2）。

图 2　注浆针头

4. 施工基本情况

4.1　施工基本顺序

选取施工方法 ⟶ 注浆 ⟶ 填入速凝型硬固材料

4.2　主要施工工艺

首先将机械、材料运至现场并调试完毕。将对该项目自制的专用防水袋注浆导管运输至指定注浆部位。在井口架设三脚架，将防水袋注浆导管固定。两台高压大流量注浆机同时开启，将浆料同时送入防水袋内。待浆料在防水袋注浆导管内聚积，膨胀完全反应形成"堵块"封堵井口，井口不再渗水后，将注浆机内材料换成速凝型硬固材料注入井内。然后停止注浆，人工向井内填入速凝型材料加固。

采用两台高压注浆机结合注浆的方法，解决了传统注浆机压力不足，浆液无法深入的问题。使用了新型自主研发的专利产品双组分材料，可迅速反应凝固并不收缩反弹、韧性好。该项目自主设计的专用防水袋注浆导管，可将防水袋输送至指定部位，防止浆液外渗，解决堵漏材料被高压水涌出的问题，实施效果非常明显。在实施过程中根据工程渗漏情况和堵漏效果改进注浆方法和配方，利用材料的速凝特性将井口封堵成功，整个封堵过程仅用 15min（图 3～图 6）。

因井内涌水流量较大，传统的堵漏注浆技术无法将浆液送至指定堵漏部位，我公司特选定防水袋注浆法：

（1）先将防水袋深入到井内注浆部位。

（2）两台大型注浆机同时开启，将特殊浆料同时送入至防水袋内。

（3）待浆料在防水袋内完全反应后，将注浆机内材料换成速凝型硬固材料注入井内。

（4）停止注浆，人工向井内填入速凝型硬固材料。

图3　现场积水严重

图4　勘察现场，找到涌水水眼

图5　防水袋注浆法搭配高压大流量
注浆机进行防水施工

图6　使用新型施工方案成功封堵
井口耗时15min

5. 修缮效果

实施效果非常明显，在经过第一天的失败后，我公司吸取经验，改进注浆方法和配方，再次制定新的实施方案，利用材料的速凝特性将井口封堵成功，整个过程耗时15min。

此工程关系到地铁的施工进度、质量和工期，所以要求工程质量甚高，我公司拥有多年防水、堵漏、封渗经验，以及多项新型设备、新型材料和技术，结合对材料的研究分析、对施工工艺的创新，顺利完成此项工程。

北京地铁亦庄线轨道转向机基坑漏水修缮技术

军事科学院国防工程研究院 赖明华[1]

1. 工程概况

北京地铁亦庄线轨道转向机基坑漏水。

隧道和地下建筑物的渗漏水维修为典型的背水面维修，传统平面防水材料依靠与结构面的贴合以达到阻隔水的效果，当必须从背水面进行渗漏水维修时，平面防水材料与结构面的界面会直接暴露迎水，因此必然会失效，所以工程实务上从背水面做渗漏水维修仅有三类工法：

第一是穿透结构体直接对水的来源处进行注浆，用注浆材料将结构体外侧的水挤走。

第二是用发泡塑料类材料如聚氨酯等对渗漏水处打不穿透结构体的浅孔进行注浆（俗称打针），将出水点用塑料泡沫加以封闭。

第三则是利用渗透结晶材料对渗漏的结构体进行修复，使其结构体本身达到或恢复自防水的性能。

上述三种工法中最有疑义的是第二种打针方法，首先其只能用于点渗漏，对面渗漏的情况则无法处理，而且因为发泡材料在面临逐渐累积的水压时，其塑料的本质容易受压缩小、变形或脆化而造成封闭失效，加上塑料本身还会随时间老化，因此只适合作为短期的临时性救急措施，而非正常的解决方案。本公司专注的渗透结晶材料是纯无机材料，没有老化问题，且能达到超强抗压和抗渗性能，对于面渗漏和点渗漏等各种渗漏状况都可以处理，因此当必须从正面进行直接封堵时，应以渗透结晶材料施工来取代第二种打针方法。至于第一种贯穿注浆的方法和第三种工法则应是相辅相成，不存在互相取代，先进行背后注浆将绝大部分水源赶走后，再使用渗透结晶材料从正面做细部封堵并补强，应该是最佳和最彻底的维修工法。

本次维修标的为地铁机坑渗漏水，机坑渗漏水在地铁系统中并不罕见，本次示范维修地点选择病害较为严重的亦庄地铁站点。机坑是特别设计下陷以容纳机械装置的空间，由于混凝土浇筑问题或原已做传统平面防水失效以至于出现渗漏水时，通常同时有点和面的渗漏状况，因为机坑面积小且已固定有不可移动装置，位置又位于最低点，所以维修难度很高。

2. 渗漏原因分析

机坑严重渗漏水以至短时间就出现相当多积水，原已注浆数十针聚氨酯发泡材料，试图进行封堵，但失败了。机坑内有机械装置固定于底床上，机械另一端则连接到轨道线路上，机坑中还有电气线路管线（图1）。选取维修的目标机坑长期浸泡在积水中，每当积水

---

[1] [作者简介] 赖明华，教授级高工，联系电话：13910523482。

将满，需采取人工方式将水掏除；经初步清理后观察，机坑底面和侧面混凝土皆因积水长期浸泡而明显劣化，且在仅数平方米面积的底面上分布有超过 20 支的发泡注浆针头，判断应该同时存在点、线、面的渗漏（图 2），而实际是否仍存在明水出水点和存在多少明显渗漏点，则必须等彻底清除坑底面劣化混凝土泥浆和杂物之后才能正确判断。

图 1　电气线路管线

图 2　点、线、面的渗漏

由于渗透结晶材料对混凝土结构除了能起到自防水的效果，还对结构体本身能起到修复和补强的效果，而新型渗透结晶材料是水性的，几乎可以无死角施工，特别适合用于像机坑这类已经有不可移动装置和管线线路的状况。

对于本目标机坑的维修，首先要将机坑彻底清洗干净，观察是否有明水出水点，有的话则必须先用临时性封堵材料进行局部止水；局部止水后，对底面按新型渗透结晶材料标准工法进行喷涂。由于原发泡注针太多，且发泡材料已老化，与劣化混凝土交缠很难分辨清除，再加上底面混凝土已明显劣化，因此决定再对整个底面铺抹一层 20mm 以上厚度的水泥砂浆（类似找平层做法），对此砂浆层再做一道渗透结晶喷涂工法，如此可将注针缝隙和无法清除老化发泡料一次性完全封闭在防水砂浆层中，确保有效的防水修复效果。

3. 治理技术方案

（1）清除机坑劣化混凝土泥浆和异物（图 3）：由于机坑长期浸泡积水中，致使机坑累积相当多泥浆，除清除积水外，必须将泥浆清理干净，并对混凝土表面稍加刷洗。

（2）对出水点和可能出水点做局部封闭（图 4）：对可见出水点以堵漏泥等堵水材料进行暂时性止水，对于装置固定部位的金属和混凝土界面使用塑钢土等黏性类材料多加一道封闭。

图 3　机坑清除

图 4　渗漏点局部封闭

（3）对全机坑喷涂渗透结晶材料（图5）：按标准喷涂工法对机坑进行渗透结晶材料喷涂，间隔进行数次喷涂，每次喷涂应等待上一次喷涂的材料已完全被吸收渗透；本次作业共喷涂三次，每次间隔约15min；机坑周边垂直面应同样喷涂施工。

（4）铺水泥砂浆层（图6）：配置普通水泥砂浆对机坑底面铺上一层20mm以上砂浆层，底面和垂直面交接处应进行弧面处理，以确保交接线全封闭。

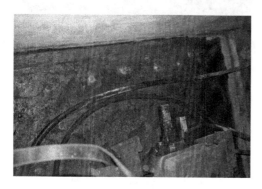

图 5　对全机坑喷涂渗透结晶材料　　　　　图 6　铺水泥砂浆层

（5）对水泥砂浆层喷涂渗透结晶材料（图7）：待水泥砂浆层表面初凝后，对砂浆层再进行一道渗透结晶材料喷涂工法，详细操作同步骤（3）。

（6）间隔一日或数日对修补后机坑进行观察（图8）：机坑已无明水且砂浆层湿渗部位逐渐改善收干，代表结晶正逐步生成将渗水反压回底面之下；每次观察时可以试喷小量水，如果水雾仍可被吸收，则可再随手补喷渗透结晶材料，进一步提高其抗渗和抗压强度，加快收干速率。

图 7　对水泥砂浆层喷涂渗透结晶材料　　　　　图 8　修补后机坑

（7）施工完毕：只要湿渗区域均逐渐缩小、缩干，即表示结晶已开始作用，施工即已完成，若还有任何叠加和后续施工，不必等待面体完全干燥，此时即可接续进行。

4. 施工基本情况

（1）如已进行过裂缝注浆处理，则首先清除原失效的封闭材料。

（2）以清水冲洗缝隙沟槽。

（3）用水不漏对主要出水点进行暂时性止水。

（4）对缝隙沟槽进行预处理：对拟修补的缝隙沟槽连同周边15cm宽度的混凝土结构

进行渗透结晶材料喷涂一至二次。

（5）用水泥砂浆填补缝隙沟槽。

（6）喷涂渗透结晶材料填补了水泥砂浆的缝隙沟槽：喷涂面应涵盖缝隙沟槽及其周边15cm 宽度范围，间隔进行数次喷涂，每次喷涂应等待上一次喷涂的材料已完全被吸收渗透。

（7）间隔一日或数日对修补缝隙沟槽进行观察：每次观察时可以试喷小量水，如果水雾仍可被吸收，则可再补喷渗透结晶材料。

5. 修缮效果

5.1 维修效果

（1）高强度：渗透结晶防水材料与水泥基底的成分反应所生成的纳米结晶体，其抗渗和抗压强度均高于原水泥基质本身，所以经过结晶封闭微孔隙的水泥砂浆或混凝土的抗渗抗压强度会得到数个级别的提升。

（2）长寿命：渗透结晶防水材料与水泥基底的成分反应，其生成的纳米结晶系直接在水泥基质上长出，和基质混成一体，所以其封闭可视为与水泥基底结构具有同等寿命。

（3）立体防水效果：渗透结晶材料的渗透是立体、全方向性的，施工不存在迎水面或背水面的差异，而且是混凝土结构体自防水，对抗渗水是立体全方位性。

（4）消除新旧水泥质存在的界面问题：当存在新旧水泥砂浆或混凝土层时，新型纯水样渗透结晶材料的独特施工法，可以很容易让结晶同时反应生成于新旧界面两侧的接合面，起到微观的桥接作用，可以有效解决新旧界面的密合问题，同质性的新旧界面"混成""模糊"后，可使效果寿命不致因界面存在问题而大幅缩减。

（5）自修复功能：对于新生成微孔隙，在其尚未发展到能透水的程度时，渗透结晶材料特有的自修复功能就能即行启动修补，再次确保效果的长效性。

综合以上，经渗透结晶材料处理或修补的结构体，其防水效果远优于任何传统防水材料，而且寿命极长，是不管来水方向都可以从正面进行防水的最根本和永久性材料。

5.2 比较优势

（1）严格意义上可同时作为迎水面和背水面防水施工的唯一材料：

渗透结晶防水是立体防水，防水封堵的纳米结晶体和原水泥基质形成一体，不存在界面，尤其在背水面防水施工时，没有传统材料和工法上的局限和缺陷。

目前从背水面施工的传统防水工法有背后注浆和使用发泡塑料或填缝胶类的正面封堵两种，背后注浆虽然是从背水面施工，但实际上处理的仍是迎水面的问题，而传统作为正面封堵的材料均为有机材料，本身和无机材质的水泥基底结构就存在一个异质界面，从背水面施工时，其界面直接接触到水源，因此极易失效，加上此类材料多不具备抵抗高水压的能力，且有机材料还存在会老化的问题，以上这些传统正面封堵材料的缺陷都正是渗透结晶防水材料的优势。

（2）对结构体破坏少、施工风险低：

渗透结晶材料作用于结构体，在维修时会以最小破坏为原则，尽量借助尚完好的结构体来对损坏部位进行加强和修补，基本目标是将其修补处恢复到原来的完好状态或尽量接近其原始状态，因此，维修时甚少需要动用破坏工具，也极少需要用到高压等设备，而是主要根据材料和基材作用的高性能性，操作主要是靠细致和具有技术判断性的手动作业。

　　传统表面注液或背后注浆都必须动用破坏工具和高压设备，施工较重、较为繁杂，而大量穿体凿孔和产生振动的工作都可能会对结构体完整性产生负面影响，同时也增加施工风险，尤其是正面高压注液用的钻孔埋针，往往会对原构造增加破坏点或扩大原损坏程度，这些破坏许多是不必要的，再加上使用在无机结构体上的都是异质的有机材料，本身就不相容，不像渗透结晶材料可以混成一体，所以当传统工法一旦失效时，往往会陷入越修越糟、越修越难修的困境。

　　（3）施工快速、实际耗用工时少、可以同时进行多点作业以优化维修成本：

　　渗透结晶材料的维修施工是以填补、封闭为主要手段，必要的破坏性很少，其填补材料多以无机水泥类材料为主，渗透结晶材料可以采用喷涂施工，所以整体施工快，其主要时间用在等待无机材料的初凝和渗透结晶的渗透、结晶上面，等待时间可以用来进行其他维修点的施工，而且不依靠器械设备也使得在维修点间的转移快速，因此可优化多点同时交错施工程序，有效提升效率，使得单位维修成本降到最低。

　　传统防水维修的工序复杂，施工负担重，所需器械和人工较多，受限于无空置人力和工时，以及设备数量有限，人员和器械在同时几个维修点之间转移切换施工几乎是不可能的，所以无法同时进行多点维修施工，因此成本难以因工程数量增加而得到优化降低，不仅维修工程数量多无益于成本的控制和降低，甚至还会因为工期负担重、时间拉伸太长而产生更多的施工缺陷和风险。

　　（4）施工简易、无死角，成本低廉：

　　本公司新型渗透结晶材料为全水样型，仅需普通无动力装置即可施工且前置准备期短，类水的材料形式对难以触及的区域只要水雾能触及均可施工，所以施工面无死角，更由于喷涂施工容易和快速，材料一渗入到结构，即受结构体保护，结构体表面不存在任何材料，因此可以立即接续施工，同时由于是湿式施工，和传统材料必须在干燥环境下施工不同，不受气候和环境影响，节省人力成本和工期。

　　传统防水工法的平面防水都必须在无障碍的整个体面上进行，且必须在气候良好或环境干燥下才能施工，在维修时，对于维修面必须进行全面积完整工序重做，其耗时久、成本巨大，施工工序占用面积大且必须直接接触施工面，对于无法触及的死角难以施工，尤其是对于面上已有固定不可移动设施的情况更是无法作为；即使采用局部打针注浆发泡材料的方式，只能短暂对单一出水点做暂时性止水，对于多数出水点并非漏水点的情形是无效的，更无法处理大面积湿渗的问题。

SDM 系列产品在铁路隧道工程修缮中的应用技术

陕西上坤蓝箭科技有限公司　孙德民[1]　李璞

1. 工程概况

（1）甘钟线弥家河隧道中心里程 K613＋828，隧道全长 306.56m，位于洛河左岸，线路以隧道穿越弥家河左侧山梁。最大埋深 100m，隧道进口端基岩裸露，上部山坡为风积黏质黄土覆盖，山坡自然坡度为 40°～60°。坡面植被较发育，洞身通过区山高坡陡，交通较不便利。洞身为砂岩及砾石，泥质胶结，基岩表层分化严重，岩性松散。由于当年隧道施工方法还不完善以及地下水的作用，受列车运行过程中的高频振动扰动的影响，隧道拱顶出现多处不规则裂缝以及大面积渗漏水，部分区段设备管理单位前期已做过开槽引排处理，但仍反复出现渗漏水情况，其中 K613＋936～K613＋938 段较为严重。

（2）包西线九燕山隧道中心里程 K588＋726，隧道全长 9353m，上行侧分隔标 6370m 处靠中心沟侧整体道床空洞 15cm×10cm×5cm，过车有水涌出，上行 6735～6738m 整体道床靠道心侧向外冒泥，上行 6945m 整体道床向上涌水；下行分隔标 6520～6560m 整体道床板与沟帮间冒泥。该隧道线路两侧排水沟局部开裂渗漏水以及整体道床渗漏造成雨季大量积水汇聚道床内无法及时排出，在列车荷载作用下，造成道床板下沉及翻浆病害。

2. 渗漏原因

（1）由于隧道开挖的过程，施工会给地下水带来影响，使其水流路径发生转变，进而造成了隧道内汇聚了大量的地下水，导致隧道底部和衬砌渗漏。还有就是排水系统不完善，造成隧道排水不畅，进而引起隧道渗漏水。

（2）铁路隧道翻浆冒泥主要是由于隧道渗漏水病害在车辆荷载作用下形成和暴露造成的。重载列车的循环荷载对隧道底部结构病害的影响主要有：隧道底部结构应力分布不均衡产生的较大弯拉应力，致使基底开裂；列车循环荷载的长期作用会加速隧道底部结构破损与扩展，会逐步产生疲劳破坏；基底围岩在受压、退压、振动、冲击下破碎，粉化甚至浆化，恶化了结构受力状态。

3. 治理技术方案

3.1　隧道渗漏水病害治理技术方案

（1）基本方案。

主要采用围点注浆、层间注浆相结合，使混凝土细微裂缝中全部注满浆液，使水侵蚀不了隧道衬砌内部，整个隧道衬砌变成了一个整体，利用环氧高粘结力的结构胶作用，起到堵漏的同时又有补强加固的作用，避免因振动扰动引发衬砌再次开裂、渗漏。经过多年

[1]［第一作者简介］　孙德民，1965 年 11 月出生，高级防水堵漏工程师，单位地址：陕西省西安市雁塔区曲江路 199 号培训大厦。邮政编码：710061。联系电话：13909281287，18891999287，029-85573536。

的实践和施工，我们总结出了在隧道运行后长期在振动扰动环境下的堵漏技术。

（2）渗漏治理主要材料简介。

1）SDM-108 改进型丙烯酸盐灌浆材料

① 材料特点。

黏度低，可灌性好，渗透能力强，能够确保浆液渗透到宽度为 0.1mm 的缝隙中。固化速度可调，根据不同的渗漏水条件，可以在 30s～25min 之内进行调节，以满足堵水要求，减少材料浪费。该材料应用领域比较广泛，能够控制运行隧道中的水，可在施工现场进行稀释，也可根据现场的施工需求调节黏度。

② 性能指标（表 1）。

符合《丙烯酸盐灌浆材料》JC/T 2037—2010。

SDM-108 改进型丙烯酸盐灌浆材料性能指标　　　　表 1

序号	项目	技术要求（Ⅰ型）	检验结果
1	外观	不含颗粒的均匀液体	无颗粒的均质液体
2	密度（g/cm³）	生产厂控制值±0.05	1.092
3	黏度（mPa·s）	≤10	7
4	pH 值	6.0～9.0	8
5	胶凝时间（s）	报告实测值	58
6	固砂体抗压强度（kPa）	≥200	224
7	抗挤出破坏比降	≥300	300
8	遇水膨胀率（%）	≥30	126

2）SDM-103 高渗透环氧树脂加固灌浆材料

① 材料特点。

固结体强度高，不仅能够有效封堵渗漏水，还具有较高的抗压强度及拉伸强度，保障了对裂缝、蜂窝等混凝土缺陷部位的加固补强；固化时间可调。

② 性能指标（表 2）。

符合《工程结构加固材料安全性鉴定技术规范》GB 50728—2011。

SDM-103 高渗透环氧树脂加固灌浆材料性能指标　　　　表 2

序号	项目	标准要求（Ⅰ型）	检验结果
1	凝胶时间（s）	≤45	30
2	表干时间（s）	≤120	60
3	拉伸强度（MPa）	≥10.0	14.5
4	断裂伸长率（%）	≥300	372
5	撕裂强度（N/mm）	≥40	44
6	低温弯折性	≤−35℃	−35℃无裂纹
7	不透水性	0.4MPa，2h 不透水	0.4MPa，2h 不透水

3）SDM-101 无收缩聚氨酯堵漏堵涌灌浆材料

① 材料特点。

遇水膨胀、瞬间堵漏；对基层有很强的黏着力、韧性好、化学性能极佳；膨胀率大，不收缩，正常与水反应浆液可以形成 10～20 倍原体积泡沫体；环保无污染。

② 性能指标（表3）。

SDM-101 无收缩聚氨酯堵漏堵涌灌浆材料性能指标 表 3

序号	检验项目	检验依据	指标要求	检验结果
1	外观	JC/T 2041—2010	产品为均匀的液体，无杂质、不分层	产品为均匀的液体，无杂质、不分层
2	密度（g/cm³）	JC/T 2041—2010	≥1.05	1.19
3	黏度（mPa·s）	JC/T 2041—2010	≤$1.0×10^3$	$0.4×10^3$
4	凝固时间（s）	JC/T 2041—2010	≤800	655
5	不挥发物含量（%）	GB/T 16777—2008	≥78	90
6	发泡率（%）	JC/T 2041—2010	≥1000	2318
7	抗压强度（MPa）	JC/T 2041—2010	≥6	20

4）SDM-104 柔性潮湿型环氧结构密封胶

① 材料特点。

有非常好的弹性，不会因为环境温度变化以及车辆碾压冲击及列车高频振动等造成开裂和粘结失败；具有很好的粘结强度，也可在潮湿界面施工；抗老化和耐酸碱性能优越。

② 性能指标（表4）。

符合《工程结构加固材料安全性鉴定技术规范》GB 50728—2011。

SDM-104 柔性潮湿型环氧结构密封胶性能指标 表 4

序号	检验项目		标准要求（混凝土裂缝修复胶）	检验结果
1	胶体性能	抗拉强度（MPa）	≥25	27
		抗压强度（MPa）	≥50	55
2	粘结能力	钢对钢拉伸抗剪强度（MPa）	≥15	16
		钢对干态混凝土正拉粘结强度（MPa）	≥2.5，且为混凝土内聚破坏	2.9，均为混凝土内聚破坏

5）SDM-702 高渗透改性环氧防水涂料

① 材料特点。

具有很好的渗透性，能渗透到小于 0.1mm 的混凝土裂缝中，优良的粘结力学性能，完全达到或超过国家标准，不含挥发性的溶剂，固化收缩小，抗老化及耐酸碱性能好。

② 性能指标（表5）。

SDM-702 高渗透环氧防水涂料性能指标 表 5

序号	试验项目	技术指标（Ⅰ型）	检验结果
1	凝胶时间（s）	≤45	30
2	表干时间（s）	≤120	60
3	拉伸强度（MPa）	≥10.0	14.5
4	断裂伸长率（%）	≥300	372
5	撕裂强度（N/mm）	≥40	44

续表

序号	试验项目		技术指标（Ⅰ型）	检验结果
6	低温弯折性		≤−35℃	−35℃无裂纹
7	不透水性		0.4MPa，2h不透水	0.4MPa，2h不透水
8	碱处理	拉伸强度保持率（%）	80～150	90
		断裂伸长率（%）	≥250	276
		低温弯折性	≤−30℃	−30℃无裂纹
9	酸处理	拉伸强度保持率（%）	80～150	88
		断裂伸长率（%）	≥250	298
		低温弯折性	≤−30℃	−30℃无裂纹
10	盐处理	拉伸强度保持率（%）	80～150	86
		断裂伸长率（%）	≥250	311
		低温弯折性	≤−30℃	−30℃无裂纹

（3）质量要求。

① 涉及堵漏产品均应符合国家标准、行业标准，环保、无毒；

② 裂缝处无渗水、漏水、脱皮、起砂等缺陷；

③ 密封材料刮涂均匀，与基层粘结牢固、无空鼓；

④ 施工区域表面洁净、平整。

3.2　隧道翻浆病害治理技术方案

（1）基本方案。

铁路隧道道床翻浆冒泥是我国铁路首要的道床病害，通过分析造成翻浆冒泥病害因素以及结合工程实际情况，采用多种设备、多种工艺、多种材料组合的综合技术措施，方能取得良好的整治效果。

（2）渗漏治理主要材料简介。

1）SDM-107抗振动扰动非固化橡胶沥青防水材料

① 材料特点。

能封闭基层裂缝和毛细孔，能适应复杂的施工作业面；与空气接触后长期不固化，始终保持黏稠胶质的特性，自愈能力强、碰触即粘、难以剥离，在−20℃仍具有良好的柔韧性，无断裂现象发生。

② 性能指标（表6）。

符合《非固化橡胶沥青防水涂料》JC/T 2428—2017。

SDM-107抗振动扰动非固化橡胶沥青防水材料性能指标　　表6

序号	项目		标准要求	检验结果
1	外观		产品应均匀、无结块、无明显可见杂质	产品均匀、无结块、无明显可见杂质
2	固含量（%）		≥98	99.8
3	粘结性能	干燥基面	100%内聚破坏	100%内聚破坏
		潮湿基面	100%内聚破坏	100%内聚破坏
4	延伸性（mm）		≥15	65
5	低温柔性		−20℃，无断裂	−20℃，无断裂
6	耐热性		65℃无滑动、流淌、滴落	65℃无滑动、流淌、滴落

2）SDM-702 高渗透改性环氧防水涂料

同 3.1 表 5。

3）SDM-106 无机复合型水中不分散灌浆材料

① 材料特点。

具有很强的抗分散性和较好的流动性，实现水下混凝土的自流平、自密实，抑制水下施工时水泥和骨料分散，并且不污染施工水域。

② 性能指标（表 7）。

SDM-106 无机复合型水中不分散灌浆材料性能指标

表 7

序号	检验项目			标准要求（Ⅰ型）	检验结果
1	抗折强度（MPa）			≥6.0	6.4
2	抗压强度（MPa）			≥18.0	20.6
3	粘结强度（MPa）	28d		≥1.0	1.3
4	抗渗压力（MPa）	砂浆试件	28d	≥1.5	1.5

4）SDM-108 改进型丙烯酸盐灌浆材料

同 3.1 表 1。

5）SDM-101 无收缩聚氨酯堵漏灌浆材料

同 3.1 表 3。

6）SDM-104 潮湿型改性环氧结构密封胶

同 3.1 表 4。

（3）质量要求。

① 涉及堵漏产品均应符合国家标准、行业标准，环保、无毒；

② 道床贯穿式裂缝处无渗水、漏水现象；

③ 铁路隧道路基内、排水渠内无明水；

④ 嵌缝材料表面应平滑、缝边应顺直，无凹凸不平现象。

4. 施工基本情况

4.1 隧道渗漏水病害治理施工

（1）施工基本程序。

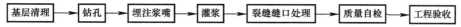

基层清理 → 钻孔 → 埋注浆嘴 → 灌浆 → 裂缝缝口处理 → 质量自检 → 工程验收

（2）主要施工工艺。

① 基层清理：清理表面，用空压机将渗漏部位结构表面吹干净，剔除疏松、不密实混凝土；清理范围由渗漏点、渗漏缝向外延伸 500mm。

② 钻孔：仔细检查、分析渗漏点、渗漏缝的情况，以渗漏点、缝为中心点，确定钻孔的位置、间距和深度。沿裂缝两侧交叉进行钻孔，孔距约 250～400mm，钻头直径为 10～14mm，钻孔角度不宜大于 45°，孔深宜为结构厚度的 2/3（具体根据结构情况科学调整）。

③ 埋注浆嘴：注浆孔钻好时，经检查符合标准时，安装灌浆嘴，并确保灌浆嘴安装

到位、密封完全。

④ 灌浆（图 1）：使用高压灌浆机向灌浆孔（嘴）内灌注灌浆料，注浆压力控制在 0.2～0.5MPa。从下向上或从一侧向另一侧逐步灌注，当相邻孔或裂缝表观测孔开始出浆后，保持压力 10～30s，观测缝中浆料的情况，再适当进行补灌。单个注浆管注浆量约在 3.5～5.0kg，沿裂缝注浆量为 10～25kg/m。

⑤ 裂缝缝口处理（图 2、图 3）：沿裂缝切割、剔凿宽 30mm、深 40mm U 形槽，凹槽内及凹槽两侧 150～200mm 范围涂刷高渗透改性环氧防水材料作底涂，渗入混凝土面层，起到加固、密实基层作用，同时对后道工序起到过渡和增强粘结的作用，凹槽内嵌填柔性潮湿型环氧结构密封胶与界面保持平整，再以裂缝为中心点，两侧各延伸 100～150mm，整体刮涂柔性潮湿型环氧结构密封胶，厚度 2.0～3.0mm。裂缝位移时，柔性材料随之延伸、保证在位移时的防水堵漏性能。

⑥ 修缮质量内部检查。

在铁路隧道渗漏水病害治理中，采用了层间注浆及复合密封技术，具有大范围、多点多面、多层次饱和注浆，起到长久防渗、适应变形、快速施工等特点。在不影响轨道交通正常运营的前提下，能够快速施工，确保了隧道结构的安全修复。

⑦ 质量验收。

裂缝处材料填塞均匀，平整，无渗水、漏水、脱皮、起砂等缺陷；整体裂缝施工区域密封材料表面平整、均匀，与基层粘结牢固、无脱层、空鼓现象。符合质量验收标准。

图 1　灌浆　　　　　　图 2　裂缝剔凿凹槽　　　图 3　凹槽嵌填环氧结构密封胶

4.2　铁路隧道路基翻浆冒泥病害治理施工

（1）施工基本程序。

疏通排水 → 道床贯穿式裂缝病害治理 → 道床板整体加固密封 → 质量检查 → 工程验收

（2）主要施工工艺。

1）疏通排水

铁路隧道路基翻浆冒泥病害产生的主要原因是路基中有水，因此，采取有效措施，使路基中的水及时排出，让路基始终处于一种比较干燥的状态，路基就不会产生翻浆冒泥病害。

其中有效措施为在中心排水渠道内打孔泄压排水，将水引流到排水槽内（图 4）。

2）道床贯穿式裂缝病害治理施工

① 钻孔（图 5）：清理排水槽外侧墙壁杂物，分析裂缝的情况，沿裂缝两侧交叉进行钻孔，孔距在 250～300mm，孔深 300～1200mm。同时清理排水槽内杂物，并在排水槽内均匀布注浆孔，间隔 150～200mm 均匀布设（根据结构科学调整）。

② 深层注浆：在钻好的孔内安装灌浆嘴，使用高压灌浆机向灌浆孔（嘴）内灌注无机复合型水中不分散灌浆材料（图6）。

图4　疏通排水　　　　　图5　钻孔、布设注浆孔　　　　图6　深层注浆

③ 层间注浆：从一侧交叉逐步灌注丙烯酸盐堵漏灌浆材料及潮湿型改性环氧注浆材料，注浆压力控制在0.2～0.5MPa，当相邻孔或裂缝表面观测孔开始出浆后，保持压力10～30s，观测缝中出浆情况，再适当进行补灌。要反复多次补充灌浆，直到灌浆的压力变化比较平缓后才停止灌浆。单管注浆量15～20kg，排水槽注浆量80～100kg/m（图7）。

④ 拆嘴：灌浆完毕，确认树脂完全固化即可去掉外露的灌浆嘴。清理干净溢漏出的已固化的灌浆液。

⑤ 用聚酯纤维棉絮配合环氧密封胶填充贯穿式裂缝。

⑥ 排水渠侧面及排水槽处理：高压水枪清理排水槽及侧面，保持干燥干净，刮涂高渗透改性环氧防水材料底涂（图8），均匀涂刷两遍，渗入混凝土面层，起到加固、密实基层作用，同时对后道工序起到过渡和增强粘结的作用；涂刷2～3遍高渗透改性环氧防水材料面涂（图9），厚度为2.0～3.0mm。

图7　层间注浆　　　　　图8　涂刷高渗透改性环氧涂料底涂

⑦ 待上道材料固结后，裂缝处刮涂非固化橡胶沥青防水材料，厚度3～5mm，每米使用3.0～5.0kg进行二次密封，非固化橡胶沥青防水涂层上覆盖胎体增强材料（图10）。

3）道床板整体加固密封

① 清理：清理底部周边杂物，用高压清洗设备清洗工作面（图11）。

② 注浆：道床板布设注浆孔，孔距间隔1m均匀布设，孔深300～1200mm，复合注浆注浆压力0.2～0.5MPa，单孔注浆量20～50kg（图12）。

图 9 涂刷高渗透环氧涂料面涂　　图 10 涂刷非固化橡胶沥青防水材料封缝

图 11 清理工作面　　　　　　　图 12 复合注浆

③ 密封：注浆完成后，清除注浆管，采用高渗透改性环氧防水材料涂刷密封。高渗透改性环氧防水涂料固化后拉伸强度能达 14.5MPa，剪切强度能达 44MPa，在 −35℃ 条件下无裂纹。材料固化后采用抗振动扰动永不固化防水材料二次刮涂密封，该材料其固含量能到 99%，粘结性能优异，100% 内聚破坏，自愈性强，柔韧性好，对基层变形、开裂适应性强，适用于基层起伏较大、应力较大的基层和可预见发生以及经常性发生形变的部位。

（3）修缮质量内部检查。

① 在翻浆病害治理中，根据现场结构裂缝情况科学合理地布设针孔位置，立体注浆，确保了注浆到位，使其整体粘结性好、强度高；

② 对道床板底部整体深层注浆加固处理，使底部浆液达到了饱和注浆；

③ 道床板整体密封，采用了粘结性能优异，自愈性强，柔韧性好，对基层变形、开裂适应性强的材料，尤其适用于铁路隧道基层起伏较大、应力较大的基层和可预见发生和经常性发生形变的部位。

（4）质量验收。

在对隧道路基疏通排水后，路基始终保持干燥无明水状态，道床贯穿式裂缝处无出现渗水、漏水缺陷；排水渠侧面及排水槽内整体密封材料刮涂均匀，与基层粘结牢固、无空鼓现象。符合质量验收标准。

5. 修缮效果

由于铁路隧道施工受"天窗"点的限制，受隧道所处环境及气温的多种条件影响，因此对堵漏施工材料的凝固时间、粘结效果、材料的耐低温及拉伸强度都有极高的要求。而针对本次铁路隧道渗漏水病害的多种形式，存在着多种疑难问题，我公司根据现场具体情况科学选择堵漏材料，多种材料复合应用，以及根据现场实际渗漏病害情况采取相应的科学的堵漏施工工法，完成了对表面封闭材料、化学灌浆材料的性能分析，并根据不同渗漏形态、不同渗漏部位，对材料适应性进行匹配，从而可以根据不同渗漏形态、部位、结构特点，选择相适宜的材料。优化了配套结构、明确了配套措施，保证了不同渗漏部位形态，选择了正确的材料和堵漏工艺。

针对本次施工，我公司结合对材料的研究分析、对施工工艺的创新，分别选取陕西高速公路隧道、西安地铁、北京地铁作为依托工程，完成材料、施工工艺的试验验证，创新施工工艺，施工效果均达到预期要求。

公司新材料新技术的应用，有效解决了高速公路隧道、地铁隧道、高铁隧道、铁路隧道、地下空间等设施的渗漏水难题，延长了混凝土工程的使用寿命，保障隧道畅通安全。为施工企业节约了材料、人力、物力，降低施工成本；为国家节约了大量维修资金。

本工程修缮，我司从 2018 年 3 月进入施工，至 2018 年 5 月修缮完成，总工期 54d，按照公司制定的修缮方案，圆满完成修缮任务。

隧道渗漏水病害治理施工完成后至今已两年多时间，经多次现场查看封堵情况，观察病害部位，无一渗漏，达到修缮预期要求，业主、设计、监理单位领导多次到工地查看堵漏效果，给予充分肯定（图 13～图 15）。

图 13　业主、监理、
设计单位领导查看现场

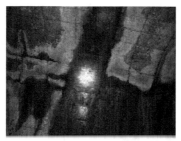

图 14　隧道渗漏水
修缮前

图 15　隧道渗漏水
修缮后

隧道道床翻浆病害修缮后至今已两年，通过多次现场查看，治理部位没有再出现冒水、冒泥现象，经受住了时间考验，保障了列车通行安全（图 16、图 17）。

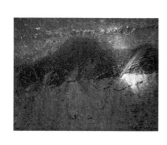

图 16　隧道道床翻浆修缮前

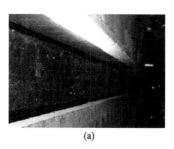

(a)

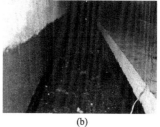

(b)

图 17　隧道道床翻浆修缮后

肖河景观河道渗漏修缮技术

河南东骏建材科技有限公司　东胜军[1]

1. 工程概况

河南省许昌市禹州市神垕镇肖河滨水景观带于 2017 年 10 月建设完成，原河道结构采用膨润土防水毯进行防水施工安装，在原河道的基础上夯实铺设膨润土，覆土 30cm 后散置鹅卵石，形成自然的景观河道效果。河道面积约为 11200m²，河道护堤、拦河坝部分约 1950m²，总防水面积为 13150m²（图 1）。

神垕镇于 2018 年 7 月 27 日遭遇一场暴雨，导致神垕镇雨水急速聚集于肖河，形成瞬时水流过大，使肖河河道底部被冲刷严重，防水层也被破坏，造成后期河道长期严重漏水，无法正常蓄水和使用，有关方面多次维修没有效果。

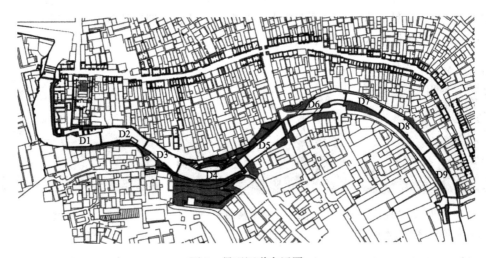

图 1　景观河道布置图

2. 渗漏原因分析

经过专家组多次反复实地勘察、论证，针对肖河河道严重渗漏、岸堤严重泛碱脱落的状况，专家组认为肖河河道构造设计存在缺陷，采取柔性防水措施应对较平缓的河流或湾、塘等工程可行，但不能够应对突发的、强大的水流对河底、河床和岸堤的破坏性冲击。本项目因为破坏了防水层的整体性，从而造成工程的渗漏。

---

[1][作者简介]　东胜军，男，1969 年 11 月出生，高级工程师，单位地址：河南省信阳市罗山县产业集聚区。邮政编码：464000。联系电话：15290206917。

3. 治理技术方案

根据现场多次勘察的实际情况，确定对河道原柔性防水层进行彻底挖掘清理，整个河道进行整体翻修。防水设计以刚性结构自防水为基础，结合特殊新型防水砂浆、高强度密石灌浆料、高强豆石混凝土等新型防水材料，彻底改变原结构防水缺陷，做到无接缝防水施工，并重点处理好河道与岸堤阴阳角、河底下水管网与河底铺设管道、河堤及拦河坝防水材料严重泛碱脱落等重点部位的节点防水。

河道结构采用混凝土、豆石灌浆料、聚合物防水砂浆三层充填：第一步是最底部采用鹅卵石加注 425 号水泥砂浆调和后压实；第二步是采用 5cm 聚合物豆石灌浆料在鹅卵石表层浇筑压实；第三步采用 1cm 聚合物防水砂浆进行表层处理。迎水面保护层采用支模技术，加注防水型豆石灌浆料大于 30cm，河底底部保护层为 40cm 自然砂土。

采用强度等级为 C30 的抗渗密石混凝土、H70 高强豆石灌浆料、M20 高强防水砂浆，抗渗等级为 P8，河底及护堤受压可达 10MPa。所有豆石、密石石子，黄砂含泥率不大于1%，坍落度控制在 160～170mm 之间。

4. 施工基本情况

4.1 主要材料及施工方法

（1）高强防水砂浆，本工程用在所有防渗漏表层部位。

高强防水砂浆是以丙烯酸为主要原材料，采用高硬度石英砂、天然金刚砂合理级配而成，配以多种绿色、环保专用添加剂，该产品有优异的防水性能，是一种绿色防水材料，材料弹性高，抗冲击、耐老化，同时又具有无机材料耐久性好等优点，是目前较理想的新一代环保防水材料，对河道蓄水不会造成污染。

1）产品特点：

① 高密度耐水材料，无毒无害，无污染；

② 具有较高的抗拉强度，耐水，耐候性好；

③ 可在潮湿基材施工并粘结牢固，耐老化性能优异；

④ 操作方便，基材含水率不受限制，可缩短工期。

2）执行标准：《聚合物水泥防水砂浆》JC/T 984—2011。

（2）聚合物水泥防水砂浆。聚合物水泥砂浆是由水泥、骨料和可以分散在水中的有机聚合物搅拌而成的。聚合物可以是由一种单体聚合而成的均聚物，也可以由两种或更多的单聚体聚合而成的共聚物。聚合物必须在环境条件下成膜覆盖在水泥颗粒子上，并使水泥机体与骨料形成强有力的粘结。聚合物网络必须具有阻止微裂缝发生的能力，而且能阻止裂缝的扩展，防水抗渗效果好，可成倍提高水泥砂浆的粘结力。

1）产品特点：

① 粘结强度高，能与结构形成一体，具有极为优良的抗渗性，抗裂性、抗冲击性；

② 抗腐蚀能力强，耐高低温，耐碱性能良好；

③ 耐高湿、耐老化、抗冻性好，水性无毒、无害、无污染、符合环保要求；

④ 施工简单，方便快捷。

2）执行标准：《聚合物水泥防水砂浆》JC/T 984—2011。

（3）JS 聚合物水泥防水涂料。

1）材料特点：

JS 聚合物水泥防水涂料是一种耐水、高强的弹性双组分防水涂料，与大多数基材粘结良好。本品成膜后柔韧性极佳，可抵抗建筑物因膨胀收缩引起的位移、开裂，无毒环保，粘结力强，硬化速度快。

2）适用范围：

适用于屋顶、阳台、卫生间、地下室、游泳池、内外墙面等防水施工。

3）性能指标：

执行建材行业标准：《聚合物水泥防水涂料》GB/T 23445—2009。

4）施工：

① 基层界面处理。

② 细部增强处理，边刷防水涂料边粘贴无纺布，布的长短边搭接宽度均应大于 100mm，贴后不得有褶皱，起边，鼓泡等现象。

③ 用油漆刷将搅拌好的浆料均匀地涂覆在基面上，厚度大约 1mm，涂刷必须均匀，不可过厚或漏刷。

④ 待第一层防水涂料完全干燥后，沿垂直方向进行第二道涂覆，厚度约为 0.5mm，最后的干膜总厚度不小于 1.2mm。

⑤ 施工中及施工后，需要做好涂膜的保护，在涂膜未完全干燥前决不允许上人，严禁遇水或接触潮湿物体。

⑥ 施工完成后如发现有皱纹或脱落起泡，应割开再用防水涂料贴无纺布进行加强处理。

（4）豆石灌浆料。

灌浆料是以天然高强度砂、豆石经科学级配作为主要骨料，以 525 水泥作为基础胶凝材料，辅以高流态、微膨胀、防离析等物质配制而成。它在施工现场加入一定量的水，搅拌均匀后即可使用。灌浆料具有自流性好，快硬、早强、高强、无收缩、微膨胀、无毒、无害、不老化，对水质及周围环境无污染，自密性好、防锈蚀、防泛碱，质量可靠，缩短工期和使用方便等优点。有效改变河道水流冲击受力情况，能均匀地承受河道蓄水后的全部荷载，无施工缝，可从根本上解决河道渗漏。

1）产品特点：

① 早强、高强：1～3d 抗压可达 30～50MPa 以上。

② 自流动性高：可填充缝隙，满足设备二次灌浆要求。

③ 微膨胀性：保证设备与基础之间紧密接触，二次灌浆后无收缩。粘结强度高，与钢筋握裹力不低于 6MPa。

④ 可冬期施工：允许在 −10℃ 气温下进行室外施工。

⑤ 耐久性强：本品属于无机胶结材料，使用寿命大于基础混凝土的使用寿命。经上百次疲劳试验，50 次冻融循环试验强度无明显变化。在机油中浸泡 30d 后强度明显提高。

2）执行标准：《水泥基灌浆材料应用技术规范》GB/T 50448—2015。

3）施工方法步骤：

① 准备搅拌机具、灌浆设备、模板及养护物品，清理灌浆空间并提前将混凝土表面

润湿。

② 支设模板并用水泥（砂）浆、塑料胶带封堵模板连接处以确保不漏水、漏浆。

③ 按灌浆料重量的 12％～15％ 加水搅拌，机械搅拌 2～3min，人工搅拌 5min 以上。

④ 将搅拌均匀的灌浆料从各个方向灌入灌浆部位。必要时可借助竹条或钢钎导流，可适当振捣或轻轻敲打模板。

⑤ 施工完毕后应立即覆盖塑料薄膜并加盖草帘或棉被保湿养护 3～7d。

⑥ 使用温度为 −10～+40℃。严禁在灌浆料中掺入任何外加剂或外掺料。

（5）密石混凝土。

密石混凝土是采用进口无机材料与水泥、优质矿物石英砂干混复合而成的特种维修型混凝土，主要作用于松软地段的河道或路面修补、加固和修复、地坪翻新修补、混凝土缺陷修补、被腐蚀的桥梁加固和改造等，材料具有良好的抗压强度、抗折强度、耐磨性、柔性、低收缩性，具有施工方便、和易性好、粘结力强、密度大等特点，是河道加固维修、防止蓄水渗漏的最好的刚性防水材料，材料硬化后外观好，耐久性优良。

产品特点（表1）：

① 特殊的早强配方能使产品在短期内拥有高强度，施工效率高、粘结力强、收缩率低、密实、体积稳定，有良好的防水防渗性，可用于河堤、海岸线防浪堤，确保工程质量。

② 无毒、环保，加水即可使用，简单方便，具有高抗应变能力，降低二氧化碳渗透，增加河底面的耐久性。

③ 提高生产效率，改善工作环境和安全性。大幅度缩短混凝土浇筑时间，大幅度降低工人劳动强度，减少工人数量。

④ 改善混凝土的表面质量，避免了振捣对模板产生的磨损，减少混凝土对搅拌机的磨损。

⑤ 增加了结构设计的自由度。

⑥ 可降低工程整体造价。

自密实混凝土工作性试验方法与典型值范围 表1

	试验方法	测试性能	典型值范围		按最大骨料调整	适用场合
			最小	最大		
1	坍落流动度	填充能力	650	800	不需调整	试验室/现场
2	坍落流动度 T50cm 试验 （扩展到50cm时间）	填充能力（s）	2	5	不需调整	试验室/现场
3	J 环试验	通过钢筋间隙能力（mm）	0	10	调整	现场
4	V 形漏斗试验	填充能力（s）	8	12	最大 16mm	试验室/现场

（6）环氧树脂胶泥（环氧修补砂浆）。

用于界面层处理，是以环氧树脂、固化剂及其特种填料等为基料而制成的高强度、抗冲蚀、耐磨损材料。具有性能优良、施工简便、快捷、无毒、无污染等特点。

1）产品特点（表 2、表 3）：

① 施工方便快捷。

② 柔韧性良好。

③ 与混凝土的匹配性和耐久性能优良。

④ 具有抗渗、抗冻、耐盐、耐碱、耐弱酸腐蚀的性能，并与多种材料的粘结力强。

2）适用范围：

混凝土构筑物表面的蜂窝、孔洞和露筋等的缺陷处理，机场跑道维修专用材料；粘钢加固和粘碳纤维加固时做底层找平；可用作海水、盐碱地区及化工厂等腐蚀环境中的耐腐蚀材料，用于有抗腐蚀要求的地下管道、电厂晾水塔、烟囱、化工厂构筑物以及各种有腐蚀性气体的厂房建筑物的维修工程，可作为耐酸砖粘贴专用材料。

3）执行标准：《环氧树脂砂浆技术规程》DL/T 5193—2004。

技术参数　　　　　　　　　　　　　　　　　　　　　　　表 2

检测项目		性能指标	检测结果
抗折强度（MPa，28d）		≥6.0	6.94
抗压强度（MPa）	7d	—	25
	28d	>20	45
中性化抵抗性（mm，28d）		<5.0	1.8
粘结强度（MPa）	常温常态 28d	>1.0	2.8
	冷热反复 28d	>1.0	2.4
透水量（g）		<20	15
24h 吸水量（g/m³）		<1000	525
吸水系数（kg/cm²，0.5h）		<0.5	0.32

耐酸碱性能　　　　　　　　　　　　　　　　　　　　　　表 3

腐蚀介质名称	溶液浓度	腐蚀情况
硫酸	pH＝2	浸泡一年无脱落，无渗漏
盐酸	2%	浸泡一年无脱落，无渗漏
氢氧化钠	10%	浸泡一年无脱落，无渗漏
氧化钠	饱和溶液	浸泡一年无脱落，无渗漏

4.2 河道结构、防水施工技术要求

（1）河道结构采用混凝土、豆石灌浆料、聚合物防水砂浆三层充填，河底及护堤受压可达 10MPa，采用三层同向施工，迎水面保护层大于 30cm，采用支模技术，加注防水型豆石灌浆料；河底底部保护层为 40cm（自然砂土），采用强度等级为 C30 的抗渗密石混凝土、H70 高强豆石灌浆料、M20 高强防水砂浆，抗渗等级为 P8。所有豆石、密石石子，黄砂含泥率不大于 1%，坍落度控制在 160～170mm 之间。

（2）结构、防水施工工艺及环境要求：

1）已经调配好的各种混凝土、灌浆料、防水砂浆进入施工现场后严禁随意加水，天气炎热时要控制好混凝土、灌浆料到达施工现场时间。

2）河道及防护堤结构不得留施工缝，应一次连续浇筑完成，浇筑过程中不得漏振、过振。

3）炎热天气密石混凝土、灌浆料、防水砂浆施工应注意技术间隙，控制内外温度应变。施工完成后要做好重点养护（夏天施工采取覆盖养护或洒水养护），在有模板的部位结构拆模时间严格把关，不得早拆或强拆，并严格做好养护。

4）河道、河底、防护堤压实收光时应分两次抹面压光（原浆压光）。

5）雨天没有防护措施不得浇筑河底防水层及河堤防护层，不得涂刷环氧修补浆料。

（3）施工注意事项。

混凝土、灌浆料结构在连续施工时会发生徐变产生细小裂缝，为防止裂缝出现二次渗漏现象，在以上施工过程中要特别注意观察，及时涂刷环氧修补浆料，做好刚性设防，达到长久防渗漏要求。

1）河道清理，基层应平整，基层表面凸起部分应铲平，淤泥要全部清除干净，凹陷处用聚合物砂浆填平，所有鹅卵石需人工捡拾盛袋摆放岸边，施工现场的杂草、污水、油污、杂土都应清除干净。

2）压实，河道、河床清理干净后进行夯实压实，不得有空陷现象，所有的河底管网、窨井口都要进行防腐、防渗处理后才可以大面积施工，每一个窨井口底部的防渗、防腐处理要采取圆角工艺进行处理，厚度不得低于 30cm。

3）河岸护堤处理。河岸护堤迎水面要先清除原有泛碱脱落的砂浆层，每个连接石缝都要用专用防水胶进行处理，防止河道两边立面墙体泛碱，人工凿毛每个石缝，直至出现硬质水泥砂浆基面，再用防水砂浆充填平整、涂刷环氧浆料、密石砂浆做防水层，厚度不低于 5cm。

4）河岸护堤与河底的搭接要密实，搭接处不得留施工缝，河堤与河底的转角处要做圆弧处理。

5）拦河坝处理，拦河坝处理同河堤防护处理，重点部位是拦河坝落水坡，要采取圆弧上扬坡的工艺进行处理，可以有效化解河道发大水时，湍急的河水对拦河坝堤的冲击，减轻河底承压。

6）高强防水砂浆为最后一道施工，要连续施工，不得留施工缝，砂浆厚度不得低于5cm，施工后的基面要洒水养护。

7）鹅卵石回填，已经施工完成的河道在 18d 强度期完成后，可分部分批进行鹅卵石回填，要轻搬轻放，不得倾倒或抛掷，避免砸坏河底防水基面。

4.3 工期

根据本项目实地施工环境实际情况，大型机械无法进入现场作业，全部需要人工完成，况且周边道路狭窄没有储料场地，全部物料需要人工转运，费工、耗时，需要大量人力。综合以上因素工期为 70d。

4.4 验收标准

所有施工材料满足 GB/T 25181—2010 要求，以放满水 7d 不渗漏为检测标准，防渗性能≤$2×10^{-9}$cm/s，耐静水压为 0.5MPa，168h 无渗漏。

5. 修缮效果

满足施工验收标准，修缮效果良好（图 2、图 3）。

图 2　修复前　　　　　　　　　　　　　　　图 3　修复后，不渗不漏

"围城"系列产品在管廊工程修缮中的应用技术

云南围城建设工程有限公司　熊继强[1]

1. 工程概况

云南省保山中心城市地下综合管廊工程项目，覆盖保山市隆阳区和工贸园区，主要包括"两纵两横"干线综合管廊、支线综合管廊缆线沟部分。项目包括 19 条综合管廊，全长 86.23km（干线综合管廊 56.97km，支线综合管廊 29.26km）；3 座监控中心，建筑面积 2400m²。项目静态总投资为 64.09 亿元，动态总投资为 67.58 亿元。

（1）保山中心城市地下综合管廊工程项目包括新建综合管廊及 3 座监控中心。综合管廊 86.23km，具体为：干线综合管廊 49.37km（包括永昌路、青堡路、东环路、沙丙路、保岫东路、景区大道），支线综合管廊 36.86km。其中：单仓 38.66km，双仓 5.5km，三仓 24.83km，四仓 17.24km。综合管廊建设内容为：土建工程、配电工程、通风工程、给水排水工程、照明工程、监控工程、防灾报警及消防、标识等工程。新建监控中心三座，总建筑面积 2400m²。在 2016 年 4 月 21 日财政部、住房城乡建设部联合组织开展的 2016 年地下综合管廊试点城市竞争性评审中，云南省保山市作为我省唯一的地下综合管廊项目参评州市，以第六名的优异成绩在竞争性评审的 20 个城市中脱颖而出，成为全国 15 家地下综合管廊试点城市之一。

（2）2016 年 9 月，保山中心城市地下综合管廊工程项目固定资产投资获国家统计局批准建库，入库《2016 年 9 月 5000 万元及以上法人项目新入库名单》，立项文件、施工合同、资金拨付、工程形象、施工现场图片、税收等报送支撑要素已基本具备，并正常申报。

（3）根据 2016 年 10 月 11 日中华人民共和国财政部下发的文件《关于联合公布第三批政府和社会资本合作示范项目加快推动示范项目建设的通知》（财金〔2016〕91 号）内容，保山中心城市地下综合管廊工程项目已被列入财政部第三批 PPP 示范项目名单。

（4）根据试点申报材料，保山中心城市地下综合管廊项目计划分两年实施，一年运营，其中，2016 年实施的地下综合管廊项目有：沙丙路（西环路-东绕城路）、东环路（沙丙路-北七路）、青堡路（沙丙路-东绕城路）、海棠路（环城西路-景区大道）、惠通路（兰城路-九龙路）、堡货路（青西路-东环路）、兰城路（惠通路-学府路）、东城大道（北七路-龙泉路）、2 号监控中心、3 号监控中心；2017 年实施的地下综合管廊项目有：象山路（永昌路-青堡路）、景区人道（沙丙路-北七路）、北七路（正阳北路-乐坍路）、龙泉路（坍城西路-永昌路）、九龙路（北城路-惠通路）、升阳路（环城西路-永昌路）、兰城路（北八路-北城路）、纬三路（青西路-堡东路）。

[1]［作者简介］　熊继强，男，1987 年 1 月出生，工程师，一级建造师，联系电话：13888979457。

2. 渗漏原因分析

2.1　混凝土浇筑

（1）混凝土墙体出现裂缝渗水，主要原因是墙体厚度大，混凝土硬化引起的冷缩反应造成墙体裂缝或在浇筑时擅自加水，为避免这种现象发生，需合理安排浇筑时间，未经允许不得添加任何外加剂。

（2）混凝土结构出现蜂窝麻面、误差和根腐（施工缝），主要原因是混凝土浇筑的渗漏和过振。因此，混凝土振捣采用专业振捣人员。结构墙体宽度过厚，高振捣的混凝土必须密实到位，特别是底板与墙体施工缝处的振捣。

（3）墙体与底板接槎施工缝渗水，原因是原设计预埋止水钢板未预埋或位置偏差，二是施工缝漏振或振捣不密实，三是止水钢板未对接无缝、全焊，且橡胶止水带未搭接或搭接长度短。为防止这种现象发生，预埋止水钢板必须按图纸要求预埋，对接接头必须全焊，橡胶止水带必须与伸缩缝连接。

2.2　主体结构

（1）伸缩缝渗漏。分析的原因是：第一，橡胶止水带没有集中布置，没有加固和稳定；二是聚乙烯发泡嵌缝板密封不严，未加固稳定，浇筑导致位置偏差；第三，沥青膏填筑不密实、不平整。为了防止这种现象发生，橡胶止水带在浇筑前必须集中布置并加固稳定，施工中不得损坏橡胶止水带。聚乙烯发泡嵌缝板应固定牢固，对接牢固，严禁搭接。

（2）吊环是倾斜的，具有不同的预留尺寸，主要原因是吊环不是固定的，而这种倾斜会造成应力集中，最好采用点焊加固。

（3）廊道体预埋件和孔洞遗漏，集水井镀锌管埋设位置偏差，镀锌管尺寸不符合设计图纸。

（4）单根钢筋型号小于设计，搭接尺寸短，无错位。尤其是预留套管和交叉点。

（5）热埋钢板缺失，上下错位，埋置位置不符合设计。

（6）连系杆钢筋中的裂缝是可渗透的。施工期间，连系杆钢筋必须使用止水螺栓。严禁搭接结构钢筋，防止水通过拉杆渗入管廊。

3. 治理技术方案

3.1　管廊渗漏水病害治理技术方案

（1）基本方案。

用"围城"疏水性聚氨酯堵漏剂直接安装高压灌浆专用止水针，伸缩缝的填充深度为10cm。用"围城"疏水性聚氨酯堵漏剂、堵漏王等柔性材料对接头进行填充和密封，达到堵漏止水的目的。这种方法可以浇灌 1mm 宽的裂缝。聚氨酯快速堵漏胶与水接触后会发生反应。由于水参与了反应，浆液不会被水稀释和冲走，这是其他灌浆材料不具备的优势。泥浆在压力下注入混凝土裂缝，同时渗透到裂缝周围。当它遇到水时，它会发生反应，起泡并膨胀形成二次渗透，继续渗入混凝土裂缝，最终形成网络结构。低密度、低含水量的弹性体具有良好的变形适应性和良好的水密封性能。

（2）渗漏治理主要材料简介。

1）"围城"疏水性聚氨酯堵漏剂。

① 材料特点

"围城"疏水性聚氨酯堵漏剂以多异氰酸酯与多羟基化合物聚合反应合成的高分子注浆堵漏材料。聚氨酯堵漏剂遇水后发生化学反应，形成弹性胶状固结体，从而达到很好的止水日的，是新一代的防水堵漏补强材料。

② 性能指标（表1）

执行建材行业标准：《聚氨酯灌浆材料》JC/T 2041—2010。

疏水性聚氨酯堵漏剂物理性能指标　　　　表1

序号	项目	指标	
		LD-518	LD-618
1	密度（g/cm³）≥	1.00	1.05
2	黏度ᵃ（mPa·s）≤	1.0×10³	
3	凝胶时间ᵃ（s）≤	150	—
4	凝固时间ᵃ（s）≤	—	800
5	遇水膨胀率（%）≥	20	—
6	包水性（10倍水）（s）≤	200	—
7	不挥发物含量（%）≥	75	78
8	发泡率（%）≥	350	1000
9	抗压强度ᵇ（MPa）≥	—	6

注：a. 可根据客户要求进行定制；
　　b. 有加固要求时可按客户要求定制。

2）"围城"堵漏王。

① 材料特点

a. 本品具有带水快速堵漏功能，初凝时间仅2min，终凝15min。

b. 本品迎水面、背水面均可施工，与基层结合成不老化的整体，有极强的耐水性。

c. 本品凝固时间可根据用户需求任意调节。防水、粘结一次完成，粘结力强。

d. 本品对钢筋无腐蚀。

e. 本品无毒、无味、环保、不燃，可用于饮用水工程。

② 性能指标（表2）

执行国家标准：《无机防水堵漏材料》GB 23440—2009。

堵漏王物理性能指标　　　　表2

项目		技术指标	
		一等品	合格品
固体含量（%）		81	77
抗裂性	基层裂纹（mm）	4.8	
	涂抹状态	0.3	0.2
粘结性（MPa）		≥0.6	
耐热性（80℃，5h）		无流淌、鼓泡、滑动	
不透水性（0.2MPa，30min）		不渗水	

3）"围城"牌水泥基渗透结晶防水涂料。

① 材料特点

a. 无机材料，永不失效的防水系统。

b. 可长期耐受高水压，可耐受高达 300m 水头。

c. 自愈合性能，可以自愈合 0.4mm 及以下混凝土裂缝。

d. 背水面施工性能卓越，解决大量地下室渗漏问题。

e. 无毒、环保，防腐，耐酸碱，可以提高混凝土强度。

f. 无需找平层和保护层，节省工期，加快工程进度，施工综合成本大大降低。

g. 永不失效的防水系统，当其他防水系统失效后可继续工作。

h. 具有渗透功能，能通过化学反应渗透到混凝土内部产生结晶体堵住混凝土的毛细孔。

② 性能指标（表 3）

执行国家标准：《水泥基渗透结晶型防水材料》GB 18445—2012。

水泥基渗透结晶防水涂料物理性能指标　　表 3

序号	检验项目		质量指标
1	凝结时间（MPa）	初凝（min）≥	20
		终凝（h）≥	24
2	抗折强度（MPa，28d）≥		3.5
3	抗压强度（MPa，28d）≥		18
4	湿表面粘结强度（MPa）≥		1.0
5	抗渗压力（MPa，28d）≥		0.8
6	第二次抗渗压（MPa，56d）≥		0.6
7	抗渗压力比（%，28d）≥		200

4. 施工基本情况

4.1　管廊渗漏水病害治理施工基本程序体系

基层清理 → 钻孔 → 埋注浆嘴 → 灌浆 → 裂缝缝口处理 → 质量自检 → 工程验收

4.2　主要施工工艺

（1）灌浆孔的设计：灌浆孔的位置应与漏水裂缝的孔隙相交，并选择在漏水最大的地方。

（2）布孔原则：根据不同的漏水情况，合理布置灌浆孔的位置和数量，以防止漏水。为了使漏水部位集中，布孔时宜从两边向漏水严重部位布置，距裂缝 8~10mm，角度 30°~50°（图 1、图 2）。钻孔可根据施工条件手动和机械进行。通常，手动钻孔和机械钻孔一起使用。检查灌浆设备和管道的运行情况，检查固结灌浆喷嘴的强度，疏通裂缝，进一步选择灌浆参数（如胶凝时间、灌浆压力和灌浆量）。灌浆是整个化学灌浆过程的中心环节，必须在所有准备工作完成后进行。灌浆前，必须有组织地分工和固定岗位，特别是专职技术人员。

（3）灌浆前对整个系统进行全面检查。灌浆可在灌浆机运行正常、管道畅通的情况下进行。

（4）对于垂直接缝，灌浆通常从底部到顶部进行。对于水平裂缝，灌浆从一端到另一端或从两端到中间进行。对于集中漏水，应先灌漏水最大的孔。灌浆结束时，如果灌浆机器压力相对稳定，则继续灌注 1min，确保浆液饱满并溢出（图 3、图 4），完成灌浆，拆卸管道进行清洗。检查封孔无渗水后，拆除灌浆头，用堵漏王和水泥基渗透结晶防水涂料将注浆孔补平。

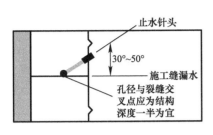

图 1 针孔布置图 1

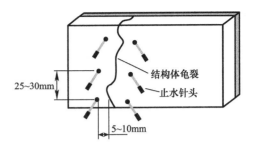

图 2 针孔布置图 2

图 3 管廊地面渗漏处理

图 4 管廊墙面渗漏处理

1.3 结构体龟裂漏水处理

（1）于裂缝最低处左或右 5～10cm 处倾斜钻孔至结构体厚度一半深，循序由低处往高处钻，孔距为 20～30cm 为宜，钻至最高处后再一次埋设止水针头，由于一般结构体的龟裂属不规则状，故须特别注意钻孔时须与破裂面交叉，注射才会有效果。

（2）止水针头设置完成后，以高压灌注机注入"围城"疏水性聚氨酯堵漏剂至发现注浆材料于结构体表面渗出。

（3）灌注完成后，即可去除止水针头。

（4）若渗水情况依然无法改善时，再以"围城"疏水性聚氨酯堵漏剂修补即可。

4.4 蜂巢漏水处理

（1）在蜂巢范围处，每隔 25～30cm 钻一孔，深度为结构体厚度一半为宜，再埋设止水针头并加以旋紧固定。

（2）止水针头设置完成后，先以高压灌注机注入"围城"疏水性聚氨酯堵漏剂至注浆材料于结构体表面渗出；再以高压灌注机注入疏水性聚氨酯，即可完全解决漏水问题（图5、图6）。

（3）灌注完成后，即可去除止水针头。

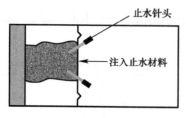
图 5　针孔布置图 3

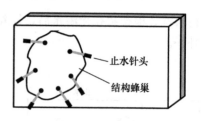
图 6　针孔布置图 4

4.5　环片隧道止水措施

（1）环片裂缝渗水：先于环片裂缝处直接钻孔，钻孔深度必须超过环片厚度，埋设止水针头后注入"围城"疏水性聚氨酯堵漏剂；再于环片裂缝处左或右 5～10cm 处倾斜钻孔至环片厚度之 1/2 深，埋设止水针头；注入疏水性聚氨酯。

（2）环片与环片之间渗水：先于环片与环片之间渗水处钻孔，钻孔深度必须超过环片厚度，埋设止水针头后注入"围城"疏水性聚氨酯堵漏剂（图 7、图 8）。

（3）灌浆孔渗水：灌浆孔盖钻直径 5mm 孔，再由此孔注入单液型亲水性止漏材料。

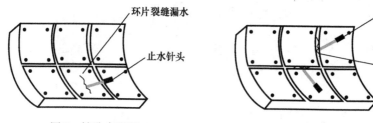
图 7　针孔布置图 5　　　　　　　　图 8　针孔布置图 6

（4）注意事项。

1）输浆管必须有足够的强度，便于安装和拆卸。

2）所有操作人员必须穿戴必要的劳动保护用品。

3）灌浆时，操作泵的人员应始终注意进入的浆液量，并观察压力变化。通常，压力突然上升可能是由于水泥浆凝固、管道堵塞或水泥浆逐渐填充裂缝造成的。此时应立即停止灌浆。压力稳步上升，但仍在一定压力范围内，这是正常的。有时会出现压降，这可能是由于孔隙被冲走，水泥浆大量进入裂缝的深部，此时可以继续灌浆。随着大量浆料进入，可调节浆液固结时间使之缩短凝结时间或采用间歇灌浆的方法来减少浆液损失。

4）灌浆所用的设备、管路和料桶必须分别标明。

5）灌浆前应准备堵漏王、水泥基等快速墙漏材料以便及时处理漏浆、跑浆等情况。

6）每次灌浆结束后必须及时清洗所有设备和管路，灌浆结束后应用堵漏王封闭灌浆孔。

4.6　修缮质量内部检查

4.7　质量验收

（1）材料应符合设计要求。

检验方法：检查出厂合格证、质量检验报告和现场抽样复验报告。

（2）注浆效果必须符合设计要求。

检验方法：观察检查，必要时采用钻孔取芯、压水（或空气）等方法检查。

（3）渗漏治理工程质量应符合合同要求。

检验方法：渗漏检查宜采用雨后或蓄水、淋水检验；排水系统功能宜采取排水检验。

（4）细部构造必须符合设计要求。

检验方法：观察检查和检查隐蔽工程验收记录。

5. 修缮效果

本管廊渗漏水病害治理施工完成至今已两年，经多次现场查看封堵情况，观察渗漏部位，无一渗漏，达到修缮预期要求。业主、设计、监理单位领导多次到工地检查指导，查看堵漏效果，给予充分肯定，云南建投建材科技有限公司特此给我司发出了表扬信（图9）。

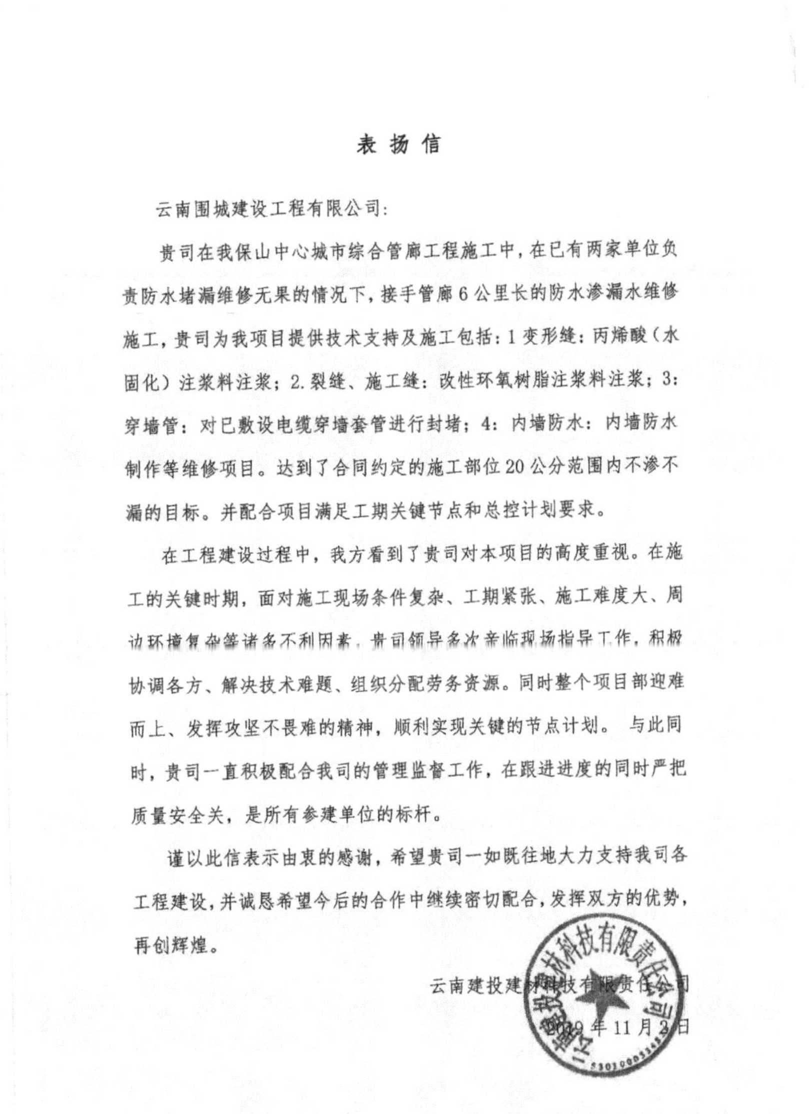

表 扬 信

云南围城建设工程有限公司：

　　贵司在我保山中心城市综合管廊工程施工中，在已有两家单位负责防水堵漏维修无果的情况下，接手管廊6公里长的防水渗漏水维修施工，贵司为我项目提供技术支持及施工包括：1 变形缝：丙烯酸（水固化）注浆料注浆；2. 裂缝、施工缝：改性环氧树脂注浆料注浆；3：穿墙管：对已敷设电缆穿墙套管进行封堵；4：内墙防水：内墙防水制作等维修项目。达到了合同约定的施工部位20公分范围内不渗不漏的目标。并配合项目满足工期关键节点和总控计划要求。

　　在工程建设过程中，我方看到了贵司对本项目的高度重视。在施工的关键时期，面对施工现场条件复杂、工期紧张、施工难度大、周边环境复杂等诸多不利因素，贵司领导多次亲临现场指导工作，积极协调各方、解决技术难题、组织分配劳务资源。同时整个项目部迎难而上、发挥攻坚不畏难的精神，顺利实现关键的节点计划。 与此同时，贵司一直积极配合我司的管理监督工作，在跟进进度的同时严把质量安全关，是所有参建单位的标杆。

　　谨以此信表示由衷的感谢，希望贵司一如既往地大力支持我司各工程建设，并诚恳希望今后的合作中继续密切配合，发挥双方的优势，再创辉煌。

云南建投建材科技有限责任公司

2019 年 11 月 3 日

图 9 表扬信

钢结构与设备防腐修缮工程案例简介

同济大学　蒋正武

1. 钢结构防腐修缮

1.1　支架、横梁

1.1.1　工况：原来没有做防腐，腐蚀很严重；需要除掉铁锈，新做一层防腐层。

1.1.2　防腐修缮方案：对防腐部位表面处理、清洗至符合施工要求；采用高效能防腐涂料进行整体涂刷防腐。

1.1.3　修缮效果：效果良好，符合设计要求和规范规定（图1、图2）。

图1　修缮前　　　　　　　　　　　　图2　修缮后

1.2　脱水仓横梁与脱硫间支架防腐修缮

1.2.1　工况：原防腐层部分脱落，大部分已经脱离本体，局部腐蚀严重。需要新做防腐层。

1.2.2　防腐方案：对防腐部位表面处理、清洗至符合施工要求；采用高效能防腐涂料进行防腐。

1.2.3　修缮效果：效果良好，符合设计要求和规范规定（图3、图4）。

 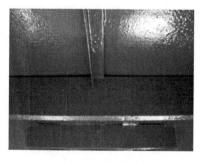

图3　脱水仓横梁防腐修缮　　　　　　图4　脱硫间支架防腐

1.3 斗轮机支架、输煤皮带支架、输煤栈桥支架防腐修缮

1.3.1 工况：多处保护层脱落，需要除掉旧保护层，新做一层防腐层。

1.3.2 防腐修缮方案：对防腐部位表面处理、清洗至符合施工要求；采用高效能防腐涂料进行防腐。

1.3.3 修缮效果：效果良好，符合设计要求和规范规定（图5～图7）。

图5 斗轮机支架防腐　　　图6 输煤皮带支架防腐　　　图7 输煤栈桥支架防腐

2. 设备防腐修缮

2.1 设备外壁防腐

2.1.1 乙炔发生器外表面、酸碱计量器外表面及闪蒸车间管道、支架外表面防腐修缮。

（1）工况：多处保护层脱落，需要除掉旧保护层，新做一层防腐层。

（2）防腐修缮方案：对防腐部位表面处理、清洗至符合施工要求；采用高效能防腐涂料进行整体涂刷防腐。

（3）修缮效果：效果良好，符合设计要求和规范规定（图8～图10）。

图8 乙炔发生器外表面防腐　　图9 酸碱计量器防腐　　图10 闪蒸车间管道、支架防腐

2.1.2 给水泵管道防腐。

（1）工况：所处环境很潮湿，腐蚀很严重；需要带锈防腐，新做一层防腐层。

（2）防腐修缮方案：对防腐部位表面处理、清洗至符合施工要求；采用带锈防腐涂料进行底涂和高效能防腐涂料进行面涂防腐。

（3）修缮效果：效果良好，符合设计要求和规范规定（图11）。

2.1.3 海泵房闸板防腐。

（1）工况：多处保护层脱落，大部分保护层已脱离本体。下部接触海水处脱落更严重；需要除掉旧保护层，新做一层防腐层。

（2）防腐修缮方案：对防腐部位表面处理、清洗至符合施工要求；采用高效能防腐涂料进行防腐。

（3）修缮效果：效果良好，符合设计要求和规范规定（图 12）。

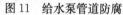

图 11　给水泵管道防腐　　　　　　　图 12　海泵房间闸板防腐

2.2　设备内壁防腐修缮

2.2.1　除盐水箱内壁防腐。

（1）工况：原涂层破损、失效；而除盐水对涂层中微量元素的析出量有特殊要求，如氯离子等。

（2）防腐修缮方案：对防腐部位表面采用喷砂或打磨处理、清洗至符合施工要求；采用高效能防腐涂料进行整体涂刷防腐。

（3）修缮效果：效果良好，符合设计要求和规范规定（图 13）。

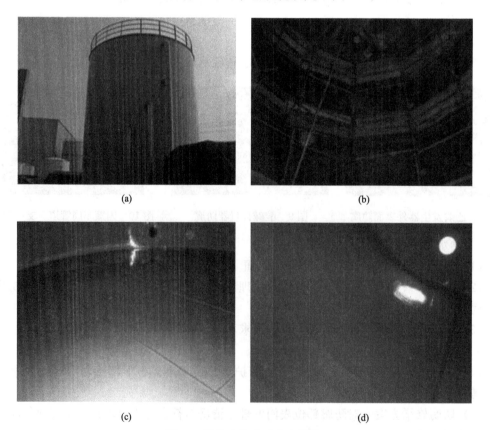

(a)　　　　　　　　　　　　　　　　　(b)

(c)　　　　　　　　　　　　　　　　　(d)

图 13　除盐水箱内壁防腐修缮

2.2.2 冷却器管板防腐。

（1）工况：原来防腐层年久脱落，部分腐蚀严重，重新做防腐层。

（2）防腐方案：对防腐部位表面处理、清洗至符合施工要求。采用高效能防腐涂料进行防腐。

（3）修缮效果：效果良好，符合设计要求和规范规定（图 14、图 15）。

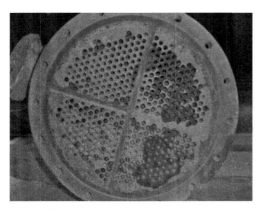

图 14 修缮前   图 15 修缮后

ST-16 产品在防腐维护中的应用技术

上海绿塘净化设备有限公司　蒋颖健[1]

一、在化工厂管道防腐维护中的应用

1. 工程概况

南方海边某石化厂的不锈钢管道的除锈防腐处理。

石化厂的特点是全部设备基本都通过不锈钢管道连接，地理位置常常为了便利海运而位于海边。钢铁设备长期在海风的吹拂下，非常容易被腐蚀。不仅仅是因为潮湿的原因，更多的是因为海风吹来的潮气中，携带了氯离子，使金属材料被腐蚀成为一个令人头疼的难题。另外，出于安全生产的考虑，必须要定期对管道进行维护和保养，及时消除事故隐患。在石化工厂内，采用我公司研发的 ST-16 除锈转锈涂剂就是一个非常正确的选择。

2. 工程需求分析

2.1 不锈钢管道的维护，需要对管道进行全面的检查，发现管道的被腐蚀点，判断严重程度，及时采取措施进行维修。但是，由于海上潮湿水汽和氯离子的作用，会在不锈钢管道表面形成锈层，不清除锈层就不容易发现管道被腐蚀的地方，所以最好的维护方式，就要先将管道表层的锈层去除，然后检查有没有被腐蚀点，发现后及时评估其危害程度，做到及时维修保养，防患于未然。

2.2 石化厂的防火要求很高，不能有火星或易燃易爆物品。一般的除锈剂常常含有挥发性溶剂，都是危险品，不适合在石化厂等防火要求很高的单位使用。我们的产品是一种完全水性产品，完全不含挥发性溶剂，对金属表面可以实现除锈、表调、磷化多道工序一步完成，有效去除金属表面的锈层，同时在金属表面形成一层保护膜。由于该产品是水溶性的产品，如果使用后对形成的保护膜未加以防水保护，其保护膜层会被水侵蚀，但是即使在室外，其形成的保护膜也能经受住雨水的多次冲刷，被雨水冲刷掉后，可采取定期维护的方式处理，可使管道保持长期如新的状态。

3. 治理技术方案

3.1 基本方案。

主要采用 ST-16 除锈转锈涂剂，采取涂抹和喷刷的方式，对管道进行全方位的涂抹和喷刷，ST-16 除锈转锈涂剂能够全面与管道的锈层反应，消除锈层，使不锈钢管道呈现出其本来的亮色。

---

[1] [作者简介] 蒋颖健，女，1974 年 5 月出生，本科，总经理、项目管理师，单位地址：上海市闵行区浦驰路 1628 号 15 栋。联系电话：18101941865。邮箱：1141632275@qq.com。

3.2 材料简介：

（1）材料名称：ST-16 除锈转锈涂剂。

（2）材料特点：

环保材料，不含对环境有害的重金属和有毒物质，主要成分是以磷酸为基础，加入无机物调配制造而成，呈弱酸性，对皮肤无刺激性伤害，但是对特殊群体的个别人可能导致过敏症状，不可入口眼，不慎溅入口眼，可用清水冲洗。残留余液可稀释 20 倍后浇灌绿化，符合欧盟的环保要求，对环境无害。

（3）性能指标：

1）去除钢铁金属表面的锈层，同时形成保护金属表面不受腐蚀的磷化层。

2）水性材料，不防水，如果需要作防水处理，只需再涂刷一层面漆即可。

3）有些设备和管道不能涂刷油漆，可采取经常涂刷、喷涂 ST-16 除锈转锈涂剂等措施，能够确保设备长期保持原来的金属本色。

4）该产品不会对已有的漆膜造成伤害，不与金属反应，不腐蚀金属本体，只与铁锈反应。长期频繁使用更有利于钢铁设备的表面保持崭新的状态。

5）该产品不含挥发性溶剂，无着火隐患，适用于防火要求很高的易燃易爆控制区域。

4. 施工基本情况

ST-16 除锈转锈涂剂，作为钢铁防腐蚀涂装前的表面处理新材料，只针对铁锈发生作用，具有除锈与防锈的双重功能。可以直接通过刷、抹、喷等方式涂在锈蚀的钢构件表面，常温下 0.5～1h 后，能除去不锈钢表面因海风腐蚀而产生的锈痕，恢复不锈钢本来的颜色，同时在不锈钢管道表面（附着力 1 级）形成高耐蚀膜层，强化防腐作用。

采用 ST-16 除锈转锈涂剂，对所有管道采取涂抹和喷刷的方式，对管道进行全方位的涂抹和喷刷，同时检查管道表面和弯管连接处是否有被严重腐蚀的情况。

5. 修缮效果

经过全面涂刷 ST-16 防锈转锈涂剂后，管道焕然一新（图 1）。由于现场有防火的需要，不能拍摄照片，所展示的照片仅是现场附近非厂区的实验图。经防锈保养处理三个月后的回访发现，现场的管道依然保持了锃光瓦亮的状态。

图 1 石化厂的管道除锈的效果对比图

我司建议业主方经常对管道进行喷涂，一是可以将维护保养常态化，杜绝管道受海风腐蚀的情况发生，另外也将一个大的维护保养工作，化作日常工作。

二、在船舶修造厂设备防腐维护中的应用

1. 工程概况

南方海边某船舶修造厂的修船设备的除锈防腐处理。

图 2　船厂的修船设备

船舶修造厂是钢铁设备的大户，其除锈防腐的工作频繁且工作量大。譬如我司承接过的一家修船厂的修船设备，因经常要浸没在海水中，被海水和海风腐蚀严重（图 2），需要经常涂刷油漆进行防腐处理。

2. 工程需求分析

由于设备锈蚀严重，需要用铁刷或铁锤将起翘的锈层去除。然后涂刷 ST-16 除锈转锈涂剂，表层干燥后再涂刷面漆，防腐维护工作即完成。

3. 治理技术方案

3.1　基本方案：采用 ST-16 除锈转锈涂剂进行除锈处理。

3.2　材料简介：

（1）材料名称：ST-16 除锈转锈涂剂。

（2）材料特点：

1）环保材料，不含对环境有害的重金属和有毒物质，主要成分是以磷酸为基础，加入无机物调配制造而成，呈弱酸性，对皮肤无刺激性伤害，但是对特殊群体的个别人可能导致过敏症状，不可入口眼，不慎溅入口眼，可用清水冲洗。残留余液可稀释 20 倍后浇灌绿化，符合欧盟的环保要求，对环境无害。

2）ST-16 除锈转锈涂剂的使用方法与油漆相同，其施工规范可以参照《钢结构防腐涂装工艺标准（508-1996）》中油漆的施工要求进行。

3）由于该种材料的黏度比油漆小很多，而且只需要将钢表面润湿即可，因此，1 公斤覆盖面积可达 40m²，材料消耗是油漆的 1/8 左右。

（3）性能指标：

1）去除钢铁金属表面的锈层，同时形成保护金属表面不受腐蚀的磷化层。

2）水性材料，不防水，如果需要做防水处理，只需再涂刷一层面漆即可。有些设备和管道不能涂刷油漆，可采取经常涂刷、喷涂等措施，能够使冷轧材料、不锈钢等材料长期保持原来的金属本色。

3）该产品不会对已有的漆膜造成伤害，不与金属反应，不腐蚀金属本体，只与铁锈反应。长期频繁使用更有利于钢铁设备的表面保持崭新的状态。

4）ST-16 除锈转锈涂剂适用于各类标号的钢材、铸铁、铁合金，只与其腐蚀产物发生作用，无损钢铁基体，对钢铁的金相组织没有任何损伤，因此，不影响钢铁的机械力学性能（抗拉强度、伸长率、屈服点、冷弯性能、冲击韧性）。

5）该产品不含挥发性溶剂，无着火隐患，适用于防火要求很高的易燃易爆控制区域。

4. 施工基本情况

该产品为单组分液体，无需稀释剂，无毒无异味，只与铁锈发生作用，无损钢铁、不产生应力腐蚀，其施工规范及使用工具与油漆相同，有关注意事项及应用经验如下：

4.1 施工时除刷、滚、喷涂处理方式外，也可用棉纱蘸除锈转锈液 ST-16 擦涂。施涂之前，只需对灰尘、泥沙、油坊等作简单清理。

4.2 涂刷时，使铁锈完全润湿即可，涂刷过多造成淌积，表干时间变慢，且影响成膜质量。

4.3 施涂之后，0.5～1h 即达成表干（现场经验判断为：红色铁锈转变成灰黑色膜层，且不粘手指），建议在 2～4h 后进行油漆施工，也可以在第二天或更长的时间后进行油漆涂装，如在野外，涂漆前需要防止雨淋。

4.4 直立的钢构宜从上向下施涂，1 公斤除锈转锈液 ST-16 可以覆盖 35～40m²，锈多则消耗稍多，锈少用量则少。

4.5 采用该工艺的长效防腐蚀性能，与喷涂锌、铝之后的油漆涂装的防腐蚀周期相当。但经冷镀锌或热镀锌的钢材，发生锈蚀后，不适于采用该种方法除锈。

5. 修缮效果

采用 ST-16 除锈转锈涂剂，对需要除锈的金属部件，可采取涂刷、喷涂、浸泡等方式，使需要处理的锈层充分接触 ST-16 除锈转锈涂剂，使锈层被去除和转化呈黑褐色，这层黑褐色的表层即是磷化层，能够非常牢固地粘结在金属表层，起到防锈的作用。冷轧材料的表层锈层会被 ST-16 除锈转锈涂剂充分转化，呈现原来金属的亮色。

ST-16 除锈转锈涂剂的应用为钢结构行业抛丸、喷砂除锈方法提供了一个新的选择，该工艺与传统工艺的不同之处在于油漆涂装前的除锈处理工序，采用该方法为钢结构工程从工厂生产加工到户外安装的施工安排带来了更大的灵活性。

聚脲防水防腐修缮工程案例

北京森聚柯高分子材料有限公司/天津森聚柯密封涂层材料有限公司

余浩[1]　张运鹏　余建平

1. 北京槐房污水处理厂回流渠防渗防腐聚脲涂层系统

1.1 项目介绍

北京槐房污水处理厂位于北京市南四环外侧，其为地下污水处理厂，日处理生活污水能力为60万t，号称亚洲最大的地下污水处理厂。该污水处理采用最新的膜处理技术，膜处理技术中有一个关键的环节就是膜的清洗，清洗过程采用了酸洗、碱洗、次氯酸钠强氧化剂等多道清洗工序；清洗后的清洗液经过膜池和回流渠抽走，这个回流渠内的介质极其复杂，pH值在1～10之间的酸碱性交替变化，且含有次氯酸钠强氧化剂成分；并且，其位于地下三层C30混凝土经过闭水试验后，混凝土基层非常潮湿，回流渠空气气相部分相对湿度高于90％以上。最后，业主和设计、总包单位采用了森聚柯公司单组分聚脲防水防腐柔性技术系统，回流渠总面积约为1.7万 m^2。

1.2 技术特征

1.2.1 回流渠防腐

基层底部大约2～10cm深积水抽干后，整体基层底部和墙面打磨，去除脱模剂和浮浆。然后，采用了潮湿基层底涂剂，且采用特种腻子SJKR-7021整体涂刮一遍，补洞和封孔；再用界面剂涂布，单脲Ⅱ型 SJKR-590F 涂布两遍，最后用抗氧化剂涂层 SJKR-590AO罩面。整体膜层厚度为1.5mm，见图1和图2。

图1　单脲 SJKR-590 施工中

图2　回流渠单脲施工后

1.2.2 除臭塔防腐防渗

除臭塔为污水经过处理后的废气通道，气相中含有低分子的有机气体和酸碱交替的无

[1]［第一作者简介］余浩，男，1988年出生，化工材料专业，单位地址：北京石景山政达路2号。邮政编码：100042。联系电话：010-68683048。

机气体，臭气经过处理后排空。其内壁采用单脲 SJKR-590F 和面漆 SJKR-590ZM，总厚度为 1.5mm，该面涂层 SJKR-590ZM 可以大大降低分子级别的气体向基层渗透，且具有良好防腐蚀性，见图 3、图 4。

图 3　除臭塔洞口单脲施工后　　　　　　　图 4　除臭塔外景

1.3　效果评估

该工程 2016 年完工，经过了 5 年的实际使用，效果良好。其中 2018 年底，全面截断停水清理查看，未发现涂膜面层有腐蚀破坏现象发生。

2. 某外企电子工厂酸性废水暂存池防渗防腐蚀项目

2.1　项目介绍

某知名外企电子集团在中国大陆有多个工厂，每个电子工厂在厂区内有多个封闭的废水池，如浓酸暂存池、浓碱暂存池、浓磷暂存池、浓染料暂存池、综合废水暂存池、含镍废水暂存池、油墨废水暂存池、CNC 废水暂存池等多个废水暂存池。除了浓碱暂存池为强碱性（pH 值为 14），其他暂存池都是比较高浓度的酸性废水池，废水池酸度 pH 值从 1~3 到约 50% 的硫酸浓度（温度约 40~50℃），这些混凝土暂存池需要做防渗和防腐蚀处理。

2.2　技术特征

该项目需要抵抗较高浓度酸性废水的防腐蚀柔性涂层系统。经过验证，采用了森聚柯公司的抗酸弹性涂膜作为面层主体柔性涂层，同时，整体采用了玻纤网格布作为加强层，确保涂膜的厚度。基层处理非常严格，混凝土基层经过打磨除去浮浆酥松层、涂布渗透性底涂剂、整体刮涂高强改性环氧腻子、涂布界面剂；然后，涂布单组分抗酸涂料 SJKR-590S，铺设玻纤网格布，整体铺设；再次采用 SJKR-590S 覆盖全部玻纤网格布，直到全部区域肉眼看不见网格布网眼为止。最薄厚度为 1.6mm 以上，平均厚度在 2.0mm。

2.3　效果评估

2012 年底施工，经过 7 年多的实际使用，基本完好，至今还在使用。

3. 黑龙江双鸭山龙煤化工集团工业污水池防水防腐项目

3.1　项目介绍

龙煤集团双鸭山煤化工项目，有多个化工污水池，污水池为混凝土结构，处于地下，需要作防水防腐蚀处理。其多个污水池用途各不相同，水质 COD 值较大，有的为酸性池，pH 值在 3~7 之间；有的为碱性池，pH 值在 7~9 之间。经过相关专业人士的评估，污水池采用喷涂聚脲系统作为防水防腐蚀涂层，设计厚度为 1.5mm。面积大约 2.5 万 m²。

3.2　技术特征

该水池混凝土施工接槎缝隙多，模板接槎多，钢筋头切割后，坑洞大。

（1）基层物理性打磨处理

现场切割钢筋头，采用市售防锈漆涂布钢筋头，然后采用环氧腻子 SJKR-ETS 填充孔洞，彻底覆盖钢筋头，抹平；在混凝土接槎处，打磨并采用环氧腻子修整平整；整体打磨，除去脱模剂和浮浆酥松部分，以及磨去凸起部位。

（2）底涂材料处理

涂布底涂剂 SJKR-ET，然后采用环氧腻子整体刮涂，刮平，再涂布界面剂。

（3）喷涂双组分速凝聚脲 SJKR-909，厚度大约 1.5mm。

（4）采用面涂层 SJKR-590ZM 整体滚涂一遍，厚度约 0.3mm。

3.3　效果评估

该工程 2015 年完工，经过 5 年时间使用，至今没有收到投诉和负面消息，效果较好，见图 5、图 6。

图 5　龙煤化工污水池喷涂聚脲防腐蚀涂层　　　　图 6　龙煤化工污水池

4. 四川彭州垃圾焚烧发电垃圾池防腐

4.1　项目介绍

彭州市垃圾焚烧发电厂位于四川成都市下辖彭州市。该垃圾发电厂采用生活垃圾发电，垃圾仓面积约 1.5 万 m²，渗滤液暂存池约 8 千 m²。垃圾仓需要有防腐蚀与防渗功能性要求，且立面墙要求具有抵抗垃圾抓头挠刮的能力。其垃圾渗滤液池，要求具有防腐与防渗的功能性。

4.2　技术特征

垃圾池和渗滤液池均采用单组分聚脲 SJKR-590F 作为主体涂层，且采用 SJKR-590ZM 罩面；混凝土基层采用底涂剂与腻子处理，原有混凝土基层经过了打磨处理，见图 7。

4.3　效果评估

该工程为 2018 年完工，经过两年多的营运，使用效果良好。

5. 其他防腐蚀防渗工程

（1）西安天域凯莱大酒店五楼游泳池单脲防水防腐，2008 年施工，见图 8。

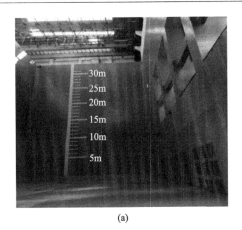

(a)   (b)

图 7　彭州垃圾仓单脲防腐
(a) 施工后；(b) 垃圾池使用中

（2）榆树垃圾发电厂垃圾仓聚脲防腐，见图 9。

（3）上海化工园区污水处理厂，见图 10。

（4）北京欢乐水魔方防渗防腐聚脲涂层，见图 11。

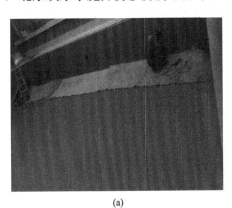

(a)   (b)

图 8　凯莱大酒店五层游泳池单脲防水防腐

(a)   (b)

图 9　榆树垃圾发电厂垃圾仓单脲防腐

(a)　　　　　　　　　　　　　(b)

图 10　上海化工园区污水处理厂单脲防腐

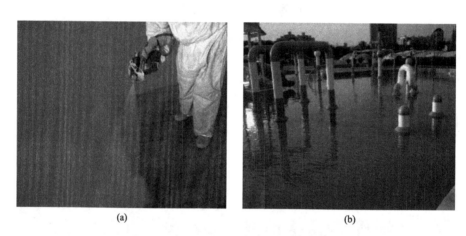

(a)　　　　　　　　　　　　　(b)

图 11　北京欢乐水魔方防水防腐聚脲涂层

中石油遵义油库防腐工程修缮技术

河南省四海防腐集团有限公司　李现修[1]

1. 工程概况

本项目位于贵州省遵义市中石油遵义油库，标的为7座油罐的外防腐。

遵义市位于我国西南部，受季风影响显著，阴雨天气较多，特别是5~6月份，会出现降雨量大、降雨次数多的梅雨天气。但由于遵义所处纬度低，日光照射强烈，连晴3天温度就可能升至30℃以上。施工期间要采取必要的防护措施，保证施工安全和施工质量。

2. 方案设计

采用水喷砂表面处理后，涂装环氧富锌防锈底漆一遍（$50\mu m$），涂装环氧云铁中间漆两遍（$2\times40\mu m$），涂装聚氨酯面漆两遍（$2\times40\mu m$），总干膜厚度$210\mu m$。

3. 施工工艺

3.1 施工流程

3.2 油漆系统选择

3.2.1 涂层配套

底　　漆：环氧富锌防锈底漆一道　　$1\times50\mu m$

中间漆：环氧云铁中间漆两道　　$2\times40\mu m$

面　　漆：聚氨酯面漆两道　　$2\times40\mu m$

3.2.2 总干膜厚度：$210\mu m$

3.3 表面处理（水喷砂）

3.3.1 水喷砂设备简介

本产品高压泵为德国进口技术，高配专业级直连式和皮带传动式两种，铜泵头曲轴泵，含高温装置、高压限位装置、安全阀装置、易启动装置、压力显示装置和高度精密网。本产品具有体积小、功率大、移动方便的特点。本产品属于纯物理清洗，使用时只需接通电源和水源，是绿色环保国家提倡推广的高科技产品。水喷砂施工时基面不高温，不产生火花，故而降低了火灾风险，油罐、输油管道、煤气柜等采用水喷砂就降低了火灾、爆炸等事故发生。

组成：QC-500型水喷砂清洗机由电机、电控箱、移动式地盘、机壳、水箱、高压柱塞泵、调压阀、过滤器、高压胶管、高压水枪、喷嘴、喷砂喷头等组成。

技术参数：见表1。

---

[1]〔作者简介〕 李现修，男，1963年6月出生，高级工程师，河南省四海防腐集团有限公司董事长，联系电话：15136795555。

QC-500 水喷砂清洗机　　　　　　　　　　　　　　　　表 1

额定转速 1480（r/min）		在对应额定功率下输出的最高压力（MPa）
柱塞直径（mm）	额定流量（L/min）	22kW
20	21	50

水喷砂的作用是将压力转化为高度聚焦的水射流能量，这种高速射流水在清洗物表面碰撞、冲击、摩擦和剪切，使清洗件上结垢物、漆、锈脱落，达到除锈的目的。

3.3.2　水喷砂施工

（1）水喷砂清洗机除锈。

用水喷砂清洗机通过电机驱动高压柱塞泵，从高压柱塞泵出口通过高压水枪出水，高压水通过水喷砂喷头，自有吸力通过水喷砂喷头侧方的吸砂管把磨料吸到喷头处，高压水与磨料的混合打击到物体的表面除去金属表面的锈蚀、氧化皮和附着不牢的旧漆膜等附着物。

除锈程序应按照自上而下的施工顺序进行操作，每平方米用时约 15min，需水量约 300kg，需砂量约 70kg，干燥时间 15min。水喷砂设计吸砂管 6m 长。高处作业时砂子使用桶装，由一人进行喷砂作业，两人配合施工。

（2）水喷砂清洗机优势。

1）水喷砂清洗机清洗成本低，高压水喷砂清洗机以水和砂为工作介质，不需再添加洗涤剂就可以清洗干净，所以成本很低。

2）节约水能，由于高压清洗机的喷嘴只有 0.5～2.5mm，所以耗水量很低。

3）清洗质量好，高压水和磨料以巨大的能量破坏坚硬的结垢物和腐蚀锈，但是对金属没有任何破坏。

4）清洗速度快，由于水喷砂清洗机通过高压水和磨料的冲刷，可以快速将结垢物和腐蚀物打击脱落。

5）无环境污染，由于水喷砂清洗机采用清洗介质是纯水和磨料，不再添加任何其他洗涤用品，而高压水和磨料的结合现场不会有扬尘，所以不会造成环境的污染。

6）施工时基面不高温，不产生火花，故而降低了火灾风险。

7）应用广泛，凡是高压水射流可以直射的部位，都可以将结垢物清洗掉。水喷砂清洗机具有清洗成本低、清洗质量好、清洗速度快、无环境污染、不损坏被清洗物、应用范围广等特点。

（3）水喷砂施工中的注意事项。

1）保护措施：现场仪表及施工成品用塑料薄膜加彩条布缠绕。

2）施工人员的保护：操作喷砂人员及辅助人员配备雨衣、安全帽、防护面罩、劳保鞋。

3）为了降低返锈时间，水中可加入缓蚀剂。

4）施工现场砂子堆放整齐。使用砂时上运 100kg（每袋 50kg）至工作区域。

5）施工现场要做废水处理及排放措施。

3.4　底漆——环氧富锌防锈底漆

（1）干膜厚度不小于 50μm。

（2）溶剂为专用稀释剂，溶剂比例参考 5%～10%。

（3）双组分配比：甲组分：乙组分＝4：1。

1）混合时，先用动力搅拌器搅拌基料（A），然后将全部的固化剂（B）和基料（A）调和在一起，再用动力搅拌器彻底搅拌。

2）甲组、乙组混合后使用时间：5℃时24h，15℃时12h，25℃时5h，40℃时2h。

超过混合使用寿命时间的油漆不得使用，否则易产生流挂和喷涂后固化不好等情况。

（4）表干、硬干指标以及覆涂间隔（表2）。

表干、硬干指标以及覆涂间隔　　　　　表2

温度	表干	硬干	覆涂间隔	推荐面漆的最小、最大覆涂
5℃	2h	10h	8h	无限制
15℃	90min	6h	4h	无限制
25℃	75min	4h	3h	无限制
40℃	45min	2h	2h	无限制

注：如果温度低于5℃而使用冬用型固化剂时，其干燥和覆涂间隔详见产品说明书。

（5）喷嘴和喷压。

喷嘴需根据工件喷涂面积大小选择相应喷幅的喷嘴，一般可参考选择GRACO喷嘴17号、19号、21号或相应型号的其他类型的喷嘴。建议采用45：1泵，进气压力可设定在 3.5~4kg/cm²，切不可压力过大，否则容易产生流挂和漆雾飞扬、成膜差或污染其他工件和未喷涂面。

（6）喷涂实施前必须对自由边、阴角处等不易喷涂处进行预涂，预涂时，不得有流挂、堆积现象，否则可能会产生开裂现象。施工时应该小心避免涂覆过厚，如果漆膜太厚，会产生粘结膜缺陷；还要避免干喷涂，否则会使涂覆层出现针孔。

（7）工件表面喷涂经测膜合格后，漆膜表面建议采用砂磨处理，除去漆膜颗粒和污染物。如果经过长期风化，表面可能会形成锌盐，覆涂面层涂料前必须予以清除。

（8）如果温度低于5℃，可使用冬用型固化剂。但需要注意的是，虽然环氧富锌防锈底漆可在0℃以下固化，但如果底材可能结冰，则不应覆涂。

3.5　中间漆：环氧云铁中间漆

（1）要求干膜厚度不小于80μm。

（2）溶剂为专用稀释剂，溶剂比例参考10%~15%。

（3）双组分配比：甲组分：乙组分＝3：1。

打开甲组分包装，搅拌均匀，加入乙组分固化剂，因固化剂较黏稠，固化剂桶先倒出，残留在桶内的固化剂需加入专用稀释剂，再进行充分搅拌，稀释后倒入甲组分内充分搅拌、混合，待用。

（4）喷涂应采用相应型号的喷嘴。建议采用GRACO 45：1或56：1的泵，参考进气压力 4~4.5kg/cm²。

（5）在喷涂之前，务必对罐子隐蔽、阴角等不易喷涂处，手工进行预涂或进行预喷，以保证这些部位的漆膜厚度。

（6）混合使用寿命。

10℃ 60min，15℃60min，25℃60min。当温度超过25℃应选择高温型固化剂。如果混合超过使用寿命时间后不得再使用，否则将影响喷涂成形，影响固化和漆层之间的结合力。

（7）覆涂间隔（表3）。

覆涂间隔　　　　　　　　　　　　　　　　　表3

温度	表干	硬干	覆涂间隔	推荐面漆的最小、最大覆涂
5℃	90min	16h	16h	无限制
15℃	75min	10h	10h	无限制
25℃	60min	5h	5h	无限制
40℃	不适用	不适用	不适用	不适用

注：温度高于25℃时，须使用夏用型固化剂。采用夏用型固化剂时，干燥和覆涂时间应相应较常用型时间长，详细请参阅说明书。

（8）喷涂硬干后，经测膜合格，漆膜表面需砂磨清理除去漆膜缺陷和漆雾颗粒并保持干燥，以达到平滑、干净的漆膜表面，面漆成膜光滑，得到最佳的防污效果。

3.6　面漆：聚氨酯面漆

要求干膜厚度不小于 $80\mu m$（$2\times40\mu m$）。

溶剂为专用稀释剂，溶剂比例参考 $10\%\sim15\%$。

双组分配比：甲组分：乙组分 $=7:1$。

（1）首先打开甲组分，搅拌均匀后，再加入乙组分固化剂，充分搅拌后待用。

（2）对边、角、焊缝、阴角等不易喷涂处进行预喷涂，减少重复喷涂所导致的涂料过度使用。

（3）喷嘴、喷压选择（建议）。

喷嘴参考选择相应型号的喷嘴选用17号～21号（参见 GRACO 喷嘴选型表），面漆最好采用 GRACO 气动柱塞 32:1 或 45:1 泵，参考进气压力 $3kg/cm^2$ 左右（如选用国产长江泵，建议的喷嘴型号为14～20，14～25）。

（4）混合后使用寿命。

5℃ 12h，15℃ 4h，25℃ 2h，40℃ 45min。

如果超过混合使用寿命的油漆，不得使用，否则将严重影响漆膜的成形和喷涂性能。

（5）干燥时间和覆涂间隔（表4）。

干燥时间和覆涂间隔　　　　　　　　　　　　　　表4

温度	表干	硬干	覆涂间隔	推荐面漆的最小、最大覆涂
5℃	5h	24h	24h	无限制
15℃	2.5h	10h	10h	无限制
25℃	1.5h	6h	6h	无限制
40℃	1h	3h	3h	无限制

4. 涂装施工注意事项

（1）当气温低于5℃时或高于40℃时，必须采取相应措施改善环境，达到相应环境；当底材温度低于露点温度3℃，以及相对湿度大于85%时不得喷涂；聚氨酯面漆的施工相对湿度应不得高于80%，避免因湿度过大造成涂膜泛白失光。

（2）当底材表面有雨水、冰或雾气的情况下不得喷涂。

（3）喷涂时，喷枪与被涂工件的喷距控制在 35～45cm 之间，喷枪与喷涂面应垂直；喷枪往复喷幅应控制在 1～1.2cm 之间，否则易产生浪费和过度飞扬（漆雾颗粒）。

（4）在调漆配比时，需多少配多少，减少浪费。

（5）喷面漆时，喷漆泵必须用面漆专用溶剂清洗后才能喷涂。

（6）保证枪嘴的正常使用与更换，以获得最佳的喷涂效果与最合理的油漆用量控制。

5. 质量要求与保证措施

（1）全面执行有关的标准与规范，对所有影响质量的原因采取有效控制，预防并消除不合格情况的发生。

（2）施工操作人员经过上岗培训，具备实际操作资格，并有丰富的施工经验。

（3）所使用的材料都必须具有产品合格证、材质证明书、技术资料，必须按程序文件要求抽检并做好检验记录，质量不合格的材料不能投入使用；禁止将不同品种、不同牌号和不同厂家的材料混掺调用。

（4）应在无尘、基材表面 5～40℃（露点 3℃以上）条件下、相对湿度小于 85％的环境下进行施工。

（5）禁止在雨天进行防腐施工作业。

（6）严格施工过程控制，涂层表面处理的检查、涂层膜厚检查、附着力检查、漆膜测漏检测、涂层外观检查应符合相关标准规定，整个防腐修缮施工完成后，对所有过程质量记录和最终观感质量进行全面检查验收，并提交如下记录：

1）防腐施工方案报验记录；

2）各防腐涂料进场质量检查记录，质量证明书齐备并符合要求；

3）每部位水喷砂检查记录；

4）每一道涂漆质量验收质量；

5）防腐工程中间验收记录；

6）防腐工程施工总结；

7）施工工程影像资料。

第4篇　防水防潮防腐修缮材料、设备

南京康泰建筑灌浆科技有限公司

一、防水防潮工程修缮材料

1. KT-CSS-1013 耐潮湿环氧改性聚硫密封胶（中科康泰牌）

1.1　主要特点

（1）环保性好：具有优良的耐燃油、液压油、水和各种化学药品性能以及耐热和耐大气老化性能；

（2）具有良好的柔软性、低温挠曲性及电绝缘性；

（3）对大部分材料都有良好的黏附性。

1.2　适用范围

适用于各种施工缝、变形缝的堵漏防水密封。

1.3　性能指标

执行建材行业标准：《聚硫建筑密封胶》JC/T 483—2006。

1.4　使用注意事项

（1）基层应干净、干燥，使用时注意材料配比；

（2）存放于阴凉干燥处，远离烟火。

2. KT-CSS-1016 耐潮湿低黏度韧性改性环氧结构胶（中科康泰牌）

2.1　主要特点

（1）固化后具有柔韧性好、弹性大、粘结强度高、耐久性好等特点，有极好的粘结强度和抗冲击性能；

（2）环保、无毒无害；

（3）适用于各种位移裂缝、变形缝等抗渗和密封。

2.2　适用范围

适用于各种位移裂缝及再造防水层等抗漏及密封，可作为密封胶底涂使用。

2.3　性能指标

执行建材行业标准：《混凝土裂缝用环氧树脂灌浆材料》JC/T 1041—2007。

2.4　使用注意事项

（1）工作场所应避免烟火，操作人员应佩戴工作手套和护目镜，如不小心溅进眼里应尽快用大量清水冲洗，及时到医院就医，如溅在皮肤上可用丙酮或醋酸乙酯等溶剂清洗；

（2）没用完的胶液应盖上桶盖，存放于阴凉干燥处，远离烟火。本品有效期暂定一年。

3. KT-CSS-1019 耐潮湿丁基非固化沥青橡胶密封胶

3.1 主要特点

（1）永不固化，固含量大于99％，施工后始终保持原有的弹塑性状态。

（2）粘结性强，可在潮湿基面施工，也可带水堵漏作业，与任何异物保持粘结。

（3）柔韧性好，对基层变形、开裂适应性强，在变形缝处使用优势明显。

（4）自愈性好，施工时材料不会分离，可形成稳定、整体无缝的防水层。施工及使用过程中即使出现防水层破损也能自行修复，阻止水在防水层后面流窜，保持防水层的连续性。

（5）无毒、无味、无污染，耐久、防腐、耐高低温。

（6）施工简便，可在常温和0℃以下施工。

3.2 适用范围

适用于各种建筑、地铁、桥梁、隧道、高速公路等工程变形缝、伸缩缝的堵漏防水密封。

3.3 性能指标

执行国家标准：《建筑防水涂料试验方法》GB/T 16777—2008。

3.4 使用注意事项

（1）基层应干净、干燥，使用时注意材料配比；

（2）存放于阴凉干燥处，远离烟火。

4. KT-CSS-4F 耐潮湿低黏度高渗透型改性环氧灌封胶（中科康泰牌）

4.1 主要特点

（1）耐水耐潮湿，混合后可以在水中固化、水中粘结，固化时间可以进行调整，市场上民用加固的环氧很难达到；

（2）能在0℃以上固化，能在潮湿和干燥界面施工；

（3）无溶剂，固化后不会因溶剂挥发而收缩，固含量超过95％，固化体系无有机溶剂释放，反应放热平稳，不易爆聚；

（4）环氧固化后有一定的韧性，延伸率在4％～25％之间，可以抗汽车或列车通行的时候对结构的振动扰动和荷载扰动；

（5）低黏度，高渗透，可以灌进0.2mm的缝隙，甚至可以灌进0.1mm的缝隙，有利于提高堵漏效果；

（6）固化后强度达C40～C50级，无需更高。市场上环氧强度高达C60以上，与混凝土强度等级有偏差；

（7）裂缝漏水灌浆环氧的工法（KT-CSS工法，已获得国家发明专利），可以使漏水裂缝灌浆饱满度达95％以上，相关规范规定指标为85％；

（8）目前环氧类材料是工程加固类的首选材料，抗压强度高，粘结强度好，地下工程无紫外线，不会有造成环氧材料老化的环境，环氧类的耐久性就比较好，目前在港珠澳大桥的裂缝修补都采用改性环氧灌浆材料，规定材料性能指标必须符合《混凝土裂缝用环氧树脂灌浆材料》JC/T 1041—2007标准的要求。

4.2 适用范围

专用抗振动扰动的灌封胶、底涂胶和封闭胶，适用于各种不规则裂缝、施工缝、变形缝堵漏。

4.3 性能指标

执行建材行业标准：《混凝土裂缝用环氧树脂灌浆材料》JC/T 1041—2007。

4.4 使用注意事项

（1）由于此种胶反应速度较快，胶液应随配随用，避免造成胶液黏度变大影响胶液流动速度，导致灌注部位产生局部缺胶和堵塞输液管道和注浆设备；

（2）注浆需要停歇 20min 以上，须用醋酸乙酯或丙酮等溶剂对设备和注浆管道进行清洗，避免胶液固化报废注浆设备和管道；

（3）工作场所应避免烟火，操作人员应佩戴工作手套和护目镜，如不小心溅进眼里应尽快用大量清水冲洗，及时到医院就医，如溅在皮肤上可用丙酮或醋酸乙酯等溶剂清洗；

（4）没用完的胶液应盖上桶盖，存放于阴凉干燥处，远离烟火，本品有效期暂定一年。

5. KT-CSS-18 耐潮湿低黏度韧性改性环氧灌封胶（中科康泰牌）

5.1 主要特点
同材料 4。

5.2 适用范围
同材料 4。

5.3 性能指标
执行建材行业标准：《混凝土裂缝用环氧树脂灌浆材料》JC/T 1041—2007。

5.4 使用注意事项

（1）由于此种胶反应速度较快，胶液应随配随用，避免造成胶液黏度变大影响胶液流动速度，导致灌注部位产生局部缺胶和堵塞输液管道和注浆设备；

（2）工作场所应避免烟火，操作人员应佩戴工作手套和护目镜，如不小心溅进眼里应尽快用大量清水冲洗，及时到医院就医，如溅在皮肤上可用丙酮或醋酸乙酯等溶剂清洗；

（3）没用完的胶液应盖上桶盖，存放于阴凉干燥处，远离烟火，本品有效期暂定一年。

6. KT-CSS-8 耐潮湿低黏度弹性改性环氧灌封胶（中科康泰牌）

6.1 主要特点
同材料 4。

6.2 适用范围
同材料 4。

6.3 性能指标
执行建材行业标准：《混凝土裂缝用环氧树脂灌浆材料》JC/T 1041—2007。

6.4 使用注意事项

（1）由于此种胶反应速度较快，胶液应随配随用，避免超过适用期胶液黏度变大，导致灌注部位产生局部缺胶、空鼓和堵塞输液管道和注浆设备；

（2）工作场所应避免烟火，注意通风，在使用操作过程中操作人员应佩戴手套、护目镜，如溅在皮肤上可用醋酸乙酯或丙酮，无水乙醇等溶剂清洗，如不慎溅进眼里应立即用大量清水冲洗后及时到就近医院就医；

（3）存放于阴凉干燥处，避免接触明火、雨水，有效期暂定一年。

二、主要业绩

近十多年来，公司承担了几百项隧道、地下工程渗漏修缮加固工程，包括重要、重大、特殊的高铁隧道渗漏修缮加固工程 40 多项，地铁隧道渗漏修缮加固工程 20 多项，高速公路隧道渗漏修缮加固工程 30 多项，铁路隧道渗漏修缮加固工程 20 多项，市政渗漏修缮加固工程 10 多项，工民建地下工程渗漏修缮工程 10 多项，地下综合管廊渗漏修缮工程 10 多项。

广州市泰利斯固结补强工程有限公司
佛山市泰迪斯材料有限公司

一、防水防潮工程修缮材料

1. EAA 环氧界面剂 TDS—EAA—101

1.1 主要特点

在干燥和潮湿的结构基面具有良好的渗透性、浸润性、黏附能力，能改善新旧界面的粘结力，特别是含水的潮湿混凝土界面的粘结能力。提高水泥砂浆、混凝土、橡胶、嵌缝膏、钢材与混凝土的粘结强度。

1.2 适用范围

（1）适用于新、老混凝土连接：本品是新、老混凝土界面连接的理想结合剂，常用于施工缝、梁柱加固、旧基础改造等工程中。

（2）适用于混凝土起砂基层修复处理：本品可用于修补混凝土表面起砂、麻面、露筋等。

（3）适用于混凝土表面保护与防潮处理：本品可用于混凝土和钢筋的表面保护，防止劣化和腐蚀。

（4）适用于有耐酸碱腐蚀要求场合的抹灰或砖板粘贴施工：本品可用于有耐酸碱腐蚀要求特殊场合的抹灰工程和砖板铺贴工程，并可在潮湿基层施工；用于外墙、卫生间的渗漏注浆处理。

1.3 性能指标（表1）

执行建材行业标准：

《混凝土裂缝用环氧树脂灌浆材料》JC/T 1041—2007。

《地基与基础处理用环氧树脂灌浆材料》JC/T 2379—2016。

EAA 环氧界面剂 TDS—EAA—101 性能指标表　　　　表1

项目	拉伸粘结强度（MPa）		
	处理后		未处理
	浸水	耐碱	
指标	≥0.5	≥0.5	≥0.6

1.4 使用注意事项

（1）配制和施工人员应戴胶手套、平光眼镜、穿橡胶底鞋。

（2）施工及配制现场要严禁烟火，做好防火措施。

（3）配制现场应在施工现场的下风口位置。

（4）配制和施工人员如不慎将浆材粘上身体时，用肥皂洗净即可。

（5）如进入眼睛时可滴入保健用的眼药水，进行暂时性清洗后立即到医院进行护理。

（6）如有对胺类固化剂过敏者（碱性物）请慎用，若出现过敏时，可用清水冲洗干净后到医院诊治。

2. EAA环氧防渗补强灌浆材料 TDS—EAA 102，103，106

2.1 主要特点

材料具有优异的亲水性和渗透性，可灌入 $3\mu m$ 的岩石微细隙缝中，应用于泥化夹层和缺陷性混凝土的止水补强加固和修复，水泥—EAA环氧复合灌浆技术有效解决不均质地层和复杂混凝土结构裂缝、溶蚀、碳化锈蚀、化学侵蚀等病害的止水补强加固工程。

2.2 适用范围

适用于地下隧道、地下室漏水、桥梁、楼面裂缝的止水、补强。水利工程的防水抗渗、复杂地基（断层）、基础工程的补强加固、混凝土路面修补。

2.3 性能指标（表2）

执行标准同材料1。

TDS—EAA 102，103，106性能指标表　　　　　　　　表2

项目	浆液密度 (g/cm³)	初始黏度 (mPa·s)	可操作时间 (min)	抗压强度 (MPa)	拉伸剪切强度 (MPa)	抗拉强度 (MPa)	粘结强度 (MPa)		抗渗压力 (MPa)	渗透压力比 (%)
							干粘结	湿粘结		
指标	>1.0	<30	>30	≥70	≥8.0	≥15	≥4.0	≥2.5	≥1.2	≥400

2.4 使用注意事项

（1）配制和施工人员应戴胶手套、平光眼镜、穿橡胶底鞋。

（2）施工及配制现场要严禁烟火，做好防火措施。

（3）配制现场应在施工现场的下风口位置。

（4）配制和施工人员如不慎将浆材粘上身体时，用肥皂洗净即可。

（5）如进入眼睛时可滴入保健用的眼药水，进行暂时性清洗后立即到医院进行护理。

（6）如有对胺类固化剂过敏者（碱性物）请慎用，若出现过敏时，可用清水冲洗干净后到医院诊治。

3. 环氧胶泥 TDS—EAA—107

3.1 主要特点

材料具有良好的粘结能力，强度高，亲水固化快的特性，适用于宽裂缝、嵌缝、嵌槽及混凝土崩角掉块、空洞等缺陷修复的补强处理。

3.2 适用范围

适用于裂缝、槽嵌缝及混凝土缺陷修复等补强防水作用。

3.3 性能指标

执行标准同材料1。

3.4 使用注意事项

（1）配制和施工人员应戴胶手套、平光眼镜、穿橡胶底鞋。

（2）施工及配制现场要严禁烟火，做好防火措施。

（3）配制现场应在施工现场的下风口位置。

（4）配制和施工人员如不慎将浆材粘上身体时，用肥皂洗净即可。

（5）如进入眼睛时可滴入保健用的眼药水，进行暂时性清洗后立即到医院进行护理。

（6）如有对胺类固化剂过敏者（碱性物）请慎用，若出现过敏时，可用清水冲洗干净后到医院诊治。

4. 快干型环氧修补材料 TDS—EAA—108

4.1　主要特点

材料具有良好的粘结强度和力学性能，较好地与水泥、砂混合修复缺陷性混凝土。

4.2　适用范围

本品可作浸渍胶，可用于碳纤维布、芳纶布及无纺布的粘贴使用，也可配以水泥砂作裂缝及缺陷修补材料使用。

4.3　性能指标（表3）

执行标准同材料1。

快干型环氧修补材料 TDS—EAA—108 性能指标表　　　　表3

项目	抗压强度（MPa）			
	1d	3d	7d	28d
指标	28.1	49.4	57.2	68.5

4.4　使用注意事项

（1）配制和施工人员应戴胶手套、平光眼镜、穿橡胶底鞋。

（2）施工及配制现场要严禁烟火，做好防火措施。

（3）配制现场应在施工现场的下风口位置。

（4）配制和施工人员如不慎将浆材粘上身体时，用肥皂洗净即可。

（5）如进入眼睛时可滴入保健用的眼药水，进行暂时性清洗后立即到医院进行护理。

（6）如有对胺类固化剂过敏者（碱性物）请慎用，若出现过敏时，可用清水冲洗干净后到医院诊治。

二、防腐工程修缮材料

EAA 环氧渗透防腐型混凝土保护剂 TDS—EAA—104。

1.1　主要特点

材料具有优异的渗透性，能在混凝土或金属表面扩散并能被混凝土表面毛细孔吸附，形成带"榫"状锚根状的粘结面层，阻隔空气和腐蚀物对混凝土表面的侵蚀，涂层黏附力强、抗腐蚀性能好、耐老化、无毒，适用于盾构管片、水池、迎水面的防腐处理和海港桩基表面层抗侵蚀防腐处理。

1.2　适用范围

适用于混凝土表面，也可用于石质材料、橡胶材料、各种金属材料的表面。

1.3　性能指标（表 4）

执行建材行业标准：

《混凝土裂缝用环氧树脂灌浆材料》JC/T 1041—2007。

《地基与基础处理用环氧树脂灌浆材料》JC/T 2379—2016。

EAA 环氧渗透防腐型混凝土保护剂 TDS—EAA—104 性能指标表　　　　表 4

项目	固体含量（%）	干燥时间（h）		粘结强度（MPa）				柔韧性	涂层抗渗压力（MPa）
		表干时间	实干时间	干基面	潮湿基面	浸水处理	热处理		
指标	≥60	≤12	≤24	≥3.0	≥2.5	≥2.5	≥2.5	无开裂	≥1.0

1.4　使用注意事项

（1）配制和施工人员应戴胶手套、平光眼镜、穿橡胶底鞋。

（2）施工及配制现场要严禁烟火，做好防火措施。

（3）配制现场应在施工现场的下风口位置。

（4）配制和施工人员如不慎将浆材粘上身体时，用肥皂洗净即可。

（5）如进入眼睛时可滴入保健用的眼药水，进行暂时性清洗后立即到医院进行护理。

（6）如有对胺类固化剂过敏者（碱性物）请慎用，若出现过敏时，可用清水冲洗干净后到医院诊治。

三、主要业绩

1999 年至今，采用 EAA 环氧系列灌浆材料及其修补材料成功解决水利水电、市政路桥、隧道、地铁在建与运行隧道工程的特殊、应急、困难等工程病害问题。特别是运行地铁道床出现翻浆冒泥，剥离脱空问题的处理，相较以往对道床剥离脱空处理须停止列车运行，拆卸钢轨，清凿除原道床混凝土后重新浇筑混凝土道床，重新铺设钢轨等繁重的处理方法，本方法可在列车不停运下进行加固，确保列车运行安全。

采用 EAA 高渗透性亲水环氧材料及其 EAA—水泥复合灌浆工艺，先后处理水利水电大坝坝基软化、泥化性不良断层带和高应力围岩，大坝坝体、裂缝、混凝土溶蚀破坏的止水补强修复，适用于工程桩基，桥梁，隧道混凝土梁、柱、板等结构补强加固修复，自来水池和盐池的防水、防腐，海港码头桩基防腐蚀补强，确保结构的安全性和使用的耐久性。

"隧道结构止水补强加固施工方法"已在国内 15 个城市应用。其中 9 个城市进行了道床剥离稳定加固处理。

采用 EAA 高渗透性亲水环氧系列材料处理的工程，效果稳定。经处理的剥离脱空道床经列车 23 年的振动，效果稳定，满足列车安全运行的要求。

主要工程有广东省南水水电厂地下厂房系统渗水处理工程、南水水库泄洪洞加固扩建工程、广蓄电站Ⅱ期水道排空后高岔管 8 号弯管及其他部位化学灌浆工程、黄埔大道放射线隧道渗漏治理工程、三峡永久船闸输水系统隧洞层间缝、环向结构缝渗漏化灌处理、内环路市政设施整治工程（内环路防撞墙维修工程）、广州地铁 1 号线黄沙至长寿路盾构管片变形开裂大修施工Ⅱ标（一期）工程、一号线黄沙至长寿路盾构管片变形开裂大修（经营）-施工Ⅱ标二期、深圳地铁 5 号线 5305 标道床修复工程、南京地铁 1 号线西延线道床加固治理工程、紫阳-五里亭区间融沉稳定处理壁后注浆工程、南宁轨道交通 3 号线埌西站防水堵漏工程等。

深圳市卓宝科技股份有限公司

一、防水防潮工程修缮材料

1. 涂必定橡胶沥青防水涂料

1.1 主要特点

涂必定橡胶沥青防水涂料是一种以橡胶、沥青和助剂混合制成的，在应用状态下始终保持黏性的膏状体防水涂料。该产品通过现场加热成流态，刮涂或喷涂于基层，形成粘结性强、具有优异蠕变性能、自愈功能和耐老化性能的防水层，它既是一道防水层，也是一道粘结层。涂必定橡胶沥青防水涂料按物理性能分为 L 型（平面型）、V 型（立面型）两种。立面型通过特殊工艺大大提升了涂料的粘结强度、耐热性和防流坠性，立面及坡度较大的基面使用防水效果更佳。

（1）永不固化。施工后始终保持黏性膏状体，具有超强蠕变性能，抵御基层变形能力强。

（2）持久粘结。材料施工后始终保持黏性，粘结效果经久不衰。

（3）粘结性强。能与各种基层和卷材实现粘结，粘结强度高。

（4）耐老化性能优异。复杂使用环境下，能长期有效保证防水效果。

（5）双重功能。不仅仅作为一道防水层，同时也是一道优异的粘结层。

（6）自愈性强。施工时即使出现防水层破损也能自行修复，保持完整的防水层。

（7）适用范围广。常温和低温环境均可施工，粘结瞬间便达到粘结强度。

（8）施工方便。施工时可以选择刮涂或喷涂，可一次施工到设计厚度，方便快捷。

1.2 适用范围

适用于工业和民用建筑屋面及地下结构防水工程，种植顶板及屋面防水工程，隧道、桥梁、管廊等市政防水工程。

1.3 性能指标

执行企业标准：《涂必定橡胶沥青防水涂料》Q/12TJZB015—2019。

1.4 施工注意事项

（1）涂必定橡胶沥青防水涂料不得外露使用。

（2）与涂必定橡胶沥青防水涂料直接接触的防水材料应具有相容性。

（3）施工人员应穿戴好防护服和防护用品，雨天雪天不得施工，四级风以上不宜施工。

（4）施工环境温度宜为 5～35℃，不宜在－10℃或高于 35℃或烈日暴晒下施工。

（5）涂必定橡胶沥青防水涂料宜用专用加热设备进行加热，避免重复加热，涂料加热温度不宜超过 160℃。

2. 贴必定 BAC 自粘防水卷材

2.1 主要特点

贴必定 BAC 自粘防水卷材是一种以聚酯胎/交叉层压膜、SBS 改性沥青、自粘橡胶沥青胶料、隔离膜组合而成的双面自粘防水卷材。

(1) 该产品抵抗外力能力强，具有耐水压能力，抗撕裂及抗疲劳能力强的特点。抵御外力能力强，抗撕裂、抗疲劳等性能优异。

(2) 耐老化性能优异，可长期有效保证防水效果。

(3) 防水卷材与防水涂料之间牢固粘结，两道防水形成整体，优势互补，再加上防水涂料能与基层牢固粘结，从而形成皮肤式防水系统，出现任何局部破坏，水只会被限定在防水层的破损点处。

(4) 防水卷材以防水涂料作为粘结层，防水涂料加热后施工，在低温环境下也不影响其与基层和上部卷材的粘结，消除冬期施工的苦恼。

2.2 适用范围

适用于工业与民用建筑的地下室、屋面，以及市政相关管廊、隧道、地铁等防水工程的施工。

2.3 性能指标

执行国家标准：《湿铺防水卷材》GB/T 35467—2017。

2.4 使用注意事项

(1) 堆放要避免日晒风吹雨淋，注意通风，贮存温度不应高于45℃，两米卷材应平放，一米卷材应立放，堆码高度不应超过五层。

(2) 低温天气或冬期施工时，可用热风机或喷灯对卷材适当加热，然后进行粘结，卷材搭接边缘宜做增强密封。

(3) 卷材粘结后，受阳光暴晒，可能会出现表面轻微褶皱、鼓泡，这是正常现象，不会影响其防水性能，一经隐蔽，立即消失。

(4) 施工过程中，若卷材搭接边受到污染，可用基层处理剂进行清除，然后方可正常使用。

3. 贴必定 S-CLF 超强交叉层压膜自粘防水卷材

3.1 主要特点

贴必定 S-CLF 强力交叉层压膜自粘防水卷材是一种由进口强力交叉层压膜、高性能配方的自粘橡胶沥青胶料、隔离膜组合而成的自粘防水卷材。该卷材是一种抗拉、延伸率和抗撕裂能力更强的无胎自粘防水卷材，具有优良的耐紫外线和稳定性。

(1) 物理性能优异，拉伸性能高，是传统无胎自粘卷材的2～3倍。

(2) 热稳定性能优异，表面为灰白色，能有效反射光线。

(3) 强力交叉层压膜，尺寸稳定性好，能有效减少折皱、翘边等情况，并且延伸率优良，能适应基层变形。

(4) 粘结可靠，便于检修。卷材与结构永久牢固粘结，出现任何局部破坏，水都能被限定在防水层的破损处，不蹿流。

（5）同等物理性能条件下，卷材更轻更薄，施工方便、快捷，与基层粘结更加服贴。

（6）双面自粘预铺类（YC 型），上表面为防粘减粘层，能有效防止工人粘脚问题，同时具有一定防刺穿效果；在地下室底板施工时，可与后浇混凝土反向粘结，实现"皮肤式"防水效果，且粘结牢固，长期浸泡下仍密不可分。

3.2　适用范围

适用于工业与民用建筑的地下室、屋面，以及市政相关管廊、隧道、地铁等防水工程的施工。

3.3　性能指标

执行企业标准：《贴必定 S-CLF 强力交叉层压膜自粘防水卷材》Q/12TJZB013—2019。

3.4　使用注意事项

（1）预铺反粘法。

1）堆放要避免日晒风吹雨淋，注意通风，贮存温度不应高于 45℃，两米卷材应平放，一米卷材应立放，堆码高度不应超过五层。

2）S-CLF 防水卷材防水层采用冷作业施工，材料进入工作面后不得以任何形式动用明火，如有钢筋焊接所产生的火星等，则焊接处卷材面需设临时保护措施，可在焊接操作面以木板或铁皮作为临时保护挡板，同时，在对应部位 S-CLF 防水卷材上洒水以防止焊渣烧伤卷材。当温度较低影响搭接时，可采用热风机加热卷材搭接部位。

3）卷材铺设完成后，要注意后续的保护，钢筋笼要本着轻拿轻放的原则，不能在防水层上拖动，以避免对防水层的破坏。

4）相邻两排卷材的短边接头应相互错开 300mm 以上，以免多层接头重叠而使得卷材粘贴不平服。

5）卷材铺贴程序为：先节点，后大面；先低处，后高处；先高跨，后低跨；先远处，后近处。即所有节点附加层铺贴好后，方可铺贴大面卷材；大面卷材粘铺须从低处向高处进行；先做高跨部分，再做低跨部分；先做较远的，后做较近的，使操作人员不过多踩踏已完工的卷材。施工区域应采取必要的、醒目的围护措施（周围提供必要的通道），禁止无关人员行走践踏。

6）绑扎钢筋过程中，如钢筋移动需要使用撬棍时应在其下设木垫板临时保护，以尽量避免破坏防水卷材。

7）在防水层后续施工过程中，如不慎破坏了防水层，可视破损情况予以修复。当破损点较小时，采用材性相容的涂料进行修补即可；当破损点较大时，视破损情况裁剪 100mm×100mm 的 S-CLF 自粘卷材片（方形片材四周修剪成圆角），反向牢固粘贴于卷材下表面，对破损处进行修补。

（2）湿铺法。

1）堆放要避免日晒风吹雨淋，注意通风，贮存温度不应高于 45℃，两米卷材应平放，一米卷材应立放，堆码高度不应超过五层。

2）S-CLF 防水卷材铺贴时，在卷材收口处应临时密封（可用胶带或加厚水泥砂浆密封），以防止立墙收头处水分过快散失。

3）相邻两排卷材的短边接头应相互错开 300mm 幅宽以上，以免多层接头重叠而使得卷材粘贴不平服。

4）防水层施工完毕后应尽快组织验收，及时隐蔽，不宜长时间暴晒。

5）当卷材在立面施工且片幅较大时，可在边角部位辅以适当的固定措施。

6）施工中卷材部位受到污染，可用干净的湿布清洁卷材等。

7）水泥浆硬化（一般为 48h）前，防水层不应上人，以免破坏防水层。

8）在防水层施工中或防水层已完成而保护层未完成时，禁止任何无关人员进入现场，严禁穿带铁钉、铁掌的鞋进入现场，以免扎伤防水层。防水施工人员、物料进入，必须遵守轻拿轻放的原则，严禁尖锐物体撞击卷材防水层。

（3）干铺法。

1）堆放要避免日晒风吹雨淋，注意通风，贮存温度不应高于 45℃，两米卷材应平放，一米卷材应立放，堆码高度不应超过五层。

2）低温大气施工时，可以先用热风机对卷材搭接部位进行加热，然后进行搭接。

3）S-CLF 防水卷材防水层采用冷作业施工，材料进入工作面后不得以任何形式动用明火，施工现场及材料仓库均严禁吸烟。

4）各类材料的堆放、标志和使用过程必须严格区分和控制，避免混放误用。

5）阴阳角、管根等部位必须按规范、设计图纸以及防水构造图要求增加贴必定附加层。

6）相邻两排卷材的短边接头应相互错开 300mm 以上，以免多层接头重叠而使得卷材粘贴不平服。

7）卷材铺贴程序为：先节点，后大面；先低处，后高处；先高跨，后低跨；先远处，后近处。即所有节点附加层铺贴好后，方可铺贴大面卷材；大面卷材粘铺须从低处向高处进行；先做高跨部分，再做低跨部分；先做较远的，后做较近的，使操作人员不过多踩踏已完工的卷材。施工区域应采取必要的、醒目的围护措施（周围提供必要的通道），禁止无关人员行走践踏。

8）基层处理剂要用力薄涂，使其渗透到基层毛细孔中，待溶剂挥发后，基层表面形成一层很薄的薄膜牢固黏附在基层表面，不可漏涂。

9）卷材粘贴后，受阳光暴晒，可能会出现轻微表面皱褶、鼓泡，这是正常现象，不会影响其防水性能，并且一经隐蔽即会消失。

10）防水层施工完毕应尽快隐蔽，不宜长时间暴晒。通常应在防水层完成后 24h 内隐蔽，特殊情况下（如地下室外墙等部位）可稍延迟，但也不宜长于 72h。若有闭水试验，则隐蔽时间应从闭水试验结束时起算。

11）在施工中如卷材搭接部位受到污染，可用基层处理剂进行清洁，然后可正常使用。

（4）热铺法。

1）堆放要避免日晒风吹雨淋，注意通风，贮存温度不应高于 45℃，两米卷材应平放，一米卷材应立放，堆码高度不应超过五层。

2）涂料加热温度及涂刮（喷涂）温度较高，施工人员必须佩戴必要的劳保用品（手套，护具等），以免高温烫伤。

3）各类材料的堆放、标志和使用过程必须严格区分和控制，避免混放误用。

4）阴阳角、管根等部位必须按规范、设计图纸以及防水构造图要求增设附加层。

5）基层处理剂要用力薄涂，使其渗透到基层毛细孔中，待溶剂挥发后，基层表面形成一层很薄的薄膜牢固黏附在基层表面，不可漏涂。

6）卷材搭接缝，采用专用密封膏进行密封。

7）卷材铺贴程序为：先节点，后大面；先低处，后高处；先高跨，后低跨；先远处，后近处。即所有节点附加层铺贴好后，方可铺贴大面卷材；大面卷材粘铺须从低处向高处进行；先做高跨部分，再做低跨部分；先做较远的，后做较近的，使操作人员不过多踩踏已完工的卷材。施工区域应采取必要的、醒目的围护措施（周围提供必要的通道），禁止无关人员行走践踏。

8）防水层施工完毕应尽快隐蔽，不宜长时间暴晒。通常应在防水层完成后24h内隐蔽，特殊情况下（如地下室外墙等部位）可稍延迟，但也不宜长于72h。若有闭水试验，则隐蔽时间应从闭水试验结束时起算。

4. 贴必定 BAC 耐根穿刺自粘防水卷材

4.1　主要特点

贴必定 BAC 耐根穿刺自粘防水卷材是一种专门针对有种植需求的地下室顶板、屋面等部位而研发的以长纤聚酯纤维毡为增强胎基，以添加进口化学阻根剂的自粘改性沥青为涂盖材料，两面再覆以隔离材料而制成的自粘类改性沥青卷材，该卷材既具有与 BAC 自粘防水卷材相同的防水性能，同时又具有阻止植物根系穿透的功能。

（1）能长期有效地阻止植物根系穿透卷材，保持防水层的完整性，同时又不影响植物正常生长。

（2）防水卷材与防水涂料之间牢固粘结，两道防水形成整体，优势互补，再加上防水涂料能与基层牢固粘结，从而形成皮肤式防水系统，出现任何局部破坏，水只会被限定在防水层的破损点处。

（3）防水卷材以防水涂料作为粘结层，防水涂料加热后施工，在低温环境下也不影响其与基层和上部卷材的粘结，消除冬期施工的苦恼。

4.2　适用范围

适用于各类有种植需求的工业及民用建筑的地下室顶板、屋面以及市政管廊相关工程顶板等防水工程。

4.3　性能指标

执行国家标准：

《湿铺防水卷材》GB/T 35467—2017。

《种植屋面用耐根穿刺防水卷材》GB/T 35468—2017。

4.4　使用注意事项

（1）堆放要避免日晒风吹雨淋，注意通风，贮存温度不应高于45℃，两米卷材应平放，一米卷材应立放，堆码高度不应超过五层。

（2）低温天气或冬期施工时，可用热风机或喷灯对卷材适当加热，然后进行粘结，卷材搭接边边缘宜做增强密封。

（3）卷材粘结后，受阳光暴晒，可能会出现表面轻微褶皱、鼓泡，这是正常现象，不会影响其防水性能，一经隐蔽，立即消失。

（4）施工过程中，若卷材搭接边受到污染，可用基层处理剂进行清洁，然后方可正常使用。

二、主要业绩

深圳市卓宝科技股份有限公司是中国建筑防水协会副理事长单位、主席团成员单位，首批国家级高新技术企业，中国建筑防水行业领军品牌，中国建筑行业 500 强企业，中国 500 强房地产开发商首选供应商品牌。

率先提出"皮肤"式防水系统化理论，解决了长期困扰产业界的难题。作为中国自粘防水卷材的代表品牌，连续十余年自粘卷材的市场占有率和销售量稳居全国第一；成就了鸟巢、中南海、国家博物馆、华为深圳基地、腾讯滨海大厦等 3000 多个经典防水工程，产品畅销世界各地。

西牛皮防水科技有限公司

一、防水防潮工程修缮材料

1. 西牛皮现制防水卷材

1.1　主要特点

　　西牛皮现制防水卷材是由西牛皮公司、清华大学、德国禄博纳共同研发。

　　西牛皮现制防水卷材又称现制水性橡胶高分子复合防水卷材，是一种由水性橡胶高分子复合防水胶料与高分子增强抗裂胎基在施工现场通过现制机同步制造并铺贴，制成不漏水的卷材防水层。专门用于混凝土建筑物的全密封防水，是防水层新生产模式。现场制作完成后即可形成满粘密封、无边无缝的防水层，其防水效果安全可靠。CPS防水卷材实现三大领域的技术突破。

　　（1）突破一：胶料关键技术；采用级配橡胶手段、从物理卯榫和化学交联两个方面作用使胶料能与多种材质界面有效粘结；高固含量、一次厚涂、同步固化，胶层密实；无溶剂、冷施工、基面适应性强等。

　　（2）突破二：高分子增强抗裂胎基技术；薄而强、耐水憎水、亲胶；开放结构易浸润复合，与胶料融合成卷材防水层，蠕变抗开裂不怕裂。

　　（3）突破三：现制防水卷材的装备技术生产与施工同步；以人为本以机代人，效率更高、质量更稳定；一套西牛皮现制卷材系统就是一座工程现场防水层生产工厂。

1.2　西牛皮现制防水卷材产品三大优势

　　（1）优势一：防水层与基面满粘密封不窜水，保防水层有效。

　　西牛皮现制水性橡胶高分子复合防水卷材防水层与基面大面积、细部节点都能密封满粘不窜水，保障防水有效；并且复合而成的防水层具有出色的蠕变抗开裂特性，能够适应基面的变化，避免结构变形开裂破坏防水层，保障防水耐久。

　　（2）优势二：防水层耐疲劳开裂，保防水层耐久。

　　西牛皮现制水性橡胶高分子复合防水卷材具有优异的物理性能，在温度高达105℃时无流淌、滑动、滴落，拉伸性能拉力大于100N/50mm，伸长率大于50%，防水层试样可承受10000次伸缩循环后（标准规定5000次）无破坏，防水层可承受基层裂纹扩散6mm而不被拉伸破坏，防水层与粘结基层发生应力作用时应力松弛等于11.7%（标准规定小于35%），抗窜水性能出色，在1.0MPa水压下24h不窜水（标准规定为0.6MPa水压）。

　　（3）优势三：防水层整体无接缝、大面细部能连续、防水层没有薄弱部位。

　　西牛皮现制水性橡胶高分子复合防水卷材的施工做法高效、便捷、环保，能让防水层形成一个整体无接缝，大面积、细部节点能连续的防水闭环，使防水层没有任何薄弱部位；兼容了涂料与卷材的双重优势，规避了涂料与卷材的不足之处。

1.3 适用范围

（1）一般工业与民用建筑的地下室、屋面、室内、非饮用水池等有防水设防要求区域的防水工程。

（2）地铁站、隧道、人防工程、城市综合管廊等地下防水工程。

（3）厨卫间、阳台、室内地暖、粮库仓储、工业厂房等室内防水防潮工程。

（4）既有屋面防水修缮，如仓库、厂房等屋面的防水修缮工程。

1.4 性能指标

执行团体标准：《现制水性橡胶高分子复合防水卷材》T/CECS 10017—2019。

1.5 使用注意事项

（1）西牛皮现制防水卷材防水层完全干固成型前，应避免上人、上车、淋水等，干固后应及时验收并进行保护层施工；

（2）如施工基面不符合要求或混凝土基面风化老旧，需用专用界面处理材料先对基面进行处理，确保防水层能与基面牢固粘结；

（3）露天防水工程，西牛皮现制防水卷材应避开雨天施工，如施工过程遭遇下雨，应设置雨篷等防护措施对防水层进行保护；

（4）防水层不能作为受力层，立面、坡面等部位防水层的保护、装饰等构造，需设置受力构件；

（5）施工完成后，相关器具应及时清洗干净，避免水性橡胶高分子防水胶料干固后难以清理；

（6）在施工过程中，高分子增强抗裂胎基在涂刷时应尽量避免褶皱。

2. CPSX 橡胶态防水涂料

2.1 主要特点

CPSX 橡胶态防水涂料是西牛皮防水科技有限公司与清华大学合作开发一款水性密封防水涂料。

本产品是以橡胶及具有橡胶特性的高分子材料为主要功能原料，复配多种助剂和功能填料制备而成的单组分水性高分子防水涂料。突破传统防水涂料的功能，干燥速度快，固化后成膜率高。固化后的防水层呈现橡胶弹性状态，与混凝土、金属、塑料等多种材质界面均能形成牢固持久粘结，具有蠕变抗开裂的密封防水效果。

（1）优势一：密封相容性好。

CPSX 橡胶态防水涂料能够与混凝土发生物理卯榫和化学交联的协同作用，能达到全密封的防水效果。

（2）优势二：任意材质能粘结。

CPSX 橡胶态防水涂料具有级配复合技术，能与金属、塑料、陶瓷、玻璃等多种材质有效粘结，解决传统防水涂料因与多种材质界面无法粘结，出现窜水渗漏现象等问题。

（3）优势三：立面涂刷不流淌。

CPSX 橡胶态防水涂料具有水性橡胶基膏化技术，材料成膏状，立面涂刷不流淌，可多道厚涂一次成型，成膜后具有橡胶的高弹蠕变性和黏附性，解决了传统防水涂料立面涂刷流淌，反复涂刷，不易达到厚度要求等难题。

（4）优势四：绿色环保好施工。

水性单组分涂料，安全环保，无毒无害，能够在潮湿基面施工，无需配比，开盖即刷，施工简单便捷。

2.2　适用范围

（1）异形屋面防水：形状不规则，变坡、阴阳角多、节点多的各类屋面；

（2）既有屋面防水修缮：各类旧屋面防水修缮如 JS、沥青质防水层屋面（聚氨酯防水层需清除原防水层或做界面粘结层后施工）；

（3）室内防水与防潮：阳台、厨卫间、室内地暖防潮、粮库仓储、工业厂房等；

（4）水池防水：消防池、泳池等各类蓄水池；

（5）其他混凝土工程防水：各类工业与民用建筑、市政、轨道交通、桥梁、隧道等。

2.3　性能指标

执行团体标准：《高固型水性橡胶高分子防水涂料》T/CECS 10016—2019。

2.4　使用注意事项

（1）可根据工程特性选择机械施工或人工施工；

（2）起砂、起粉、不坚实的混凝土基面，需使用专用高聚物水泥基界面胶做基层处理，基面不平整时用水泥砂浆修补平整；

（3）防水层不能作为受力层，立面、坡面等部位防水层的保护、装饰等构造，需设置受力构件；

（4）涂刷时应均匀平整，避免堆积；

（5）施工完毕后，检查有露底、漏涂或厚度达不到设计要求，需进行补涂处理；

（6）防水涂料干固前，禁止踩踏或泡水；不能做闭水试验；

（7）待防水涂料干固后，应及时组织验收，并做保护层；

（8）本品为水性环保产品，施工完毕后，施工工具应在橡胶态防水涂料未固化前及时用水清洗。

二、主要业绩

宁夏固原九龙佳苑坡屋面防水维修项目、浙江梦想家园办公楼屋顶渗漏维修项目、安徽黄山银河湾别墅维修项目、合肥梦溪小镇屋面维修项目、武汉青山旧城改造项目屋面外墙维修项目、南宁青秀山管委会档案楼维修项目、上海胡家木桥屋面维修项目等。

西牛皮现制防水卷材标准被评为 2019 年中国工程建设标准化协会（CECS）优秀标准，西牛皮现制防水卷材执行的产品标准是十部获奖标准里的唯一一部产品标准。

北京市建国伟业防水材料有限公司

一、防水防潮工程修缮材料——HCS-1000交叉膜反应型自粘防水卷材

1. 主要特点

　　HCS系列防水卷材是以国内外最前沿技术、特殊工艺生产的强力交叉膜为面层或芯材，单面或双面复合反应型自粘胶，自粘胶表面覆以隔离膜的防水卷材，具有优异的尺寸稳定性、热稳定性和双向耐撕裂性能。卷材与水泥素浆发生化学反应形成交联结构而产生粘结，当卷材用水泥素浆进行铺贴时，水泥的主要成分硅酸三钙在常温下开始水化反应生成水化硅酸钙（C-S-H素浆）和氢氧化钙，在水泥水化反应形成的C-S-H素浆中存在Si-OH基团，与水泥素浆接触的下表面胶层中含有聚甲基乙氧基硅烷，它与水接触后发生水解反应，生成具有反应活性的羟基；此活性羟基与C-S-H素浆中有Si-OH基团中的羟基发生反应，生成醚键，使水化硅酸钙素浆与卷材表层形成化学键而牢固链接在一起。通过化学交联与物理卯榫的协同作用，在防水卷材与混凝土之间形成"互穿网络式"界面结构，从而达到结合紧密、牢固、不可逆的骨肉相连粘结效果，彻底解决了改性沥青卷材与基面粘结力不够大、粘结力不持久、易受环境影响的问题，实现了卷材与基面形成粘结不可逆、不受损一体式的防水结构层，使"皮肤式"防水理念得到了完美实现。

　　本产品采用湿铺法施工，全程冷施工无明火作业，不产生对大气有污染的气体，施工噪声低，绿色环保。

　　（1）粘结力更大：它不仅有物理吸附和卯榫作用，而且在深入基层的卯榫部位产生化学键合作用，使卯榫和化学交联两种作用协同进行，让粘结更为牢靠。即使卷材表层发生破坏，粘结基面的界面也不会受损而产生窜水漏水现象。

　　（2）粘结刚柔相济：通过物理吸附和卯榫作用形成柔性粘结，以消除由于基层变化产生的应力，而通过化学键产生的刚性粘结，使界面层有足够的粘结强度，能有效抵抗外界应力的破坏。

　　（3）粘结更持久：在卯榫部位存在化学键合作用，不受湿热循环、水汽溶胀、基层运动影响，而持久地产生黏附效果，使卷材的防水寿命与建筑主体相当。

　　（4）粘结不可逆：由于相关部位存在化学键合作用，这种粘结是不可逆的。要想取走或剥离防水层，是极难做到的。

　　（5）材料价格相对较低，搭接损耗较小。

2. 适用范围

　　广泛应用于地下、屋面、地铁、管廊隧道、车库、水池等各类非外露防水工程。

3. 性能指标

执行国家标准:《湿铺防水卷材》GB/T 35467—2017。

4. 使用注意事项

(1) 防水卷材铺贴时,在卷材收口处应回刮水泥凝胶作为密封材料,以防止立墙收头处水分过快散失。

(2) 相邻两排卷材的短边接头应相互错开 300mm 幅宽以上,以免多层接头重叠而使得卷材粘贴不平服。

(3) 防水层施工完毕后应尽快组织验收,及时隐蔽,不宜长时间暴晒。

(4) 当卷材在立面施工且片幅较大时,可在边角部位辅以适当的固定措施。

(5) 在施工中卷材部位受到污染,可用干净的湿布清洁卷材等。

(6) 叠层铺贴的各层卷材,在天沟与屋面的交接处,应采用叉接法搭接,搭接缝应错开;搭接缝宜留在屋面或天沟侧面,不宜留在沟底。

(7) 严禁在雪天施工;五级风及其以上时不得施工;环境温度低于 5℃时不宜施工。施工中途下雨、下雪,应做好已铺卷材周边的防护工作。

(8) 防水层在未做保护层前,不得在防水层上进行其他施工作业或直接堆放物品。

反应型湿铺防水卷材防水层采用冷作业施工,材料进入工作面后不得以任何形式动用明火,如有钢筋焊接所产生的火星等,则焊接处卷材面需设临时保护措施。

卷材铺设完成后,要注意后续的保护,钢筋笼要本着轻放的原则,不能在防水层上拖动,以避免对防水层的破坏。

(9) 绑扎钢筋过程中,如钢筋移动需要使用撬棍时应在其下设木垫板临时保护,以尽量避免破坏防水卷材。

二、主要业绩

北京城市副中心、北京新机场工作区工程道桥及管网工程、中国光大银行后台服务中心项目、与中国建筑、北京城建、中储粮、中冶、万达、恒大、新华联、华润、碧桂园等多家知名地产商及总包单位形成战略合作,做出很多优秀工程,得到了甲方及总包方的一致好评。

中科沃森防水保温技术有限公司

一、防水防潮工程修缮材料

1. JGB-26 多元共聚类橡胶乳液

采用先进聚合工艺聚合而成，是一种交联型的柔性防水乳液，乳液中的高分子聚合物（链段）与水泥水化物（硅酸盐网络）形成（界面）互穿网络（IPN）结构，渗透或浸渍，凝固强度与日俱增，粘结力也逐渐增强，与水泥粘结力好，孔隙率低，强度高，抗拉抗冲击，具有韧性和弹性，可以把水泥改为弹性水泥。

1.1 主要特点

（1）和水泥产生化学反应，永久防水、耐腐蚀、耐酸碱、高韧性。

（2）超高韧性材料，对混凝土裂缝具有主动修复功能。

（3）优良粘结力，包括极性与非极性基材、吸收与非吸收基材、光滑与粗糙基材等对水泥砂浆、混凝土基体、木材、陶瓷、玻璃、SBS 卷材、PVC 塑料、PE、PP 等建筑材料有很好的粘结性。

（4）优良的渗透性，当涂到砂浆及混凝土基体上时，能渗透 3～5mm，并和水泥基反应形成空间网状互穿结构。

（5）瞬间防水：按乳液：水＝1：3 喷涂或刷涂在混凝土及水泥基表面，表干 5min 即可防水，表面呈荷叶效应。

（6）绿色环保，无毒无味，使用方便安全。

1.2 适用范围

适用于各种基材（如金属基材）的高等级防水工程、屋面防水、水塔、地下室、涵洞、地铁海洋工程及隧道防水；厨房、浴室、卫生间、水池和游泳池防水、防腐、防漏；地下管廊防水、路面及构筑物防水、防渗和防腐；干湿交替和高温高湿工程防水；尤其可在渗漏的沥青基材和刚性防水层进行防水修补施工；配合 JGB30 和 JGB-K6 可以高成功率带压堵漏；可以作为混凝土缺陷的修补；可以作为各种基材的水性胶粘剂（尤其是橡胶类材料）；可以作为伸缩缝、裂缝修补材料；制作高弹性，具有自修复功能的弹性防水耐酸碱、耐盐雾的防腐漆。

1.3 性能指标

（1）混凝土表面涂装材料性能指标见表 1。

混凝土表面涂装材料性能指标 表 1

检验项目	混凝土表面	备注
黏度（KU）	106	用于混凝土防腐保护
表干时间（h）	1.0	

续表

检验项目	混凝土表面	备注
附着力（划格法）（级）	1.0	
耐擦洗次数（次）	≥1000000	
耐冻融	200次冻融强度增长20%	
耐酸碱	6个月强度增长10%	pH＝1和pH＝14
耐水性	3年无异常	
耐人工老化	20000次不起泡、不剥落、无裂缝	
涂层耐温度（100次循环）	无异常	
疏水性（接触角）	≥140°	
硬度	3h	

（2）混凝土裂缝修补（主动修复）灌浆料性能指标见表2。

混凝土裂缝修补（主动修复）灌浆料性能指标　　　表2

检验项目	混凝土	备注
浆液密度（g/cm³）	≥1.0	用于动荷载混凝土裂缝修补
初始黏度（mPa·s）	≤200	
可操作时间（min）	＞30	
抗压强度（MPa）	＞40	
拉伸剪切强度（MPa）	＞5	
抗拉强度（MPa）	≥10	
粘结强度（MPa）	干粘结	＞3.0
	湿粘结	＞2.0
抗渗压力（MPa）	≥1.2	18%HCL
渗透压力比（%）	≥300	0号柴油

（3）混凝土止水止漏聚合物水泥灌浆料性能指标见表3。

混凝土止水止漏聚合物水泥灌浆料性能指标　　　表3

检验项目	混凝土	备注
硬度 shoreA	60	
初始黏度（mPa·s）	≤500	
可操作时间（min）	＞30	
弯曲强度（MPa）	＞30	无任何脆性破坏
断裂伸长率（%）	＞300	
抗拉强度（MPa）	≥10	
撕裂强度（kN/m）	≥25	

1.4　设备

市场上通用的电锤、冲击钻、搅拌器、水钻、双液注浆机等。

1.5　使用及注意事项

（1）基层处理：基层表面要求平整，不允许有凹凸不平、起砂等现象。

（2）接缝处理：如屋面有3mm以上裂纹，应填密封材料，然后再涂刮涂层。

（3）涂刮底层：按乳液∶水＝1∶3搅拌均匀，直接喷涂或刷涂。施工也可采用滚、刮、涂、刷，一般涂刮1～2道。

（4）涂刮面（保护）层：按乳液：水：水泥＝1∶1∶1搅拌均匀，根据黏度及可操作时间加入羟丙基甲基纤维素。横竖各一遍，膜总厚度在 2.0mm 以上，每涂间隔时间为 2～12h（具体视天气情况而定）。涂料中间可加 1～2 层玻纤布或其他胎体材料。

2. JGB-30 高分子聚合物纳米杂化微乳液

采用结构化学分析，纳米材料和有机-无机杂化互穿网络结构技术以及分散合成新技术，以凝胶溶胶法（sol-gel）制备的、以无机硅氧烷交联骨架为主体的有机改性杂化涂层材料。材料为水性不透明乳白色液体。

2.1 主要特点

（1）高硬度、高耐水、高耐候性、耐腐蚀、耐酸碱、耐溶剂和油脂性。对水泥基、石膏基等硅钙质材料具有增强作用，平均强度提高 30％以上。

（2）不含有机溶剂，无毒无害，绿色环保。

（3）施工简便灵活，不受外界环境制约。

（4）生产成本低，价格优越。

（5）直接喷涂或刷涂于需要防水防潮的物品上（如：纸箱的防潮、外墙涂料的自清洁等），可形成一种高密憎水保护膜，能延长物品使用寿命 3～10 倍以上，耐磨耐擦洗可以达到 30000 次以上。

2.2 适用范围

地下室、游泳池、内外墙等有防水、防潮要求的工程。

2.3 性能指标（表 4）

JGB-30 物理化学指标　　　　表 4

密度	≥1.04g/cm³	颜色	乳白色微带兰相液体
性质	无机有机杂化聚合物胶乳	玻璃化温度（Tg）（℃）	−10℃
固体含量（wt）（％）	46±1	最低成膜温度（MFT）（℃）	0℃
纳米材料粒径	30～80nm	黏度	1000～4000mPa·s

2.4 使用及注意事项

（1）基层处理必须干净，湿润无明水。

（2）材料配比计量准确，随用随拌。

（3）方案科学合理，针对性强。

（4）施工人员需要培训上岗，精心操作，责任到位。

（5）注意成品养护和保护。

3. JGB-K6 高分子聚合物纳米杂化超级增强剂

采用纳米无机硅、纳米碳和纳米有机硅的三轴健体合成结构，研发生产出的无色透明、高硬度、快速增强凝固的防水液体材料。

3.1 主要特点

（1）绿色环保无污染无公害。

（2）强度高、速凝、粘结强度大。

（3）与水泥浆配成加固用注浆液，强度高、粘结力强，永久防水。

3.2　适用范围

本品适用于修缮混凝土或水泥基的隧道、涵洞、地下防水层或水池、水塔的漏水，各种构筑物漏水部分以及急需完成的堵漏维修工程。

3.3　性能指标

（1）JGB-K6 理化指标（表 5）。

表 5

相对密度	≥1.24g/cm³	颜色	无色透明
性质	无机有机杂化聚合物溶液	附着力	1 级
厚度	1～10cm	硬度	5H（莫氏）
纳米材料粒径	30～80nm	涂料黏度	3600mPa·s

（2）JGB-K6 和水泥基材料的技术指标（PO42.5 水泥凝结时间）（表 6）。

表 6

凝固时间	水泥用量（g）	水用量（g）	增强剂用量（g）	体积安定性	抗压强度（MPa）（28d）	抗渗及不透水性	粘结强度（MPa）
≤1min	100	0	50	合格	65	1 级，不透水	1.0
≤5min	100	20	30	合格	50	1 级，不透水	0.5
≤35min	100	35	15	合格	45	1 级，不透水	0.4

3.4　使用及注意事项

（1）首先将混凝土基层凿毛，做成粗糙的表面，漏水点和裂缝剔凿成垂直的 U 形沟槽，并将其表面的污垢用清水冲洗干净。

（2）直接以 JGB-K6 高分子聚合物纳米杂化超级增强剂代替拌合水与水泥迅速拌和成堵漏泥用来堵漏。

（3）止住水后，建议再用 JGB-26 高聚物类橡胶乳液及 JGB-30 高分子聚合物无机纳米杂化乳液拌和水泥砂浆抹面或原液罩面。

（4）本产品仅供专业人员使用。

二、防腐工程修缮材料——JGB 高分子聚合杂化锈固化漆，简称锈固化。

采用高分子聚合物有机和无机纳米材料杂化水性乳液与复合转化剂共聚的新一代水性铁锈转化产品，产品为白色乳状液，涂于铁锈表面后转化为黑色有机铁高分子化合物。

1. 主要特点

采用高分子聚合物有机和无机纳米材料杂化水性乳液与复合转化剂共聚的新一代水性铁锈转化产品，产品为白色乳状液，涂于铁锈表面后转化为黑色有机铁高分子化合物。

（1）具有耐高温的优点，基本温度越高，固化越快，涂刷后可耐 880℃的高温，具有防火功能。

（2）可以在潮湿环境下作业，环境湿度 80％以下，可在表面湿润的钢铁表面直接喷涂。

（3）安全无毒、节能环保。

（4）操作简单方便，省工省力。不用清除附锈，直接涂刷即可。

（5）由于自修复能力强，大大延长金属构件的使用寿命。

2. 适用范围

能快速转化铁锈，将不同铁锈钝化成膜，具有高封闭功能，高除锈性，高附着力，彻底解决除锈后涂装前的二次生锈问题以及除锈不彻底造成的短期内二次锈蚀问题。

3. 性能指标（表 7）

JGB 高分子聚合杂化锈固化漆性能测试结果 表 7

序号	检验项目		检验结果	检验依据
1	干燥时间	表干	20min	GB/T 1728—1979
		实干	4h	
2	附着力	划格法	Ⅰ级	GB/T 9286—1998
		拉开法	4.78MPa（3.95～6.25MPa）100％ A/B	GB/T 5210—2006
3	耐弯曲性		2mm 弯曲无开裂、剥落现象	GB/T 6742—2007
4	耐冲击性		30cm 冲击无开裂、剥落	GB/T 1732—1993
5	3％HCl，168h		无起泡、无剥落、无开裂、无生锈	GB 9274—1988
6	50％ NaOH，7d		无起泡、无剥落、无开裂、无生锈	
7	10％ H$_2$SO$_4$，24h		钝化层有脱落、溶解现象	
8	耐热性（150℃，2h）		无起层、无皱皮、无鼓泡、无开裂	GB/T 1735—2009
9	耐中性盐雾性（1300h）		1300h 无起泡、无剥落、无锈点现象	GB/T 1771—2007

注：4.78MPa（3.95～6.25MPa）表示均值为 4.78MPa（最小值为 3.95MPa，最大值为 6.25MPa），100％ A/B 表示第一道涂层与底材间的附着破坏，破坏面积为 100％，第 5～9 项所选用基材为带锈钢板。

4. 使用及注意事项

（1）涂刷时应注意锈层的厚度、均匀性与转化液之间的数量关系，并应根据锈层厚度不同，调节漆的用量。

（2）由于本品是水基产品，潮湿的表面对其涂刷和固化影响不大，但不能有明显的水渍存在；由于潮湿度难以控制，建议在干燥的锈面上使用本产品。

（3）本品可以直接在有锈表面涂装，为降低材料成本，如果表面有浮动旧漆皮或其他非锈物质、浮锈氧化皮等，需用铲子铲掉或用钢丝刷去掉。涂装方式不受限制，刷、滚、浸、喷均可。

（4）本品适用于已经产生锈蚀的钢铁表面，一般常见的钢件是热轧或冷轧基材。热轧基材表面有一层蓝灰色的氧化皮，本漆对氧化皮有极好的转化效果。对于冷轧表面一般有一层防锈油，需要先用脱脂剂将防锈油彻底去除。对于没有生锈的钢铁也有良好的防锈效果。

（5）如果涂装干透后再覆盖一层其他类型的中间漆，然后再涂一层JGB 纳米多功能防腐面漆，则防腐防锈效果更佳。本品与市面上任何面漆皆有强大的结合能力。

（6）施工人员需经专业培训，能够正确按照产品说明书使用。

（7）施工人员在使用本产品时，要配备个人防护用品和安全防护设施。

三、主要业绩

北京新机场线、北京世园会地下综合管廊、北京地铁 10 号线泥洼站、旭辉城、旭辉 7 号院、青岛地铁 8 号线、新青海大厦、北京机械总部、乌鲁木齐地铁 1 号线、房山北延线、北京人民大会堂首长通道、河南商丘区商务中心 7/8 号地棚户区改造工程。

青岛天晟防水建材有限公司

一、防水防潮工程修缮材料——天晟牌聚合物（杂化）防水防腐涂料

1. 主要特点

（1）聚合物（杂化）防水防腐涂料稳定性好，耐紫外线，抗老化，耐酸碱、耐盐雾、耐腐蚀、防水性能好。

（2）环保型产品，水性无味，施工方便，适用范围广，对复杂部位施工具有明显优越性。

（3）涂膜具有较高的强度和延伸性，对基层开裂或伸缩适应性强。

（4）能在潮湿或干燥的多种材质的基面上直接施工。

（5）维修方便，只需对损坏部位局部维修，仍可达到原有的防水效果。

（6）具有较高的断裂伸长率和剥离强度，低温固化、憎水性好，涂层坚韧高强，刚柔结合，耐久性能好。

（7）能与水泥砂浆等各种基层材料牢固粘结。

（8）可加颜料，以形成彩色涂层。

（9）Ⅱ型主要用于长期浸水环境下的建筑防水工程。

（10）产品不含任何溶剂、无气味、环保，施工安全简单，工期短。

（11）在立面、斜面和顶面上施工不流淌。

2. 适用范围

（1）聚合物（杂化）防水防腐涂料广泛地用于各种新旧建筑物及构筑物、金属、铝合金、多种极性塑料、屋面、地下、外墙、卫生间。

（2）可在潮湿或干燥的砖石、砂浆、混凝土、木材、各种保温层、各种防水层（如：沥青、橡胶、SBS、APP、聚氨酯等）上直接施工。

（3）可广泛用于海港、隧道、铁路、桥梁、水池等防水防腐工程

3. 性能指标

执行国家标准：《聚合物水泥防水涂料》GB/T 23445—2009。

4. 使用注意事项

（1）本产品施工时气温须高于5℃，阴雨天气或基层有明水时不宜施工。

（2）防水涂膜应完全干燥后方可进行表层装饰施工，完全干燥时间约为2d，潮湿环境应适当延长。

（3）厕浴间立面阴阳角不做成圆弧形的部位，在气温较低和空气干燥的地区，宜选用Ⅰ型产品。

二、防腐工程修缮材料——天晟牌硅烷浸渍材料

1. 主要特点

（1）渗透能力强，对强度等级不大于 C45 的混凝土，KH-559D 深度应达到 4～5mm；对强度大于等于 C45 的混凝土，浸渍深度应达到 3～4mm。

（2）氯化物吸收量的降低效果平均值不小于 90%。

（3）硅烷浸渍剂施工后不改变建筑物原有外观，适合对建筑外观有特殊需求的工程，如清水混凝土工程等。

（4）优异的耐碱性和耐久性。

（5）能有效抑制混凝土结构因为酸雨等环境腐蚀和霉菌苔藓而造成结构表面发暗、长霉的现象，能使混凝土结构长期保持良好外观。

2. 适用范围

（1）海港码头高性能混凝土构件保护。

（2）跨海大桥海工混凝土保护。

（3）高架桥梁混凝土结构保护。

（4）公路桥梁混凝土结构保护。

（5）沿海铁路桥梁高性能混凝土结构保护隧道。

（6）机场跑道混凝土结构保护。

（7）清水混凝土结构保护，热电、核电厂混凝土结构保护。

（8）广泛应用于各类钢筋混凝土结构中，特别适用于在恶劣环境中使用的高强度等级混凝土结构，受盐雾、化冰盐侵蚀的公路、立交桥、电线杆、污水处理厂的污水处理池、垃圾填埋场、温差极大的高原地区等。

3. 性能指标

执行交通行业标准：《公路工程质量检验评定标准　第一册　土建工程》JTG F80/1—2017。

公路工程质量检验评定标准防撞墙防水材料指标

序号	项目	技术指标
1	外观	无色透明液体
2	主要成分	异丁基（烯）三乙氧基硅烷
3	干燥系数	≥30%
4	吸水率比	7.5%
5	抗碱性	吸水率比<10%
6	氯离子	吸收降低率>80%
7	渗透深度	<C40 混凝土 4～10mm ≥C40 混凝土 1～4mm

续表

序号	项目	技术指标
8	抗冻融性	W/C＝0.7混凝土盐溶液中与基准混凝土相比至少多 15 次循环

4. 使用注意事项

（1）本品属易燃品，固化后会释放出微量乙醇，应注意安全预防措施，不要暴露在空气中。

（2）储存和使用本品时，要注意通风，远离火花、热源、明火。使用前暴露在水中可能使其在容器中固化。

（3）勿用于流体静压结构上，温度在达到4℃或以下、40℃以上温度时不要使用本品。

（4）应避免植物或灌木暴露于施工现场，采取措施保护不需处理的窗户及其他材料。

（5）施工人员施工过程中按要求穿戴护目镜和防护手套。如不慎吸入，应立即移到有新鲜空气的地方。如接触到皮肤和眼睛，立即用水清洗 15min，并脱下受污染的衣服、鞋子及时就医。

三、主要业绩

青岛啤酒集团防水施工、青岛路桥集团、青岛市城市地下管廊防水施工、胶东国际机场高速公路防水施工、胶州市军用飞机场防水施工、青岛奥帆中心防水施工。

大禹伟业（北京）国际科技有限公司

一、防水防潮工程修缮材料

1. 喷涂速凝橡胶沥青防水材料

由阴离子乳化沥青和聚合物乳液组成的 A 组分与阳离子破乳剂 B 组分组成的双组分防水涂料，A、B 组分通过专用喷涂设备的两个喷嘴分别喷出，在空中雾化、混合、喷到基面后瞬间破乳析水凝聚成膜，实干后形成致密、连续、完整的橡胶沥青弹性涂料防水层的材料。

1.1 主要特点

（1）完美包覆：可完美包覆基底，实现涂层同基底间的无缝咬合粘结，从而实现卷材难以实现的不窜水、不剥离、不脱落，对基底起到良好的保护作用。

（2）超高延伸率和复原率：断裂伸长率可达 1000％以上，复原率达 90％以上，防拉裂、防刺破，特适用于伸缩缝及变形缝等部位，能有效解决各种结构因应力变形、沉降、膨胀开裂、穿刺等造成的渗漏问题。

（3）自密自愈易于修补：具有记忆功能的立体网状结构与高分子材料相结合，当防水层受到外力破坏时，能自行愈合和修复，有效解决不规范施工对防水层造成的破坏。

（4）预喷反黏性能：与后浇筑混凝土的剥离强度≥3.1N/mm，从而实现涂层与后浇混凝土一体化融合，避免形成窜水。可广泛应用于地铁、复合式衬砌的海底隧道、电缆隧道以及地下室底板及侧墙等防水工程中。

（5）优异的耐高低温性能：低温柔度可达－50℃，适用于我国北部高寒地区防水工程；耐高温可达 160℃，适用于道路桥梁、金属屋面等防水工程，大大提高了材料的应用范围。

（6）优异的致密性：具有优异的致密性，通过北京市建筑质量监督检验站测试水蒸气透过系数达 2.85×10^{-13}，适用于水利工程、坝体和污水处理等防渗防腐工程。

（7）优异的耐腐蚀性：具有优异的耐化学腐蚀性，产品性能基本不受酸、碱、盐、氯等溶液的影响，特别适用于化工行业、污水处理行业以及临海工程等。

（8）自熄阻燃：通过测试，其阻燃等级能达到 B1 级，适用于有特殊消防要求或钢结构工程。

1.2 适用范围

该材料适用于地下建筑物基础防水、屋面防水；公路路面防水；高速铁路防水；地铁防水；地下综合管廊防水；隧道防水防渗；蓄水池、污水池、地下填埋场防水、防渗；钢结构屋顶防水防腐；人工湖、水利设施等工程的防水。

1.3 性能指标（表1）

《涂灵®喷涂速凝橡胶沥青防水涂料》Q/HD TLS 01—2020。

涂灵®喷涂速凝橡胶沥青防水涂料性能指标　　　　　表1

项目		喷涂类
固体含量（％）　≥		55
胶凝时间（s）　≤		5
实干时间（h）　≤		24
不透水性		0.3MPa，120min，无渗水
耐热度		(140±2)℃无流淌、滑动、滴落
粘结强度（MPa）　≥		0.6
低温柔度（℃）	标准条件	−20
	碱处理	−15
	酸处理	
	盐处理	
	热处理	
	紫外线处理	
断裂伸长率（％）≥	无处理	1000
	碱处理	800
	酸处理	
	盐处理	
	热处理	
	紫外线处理	

1.4　使用注意事项

（1）喷涂作业前应缓慢、充分搅拌 A 料。严禁现场向 A 料和 B 料中添加任何其他物质。

（2）严禁混淆 A 料和 B 料的进料系统。

（3）喷涂施工完成后，应及时清洗喷涂机具的主机滤网、泵、喷枪等设备。

2. 喷涂设备

喷涂速凝橡胶沥青防水涂料采用专用喷涂设备进行喷涂施工。设备由专用喷涂机、高压软管和喷枪组成。

2.1　主要特点

双组分喷枪，A、B 料在枪外扇形交叉混合。

2.2　适用范围

适用于喷涂速凝橡胶沥青防水涂料施工。

2.3　性能指标

设备压力≥1.3MPa（A组分）。

设备压力≥0.65MPa（B组分）。

2.4　使用注意事项

（1）喷涂作业前应缓慢、充分搅拌 A 料。严禁现场向 A 料和 B 料中添加任何其他物质。

（2）严禁混淆 A 料和 B 料的进料系统。

（3）喷涂施工完成后，应及时清洗喷涂机具的主机滤网、泵、喷枪等设备。

二、防腐工程修缮材料——涂灵®TLAC 智能防腐涂料

1. 主要特点

涂灵®TLAC 智能防腐涂料利用乳液聚合以及接枝改性技术，用特种树脂以及特种橡胶进行复合改性获得的新型树脂乳液，是一种高固体分低黏度环保型树脂。添加智能微囊，极大提高了涂层的防腐性能，从而实现对基材的长久保护。

（1）智能修复：能智能感知和修复腐蚀。

（2）带锈施工：具有优异的锈转化能力，可在去除浮锈的金属基面直接施工，减少表面处理工序，缩短施工时间。

（3）耐化学强：良好的耐酸碱，耐油污和耐水性。

（4）配套性好：可与各类涂料配套使用。

（5）无毒环保：生产运输施工链条无毒环保。

2. 适用范围

主要应用在化工和石油行业、铁路、公路桥梁、市政管网、冶金、电力和能源、机械及纺织行业以及汽车、船舶及集装箱等行业。

3. 性能指标（表 2）

《涂灵®水性智能重防腐底漆》Q/HD TLAC　0001—2018。

《涂灵®无溶剂漆》Q/HD TLAC　0002—2018。

《涂灵®无溶剂环氧防腐漆》Q/HD TLAC　0002—2018。

涂灵®TLAC 智能防腐涂料综合性能指标　　　　　　　　　　表 2

序号	项目	指标要求
1	外观	漆膜平整
2	不挥发物含量≥	75%
3	干燥时间（表干）≤	3h
4	干燥时间（实干）≤	24h
5	弯曲性能（mm）≤	2
6	耐冲击性（cm）≥	50
7	附着力≥	5MPa
8	盐雾试验≥	1440h

4. 使用注意事项

（1）产品必须在通风良好的条件下使用。

（2）涂料溅入眼睛时应立即用水清洗，情况严重尽快就医。

三、主要业绩

新建项目：京张高铁、郑济高铁、郑万高铁、徐连高铁、厦门地铁、长沙地铁、青岛地铁、北京地铁、哈尔滨地铁、景德镇管廊、郑州管廊、秦皇岛管廊、国家博物馆、北京大兴国际机场、梅溪湖国际文化艺术中心、南通机场、宁东能源基地等众多国家重点工程。

维修项目：国家博物馆、呼伦贝尔大剧院、厦门翔安隧道、武广高铁、京沪高铁、北京南站、太原南站、长沙南站、厦门北站、孝感北站、金隅时代城、保利西山林语等。

北京世纪禹都防水工程有限公司

一、防水防潮工程修缮材料——非固化橡胶沥青防水涂料

1. 主要特点

YDFS-P012非固化橡胶沥青防水涂料是由优质石油沥青、功能性高分子改性剂及特种添加剂制成的。该产品具有突出的蠕变性能，并由此带来自愈合、防渗漏、防窜水、抗疲劳、耐老化、无应力等突出应用特性。

YDFS-P012非固化橡胶沥青防水涂料可与卷材共同组成复合防水层；还可单独作为一道防水层，表面应附隔离层。

（1）优异的蠕变性能：可有效吸收来自基层的应力，当外界应力作用时，可立即产生形变，保护防水层不受破坏，提高防水层的可靠性并延长防水层的寿命。

（2）优异的施工性能：立即成膜，无需养护，施工后可马上进行下步工序；具有良好的亲和力，可与任何材料结合，形成稳定的防水涂层，对基层平整度要求低，不需要涂刷基层处理剂。

（3）优异的粘结性能：碰触即粘，难以剥离，能填补基层变形裂缝。

（4）优异的温度适应性：可耐60～70℃高温，在−25℃依然有良好的柔韧性。

（5）优异的自愈合性：当防水层受到外力破坏时，破坏点不会扩大，防水层底部也不会发生窜水现象，而且由于涂料的蠕变作用能逐渐将破坏点修复，大大提高了防水层的可靠性。

（6）优异的环保性能：不含有机溶剂，固含量99％以上，无毒、无味、无污染，施工过程无烟雾无气味，是一种环保型防水涂料。

（7）优异的延伸性能：1000％以上的高延伸率，60mm以上的延伸性，不会因为基层的错位位移而损害防水层，使建筑结构始终保持完好的密封防水状态。

（8）优异的耐化学腐蚀性和耐老化性能：经在酸、碱、盐介质中浸渍实验以及热老化处理后的性能保持在90％以上。

2. 适用范围

（1）地域：既适应高寒高海拔等高原气候，也适用于北方寒冷南方炎热的地区。

（2）工程类型：高强水压环境，如隧道，水坝，大型水槽，地下工程等的防水或渗漏水修补。

（3）无法自迎水面而必须由背水面做逆向防水，如水罐、水槽、堤坝、隧道、地铁等的渗漏水修补。

（4）处理渗漏水并需同时改善受损混凝土结构：高寒地区冻融造成混凝土受损后渗漏

水；受盐碱损害的混凝土结构和受酸雨损害的公路护桥墩等。

（5）工程部位：混凝土基面的洞库、隧道、地下室等有水压部位和普通混凝土外墙、卫生间、盥洗室、屋面等。

3. 性能指标

执行国家标准：《非固化橡胶沥青防水涂料》JC/T 2428—2017。

4. 使用注意事项

（1）异形部位：阴阳角、平面与立面的转角处等细节部分先进行刷涂，并将卷材裁成相应形状附上。待做完附加层后进行全面施工，确保整体涂层保持一致的厚度。

（2）施工机具：专业喷涂设备、压辊、开刀、刮板、遮挡布、胶带。

（3）施工方式：非固化橡胶沥青防水涂料可分为两种施工方式，喷涂、手刮。根据施工现场情况及要求选择施工方法。喷涂法适用于大面积防水施工，施工之前应检查喷涂机的完整性、喷涂机的喷枪是否清洁以及原料传输管、滤网、阀门，并检查涂机是否可以正常工作；刮涂法适用于管道接口、阴阳角等细节部位。

（4）大面积喷涂施工：喷涂前约两小时打开加热开管，预先将材料倒入料罐中加热，待涂料整体温度达到可喷涂状态时（＞160℃），用专用喷涂机均匀地喷涂非固化橡胶沥青防水涂料。喷涂时可根据设计，防水层一次成型。

（5）喷涂完一定面积后，在铺贴卷材前采用针测法检测涂层厚度。如厚度不达标或局部需要强化，则用抹子取一些涂料，以手工涂刮的方式将其补上。喷涂施工宜分段或分区完成，500～1000m² 为一区域进行施工。

（6）喷涂后，及时覆盖隔离层或防水卷材，避免现场中过多的灰尘粘结于涂料表层而降低涂料与隔离层或防水卷材的粘结性。待铺贴完隔离层或防水卷材后即可上人行走，无需等待。

二、主要业绩

新鑫苑住宅区 645 地块住宅项目、密云区十里堡镇王各庄棚户区改造工程、宜昌三峡国际会展中心、宜昌碧桂园凤凰城项目、香山一期安置房 A、B 地块工程、怀柔区杨宋镇文化娱乐、商业金融及居住用地项目、宁津县津泽佳苑建设项目、黄河滩区居民迁建濮阳县县城安置区项目、正弘新城 1 号地建设工程、国防大学公寓住房综合整治一期工程、梅隆郡项目 I 标段建筑安装工程二期防水二标段分包合同、量子技术应用产业园 A 段项目、金沙县 14 条市政道路及综合管廊工程、固安天园小区项目、天津香醍名邸一期项目等。

广东科顺修缮建筑技术有限公司

一、防水防潮工程修缮材料

1. 非固化橡胶沥青防水涂料

1.1　主要特点

（1）优异的蠕变性能，可有效吸收来自基层的应力，当外界应力作用时，可立即产生形变，保护防水层不受破坏，提高防水层的可靠性并延长防水层的寿命。

（2）优异的粘结性能，碰触即粘，难以剥离，能填补基层变形裂缝。

（3）优异的自愈合性，当防水层受到外力破坏时，破坏点不会扩大，防水层底部也不会发生窜水现象，且由于涂料的蠕变作用能逐渐将破坏点修复，大大提高了防水层的可靠性。

（4）优异的延伸性能，1000％以上的高延伸率，60mm 以上的延伸性，不因基层错位位移而损害防水层，使建筑结构始终保持完好的密封防水状态。

（5）优异的施工性能，立即成膜，无需养护，施工后可马上进行下道工序施工；具有良好的亲和力，可与任何材料结合，形成稳定的防水涂层，对基层的平整度要求低。

（6）优异的温度适应性，可耐 60～70℃高温，在－25℃依然有良好的柔韧性。

（7）优异的环保性能，不含有机溶剂，固含量 99％以上，无毒、无味、无污染，施工过程无烟雾无气味，是一种环保型防水涂料。

（8）优异的耐化学腐蚀性和耐老化性能，经酸、碱、盐介质中浸渍试验以及热老化处理后的性能保持在 90％以上。

1.2　适用范围

（1）广泛用于工业及民用建筑屋面和地下防水工程。

（2）变形缝的注浆堵漏工程。

（3）与自粘卷材、耐根穿刺卷材复合施工，形成可靠的复合防水系统。

1.3　性能指标

执行企业标准：《非固化橡胶沥青防水涂料》Q/SDKS 059—2018。

1.4　使用注意事项

（1）防水涂料开启后一次用完，使用时间不宜超过半个小时；

（2）施工现场保持通风，施工人员配备安全帽、手套、工作鞋等保护用品，以避免皮肤及眼睛受刺激；

（3）禁止在雨雪、风沙天气及不符合要求的基层上使用；

（4）施工人员应穿无钉鞋或胶底鞋，禁止在卷材上任意踩踏；

（5）接缝施工后，应对卷材接缝进行检查，如发现有破损处应及时处理。

2. APP 塑性体改性沥青防水卷材

2.1　主要特点

（1）具有良好的耐高低温性能，特别是耐高温性能优异。

（2）优异的耐候性、耐腐蚀性，施工性能好。

2.2　适用范围

工业与民用建筑的屋面、地下室，隧道、地下综合管廊、水利等工程的防水、防潮、防渗。

2.3　性能指标

执行标准：《塑性体改性沥青防水卷材》GB 18243—2008。

2.4　使用注意事项

（1）施工前，进行安全教育、技术措施交底，施工中严格遵守安全规章制度。

（2）施工人员须戴安全帽、穿工作服、软底鞋，立体交叉作业时须架设安全防护棚。

（3）施工人员必须严格遵守各项操作说明，严禁违章作业。

（4）施工现场一切用电设施须安装漏电保护装置，施工用电动工具正确使用。

（5）立面卷材应由下往上推滚施工。

（6）基层处理剂涂刷完毕必须完全干燥后方可铺贴卷材。

（7）五级风及其以上时停止施工。

（8）热熔 APP 卷材接缝时喷灯距需加热处的卷材及基层 0.3～0.5m 施行往复移动烘烤，不得将火焰停留在一处时间过长，以免烧穿卷材或引起火灾。

（9）底涂在潮湿基面施工时，在固化期不允许强烈阳光直接暴晒，以防起鼓。若发生上述情况，对起鼓部位的底涂割除后，排除潮气，再进行局部修补，修补后的防水层不影响整体防水质量。

二、防腐工程修缮材料

1. W302 超耐候防腐底漆

1.1　主要特点

本产品采用进口水性聚氨酯环氧丙烯酸树脂，添加高品质原料、助剂精制而成，作为高性能防腐涂层的底漆，能够给各类金属提供优异的防腐保护性能。

1.2　适用范围

可广泛应用于需要优异保护的金属屋面、钢结构、桥梁、船舶、集装箱、储罐管道、海防设施、镀锌结构和铝材等的防腐底层处理。

（1）水性环保产品，无溶剂污染、无毒无害、不燃不爆。

（2）超强的耐盐雾、耐酸碱性能。

（3）优异的耐候性，减少维护次数，降低维修成本。

（4）对金属板具有极强的附着力，不易脱落，有效保护金属屋面。

（5）具备较好的带锈防锈功能，简单除锈即可施工。

（6）漆膜耐水性极佳，遇水不发软、不返锈。

（7）开桶即用，施工简单方便。

1.3　性能指标

执行化工行业标准：《富锌底漆》HG/T 3668—2000。

外观：乳白色（可定制颜色）。

固体含量：（55±2)％。

附着力：Ⅰ级。

稀释比例：0～10％干净水，建议用原液，如稀释要做实验测试最佳比例。

干燥时间：通风状况、温度、漆膜厚度等因素均会影响干燥时间，在惰性底材上，单道涂层膜厚 50μm 条件下干燥时间见表 1。

干燥时间表　　　　　　　　　　　　　　　　　表 1

底材温度	5℃	10℃	23℃	40℃
表干	50min	20min	10min	4min
硬干	3h	2h	1.5h	40min
实干固化	15d	13d	10d	7d
最短覆涂间隔	13h	2h	1.5h	40min

1.4　使用注意事项

（1）施工中应满刷，不应出现起泡、返碱掉粉、流坠、透底等缺陷。

（2）5～35℃气温条件下施工。

（3）超过 5 级大风不应进行施工。

（4）湿度大于 85％及雨雪天、风沙天不宜施工。

（5）涂料未干固前可用水进行清洁。

（6）施工完毕后正常养护 3～5d，期间禁止踩踏破坏。

2. W303 超耐候防腐面漆

2.1　主要特点

本产品采用进口无皂水性有机硅改性丙烯酸树脂，添加高品质原料、助剂精制而成，作为高性能防腐涂层的面漆，能够给各类金属提供优异的面层保护性能。

（1）水性环保产品，无溶剂污染、无毒无害、不燃不爆。

（2）超强的耐盐雾、耐酸碱性能。

（3）优异的耐候性、抗沾污和抗 UV 性能，减少维护次数，降低维修成本。

（4）涂层附着力强，耐水性极佳，遇水不发软、不返锈。

（5）独有的水中固化特性，涂层表干后 30min 即使在有水环境中也能正常固化。

（6）开桶即用，施工简单方便。

2.2　适用范围

可广泛应用于需要优异保护的金属屋面、钢结构、桥梁、船舶、集装箱、储罐管道、海防设施、镀锌结构和铝材等的防腐面层处理。

2.3 性能指标

执行化工行业标准：《溶剂型聚氨酯涂料（双组分）》HG/T 2454—2006。

外观：浅灰色（可定制颜色）。

固体含量：(50±2)%。

附着力：Ⅰ级。

干燥时间：通风状况、温度、漆膜厚度等因素均会影响干燥时间，在惰性底材上，单度涂层膜厚 50μm 条件下干燥时间见表 2。

干燥时间表 表 2

底材温度	5℃	10℃	23℃	40℃
表干	50min	20min	10min	4min
硬干	3h	2h	1.5h	40min
实干固化	15d	13d	10d	7d
最短覆涂间隔	13h	2h	1.5h	40min

2.4 使用注意事项

同本节材料 1.4。

三、主要业绩

金威大厦 23 楼屋面防水修复工程，苏豪新天地渗漏水维修工程，大信新都汇斗门店北面名宅屋面防水维修工程，无锡首创隽府停车楼屋面维修，桐乡市香堤公寓防水维修工程，桐乡市香榭公馆防水维修工程，广州名美项目云计算基地 C 栋屋面防水工程，恒大水晶城住宅项目第三方维修工程，恒大帝景 10～15 号楼交楼后维修工程，078 工程 505 建筑物 001 厅屋面防水改造工程，宜春华地公元一期防水工程，福永碧桂园项目一期渗漏整改工程，中海悦公馆项目 23 号、27 号、30 号楼地库防水及砌筑工程，科顺高明厂金属屋面渗水维修工程，赣电开元国际小区防水堵漏零星修补工程，赣电开元国际小区防水堵漏零星修补工程，增城恒大山水郡花园项目二期渗漏水维修工程，深业金翠湾 12 栋 2、3、4 梯天面渗漏返修工程，深业金翠湾 12 栋 2、3、4 梯屋面渗漏返修工程，深业金翠湾 12 栋 2、3、4 梯屋面渗漏返修工程，合肥世界外国语学校屋面防水工程，深业金翠湾 12 栋 2、3、4 梯屋面渗漏返修工程，合肥世界外国语学校屋面防水工程，贵港恒大城 B 地块地下室补漏工程，防城港阳光海岸一、二、三、四期外墙 GRC 拆除修复项目零星整改工程，惠州龙光城南六期主雨水管排水工程，湖州恒大林溪郡项目首批货量搭架工程，湖州恒大悦珑湾一期装修整改工程，荆门科顺新材料有限公司外墙涂料施工，渭南科顺新型材料有限公司防水材料生产研发基地建设项目Ⅰ、Ⅱ标段防水施工，龙光集团惠州区域公司天悦龙庭项目 GRC 线条拆改工程等。

北京东方雨虹防水技术股份有限公司

一、防水防潮工程修缮材料

1. SBS 改性沥青防水卷材

1.1 主要特点

（1）采用优质弹性体（SBS）改性剂，改善材料温度的敏感性，提高耐老化性能，抗氧化，耐久性好，稳定性强，延长使用寿命。

（2）聚酯胎基布作为增强层，耐穿刺、耐硌破、耐撕裂，提高材料强度，有效抵御来自，上下表面的损伤和破坏。

（3）抗拉强度高，延伸率大（拉力≥500N/50mm，延伸≥30%），对基层收缩变形和开裂的适应能力强。

（4）高温不流淌，低温无裂纹，（高温 90℃，低温−20℃）使用温度范围广。

（5）0.3MPa 不透水，相当于 3kg 水压，可形成高强度防水层，抵抗压力水能力强。

（6）添加有效改性成分，降低熔点，烘烤时，易出油；增大单位受热面积，有效降低加热温度，减少气体排放。

1.2 适用范围

广泛用于各种领域和类型的防水工程，尤其适用于以下工程类型：各种工业与民用建筑屋面防水工程；工业与民用建筑地下工程的防水、防潮以及室内游泳池、消防水池等的构筑物防水。

1.3 性能指标

执行国家标准：《弹性体改性沥青防水卷材》GB 18242—2008。

1.4 使用注意事项

（1）雨、雪天及五级以上大风天严禁施工。

（2）施工环境气温不宜低于 0℃。

（3）施工过程中发生降水时，应做好已铺卷材的防护工作。

（4）火焰加热器的喷嘴距卷材面的距离应适中，幅宽内加热应均匀，以卷材表面熔融至光亮黑色为度，不得过分加热卷材。

（5）施工现场安全防护设施齐全，按规定放置消防器材。

2. 非固化橡胶沥青防水涂料

2.1 主要特点

（1）原材料不含有机溶剂成分，更环保。

（2）优异的黏附性能，具有抗窜水性，适应基层变形。

（3）固含量大于98％，无需干燥，施工后即可立即进行卷材铺贴。

（4）产品具有自愈功能。

（5）与混凝土、木材、钢板等基面实现100％满粘结。

（6）与沥青基防水卷材形成复合防水层。机械施工、人工刮涂，施工方式多样。

2.2 适用范围

广泛用于各种新建或维修防水工程，尤其适用于侧墙、屋面等部位的防水工程，也可用于变形缝、伸缩缝等特殊部位的防水工程，一般与防水卷材非外露复合使用。

2.3 性能指标

执行建材行业标准：《非固化橡胶沥青防水涂料》JC/T 2428—2017。

2.4 使用注意事项

（1）施工环境温度为−10～35℃，雨、雪天及五级以上大风天气不得施工。

（2）材料施工前将涂料加热搅拌均匀，建议刮涂温度120～140℃，喷涂温度140～180℃。加热温度严禁超过200℃，否则影响材料性能。

（3）施工时应采用专用设备，施工设备须配备专业操作人员（电工、喷涂工等），并具备良好的搅拌功能，确保材料受热均匀。应根据设备使用频率，进行滤网、管道清理，以及电机等部位的润滑保养。

（4）应采用热粘法施工。

（5）施工现场严禁烟火，并保持良好通风。施工人员应配备劳保用品，避免烫伤。

3. 自粘改性沥青防水卷材

3.1 主要特点

（1）增粘树脂提高卷材的粘结强度，使卷材与基层粘结牢固，具有安全性、环保性和便捷性。

（2）聚酯胎基布作为增强层，耐穿刺、耐硌破、耐撕裂，提高材料强度，有效抵御来自上下表面的损伤和破坏。

（3）对于外界应力产生的细微裂纹具有优异的自愈合性。

（4）持久的粘结性，与基层粘结不脱落、不窜水，搭接缝处自身粘结与卷材同寿命。

（5）抗拉强度高，延伸率大（拉力≥350N/50mm，延伸率≥30％），对基层收缩变形和开裂的适应能力强。

（6）高温不流淌，低温无裂纹（高温70℃，低温−20℃），使用温度范围广。

3.2 适用范围

适用于非外露屋面和地下工程的防水工程，也适用于明挖法地铁、隧道以及水池、水渠等防水工程。尤其适用于不准动用明火的工程，低温柔性更好，适用于寒冷地区。

3.3 性能指标

执行国家标准：《自粘聚合物改性沥青防水卷材》GB 23441—2009。

3.4 使用注意事项

（1）雨、雪天及五级以上大风天严禁施工。

（2）施工环境气温不宜低于5℃。

（3）施工过程中发生降水时，应做好已铺卷材的防护工作。

（4）温度较低或局部应力较大处，可借助于热熔施工进行铺贴。

（5）立面卷材铺贴完成后，应将卷材端头固定或嵌入墙体顶部的凹槽内，并应用密封材料封严。

4. 单组分聚氨酯防水涂料

4.1　主要特点

（1）单组分，与空气中湿气化学反应形成柔韧橡胶防水膜。

（2）即开即用，使用方便。

（3）涂膜密实，无针孔、无气泡。

（4）强度高，延伸大，橡胶弹性和回弹性好，抗基层形变（收缩和开裂）能力强。

（5）耐水侵蚀、耐化学侵蚀、耐霉变。

（6）环保，不含苯、甲苯、二甲苯等有毒溶剂，无煤焦油成分。

（7）良好的低温弯折性能。

4.2　适用范围

适用于地下工程、厕浴间、厨房、阳台、水池、停车场等防水工程；也适用于非暴露屋面防水工程。

4.3　性能指标

执行国家标准：《聚氨酯防水涂料》GB/T 19250—2013。

4.4　使用注意事项

（1）施工温度为 5～35℃，雨雪环境不得施工。

（2）应在通风良好的条件下施工，施工人员应做好相应的安全防护措施。

（3）直接使用，无需添加任何稀释剂，若需添加，请咨询相关技术人员，并现场调试验证，不影响产品干燥速度后方可大面积使用。

5. 聚合物水泥防水涂料

5.1　主要特点

（1）涂膜强度高，延伸率大。

（2）辊涂或刷涂施工。

（3）绿色安全，环境友好。

（4）潮湿基面可施工，粘结牢固。

（5）透气不透水。

5.2　适用范围

适用于建筑室内厕浴间、厨房、阳台、楼地面及地暖等部位的防水工程；也可用于非外露屋面多道防水设防中的一道。

5.3　性能指标

执行国家标准：《聚合物水泥防水涂料》GB/T 23445—2009。

5.4　使用注意事项

（1）施工温度 5～35℃，阴雨天气不得施工。

（2）涂料可加水稀释，加水量应不超过液料量的 15%。

（3）涂料按照规定比例配合完后，请在 2h 内使用完毕，使用过程中禁止再次加水。

（4）涂膜完全干燥为 2～3d，潮湿环境应适当延长干燥时间。

（5）涂膜完全干燥后方可进行闭水试验，验收合格后，按设计要求进行保护隔离层施工。

6. 聚氨酯灌浆材料

6.1 主要特点

（1）遇水发泡膨胀快，膨胀倍数大，自由发泡时，一般可达到 20 倍以上。

（2）在密封条件下形成高强度的硬质闭孔泡沫。

（3）黏度低，可灌性好，与基材粘结性强。

（4）固化物可抵御大多数有机溶剂、弱酸弱碱、微生物腐蚀。

（5）单组分包装，即开即用，施工便捷。

6.2 适用范围

适用于民用建筑、地下隧道、地铁隧道、公路隧道、水利水电等工程止水堵漏，土质表层改良防渗。

6.3 性能指标

执行建材行业标准：《聚氨酯灌浆材料》JC/T 2041—2020。

6.4 使用注意事项

（1）储存与运输：注浆材料运输过程中，应防止雨淋、暴晒、挤压、碰撞、倒置，保持包装完好无损。

（2）产品储运应在通风、干燥、阴凉处，防止日光直接照射。隔绝火源，远离热源，储运温度应为 5～30℃。密闭条件下储存期为 12 个月。

（3）施工：施工过程中应通风良好，远离火源，施工人员应佩戴眼镜、手套等防护用具。

（4）应避免本产品沾染皮肤，若不慎接触皮肤，必须马上去除，再用肥皂、温水清洗。

（5）若不慎溅入眼睛，应立即用大量清水冲洗并就医。

（6）液料开封后应尽快使用完毕，未用完的余料必须按照规定处理，不得倒入排水沟、水或土壤中。

7. 渗透型环氧注浆材料

7.1 主要特点

（1）黏度低，渗透性佳，可渗入微米级的岩土、混凝土孔隙及微细裂缝。

（2）与基材粘结强度高，经灌浆处理后的裂缝不易重新开裂和渗漏。

（3）固化物强度高、韧性好，收缩率低，可用于修复严重的混凝土破坏。

（4）固结体无毒无害，具有良好的耐酸碱盐性能，对环境无污染。

7.2 适用范围

适用于地铁、隧道、公路、桥梁、水工以及工业和民用建筑中各种混凝土裂缝的补强加固；各种金属材料和混凝土的粘结、补强处理。

7.3 性能指标

执行建材行业标准：《混凝土裂缝用环氧树脂灌浆材料》JC/T 1041—2007。

7.4　使用注意事项

同材料 6.4。

8. 丙烯酸盐灌浆材料

8.1　主要特点

（1）黏度低、渗透性好，可注入细微裂缝；

（2）操作方便、遇水膨胀；

（3）固化物抗挤出能力强；

（4）固化物可抵抗多种有机溶剂、弱酸弱碱的腐蚀。

8.2　适用范围

适用于地铁隧道、建筑等长期有水环境下的裂缝、变形缝、施工缝的防水堵漏处理；适用于片材防水层的渗漏水修复灌浆，地下结构防水层修复灌浆、帷幕灌浆、土壤稳定固结处理。

8.3　性能指标

执行建材行业标准：《丙烯酸盐灌浆材料》JC/T 2037—2010。

8.4　使用注意事项

（1）液料开封后应尽快使用完毕，未用完的余料必须按照规定处理，不得倒入排水沟、水或土壤中。

（2）使用丙烯酸盐灌浆材料施工时应通风良好，施工人员应佩戴护目镜，若溅入眼睛，应用大量清水冲洗，严重时立即就医。

9. 注浆设备

注浆主要设备见表 1。

主要设备　　　　　　　　　　　　　　　　　　　　　表 1

名称	图片	用途
博世牌钻机		钻孔打眼
单液灌浆机 （配备专用注浆嘴）		注浆

名称	图片	用途
双液灌浆机 （配备专用注浆嘴）		注浆

10. 密封防水工程修缮材料：高延展丁基胶带

10.1 主要特点

高延展丁基胶带是在容易变形的支持体（橡胶基材）上层压了丁基橡胶类胶粘剂的防水气密用粘合胶带。具有立体式施工；粘合性高；防水气密性优良；长期耐久性优良等特点。

10.2 适用范围

适用于住宅的开口处、棱角等复杂形状部位，管道周围、扶手、窗户周围，底料接缝处的防水气密可进行三维立体式施工的万能型防水气密用胶带。

10.3 性能指标（表2）

执行日本标准：《亚敏胶带测试方法》JIS Z 0237：2000。

亚敏胶带测试方法性能指标　　　　　　　　　　　表2

项目		测量值	测量条件	试验方法
厚度（mm）		1.3	温度：标准状态	
抗拉强度（长度方向）（N/25mm）		8		
延伸（长度方向）（%）		1100		
100%系数（长度方向）（N/25mm）		4	温度：标准状态 拉伸速度 300mm/min	JIS Z 0237：2000
保持5min后100%系数（长度方向）（N/25mm）		1.3		
180°剥离粘合力 （N/2mm）	不锈钢板	9		
	针叶树胶合板	13		
	透湿防水薄膜	12		

10.4 使用注意事项

（1）请确认施工场所是否备有面材底料，确保胶带可以粘贴牢固。

（2）使其变形使用时，请将延伸率控制在2倍以内。

（3）粘贴前确认被着体表面，尽可能使凹凸面或有高度差的地方变得平整，清扫被着体表面，将灰尘、水分（结露等），油等清扫干净。

（4）施工时胶带从下往上粘贴，避免重叠部分形成水路。

（5）请对胶带的整个面积充分压固。

（6）冬季低温下，把胶带加温可提高粘结性。

（7）请将粘合胶带纵放（圆芯的圆形向上）于不被阳光直射的室内。

二、防腐工程修缮材料——仿瓷·护砼 PCG 改性树脂耐腐蚀防水层系统

1. 主要特点

仿瓷·护砼 PCG 改性树脂耐腐蚀防水层系统，其最显著的特性是树脂耐腐蚀防水层与混凝土结构的温变性能相近、层间结合力高且无残余应力，从而保证耐腐蚀防水层持久稳定、不龟裂、不脱落。

（1）底涂层：水性树脂涂料，高渗透、低表面张力，能够渗透到混凝土基层一定深度，实现铆合粘结，加强基层强度的同时，提供一定的界面性能。

（2）中涂层：特种配比的树脂胶泥，起关键作用的防腐防水层，它本身是由改性树脂和无机填料、各种助剂一起作用形成的接近混凝土模量的一层，其特点是与混凝土温缩变形性能相近，质地坚硬具有一定韧性、可厚涂的致密层，通过底涂与混凝土构成高强度复合，形成结构性能相近的复合体系。

（3）面涂层：多种功能面涂层，是一种薄涂涂层，形成的涂层致密、光亮，通过工艺实现与中涂层的紧密结合，形成类似于陶瓷结构的釉面层，可根据工程需要实现耐候、耐温、耐腐蚀及其他应用的不同需求。

2. 适用范围

PCG 改性树脂耐腐蚀防水层系统适用于以钢筋混凝土为围护结构的大型容器，用于装载具有腐蚀性的液体物质，需要在池子内壁构筑耐腐蚀性防水层的结构，如城市污水处理池、垃圾综合处理池等；用于具有特殊环境要求的结构表面，如发电厂地面工程；用于以钢筋混凝土为主体结构的一般市政项目化工厂、污水处理厂、热电厂、钢铁厂等领域。

3. 性能指标

渗透型底涂涂料技术要求、改性树脂胶泥中涂涂料技术要求、功能型面涂涂料技术要求、三层结构复合系统技术要求，均执行企业标准：《改性树脂耐腐蚀防水层系统材料》Q/SY YHF 0115—2017。

4. 使用注意事项

（1）产品在存放时应保证通风、干燥、防止日光直接照射，并应隔绝火源、远离热源。储存温度最高不应高于 40℃，最低温度不应低于 0℃，最佳储存温度为 0～25℃。超过贮存期，可按本标准规定项目进行检验，结果符合标准仍可使用。

（2）产品运输时，应防止雨淋、暴晒、挤压、碰撞，保持包装完好无损，不应接触热源。

三、主要业绩

毛主席纪念堂、人民大会堂、中储粮各属地直属库等以及三峡右岸电站主厂房屋面大修项目、海尔贵州园区厂房屋面及外墙维修项目、天津市老旧小区改造项目、武汉大学项目、湖北红案车辆厂房整体翻新项目等。

京德益邦（北京）新材料科技有限公司

一、防水防潮工程修缮材料

1. DZH 无机盐注浆料

1.1 主要特点

（1）双组分、无毒、无害、绿色环保。

（2）适应性强、应用面广，可用于各类工程细微裂缝的堵漏维修和大通道裂缝、大面积、大水量的防水、堵漏、加固维修等。

（3）施工简单、操作方便、工期短，一年四季室内外均可施工。

（4）吸水率强、固水量大、适用面广，注浆料能够吸收固化自身 3 倍以上的动态水，可广泛应用于混凝土结构、砖石结构、砂土结构等方面的防水堵漏、加固。

（5）弹性大、强度高、固结力强、防水堵漏效果好，注浆料能够进入渗透到任何缝隙、裂缝、构造松散处和砂土内，与水反应固结成高强度、高弹性的连续防水层。

（6）固化凝胶时间可以在几秒钟到数小时之间任意调整，可满足各类工程对注浆时间的要求。

（7）耐久性好、具有永久防水性。注浆料为无机活性材料。耐酸碱、不易老化、不腐蚀钢筋、结合牢度好，因此具有永久防水性。

1.2 适用范围

（1）各类工业、民用建筑地下工程的防水堵漏。

（2）各类工程的地基基础防水、抗渗、加固、软弱地层、破碎岩层等处理。

（3）地铁、隧道、地下管廊、水库、大坝、矿井、坑道的防水堵漏、防渗加固。

（4）地质灾害工程、构造带滑坡体的加固防护处理。

（5）污水处理厂、自来水厂、蓄水池、游泳池的防水堵漏、防渗加固。

1.3 性能指标

执行企业标准：《DZH 无机盐注浆料》Q/DXJDLBB001—2018。

1.4 使用及注意事项

注浆料应存放在通风干燥处、应随用随开包装，B组分材料必须用洁净的淡水溶解分散，禁止人为过量加水。

2. DZH 丙烯酸盐注浆料

2.1 主要特点

DZH 丙烯酸盐注浆料，采用纳米技术与国外合作研发，是一种以丙烯酸为主的注浆材料，本产品是传统注浆液的代替产品。无毒无害，绿色环保，可用于饮水工程，在美国和欧洲允许这类产品直接使用地下工程而不需要申请化学灌浆应用批准证书。它具有低表面张力、低黏度（通常小于10Pa·s），拥有非常好的可注性。凝胶时间短且可以准确控制凝胶时间且拥有非常好的施工性能。更重要的是它具有高固结力和极高的抗渗性。渗透系数可达0～10m/s，固结物具有很好的耐久性，可以耐石油、矿物油、植物油、动物油、强酸、强碱和100℃以上的高温。

(1) 水性液体、无毒无害、绿色环保。

(2) 丙烯酸盐黏度极低，渗透性好，能够确保浆液渗透到宽度为0.1mm的缝隙中。

(3) 固化时间可调，快速固化的只需3～60s，慢速固化的可以大于10min。

(4) 凝胶体具有较高的弹性，延伸率可达200%，有效地解决了结构的伸缩问题。

(5) 应用面广、适应性强、操作方便、工期短，一年四季均可施工。能在潮湿或干燥环境下直接施工。

(6) 与混凝土面具有极佳的粘结性能，粘结强度大于自身凝胶体的强度，即使凝胶体本身遭到破坏，粘结面仍保持完好。

(7) 对酸、碱具有良好的耐化学性，不受生物侵害的影响。

2.2　适用范围

(1) 用于永久性承受水压的建筑结构，如大坝、水库等防渗帷幕注浆。

(2) 用于控制水渗透和凝固疏松的土壤防水加固。

(3) 用于隧道的防水、抗渗堵漏或隧道衬套的密封。

(4) 用于地下建筑物地下室、厨房、厕浴间等防水、抗渗、堵漏。

(5) 用于封闭混凝土和岩石结构的裂缝防水、抗渗、加固堵漏。

(6) 隧道开挖过程中，对土体中水的控制。

2.3　性能指标

执行建材行业标准：《丙烯酸盐灌浆材料》JC/T 2037—2010。

2.4　施工注意事项

(1) 本品AB组分为水溶液，非易燃易爆物，无毒，应存放于0℃以上环境。

(2) 做好劳保防护，通风设施，及时用水清洗接触身体的部位，误食请就医。

(3) 产品保质期为6个月。

3. DZH免砸砖封水宝

3.1　主要特点

DZH免砸砖封水宝属硅基聚合物活性渗透结晶自修复高级密封型防水材料。目前该种材料属国内技术领先，它能渗透到厨卫间地面结构层内部与水泥、砂石反应生成硅钙凝胶结晶体，封堵裂缝孔隙并形成永久防水层起到防水作用。

本产品为纳米硅基水性材料，能迅速渗透到混凝土结构内部和裂缝孔隙内生成硅钙凝胶结晶体进行封堵加固，90d后整体渗透深度可达5～20cm。材料中的高活性成分在潮湿环境和水的作用下会被激活，连续不断地与结构中的水泥、砂石等碱性、硅质材料反应生成硅钙凝胶结晶体，修复渗漏点直至结构层变成防水层。

本产品属无机材料，耐酸碱和高低温，不存在老化问题。材料中的高活性成分在厨卫间弱碱性水条件下会更加活跃，连续不断地生成硅钙凝胶结晶体，反复修复，因此具有永久防水的特性。

    （1）单组分水性液体、无毒、无害绿色环保。

    （2）渗透深度大、永具活性、自我修复性强。

    （3）耐久性强，具有永久防水性。

    （4）使用简单方便，无需特殊工具、技术培训，凡成年人都可施工操作。

3.2　适用范围

    （1）厨房、卫生间、阳台防水防渗。

    （2）各类建筑内外墙防水防潮。

3.3　性能指标

执行地方标准：《界面渗透型防水涂料质量检验评定标准》DBJ 01-54—2001。

3.4　施工注意事项

    （1）防水材料随用随开，包装存放于0℃以上环境。

    （2）不小心误食或进入眼睛，应及时大量饮用清水和用清水彻底冲洗。

    （3）产品保质期为12个月。

二、主要业绩

京旺家园二、三区车库堵漏，乌兰浩特赛罕公馆，济南市轨道交通R2线一期土建工程等。

中外合资华鸿（福建）建筑科技有限公司

一、防水防潮工程修缮材料——高分子益胶泥

1. 主要特点

高分子益胶泥属于水泥基聚合物改性复合材料（polymer-modified mortar），是指在水泥砂浆中掺入一定量的聚合物和其他助剂来对砂浆进行改性，以期获得与普通水泥砂浆有一定品质差异的新型砂浆。

通过对聚合物在水泥水化过程、水化产物中的影响，以及从界面结构、孔结构、互穿网络结构的形成等诸多方面，研究聚合物与水泥的相互作用中，我们可以得出聚合物与水泥的相互作用大致以两种方式存在。

一是聚合物在水泥水化过程中聚合成膜，同时聚合物颗粒对水泥浆体孔隙具有填充作用。

二是某些聚合物的活性基因能与水泥水化产物发生化学键合作用，改变了水泥材料以硅氧为主的键型，添加了有机碳氢键的键型，使分子结构得到明显增强，形成叠迭交错的双套互穿网络结构，改善了界面间的结合，提高了抗渗性和韧性。

高分子益胶泥以聚合物干粉及其他干粉辅助剂对水泥进行改性，以工厂化生产方式经过特定工艺制得的水硬性、单组分、干粉状、无毒、无味、可薄涂应用于防水、粘结的产品。其主要特点：

(1) 干粉状、单组分、无味、无毒；

(2) 会呼吸的无机防水材料；

(3) 干燥或潮湿的基面均可施工；

(4) 可用于迎水面，亦可用于背水面防水；

(5) 耐候性好，与水泥基层同寿命；

(6) 抗垂流性好，能在平面、立面或顶面上很容易地涂布防水层；

(7) 具有较高的强度，后续施工不易造成破坏；

(8) 涂层薄、用量少、工程造价低、涂布防水层厚度约 3mm；防水加粘结饰面块材厚度 5～6mm；

(9) 经过卫生安全产品检测，结论是"属于实际无毒级"，获得卫生许可批件。

2. 适用范围

(1) 地域：适用于我国南方及北方的工业与民用建筑；

(2) 工程类型：楼房、地铁、隧道、洞库、水池、景观；

(3) 工程使用部位：地下室、屋面、外墙、卫生间、盥洗室的防水和饰面块材粘结；

（4）地下设施的地面、侧墙顶面、迎水面、背水面防水抗渗；

（5）有安全用水要求的设施：饮用水池、游泳池、跳水池、科研院等对水质有特殊要求的工程项目。

3. 性能指标

执行地方标准：《益胶泥通用技术条件》DB35/T 516—2018。

4. 使用注意事项

（1）施工面积较大时，应设置分格缝，分格缝应贯通防水层及找平层，缝宽应＞10mm，缝内用柔性密封材料嵌实。

（2）防水层终凝后颜色转白呈现缺水状态时，应及时用花洒或背负式喷雾器轻轻洒水进行养护，每日数次，不得用水龙头冲洒，以免损坏防水层。

（3）视气候情况每日养护数次，应使防水层始终处于湿润状态。条件允许时亦可围水浸泡养护。

（4）防水层施工完毕养护 72h 后，若后续工序无及时展开，防水层裸露在外，则应对防水层继续进行养护到 28d 龄期。

二、防腐工程修缮材料——高分子益胶泥

1. 主要特点

高分子益胶泥以聚合物干粉及其他干粉辅助剂对水泥进行改性，是以工厂化生产方式经过特定工艺制得的水硬性、单组分、干粉状、无毒、无味的产品，可应用于需要防水、防腐保护的管材及设施的产品。

2. 适用范围

可用于铁管、钢管、塑料管、橡胶管、水泥管等外围护、隔水、隔气、耐酸、耐碱，施工操作简单、便捷，对各类管道的安全使用有着积极的作用。

3. 性能指标

执行地方标准：《益胶泥通用技术条件》DB35/T 516—2018。

4. 使用注意事项

（1）拌和益胶泥胶浆时，应用电动搅拌机搅拌；

（2）应避免在管身温度高时施工；

（3）每遍涂层施工完毕若无下道涂层施工时，应对做好的涂层进行喷雾或花洒洒水养护，视气候状况每日数次；

（4）所有涂层施工完毕后若管身埋置地下则可停止养护，若管身裸露时则应对其养护28d。

三、主要业绩

高分子益胶泥系列产品已经在国内许多重点项目中得到广泛应用：

（1）北京毛主席纪念堂地下设施防水堵漏维护空调机房，变压器房、环形通道等；

（2）北京奥运场馆水立方；

（3）中国造币总公司造币厂；

（4）中国民政部 3 号楼地下室立墙、地面、采光厂防水、堵漏；

（5）上海金茂大厦套房卫生间防水堵漏；

（6）广州地铁 4～7 号线联络通道隧道防水试验工程；

（7）中国水产科学院黄海水产研究所国家级重点实验室及配套工程科技大厦地下室、卫生间、屋面防水、堵漏；

（8）广州亚运会旧城改造，旧墙翻新项目防水粘结饰面砖；

（9）广州新光城市广场、地下室背水面防水堵漏；

（10）北京四惠东地铁车辆维修段地下部分；

（11）福建省游泳、跳水比赛馆防水、堵漏、粘结饰面块材；

（12）厦门市会展中心上人屋面防水、堵漏、粘结饰面块材。

北京城荣防水材料有限公司

一、防水防潮工程修缮材料——XYPEX（赛柏斯）水泥基渗透结晶型防水材料

1. 主要特点

XYPEX（赛柏斯）水泥基渗透结晶型无机防水材料，是由波特兰水泥、石英砂和许多活泼的化学物质组成的干粉状材料。它以适当的比例与水混合，以灰浆的形式涂刷到混凝土表面时，其中活泼的化学物质利用水泥混凝土本身固有的化学特性及多孔性，以水为载体，借助渗透作用，在混凝土微孔及毛细管中传输、充盈，催化混凝土内的微粒和未完全水化的成分再次发生水化作用，而形成不溶性的枝蔓状结晶体，充塞混凝土的微孔及毛细管道，提高混凝土密实度。由于它的活性物质和水有良好的亲水性，它可以在施工后乃至很长的一段时间里，沿着需要维修的混凝土基层中的细小裂缝和毛细管道中的渗漏水源向内层发展延伸，深入到混凝土的内部再水化结晶，和混凝土合成一个整体，它和混凝土的膨胀系数是一致的，故不易产生裂缝，若产生裂缝又会通过水化再结晶致密自愈，所以防水、防腐作用是永久的。

XYPEX（赛柏斯）水泥基渗透结晶型无机防水材料系列：赛柏斯浓缩剂、赛柏斯掺合剂、赛柏斯堵漏剂等。

XYPEX（赛柏斯）浓缩剂是由波特兰水泥、石英砂和多种特殊的活性化学物质组成的灰色粉末状无机材料。其工作原理是与水混合均匀涂刷（喷涂、干撒）在混凝土表面，以水为载体，借助渗透作用，在混凝土孔隙及毛细管中传输并与混凝土内部的水泥水化产物进行化学反应，生成不溶于水的结晶体，堵塞混凝土内部孔隙，从而达到防水、防潮和保护钢筋的目的。

XYPEX（赛柏斯）掺合剂是由多种专有技术的活性化学物质组成的灰色粉末状无机材料。在混凝土搅拌过程中掺加，可与混凝土拌合物中的水、$Ca(OH)_2$ 及其他水泥水化产物进行化学反应，生成不溶于水的结晶体，填充和封堵毛细孔和收缩裂缝，提高混凝土的密实度，达到防水、防潮和保护钢筋的目的。

XYPEX（赛柏斯）堵漏剂是专门用于快速堵水的灰色粉状速凝材料。用于快速封堵无渗漏裂缝、有渗漏裂缝（点）以及需快速止水的部位。

XYPEX 防水材料特点如下：

（1）能长期耐受强水压，可承受 1.5～1.9MPa。

（2）其渗透结晶深度是超凡的。时间越长，结晶增长得越深。日本土木学会进行的试验，时间放置 12 个月后，测得其深度达 300mm。

（3）涂层对于混凝土结构出现的 0.4mm 以下的裂缝遇水后有自我修复的能力，这种

能力是永久的。

(4) 属无机物，与结构同寿命。

(5) 施工完养护期后不怕穿刺及磕碰，而且膨胀系数与混凝土基本一致。

(6) 抗化学侵蚀，抗酸碱，长期接触 pH 值 3～11，间歇接触 pH 值 2～12，还抗辐射。

(7) 抗氧化、抗碳化、抗氯离子的侵害。

(8) 可抑制碱骨料反应（AAR）。

(9) 可抗高低温，在 $-32～+130℃$ 的持续温度下，在 $-180～+1530℃$ 的间歇性温度下保持其作用。抗冻融循环 300～430 次。

(10) 能有效提高混凝土强度达 20％～29％。

(11) 可保护钢筋及金属埋件。

(12) 无毒、无公害。

(13) 可用在迎水面，也可用在背水面；其应用领域广泛；可在潮湿面上施工，也可和混凝土同步浇筑，故可缩短工期；涂层表面可以接受别的涂层；施工方法简便，混凝土基面上勿须用界面剂、不需找平层、不需搭接，施工后也无需保护层，故省工、省料。

2. 适用范围

(1) 一般工业与民用建筑地下防水工程。

(2) 水池（包括饮用水池、游泳池、景观水池、消防水池、水处理设备）及垃圾仓等构筑物的防水、防渗工程。

(3) 地铁、隧道、洞库、桥梁、下沉式道路和城市地下综合管廊等防水、防渗工程。

(4) 水工建筑的防水、防渗工程。

(5) 混凝土及带有水泥砂浆抹面层的砌体结构的防水修缮。

3. 性能指标

赛柏斯浓缩剂、赛柏斯掺合剂，均执行国家标准《水泥基渗透结晶型防水材料》GB 18445—2012，掺加赛柏斯掺合剂的防水混凝土抗渗等级符合现行国家标准《地下工程防水技术规范》GB 50108 的相关要求，赛柏斯堵漏剂符合《无机防水堵漏材料》GB 23440—2009。

4. 使用注意事项

(1) 基面应坚实、洁净、潮湿、毛糙，不应有明水。

(2) 混凝土构造的裂缝、蜂窝麻面等缺陷部位应修补加强。

(3) 不得在雨天、五级及以上大风中施工。冬期施工时，气温应≥5℃，夏季烈日照晒下施工时应采用遮挡措施。

(4) 配制 XYPEX 浓缩剂灰浆时，粉料需与洁净的水充分搅拌。浆料要在 20min 内用完，当浆料变稠时要频繁搅动，中间不可二次加水。

(5) 对盛装液体的混凝土结构必须经 3d 的养护之后，再放置 12～21d 才能灌进液体。对盛装特别热或腐蚀性液体的混凝土结构，需放 18～21d（或 28d）才能灌盛。

（6）如需回填土施工时，在 XYPEX 施工 36h 后可回填湿土，7d 以后方可回填干土，以防止其向 XYPEX 涂层吸水（如工程紧迫，需提前回填干土，可在干土中撒水）。

（7）养护期间不得有任何磕碰现象。

二、主要业绩

中国银行总行大厦、国家大剧院、英蓝国际金融中心、北京月坛雅集地下博物馆、中国散裂中子源、上海地铁豫园站、上海白龙港污水处理厂、甘肃庆阳石化、湖南赤石大桥、厦门航空古地石广场、澳门新濠影汇中心、新疆石门子水库、云南景洪水电站等项目。

北京圣洁防水材料有限公司

一、防水防潮工程修缮材料——GFZ 点牌聚乙烯丙纶防水卷材

1. 主要特点

GFZ 点牌聚乙烯丙纶防水卷材是我公司的品牌产品，采用线型低密度聚乙烯（LL-DPE）、丙纶长丝热轧无纺布、抗氧剂等原生高分子原料，经过物理和化学变化，由自动化生产线一次性热熔挤出复合加工制成，卷材中间是防水层和防老化层，厚度不小于0.5mm，上下表面为无纺布增强粘结层。聚乙烯丙纶防水卷材具有很好的抗老化、耐腐蚀性能，变形适应能力强，低温柔韧性能好、易弯曲和抗穿孔性能好，抗拉强度高、防水抗渗性能好、施工简便。

（1）属绿色环保产品，无毒无味、无污染、无明火作业、冷粘结、湿作业。

（2）自重轻，立面施工方便，不脱落；亲和性好，粘结牢固，无空鼓，用配套粘结料粘结就能达到牢固、永不脱落的效果。

（3）可在潮湿基层上施工。把基层上的积水扫净无明水即可施工，对工期十分有利。特别在夏季连雨天，更显示了聚乙烯丙纶防水体系的优越性和可靠性。

（4）采用粘结料满粘施工，卷材表面复合的无纺布上有无数个均匀小孔洞，与基层粘结力强、亲和性好，卷材与基底粘结牢固，不窜水。

（5）柔韧性好，可随意弯折。阴阳角施工时，易于铺贴，附着力强，不翘边，不空鼓。

（6）本体系绝缘性能好，2000V 高压不导电，在工程中使用，安全性强。

（7）冬期施工时，可选用非固化橡胶沥青防水涂料粘结，耐低温性能优异。

（8）耐根穿刺性能好，物理阻根，无毒害，有利于植物生长。

2. 适用范围

该防水体系适用于各种类型的地下工程（包括地铁地下工程、地下室、地下停车场等）、建筑屋面（包括民用建筑、厂房、停车场、地上停车库等）、浴厕间、给水排水（自来水厂、游泳池、污水处理池等）工程等防水防渗工程。

3. 性能指标

执行国家标准：《高分子增强复合防水片材》GB/T 26518—2011 的规定，并符合表1的规定。

聚乙烯丙纶防水卷材技术性能指标　　　　　　　　　　表1

项目		技术指标（树脂 FS2）	
		厚度（mm）≥1.0	厚度（mm）<1.0
断裂拉伸强度（N/cm）	常温（23℃）≥	60.0	50.0
	高温（60℃）≥	30.0	30.0

续表

项目		技术指标（树脂 FS2）	
		厚度（mm）≥1.0	厚度（mm）<1.0
拉断伸长率（%）	常温（23℃）≥	400	100
	低温（−20℃）≥	300	80
撕裂强度（N）≥		50.0	50.0
不透水性（0.3MPa，30min）		无渗漏	无渗漏
低温弯折（−20℃）		无裂纹	无裂纹
加热伸缩量（mm）	延伸 ≤	2.0	2.0
	收缩 ≤	4.0	4.0
热空气老化（80℃×168h）	拉伸强度保持率（%）≥	80	80
	拉断伸长率保持率（%）≥	70	70
耐碱性「饱和 Ca(OH)₂ 溶液 23℃×168h」	拉伸强度保持率（%）≥	80	80
	拉断伸长率保持率（%）≥	80	80
复合强度（FS2 型表层与芯）（MPa）≥		0.8	0.8

4. 使用注意事项

（1）卷材在运输时应保持产品包装完整，无损坏。

（2）产品贮存时应竖立放置于通风、干燥的水平地面上，避免阳光直射，禁止与酸、碱、油类及有机溶剂等接触，且隔离热源。

（3）施工过程中卷材防水层应粘贴牢固、无损伤、无滑移、无翘边、无褶皱等缺陷，结合紧密，厚度均匀一致。

（4）防水基层应平整洁净，不得有起砂、起皮、空鼓、尖凸、凹陷和松动等现象。

（5）施工人员必须穿软底鞋，不得把尖锐坚硬的物体放在卷材上，以免损坏卷材。

二、主要业绩

（1）朝阳区孙河乡前苇沟组团棚户区改造土地开发项目一标段防水工程；

（2）重庆国奥村三期 1 号、2 号楼住宅及商业、附属车库防水工程；

（3）新机场高速公路地下综合管廊（南四环～新机场）工程一期土建施工 GSL05 项目防水防腐分包一标段工程；

（4）北京市朝阳区小红门乡肖村保障性住房用地（配建商品房及公建）项目商品房标段地下防水工程；

（5）北京轨道交通昌平线工程土建施工 11 合同段防水分包工程。

中建友（唐山）科技有限公司
北京中建友建筑材料有限公司
北京市中建建友防水施工有限公司

一、防水防潮工程修缮材料

1. ZJY-616（ZJYCPS）强力密封反应粘防水卷材

1.1 主要特点

产品结构有两种类型，单面粘和双面粘。它是和水泥具有反应活性的新一代功能环保材料。强力交叉层压膜与智能渗透反应活性粘结技术优势互补，是从"雨衣式防水"向"皮肤式防水"发展的新一代功能型环保材料。它将防水材料技术和施工技术进行了重大改良，也将中国的防水材料引向了高强度、薄型化、功能化的发展方向。

（1）刚柔相济：ZJY-616（ZJYCPS）强力密封反应粘防水卷材-E通过特殊活性成分同混凝土生长为一体，实现真正意义上的"刚柔相济"。

（2）皮、肉、骨相连：特殊的界面处理，使得防水层和混凝土结构成为皮、肉、骨相连的一个不可分割的整体，具有极强的撕裂强度和抗撕裂传递性，能够锁定破损点，防止破损扩大，并且能够抵抗线、点受拉带来的破坏，使防水更持久。

（3）安全无忧：服贴性好、细部处理完美，可达到100%满粘效果，既能够适应构造多、不平整的基层，也能通过蠕变吸收基层开裂、裂缝运动产生的应力，使整体防水结构无任何缝隙，杜绝了窜水、渗漏隐患。

1.2 适用范围

民用建筑屋面及地下防水工程，地铁、隧道、管廊、水池、水渠等市政防水工程。

1.3 性能指标

执行国家标准：《湿铺防水卷材》GB/T 35467—2017中E类标准要求。

1.4 使用注意事项

大风天、雨天等恶劣气候不宜进行户外施工，施工温度以5～35℃为宜。

2. ZJY-838 ZJYCPS 强力密封胶

2.1 主要特点

（1）单一组分，现场即开即用，施工方便。

（2）拉伸强度大、延伸率高，弹性好，耐高、低温性能好，对基层收缩、开裂、变形的适应性强，尤其适用于各种细部节点密封处理。

（3）粘结力强，能够同各种基面有效粘结，尤其是同水泥基材料的粘结强度最高。

（4）一次厚涂，涂膜密实，无针孔、气泡。

（5）化学反应和物理挥发成膜，良好的内聚力，不产生蠕变，耐长期水侵蚀、耐油、耐腐蚀、耐霉变、耐疲劳，耐候性好，使用寿命长。

（6）环保型密封材料，无毒、无害，对环境无污染。

（7）冷施工，操作方便。

2.2　适用范围

（1）适用于室内地板、墙体防潮。

（2）适用于各种管根、落水口、桩头、设备基座等细部节点密封处理。

（3）适用于卷材搭接边封口密封处理。

（4）适用于地下室、屋面、游泳池、人造喷泉、水池、水渠的防水。

2.3　性能指标

执行企业标准：《节点部位防水专用密封涂膜》Q/SY ZJY0013—2014。

2.4　使用注意事项

本产品为非易燃易爆材料，可按一般货物运输。运输时，应防冻、防雨淋、防暴晒、防挤压、防碰撞，保持包装完好无损。产品在存放室应保证通风、干燥，防止日光直接照射，贮存温度不应低于0℃，产品在符合上述条件下，自生产之日起，贮存期至少为六个月。

二、主要业绩

海淀、顺义老旧小区综合整治工程，人民日报社防水维修工程，北京芍药居屋面防水改造工程，61081部队屋面防水修缮工程，北京壹瓶小区屋面防水改造工程，北京西至通州开行市郊列车国铁设施改造旅客地道防水堵漏工程，北京银行总行装修改造工程，交通运输部公路交通试验场防御修缮工程，八十中学望京校区屋面防水维修工程，北京天朗园屋面防水翻修工程，昌平龙脉花园防水修缮工程，朝阳2017年旧城改造防水工程，北京青少年活动中心屋面防水维修工程，三利工业园屋面防水改造工程，方恒东景1号商业楼屋顶维修工程，用友产业园防水维修工程，中国人民解放军军事科学院屋面防水工程，联合国开发计划署办公楼防水维修工程，核工业第二研究设计院屋面防水维修工程，北京长润化工有限公司办公楼屋面防水维修工程，空军指挥学院1号楼防水工程，太原既有建筑节能改造工程，中交吉林省电力建设总公司"三供一业"改造工程，长春市朝阳区旧城改造工程等。

北京森聚柯高分子材料有限公司

一、防水防潮工程修缮材料

1. SJKR 1580 暴露型单组分防水涂料

1.1 主要特点

SJKR1580是单组分聚脲（醚）防水涂料，具有高回弹、较高的强度、低吸水率及可暴露的特点，SJKR1580是单组分。

1.2 适用范围

可广泛用于屋面、技术防腐、水池防水。

1.3 性能指标

执行企业标准：《暴露型单组分聚氨酯涂料》Q/12WQ5341—2017。

1.4 使用注意事项

界面温度大于50°不建议施工，结露、有水、空气湿度大于98％不建议施工。

2. SJK1595 暴露型单组分涂料

2.1 主要特点

SJK1595是一种可调各种颜色的高等级厚质涂料。其于现场开桶成膜固化后形成聚脲（醚）弹性体（也可称为一种特殊的聚氨酯或高力学性能聚氨酯弹性体，或称杂合体涂层）。其具有优异的耐紫外线、高力学性能和高弹性、优秀的防水性能和耐磨性能，并可调成各种颜色，长时间于室外暴露，颜色不发生根本改变。

2.2 适用范围

主要用于外露防水、防护、防腐等功能弹性涂层，如房屋建筑、交通桥梁、金属结构屋面，各类水池及接缝等细部节点防渗。

2.3 性能指标

执行企业标准：《暴露型单组分聚氨酯涂料》Q/12WQ5341—2017。

2.4 使用及注意事项

界面温度大于50°不建议施工，结露、有水、空气湿度大于98％不建议施工。

3. SJK590T 暴露型透明单组分聚脲（醚）防水涂料

SJK590T是一种脂肪族端异氰酸酯与特殊固化剂物质所形成的脂肪族面漆。其于现场开桶成膜固化后形成聚脲弹性体。其具有优异的耐紫外线、高力学性能和高弹性，优秀的防水性能和耐磨性能，并可调成多种颜色，长时间于室外暴露，颜色不发生根本变化，并有良好的自洁性能。

3.1 适用范围

主要用于外露防水、防护、防腐、地坪等功能性弹性涂层的罩面层，保护原有本色。

如建筑的暴露型弹性涂层面层，水池及地坪的面层防护。

执行企业标准：《暴露型单组分聚氨酯涂料》Q/12WQ5341—2017。

3.2 使用及注意事项

界面温度大于50°不建议施工，结露、有水、空气湿度大于98%不建议施工。

二、防腐工程修缮材料

1. SJK590F 单组分聚脲防水与地坪一体化涂料

1.1 主要特点

SJK590F 是一种可调各种颜色的高等级厚质涂料。其于现场开桶成膜固化后形成聚脲弹性体（也可称为一种特殊的聚氨酯或高力学性能聚氨酯弹性体，或称杂合体涂层）。其具有优异的耐紫外线、高力学性能和高弹性，优秀的防水性能和耐磨性能，并可调成多种颜色，长时间于室外暴露，颜色不发生根本改变。

1.2 适用范围

主要用于外露防水、耐磨、防护、防腐等功能性弹性涂层，如水利大坝、屋面停车场、停机坪、长期浸水水池、地下车库、交通桥梁、物流中心4S店等重载荷地面、电厂化工厂污水池防腐涂层。

1.3 性能指标

执行建材行业标准：《单组分聚脲防水涂料》JC/T 2435—2018。

1.4 使用注意事项

界面温度大于50°不建议施工，结露、有水、空气湿度大于98%不建议施工。

2. SJK909 喷涂聚脲弹性体涂膜

2.1 主要特点

SJK909 是双组分喷涂聚脲防水涂料，具有高回弹、较高的强度、低吸水率以及可暴露的特点，可广泛用于屋面、金属防腐、水池防水。

2.2 适用范围

主要用于各类交通、市政、水工、海工的弹性防水防腐保护涂层，各类体育场看台的防水防护。

2.3 性能指标

执行国家标准：《喷涂聚脲防水涂料》GB/T 23446—2009。

2.4 使用及注意事项

界面温度大于50°不建议施工，结露、有水、空气湿度大于98%不建议施工。

三、主要业绩

中国尊停机坪屋面防水、南水北调穿越黄河隧洞锚具槽防水、拉萨体育场看台防水、北京郑王坟再生水厂单组分聚脲防腐防水、香港半岛酒店直升机屋面停机坪、南水北调北京段干线接缝防水、合肥麦德龙超市屋面停车场暴露防水等。

安徽德淳新材料科技有限公司/安徽德淳建设工程有限公司

一、防水防潮工程修缮材料

1. 单组分聚氨酯建筑接缝密封胶

1.1 主要特点

单组分聚氨酯建筑接缝密封胶是通过原料优化，同时使用几种预聚物配制以满足建筑接缝密封的特定要求，实现密封胶的高弹性、高延伸率和低模量特性；使用不易迁移的增塑剂和有机溶剂，实现产品的绿色环保，进一步提升产品的耐久性；采用特种封端剂对聚氨酯进行封端，扩大了扩链剂的选用范围，解决了稳定性，避免了产生二氧化碳气泡引起胀缝风险而研制出一种针对建筑各种接缝专用的高性能聚氨酯密封胶。

产品是一种单组分密封胶，施工方便，同时可应用于机场跑道、地坪切缝、道路桥梁、地下军事掩体等混凝土建筑结构接缝粘结密封。

（1）良好的抗位移性：选用等级 25LM，能很好地适应建筑接缝部位在应用过程中受环境温度变化出现的热胀冷缩现象和接缝尺寸循环变化的发生。

（2）优异的耐候性：具有特殊的光稳定性和紫外线吸收功能，并能适应气候冷热交变，耐候性良好。

（3）良好的粘结性能：混凝土属于碱性材料，普通密封胶很难粘结；所以，混凝土的粘结性是选择建筑用胶要考虑的第一要素。单组分聚氨酯建筑接缝密封胶与混凝土基材粘结良好。

（4）防污染性好：由于选择了不易迁移的增塑剂，对于外露密封使用时，对接缝两侧的基层无污染。

（5）蠕变性好：低模量，粘结面长期受力也不发生粘结破坏，蠕变性好。

（6）涂装性好：可涂装，完全满足对美观涂装性的要求。

（7）原料品质高，产品质量稳定。

（8）易后期修补：单组分聚氨酯建筑接缝密封胶表面能高，易粘结。如有后期修复，十分容易与旧胶相容。

1.2 适用范围

主要用于各种建筑、地铁、隧道、地下掩体等的伸缩缝、沉降缝等接缝的密封；外墙伸缩缝、楼板的各种贯穿孔洞、地坪切割缝、百叶窗住宅的密封；涵洞、地下管廊、排水沟、蓄水池、污水管道、竖井等各种缝的密封防水及渗漏治理。

1.3 性能指标

执行建材行业标准：《聚氨酯建筑密封胶》JC/T 482—2003。

1.4 使用注意事项

为保证获得较佳的粘结效果，单组分聚氨酯建筑接缝密封胶施工时需注意以下事宜：

（1）应在环境温度 5～45℃条件下用胶。

（2）混凝土基面未干燥不宜施工。

2. 喷涂速凝橡胶沥青防水涂料

2.1 主要特点

喷涂速凝橡胶沥青防水涂料是一种将道路沥青通过特殊工艺，采用乳化技术乳化使之溶解于水成为一种超细、悬浮的乳状液体，再与合成高分子聚合物同相复配组成 A 组分，以特种破乳剂作为 B 组分；将 A、B 两个组分分别单管路径喷出，在喷出口交叉混合、在5～10s 时间内瞬间反应固化形成高弹性、高附着力的一层永久防水、防渗、防腐的厚质涂层，取代传统防水涂料靠人工涂刷工艺、靠水分蒸发或溶剂挥发固化成膜机理的颠覆性创新技术产品。橡胶沥青乳液 A 组分与破乳剂 B 组分通过专用喷涂设备的两个喷嘴喷出，雾化混合，在基面上瞬间破乳析水，凝聚成膜，实干后形成连续无缝、整体致密的橡胶沥青防水层。

（1）超高弹性：涂膜断裂伸长率可达 1000％以上，适合于伸缩缝及变形缝部位，能够有效解决各种构筑物因应力变形、膨胀开裂、穿刺或连接不牢等造成的渗漏、锈蚀等问题；有效应对结构变形，保证防水效果。

（2）整体防水：涂膜可完美包覆基层，实现涂层的无缝连接，从而达到卷材难以实现的不窜水、不剥离的要求。对于异形结构或形状复杂的基层施工更加简便可靠。

（3）耐穿刺性强：涂料中橡胶形成的网状结构紧密，同时有超高的延伸率，所以有良好的防穿刺性能，适用于易受穿刺的部位。

（4）自密自愈：高弹性和高伸长率造就了涂膜的自愈功能，对一般性的穿刺可以自行修补，不会出现渗漏现象。

（5）耐化学性优异、耐温性好：涂膜具有优异的耐化学腐蚀性，耐酸、碱、盐和氯，耐高温和耐低温性能优异。

（6）机械施工：机械喷涂后瞬间成型，采用专业喷涂机械施工，大大节约施工成本和劳动力，可大幅度缩短施工工期。

（7）施工方式灵活多样：除主要采用喷涂施工方式外，也可采用刷涂、刮涂等涂装方式，满足对落水口、阴阳角、施工缝、结构裂缝等防水作业的特殊要求。

（8）可在潮湿表面施工：可以在潮湿、无明水的基面施工，便于应用在地铁、隧道、水利等工程领域。

（9）水性、环保、节能：作为新一代节能环保水材料，在生产、施工和使用过程中，均不使用有机溶剂，冷制冷喷，无毒无味，无废气排放，无污染。整个施工过程中，无需加热，常温施工，无明火，保证了施工的安全性和可靠性。

2.2 适用范围

适用于各种桥面、路面、基层跑道、屋面、地铁、隧道、地下掩体等建筑设施的防水防渗治理。

2.3 性能指标（表 1～表 3）

喷涂速凝橡胶沥青防水涂料物理力学性能 表1

序号	项目		指标		试验方法
			Ⅰ型	Ⅱ型	
1	固体含量（%） ≥		55	55	《建筑防水涂料试验方法》GB/T 16777 A 组分，(105±2)℃，3h
2	凝胶时间（s） ≤		5	5	《喷涂聚脲防水涂料》GB/T 23446
3	实干时间（h） ≤		24	24	《建筑防水涂料试验方法》GB/T 16777
4	耐热度		(120±2)℃无流淌、滑动、滴落	(140±2)℃无流淌、滑动、滴落	《建筑防水涂料试验方法》GB/T 16777
5	不透水性（0.3MPa，120min）		无渗水	无渗水	《建筑防水涂料试验方法》GB/T 16777
6	粘结强度 ≥	干燥基面	0.40	0.60	《建筑防水涂料试验方法》GB/T 16777 A 法
		潮湿基面	0.40	0.60	
7	弹性恢复率（%）		≥85	85	《预铺防水卷材》GB/T 23457
8	钉杆自愈性		无渗水	无渗水	《喷涂橡胶沥青防水涂料》JC/T 2317—2015
9	吸水率（24h）（%）		≤2.0	2.0	《喷涂聚脲防水涂料》GB/T 23446
10	低温柔性	无处理	−20℃	−30℃	《建筑防水涂料试验方法》GB/T 16777
		碱处理	−15℃	−25℃	
		酸处理	−15℃	−25℃	
		盐处理	−15℃	−25℃	《喷涂聚脲防水涂料》GB/T 23446
		热处理	−15℃	−25℃	《建筑防水涂料试验方法》GB/T 16777
		紫外线处理	−15℃	−25℃	
11	拉伸性能	拉伸强度（MPa）	≥0.8	≥1.2	《建筑防水涂料试验方法》GB/T 16777
		断裂伸长率（%） 无处理	1000	1000	
		碱处理≥			《喷涂聚脲防水涂料》GB/T 23446
		酸处理≥	800	800	
		盐处理			
		热处理			《建筑防水涂料试验方法》GB/T 16777
		紫外线			

喷涂速凝橡胶沥青防水涂料环保性能 表2

序号	项目	含量	试验方法
1	挥发性有机化合物（VOC）（g/L） ≤	80	《建筑防水涂料中有害物质限量》JC 1066 中水性建筑防水涂料 A 级执行
2	游离甲醛/mg/kg ≤	100	
3	苯、甲苯、乙苯和二甲苯总和（mg/kg） ≤	300	
4	氨（mg/kg） ≤	500	

单组分橡胶沥青防水涂料主要物理力学性能　　　　表 3

序号	项目	指标	试验方法
1	固体含量（%）　≥	60	《建筑防水涂料试验方法》GB/T 16777
2	表干时间（h）　≤	4	
3	实干时间（h）　≤	24	
4	不透水性（0.3MPa，120min）	无渗水	
5	耐热度/130℃±2	无流淌、滑动、滴落	
6	粘结强度（MPa）　≥	0.50	
7	低温柔度（−20℃），无处理	无裂纹、断裂	

3. DT-P 聚酯高分子防水卷材

3.1　主要特点

DC-P 聚酯复合高分子防水卷材是以热塑性弹性体（TPO）为主材，卷材上下表面采用针刺无纺布进行复合，施工采用专用胶粘剂，卷材质轻柔软，易于服贴各种节点造型，与胶凝材料粘结后形成紧密的防水层。

（1）拉伸强度高、延伸率高、热处理尺寸变化小，使用寿命长。

（2）耐根系渗透性好，耐老化，耐化学腐蚀性强。

（3）抗穿孔性和耐冲击性好。

（4）抗拉性能卓越，断裂伸长率高。

（5）施工和维修方便，宽幅搭接少、牢固可靠，成本低廉。

3.2　适用范围

适用于工业与民用建筑的屋面防水，包括种植屋面，平屋面、坡屋面：建筑物地下防水：水库、水池、水渠以及地下室各部位防水；隧道、粮库、人防工程、垃圾填埋场、人工湖等防水。

3.3　性能指标

执行标准：《高分子防水材料　第一部分：片材》GB 18173.1—2012。

4. 高渗透环氧树脂防水涂料

4.1　主要特点

高渗透性环氧防水涂料的防水机理主要是利用混凝土结构的多孔性，容易渗入混凝土结构内部孔缝中，经聚合反应生成不溶于水的固结体，使混凝土结构表层向纵深处逐渐形成一个致密的抗渗区域，提高了结构整体的抗渗能力。

（1）粘结性强，能使细小裂纹重新得到愈合。

高渗透性环氧防水涂料塑性好，防水施工流畅，粘结性能强。实施证明，高渗透性环氧防水涂料能使小于 0.4mm 以下细小裂纹充填密实，大大增强了混凝土结构的密实度，提高了混凝土结构的耐渗水能力。

（2）具有防腐、耐老化、保护钢筋的作用。

高渗透性环氧防水涂料的渗透固结体，保护混凝土内部的钢筋不受侵蚀作用，延长建筑物的使用寿命。

（3）应用的广泛性及广泛的实用性。

高渗透性环氧防水涂料应用在混凝土结构背水面或迎水面都不影响其应用效果，对基面要求低且防水涂层对普通砂浆的粉饰也有很好的亲和作用。

4.2　适用范围

主要应用于混凝土结构表面的防水施工，结构开裂、渗水点、孔洞的堵漏施工，地铁车站、地下连续墙、隧道、涵洞、水库大坝的防水和堵漏施工，工业与民用地下室、屋面、厕、浴间混凝土建筑设施的所有水泥基面的防水施工，以及混建筑设施的所有水泥结构弊病维修。

4.3　性能指标

执行建材行业标准：《环氧树脂防水涂料》JC/T 2217—2014。

5. 丁基胶防水卷材

5.1　主要特点

丁基橡胶防水卷材以特殊定制的进口强力交叉膜或增强铝箔膜为表层基材，一面涂覆丁基自粘胶，隔离层采用聚乙烯硅油膜制成的新型高分子防水卷材。主要用于混凝土屋面、钢结构屋面等外露防水或维修工程。

（1）延伸率高，适应各种基层变形。

（2）强力高分子交叉膜，抗穿刺力强，撕裂强度高，性能优异。

（3）自粘胶层使用丁基橡胶，耐老化性能好，自愈性强，永不固化。

（4）独特的持续抗撕裂性，柔性好，耐高低温性能好。

5.2　适用范围

主要用于混凝土屋面、钢结构屋面等外露防水或改扩建工程，还可用于地下室、水库、堤坝、围堤、渠道、桥梁、地铁、公路、涵洞等防水工程。

5.3　性能指标

执行标准：《湿铺防水卷材》GB/T 35467—2017。

6. 聚合物防水砂浆

6.1　主要特点

聚合物砂浆是由水泥、骨料和可以分散在水中的有机聚合物搅拌而成的。聚合物可以是由一种单体聚合而成的均聚物，也可以由两种或更多的单聚体聚合而成的共聚物。聚合物必须在环境条件下成膜覆盖在水泥颗粒子上，并使水泥机体与骨料形成强有力的粘结。聚合物网络必须具有阻止微裂缝发生的能力，而且能阻止裂缝的扩展。

（1）防水抗渗效果好。

（2）粘结强度高，能与结构形成一体。

（3）抗腐蚀能力强。

（4）耐高湿、耐老化、抗冻性好。

6.2　适用范围

主要用于建筑结构混凝土加固，人防设施防水堵漏，水库大坝、港口防渗处理，热水池、垃圾填埋场、化工仓库、化工槽等防化学品腐蚀建筑，路面、桥面、隧道、涵洞混凝土修补，工业和民用建筑屋面、卫生间、地下室防渗漏处理，钢结构和钢筋混凝土等防水工程。

6.3 性能指标

执行建材行业标准：《聚合物水泥防水砂浆》JC/T 984—2011。

7. 高分子自粘胶膜（HDPE）防水卷材

7.1 主要特点

高分子自粘胶膜（HDPE）预铺防水卷材选用优质的高密度聚乙烯原生树脂为原材料。采用抗老化剂、抗氧剂、紫外线吸收剂、稳定剂等为辅料，使用目前最先进的全自动生产设备，经共挤技术制成片材，再涂以自粘胶撒砂面/隔离膜制成。

(1) 抗拉强度高，纵横向抗拉强度优异，力学性能稳定。

(2) 预铺反粘可不做保护层，省时省钱省力。

(3) 无毒无害、不污染环境，尤其可应用于饮水工程。

(4) 使用温度范围较大、使用寿命较长。

(5) 优良的耐环境应力开裂性能、粘结力优异。

7.2 适用范围

适用于工业与民用建筑、地铁、地下管廊、机场、人防等工程的防水。

7.3 性能指标

执行国家标准：《预铺防水卷材》GB/T 23457—2017 P 类。

8. TPO 预铺防水卷材

8.1 主要特点

TPO 预铺防水卷材是以热塑聚烯烃片材作为主体材料，覆以自粘胶、表面防粘层/隔离层构成的，与后浇混凝土粘结，采用预铺法施工，无需附加层，与液态混凝土反应固结后，防水层与混凝土结构无间隙结合，杜绝层间窜水隐患，能有效提高防水系统的可靠性。

(1) 具有拉伸强度高、延伸率大、抗冲击、抗撕裂、抗化学介质腐蚀、热老化尺寸稳定等优异性能。

(2) 优异的耐化学腐蚀性：耐酸、碱、盐腐蚀，耐藻类、霉菌等微生物生长。

(3) 反粘结效果好：卷材与后浇混凝土结构形成永久粘结，基层沉降、变形不影响其防水性能，提高防水层可靠性。

(4) 施工方便：一年四季均可施工。

(5) 绿色环保：热塑性聚烯烃片材及高分子自粘胶层配方中无溶剂和有害添加剂。

8.2 适用范围

适用于工业与民用建筑、公用建筑、地下综合管廊、海底、湖底隧道等。

8.3 性能指标

执行国家标准：《预铺防水卷材》GB/T 23457—2017。

二、主要业绩

无锡地铁、宁波地铁、南昌地铁、苏州春申湖隧道、南京横江大道过江通道、高淳车辆段、安庆博物馆、宁波奉化未来城科普中心、扬州运河南北路快速化改造工程、合肥市轨道交通 5 号线等。

江苏凯伦建材股份有限公司

一、防水防潮工程修缮材料

1. "凯伦"牌 CL-BXSY 丙烯酸盐灌浆材料与双组分气动活塞注浆泵

1.1 主要特点

（1）黏度低、渗透性强。浆液黏度低，固化前保持不变，有良好渗透性，渗透系数可达到 1.3×10^{-8} cm/s。在压力作用下可逆向灌入渗漏通道中，充满通道，并固结堵死渗透通道，使原渗透部位不再渗漏。

（2）凝胶时间可以控制。准确控制在几十秒至数分钟范围内，可以在压力和凝胶时间的共同作用下控制浆液的渗透半径。

（3）抗渗、抗压、弹性性能好。凝胶体不透水，抗压强度可达 400kPa、断裂伸长率大于 100%，能够防止裂隙变形破坏粘结面，再次出现渗透现象。

（4）化学稳定性好。凝胶体可抵抗大多数有机溶剂、弱酸弱碱、微生物的腐蚀，耐久性强，且对混凝土中的钢筋不会产生任何腐蚀，可长期使用。

（5）粘结能力强。凝胶体与混凝土表面的粘结性能好，能牢固地黏附在混凝土的表面，不脱离。

（6）干湿环境适应性强。在干湿、冷热循环的环境中仍能牢固地黏附在混凝土表面，不会因失水收缩或是低温冰冻而脱离混凝土裂缝面。

（7）遇水再次膨胀。凝胶体遇到水会再次膨胀，其膨胀率可达 200%，有效地防止裂缝再次渗漏。

（8）安全、环保。浆液和凝胶体不会影响施工人员的健康和污染地下水，属于环保产品。

1.2 适用范围

（1）隧道、桥梁、地铁、水坝、港湾、人防工程等裂缝。

（2）土质表层改良的防渗工程。

（3）建筑物地下室，内外墙、混凝土构件上干湿裂缝。

（4）矿井、油田等防渗加固工程。

（5）其他伸缩缝、结构缝等防水防渗工程。

1.3 性能指标

执行建材行业标准：《丙烯酸盐灌浆材料》JC/T 2037—2010。

1.4 使用及注意事项

（1）浆液的制备：根据材料配比及现场实际渗漏情况（设定浆液凝胶时间）配制成A、B 两个组分。

（2）技术工人的操作熟练度至关重要。

2. 建筑表面用有机硅防水剂

2.1　主要特点

（1）防水性能优异：经处理的基材，遇水后成水珠滚落，有荷叶效果，基材始终处于干燥状态。

（2）防水性能好：建筑物内部的潮气可以顺利地排出外面，使表面涂层不会起鼓、龟裂、剥落。

（3）防潮防霉性好：经过处理的基材表面和内部都比较干燥，所以墙体永不会发霉长青苔。

（4）抗老化性能好：优良的抗紫外线，耐酸碱性能，有优异的抗风化性能，表面保持持久的外观。

（5）抗污染性能好：处理的基材表面光滑平整，经雨水冲洗尘埃不沾，有利于杜绝灰尘污染。

（6）中性环保：水为介质，无毒、无污染，产品近中性，表面无残留，无刺激，真正的环保安全。

（7）耐久性强：乳液型防水剂配方独特，比其他同类产品更具耐久性。

2.2　适用范围

（1）用于各类建筑物墙面防水，尤其是面砖墙面的防渗、防漏及混凝土砌块、劈裂砖、泰山砖墙面的防水、防污染、抗风化。

（2）花岗石、大理石墙面的防盐析泛碱处理。

（3）仓库、档案室、图书馆外墙面。

（4）石建筑保色及外露文物保护。

（5）普通涂料、灰浆、硅树脂涂料和硅树脂砂浆的防水底漆。

2.3　性能指标

执行建材行业标准：《建筑表面用有机硅防水剂》JC/T 902—2002。

2.4　使用及注意事项

（1）喷防水剂时，门、窗等不希望喷到的部位应予以遮挡，万一喷到应及时用清水洗净。

（2）在施工时若遇下雨，请停止施工，并将已浸渍处理的区域覆盖保护。施工后 24h 不得受雨水侵袭，气温降低至 4℃ 以下停止施工，施工时要求基底应干燥。

（3）常温 24h 即有憎水效果，一周后效果更佳；冬季固化时间较长。

二、主要业绩

廊坊市塞纳荣府别墅维修工程、北京市龙城花园中二小区地下防水维修工程、安徽省蚌埠市碧水湾外墙防水维修工程、南充市地下商业开发及地下通道 BOT 项目、北京奥林匹克花园防水维修工程、江苏泗阳 15MW 光伏扶贫项目、山东日照大学城屋面防水维修工程、安徽寿县刘岗粮油储备库平房仓改造工程等。

青岛天源伟业保温防水工程有限公司

一、防水防潮工程修缮材料

1. 柔性防水材料

1.1 主要特点

针对建筑屋面裂缝、天沟、外墙、窗口周围等部位的开裂、裂缝、隐形裂缝渗漏的渗水、浸水等问题，研究发明了以环氧（水性）和水泥为基材，以本公司的特殊添加剂为反应剂，以水为介质混合后产生胶凝材料。

该类材料可以根据具体过程、具体部位的需要，分别配制成速凝、缓凝及按时间要求固凝等方面适应性材料，主要用于建筑屋顶、外墙窗洞口以及地下室的防水堵漏。

（1）一种地下刚柔复合型防水乳液：

水性树脂复合注浆液对于各种地下积水、急水和涌水具有膨胀速堵的效果。根据水温和水压调节凝结时间。温差变异时，可调节凝结时间，和刚柔并进具有微膨胀和高粘结的作用。整体固化后强度和韧性是 C30 混凝土标准的 1～2 倍。根据水压大小可以调整到 3min 到半小时固化凝结。对于蜂窝部位和细小裂缝部位，可以采用超细 800 目左右的有机无机并合高压注浆机进行压力送注。

（2）一种屋面墙体用柔韧复合型防水乳液：

水性树脂防水乳液特点是粘结力强，防水抗渗力高，能与潮湿基面和灰尘部位结合性好，与聚合物粉状无机材料并合，具有超强的抗老化作用。与 PVC 板和沥青基卷材结合力特别牢固，是油性聚氨酯粘结力的 2～3 倍。

1.2 适用范围

（1）一种地下刚柔复合型防水乳液：

本产品应用于地下车库、管廊、地铁、山洞以及隧道，混凝土浇灌部位和不密实部位与松动部位具有粘结微膨胀的加固作用。

（2）一种屋面墙体用柔韧复合型防水乳液：

本产品应用于卫生间、阳台、污水处理池、消防水池以及金属屋面和抗老化屋面的各种复杂异形部位。

1.3 性能指标

执行化工行业标准：《水性丙烯酸树脂涂料》HG/T 4758—2014。

1.4 使用注意事项

本产品不能在 0℃ 以下施工，保质期为 3～6 个月。不能在高温 60℃ 以上施工。使用时，两种材料并合搅拌 5min 停 3min，再搅拌 5min，才起到最佳的效果。

2. 弹性材料

可溶性树脂与防水粉料结合我公司自行研发的防水添加材料配成，具有弹性强、拉力强、弹性变形恢复能力大、耐候性等优点，适用于因建筑变形（如沉降、温度变化等引起的变形）引起的开裂、龟裂等漏、渗及浸水返潮等"漏点"和成片墙（面）"脱落"，适应于保护性维修，如古建、文物等。

2.1 主要特点

（1）一种地下刚柔复合型防水乳液：

水性树脂复合注浆液对于各种地下无明水部位，添加弹性乳液，起到膨胀和柔和的作用。根据水温和水压调节凝结时间。温差变化时，可调节凝结时间，刚柔并进具有微膨胀和高粘结的作用。整体固化后，强度和韧性是 C30 混凝土标准的 1 倍。根据水压大小可以调整到 10min 至半小时固化凝结。对于蜂窝部位和细小裂缝部位，可以采用超细 800 目左右的有机无机并合高压注浆机进行压力送注。

（2）一种屋面墙体用柔韧复合型防水乳液：

水性树脂防水乳液特点是粘结力强，对于浮动较大的部位添加高弹性乳液，起到刚柔结合作用，更适合温差变异部位，具有防水抗渗力高的性能。与潮湿基面和灰尘部位结合性好，与聚合物粉状无机材料并合，具有超强的抗老化作用。与 PVC 板和沥青基卷材结合特别牢固，是油性聚氨酯粘结强度的 2～3 倍，固定性的 1～2 倍，抗老化的 1 倍。

2.2 适用范围

（1）一种地下刚柔复合型防水乳液：

本产品适用于地下车库、管廊、地铁、山洞以及隧道，对混凝土浇灌部位、不密实部位和松动部位具有粘结微膨胀加固的作用。

（2）一种屋面墙体用柔韧复合型防水乳液：

本产品适用于卫生间、阳台、平屋顶、斜屋顶、院内水池、污水处理池、消防水池以及金属屋面和抗老化屋面的各种复杂异形部位。

2.3 性能指标

执行化工标准：《水性丙烯酸树脂涂料》HG/T 4758—2014。

本产品使用高弹性树脂注剂密度调整比例量的添加混合使用，生产出柔韧性防水乳液。

2.4 使用注意事项

本产品不能在 0℃ 以下施工，保质期为 3～6 个月。不能在高温 60℃ 以上施工。使用时，两种材料并合搅拌 5min 停 3min，再搅拌 5min，才起到最佳的效果。为了增加弹性，涂刷 3～4 次。厚度不低于 0.2mm。

3. 刚柔性材料

3.1 主要特点

强度高（可达到 C30 以上混凝土强度），弹性好（变形恢复能力强，是混凝土变形能力的 2～5 倍）。

3.2 适用范围

主要针对防水堵漏中较大的漏洞、强度要求高的，如地下室、地铁洞室等的变形缝、施工缝、后浇带等部位开裂、沉降、材料施工缺陷等产生的渗漏，甚至涌水。既要求有足够的强度（不低于基材强度），又要有足够的弹性，才能适应应变要求。

本材料适用于基础、地下室、地下工程、道桥及洞室类工程，由材料及施工缺陷引起的漏水、涌水、渗、浸等较大的漏水点、面。

3.3 性能指标

执行化工行业标准：《水性丙烯酸树脂涂料》HG/T 4758—2014。

本产品使用高弹性树脂注剂添加高黏度硅胶产品比例，生产出柔韧性防水乳液。

3.4 使用注意事项

本产品不能在 0℃ 以下施工，保质期为 6 个月。不能在高温 60℃ 以上施工。使用时，两种材料并合搅拌 5～8min，才起到最佳的效果。

4. 耐久性材料

4.1 主要特点

无缝、低温灵活性、透气、快速反应、不含溶剂及其耐候（紫外、红外等）、在多种基层上具有优良的粘结性能、弹性和裂纹桥接、机械强度高、耐磨、对一般存在于空气和水中的介质具有抗渗性。

4.2 适用范围

适用于平屋顶、阳台、露台、有屋顶的走道以及多层停车场的细节处。

2017 年，我公司同欧洲最大的福曼防水公司联合推出高档房屋防水耐久性材料（涂料），适应性广泛，可在砖、混凝土、金属、木材、塑料等各种材料外喷涂，附着力强，耐久性长，按标准施工可达到 30～35 年。

4.3 性能指标（表 1）

PMMA 系统性能参数 　　　　　　　　　　　　　　　　表 1

性能	聚氨酯系统	PMMA 系统
固化温度	5～35℃	5～35℃
防雨水	24h 后（20℃）	30h 后（+20℃）
耐紫外线	否	是
耐根穿刺	否	是
VOC	含	不含
动态桥接	0.35mm（−20℃）	1mm（−20℃）
基层附着力	有选择性	几乎所有基层
耐积水	否	是（+）

4.4 使用注意事项

施工时，表面温度必须比露点高至少 3℃。如果低于此温度，在待加工表面上可能形成一层水分隔离膜（DIN 4108-5）。基料树脂充分混合后，加入相应量的固化剂，并用搅拌机进行低速混合，确保无结块。搅拌时间：至少 2min。一经混合需转移到另一个容器中再次搅拌。如果量少，可使用搅拌棒混合。

5. 防水堵漏机械设备

5.1　主要特点

（1）一种立式电动液压注浆机：

本机液压启动，力度十足，可以达到 15～20MPa，可喷涂和注浆。喷涂时带有储存罐，无缓冲时间。

（2）一种凸轮式液压注浆机：

本机压力启动快，缓冲压力小，在 10MPa。喷涂时，有缓冲时间。注浆时不影响使用功能。

（3）一种可拆卸式螺旋注浆针头：

使用拆卸方便，有钢珠支撑。压力易进，不易后渗。本针头可灌注有颗粒 80～100 目浆液。

（4）一种地下刚柔复合型防水乳液：

对于潮湿和灰尘部位，能混合粘结。附着力强，遇水浸泡时，不容易泛白膨胀。抗老化性高，与水泥混合使用，使用寿命更长。

5.2　适用范围

（1）一种立式电动液压注浆机：

在地下通道、消防水池、污水处理池、卫生间都可以喷涂和注浆。ZYB-80/80 系列液压注浆泵广泛应用于水泥浆、黄泥浆、水玻璃、油水等介质的泵送和压力注浆，可同时泵送两种介质，也可单独泵送一种介质，适用于各种建筑工程、市政工程、隧道工程、矿井、石油工程等。

（2）一种凸轮式液压注浆机：

在地下通道、管廊、地铁、隧道注浆堵漏。

（3）一种可拆卸式螺旋注浆针头：

混凝土裂纹、松动、不密实部位、蜂窝和二次施工浇灌缝部位以及后浇带部位进行打眼注浆使用。

（4）一种地下刚柔复合型防水乳液：

卫生间、阳台、窗边缝、屋顶、别墅、外墙、地下通道、地下车库、地铁盾构的墙面、无明水混凝土基层都可以使用。

5.3　性能指标（表2）

1TGZ-09/150 高压注浆机性能指标　　　　　　　　　　表 2

型号	1TGZ-09/150
额定流量	3.6m³/h
额定压力	15MPa
电动功率	3.5kW
整机重量	90kg
外形尺寸	90×60×80cm³

5.4　使用注意事项

使用机器时，要避免管道堵塞，以免导致管身爆裂产生安全事故。在施工完毕后，间隔时间超过 8 个小时，一定要清洗机械和管道喷枪头，以避免下次使用时发生故障。必要时对于润滑和活动部位，使用润滑剂养护。在冬期施工，低温下使用时，一定先加润滑剂空转后再正常使用。

二、注浆针头

1. 主要特点

本针头可以使用于 80～100 目的颗粒注浆，采用钢珠封堵注浆针头口部的构造，起到膨胀和进入浆液避免回浆的作用。

2. 适用范围

适用于地下室注浆、地铁、坑道、水池、隧道、山洞注浆。还可用于屋面、墙面、钢结构屋顶、复杂部位喷浆。

3. 性能指标

本针头可以使用于 80～100 目的颗粒注浆，并且有旋转接头，拆卸方便。

4. 使用注意事项

使用完毕后，用硬质竹签或者铁丝钢丝等松堵，避免堵塞，可以重复利用。

三、主要业绩

青岛市地铁 3 号线、海尔中心董事局大楼、中国银行金融中心地下金库、中法海润自然水厂、奥帆路海上国宴厅地下堵漏、崂山支流水坝项目、青岛中学篮球馆屋顶防水项目、青岛天源伟业、中航翔通游艇会酒店等。

上海绿塘净化设备有限公司

一、防腐工程修缮材料——ST-16 除锈转锈涂剂（又称为：ST-16 金属封闭剂）

1. 主要特点

ST-16 除锈转锈涂剂，是一种以除锈为主，同时具有防锈作用的功能性材料。能增强油漆的防锈能力，显著提高油漆的内在质量，具有除锈彻底、施工简单、经济高效、无环境污染的特点。

ST-16 像涂料一样直接涂刷在钢构件表面，通过化学转化反应，利用钝化、缓蚀机理，形成紧密的防锈膜层。

该产品的这一特性，为钢结构建筑的后期或日常维护提供了便利：无须将已有而且完好的油漆层全部除掉，即可进行维护施工，大大地节约了维护成本。

（1）全水样环保型除锈剂，可采用涂刷、浸泡等工艺，达到常用除锈剂的除锈水平。

（2）不含挥发物成分，无 VOC 排放。

（3）代替底漆，干燥后可以直接涂刷面漆。

（4）该产品呈弱酸性，施工时仅需一般防护，对皮肤无腐蚀性伤害。

（5）不可入口眼，不慎溅入可用水冲洗。

（6）不含有害重金属和有毒化学物质。

（7）本产品由无机物配置而成，为环保产品。

（8）对建筑用钢筋进行防腐处理，有利于加强钢筋与混凝土的附着力。

（9）综合使用成本比传统除锈剂产品低约 20%。

2. 适用范围

（1）对化工厂或对防火要求比较高的区域内的装备进行除锈与防腐施工。

（2）对地下或通风条件不太好的区域进行金属部件的除锈防腐施工。

（3）对各种钢铁结构件的除锈与防腐。

该技术产品适用于以钢铁为结构材料的各个领域，如钢构建筑、金属箱柜、船舶桥梁、建筑机具、城市护栏、机械设备、管道塔架、农用机具、汽车火车车身、石油化工设备、油气输送管道、矿山机械设备等以除锈防锈为主要目的的油漆涂装工程，尤其适用于户外大型、重型钢构建筑。这些金属构件及设备在制造加工过程中的除锈工序可以使用，在使用过程中定期的防腐蚀维护除锈、涂装时也可以使用。因此，其市场应用面宽，应用途径主要有两个方面：

一是指新开工建设的钢结构工程及机械设备，按照有关国家标准及施工规范，所使用的钢铁材料锈蚀程度不超过 D 级，直接用除锈防锈剂涂刷后，形成的防锈膜层在 $10\mu m$ 左右，与金属基底的平整度一致，覆盖油漆后，不影响漆膜外观。

二是指已使用一定年限的钢结构建筑及机械设备，由于使用环境不同，锈蚀程度也不一致，有的锈层厚度超过 $100\mu m$，需要用钢丝刷除去浮锈及锈块、泥砂，然后涂刷除锈防锈剂。该产品不损伤油漆层，不损伤铜、镍、铬金属，但不适用于镀锌钢件的除锈维护。

现场施工采用手工电动砂磨除锈 2 人 4h 的工作，采用该产品只需 1 人 1h 即可完成，大大降低了劳动强度，节约了工时成本，加快了施工进度。

3. 性能指标（表 1～表 3）

ST-16 除锈转锈涂剂以除锈为主，兼具优良的长效防锈性能，主要用作油漆前除锈处理，作为一种新的除锈技术，该产品已申请国家发明专利（申请号 200710050532.6）。

ST-16 除锈转锈涂剂产品技术性能指标 　　　　　　　　　　　表 1

产品外观	无色或淡蓝色透明稠状液体
溶剂特性	水溶性
密度（20℃）	$1.32775g/cm^3$
黏度（20℃）	12.60s
除锈能力	2h 后铁锈完全转化，呈灰黑色
环境特性	无毒、无重金属、无挥发性有机物排放，稀释后可作磷肥
消耗参考	(30 ± 5) m²/kg

ST-16 除锈转锈涂剂膜层技术参数 　　　　　　　　　　　表 2

膜层外观	亮黑灰色
表干时间（室温）	1.5h
实干时间（室温）	22h
耐打磨性	易打磨，不粘砂
柔韧性（mm）	1
冲击强度（kg·cm）	50
附着力（级）	1

ST-16 钢材除锈前后的性能指标 　　　　　　　　　　　表 3

Q235 低碳钢圆盘条	屈服点 σ_s (MPa) ≥	抗拉强度 σ_b (MPa) ≥	伸长率	冷弯 180°（d 为弯心直径，a 为公称直径）
除锈前	235	410	23	$d=0.5a$
除锈后	235	410	23	$d=0.5a$

实验表明：该除锈防锈剂在除锈过程中，不产生氢脆现象，不改变金属基体的组织结构，不影响钢材的力学性能。

防锈膜平整度与锈蚀度的关系：ST-16 除锈转锈涂剂具有一定的整平能力，一般而言，A、B、C、D 四级锈蚀的钢材，经除锈处理后都能得到厚度在 $10\sim20\mu m$、平整光洁的防锈膜层。超过 D 级锈蚀的钢材，尤其是产生堆锈、块锈、坑蚀的表面，钢铁锈蚀程度越高，形成的防锈膜层的平整度就越差。此类重度锈蚀的钢材，除锈前须用钢丝刷处理后，才能得到较为平整的防锈膜。

防锈能力：采用 ST-16 除锈后，形成的膜层绝缘电阻大于 150MΩ，可有效地阻断化学及电化学腐蚀作用（表 4）。

ST-16 除锈转锈涂剂应用性能　　　　表 4

涂层前处理方式	机械除锈/环氧防锈漆	刷 ST-16 除锈/环氧防锈漆	机械除锈/红丹底漆/环氧防锈漆
NSS 试验时间（h）及结果	600h 无起泡、不生锈	600h 无起泡、不生锈	600h 无起泡、不生锈
	800h 锈蚀≥2mm	800h 无起泡、不生锈	800h 无起泡、不生锈

可见，使用 ST-16 除锈转锈涂剂不仅除锈干净彻底，而且形成的转化膜层能有效提高油漆的防腐蚀能力，其防锈作用相当于一层红丹底漆。

与油漆的配套性：ST-16 除锈转锈涂剂在转锈除锈的过程中，通过分子键合力与基底金属牢固结合，同时，形成紧密、呈微观网状结构的防锈膜层，油漆高分子渗入其中，因此与油漆的结合力更强，不影响原油漆的结合力级别。该膜层可与各类油漆（红丹、酚醛、沥青、氨基、醇酸、硝基、聚酯、环氧、乙烯、聚氨酯、丙烯酸等）、膏灰、涂料（防火涂料、粉末涂料等）配套，经使用检验，与醇酸面漆的配套使用效果更好。

在有害物质检测方面，基于所送样品，镉、铅、汞、六价铬、多溴联苯（PBBs）、多溴二苯醚（PBDEs）、邻苯二甲酸酯（如邻苯二甲酸二丁酯（DBP）、邻苯二甲酸丁苄酯（BBP）、邻苯二甲酸二（2-乙基己基）酯（DEHP）和邻苯二甲酸二异丁酯（DIBP））的测试结果符合欧盟 RoHS 指令 2011/65/EU 附录 II 的修正指令（EU）2015/863 的限值要求。

4. 使用注意事项

该产品现场施工的地面环境温度为 6～60℃，最佳施工环境温度为 10～50℃。

（1）施工时除刷、滚、喷涂处理方式外，若用棉纱蘸除锈防锈剂擦涂，可以提高工作效率。

（2）涂刷时，使铁锈完全润湿即可，涂刷过多造成淌积，表干时间变慢，且影响成膜质量。

（3）直立的钢构宜从上向下涂刷，1kg 该产品可以处理 1t 槽钢、工字钢、钢板，小构件的材料消耗量会增大。

（4）D 级锈蚀的钢铁构件，直接处理可以得到平整的膜层。超过 D 级锈蚀的钢构产生堆锈，可以用钢丝刷简单处理堆锈部位后，再刷该产品，从而得到平整的膜层。

（5）经冷镀锌或热镀锌的钢材，发生锈蚀后，不适于采用该种方法除锈。

（6）该产品呈弱酸性，pH 值约为 6，对皮肤无腐蚀性伤害，但也要做一般性防护，并忌入口眼，万一溅入，即刻用清水冲洗并视情况就医或观察。

二、主要业绩

环保产品的研发与推广、环保型水性除锈剂的研发与推广、水质净化处理设备的研发、集成和推广。

北京澎内传国际建材有限公司

一、防水防潮工程修缮材料

1. PENECRETE MORTAR-澎内传修补砂浆（PNC302）

1.1 主要特点

该产品为结晶型修复封堵砂浆，专门用于修补混凝土结构缺陷，填充裂缝，覆盖接缝，填补模板拉杆孔、蜂窝麻面、施工缝、后浇带缝和结构受损剥落等缺陷部位。具有粘结效果好，可用于潮湿基层的特点。其产品优势：

(1) 可用于结构的迎水面或背水面；

(2) 可承受高压力水压；

(3) 可修复宽度 0.4mm 的裂缝；

(4) 操作简单，只需与水混合应用；

(5) 快速凝固，耐磨损，非易燃；

(6) 抗冻融；

(7) 可用于饮用水工程；

(8) 无机材料，不含挥发性有机物，可应用于室外或室内空间。

1.2 适用范围

(1) 混凝土冷接缝、凹槽等部位，防止水分渗漏；

(2) 模杆拉孔和施工缝，填充开凿的裂缝；

(3) 混凝土气泡孔眼的防水处理；

(4) 混凝土剥落和蜂窝麻面的处理。

1.3 性能指标

执行国家标准：《无机防水堵漏材料》GB 23440—2009。

1.4 使用注意事项

(1) 由于工程缺陷、渗漏部位有时情况较为复杂，在防水维修时可考虑多种方案联合使用以提高防水效果。

(2) 关于防水维修的说明：由于混凝土渗漏情况复杂，必须首先了解渗漏情况，根据部位划分有变形缝漏水、墙体漏水、后浇带漏水、穿墙管漏水等；根据材料划分有卷材漏水、止水带漏水、混凝土开裂渗水等。因此在实际维修过程中，必须根据具体情况和以往的施工经验制定相适应的维修方案。

(3) 当施工温度低于 4℃，受冻基面或者在养护期间（24h 内）温度降到冰点以下时不能应用，本产品不建议用于伸缩缝。

(4) 澎内传修补砂浆（PNC302）中含有波特兰水泥，呈碱性。施工人员在混合和使用过程中必须戴橡胶手套、防护镜及其他适当的保护用品。操作过程中避免材料接触眼睛和皮肤；若接触到眼睛，立即用清水冲洗并就医。

2. PENEPLUG-澎内传快速堵漏剂（PNC602）

2.1　主要特点

该产品是专门用于快速堵水的粉状速凝材料。用于快速封堵有压力的渗漏点，以及需速凝和早期强度高的部位。PNC602 施工简单方便，可以根据渗漏情况对材料凝结时间进行调整；抗渗压力高。

其产品优势：

（1）密封泄漏的接缝和孔洞，快速止水；

（2）混合约 30s 后迅速凝固；

（3）施工简便，持久耐用；

（4）不含挥发性有机化合物，可安全用于室外和室内环境。

2.2　适用范围

可适用于混凝土结构、砌体结构及石材。

2.3　性能指标

执行《无机防水堵漏材料》GB 23440—2009。

2.4　使用注意事项

（1）由于工程缺陷、渗漏部位有时情况较为复杂，在防水维修时可考虑多种方案联合使用以提高防水效果。

（2）关于防水维修的说明：由于混凝土渗漏情况复杂，必须首先了解渗漏情况，根据部位划分有变形缝漏水、墙体漏水、后浇带漏水、穿墙管漏水等；根据材料划分有卷材漏水、止水带漏水、混凝土开裂渗水等。因此在实际维修过程中，必须根据具体情况和以往的施工经验制定相适应的维修方案。

（3）澎内传快速堵漏剂（PNC602）中含有波特兰水泥，呈碱性。施工人员在混合和使用过程中必须戴橡胶手套、防护镜及其他适当的防护用品。操作过程中避免材料接触眼睛和皮肤；若接触到眼睛，立即用清水冲洗并就医。

3. PENETRON-澎内传防水涂料（PNC401）

3.1　主要特点

澎内传防水涂料（PNC401）是由波特兰水泥、特别选制的石英砂、多种活性化学物质配制而成的粉状材料。能够深入渗透到混凝土内部产生结晶，为混凝土提供有效、永久的防水和保护。其产品优势：

（1）无机材料，使用寿命长，防水性能不衰减；

（2）具有自我修复混凝土结构不大于 0.4mm 裂缝的能力；

（3）施工方便，既可用于混凝土结构迎水面施工也可用于背水面施工；

（4）无需找平层和保护层；

（5）产品无毒、无味。

3.2　适用范围

可适用于新建或维修的混凝土结构；

（1）地下室混凝土结构、混凝土楼板（地面/屋顶/阳台等）、混凝土基础；

（2）隧道和地铁系统、桥梁、停车场结构、冷冻储藏室；

（3）水库、游泳池、污水及自来水处理厂。

3.3 性能指标

执行国家标准：《水泥基渗透结晶型防水材料》GB 18445—2012。

3.4 使用注意事项

（1）澎内传防水涂料（PNC401）建议用量不小于 $1.5kg/m^2$。

（2）无论涂刷还是喷涂，要求涂层厚度均匀，无漏刷/喷，无空白。

（3）严禁用酸清洗澎内传防水涂料（PNC401）涂层。

（4）本产品含有水泥成分，对眼睛及皮肤有刺激性，为避免接触皮肤和眼睛，在施工时应戴防护镜和橡胶手套。当与眼睛接触时，马上用大量清水冲洗，并就医。

4. PENETRON INJECT-澎内传水泥基注浆料（PNC901）

4.1 主要特点

该产品是一种双组分阻断水渗入的水泥基注浆材料，具有整体结晶的防水能力。由于注浆料的黏度很低且颗粒极细，可以渗透到在混凝土或岩石微细裂缝，使混凝土或岩石有防水功能。此外，该产品也可对预埋钢筋和构件进行防腐蚀保护。

（1）提高混凝土的强度和耐久性，渗透性能优异，可在潮湿区域使用；

（2）无机材料；

（3）不含挥发性有机物。

4.2 适用范围

（1）混凝土基础、地下室挡土墙、挡水结构、通道、施工缝、停车场；

（2）隧道和地铁系统、桥梁；

（3）水库、污水处理厂。

4.3 性能指标

执行建材行业标准：《水泥基灌浆材料》JC/T 986—2018。

4.4 使用注意事项

本品在下列情况下不得使用：

（1）温度低于 40℉（4℃）；

（2）结冰的临界点；

（3）在固化期内如果气温将下降到低于零度（固化期约24h）。

本产品含有波特兰水泥，呈高度碱性。施工人员在混合和使用过程中必须戴橡胶手套、防护镜及其他适当的防护用品。操作过程中避免材料接触眼睛和皮肤；若接触到眼睛，立即用清水冲洗并就医。

二、主要业绩

目前 PENETRON（澎内传）系列防水产品已在全国各地的工民建、水利、地铁、石化、交通、水处理、电力、市政、军事工程等重点建设项目中成功应用，如：通州环球影视城、首都机场 T3 航站楼指挥塔、奥林匹克瞭望塔、韩美林艺术博物馆、河南艺术中心、杭州奥体中心、龙滩水电站、门头沟污水处理厂、天津海河大桥、郑州市委人防、上海世博轴、南京万达广场、甘肃敦煌大剧院、广州地铁等，获得广大客户、专家学者及业内各界人士的好评。

北京利信诚工程技术有限公司

北京晟翼佳工程技术有限公司

一、防水防潮工程修缮材料——ELASTOSPRAY 喷涂硬泡聚氨酯防水保温一体化材料（Ⅱ、Ⅲ型）

1. 主要特点

（1）多功能一体化：

集防水、保温、隔热等多功能为一体的现场喷涂硬泡体材料。

（2）防水性能可靠：

现场连续喷涂成型，能形成连续无接缝的整体，闭孔率高达 95％以上，吸水率低（≤1％），具有优良的防水性能。

（3）保温节能效率高：

密度≥55kg/m³，导热系数仅有 0.022W/（m·k），节能效果显著，优于常规保温隔热材料，其材料的防水保温一体化功能可省去目前建筑设计中使用的保温层。

（4）粘结力强：

与混凝土、金属、木质等基面均有良好的粘结力（与混凝土板的粘结强度达到 0.52MPa）。通过喷枪形成混合物，直接发泡成型，现场喷涂时能渗入主体结构缝隙并与基层基面粘结成一体，并起到密封空隙的作用。

（5）荷重轻：

施工后的聚氨酯硬泡体每平方米重量只有 3～4kg（厚度为 50mm），大大降低了建筑载荷，特别适用于高层建筑、轻型框架建筑及大跨度的网架结构建筑。

（6）施工快捷简便：

喷涂施工后 5min 固化，20min 即可上人行走，一般一套设备每日可喷涂 500～1000m²。比常规防水、保温材料施工时间节省 80％。独特的施工方法，简化了屋面整体的施工工艺，特别在异形部位和细部构造，施工做法简易，有效保证工程质量。

（7）抗压强度高：

硬泡材料的抗压强度＞300kPa，实测可达 400kPa 以上，完全可以适应上人屋面的要求。

（8）无氟环保：

采用无氟发泡技术，无毒、无污染，是环保型材料。

（9）适应性强：

适应环境温度为－50～＋150℃，阻燃，且耐弱酸、弱碱、植物油和矿物油及工业废气等化学物质的侵蚀。

（10）使用寿命长、维护方便：

据统计资料介绍，当具有防护材料保护，不直接受紫外线照射时，工程耐用年限 30 年以上，且无单独的保温层，维护简单方便。屋面如发生渗漏，不会产生窜水，易找出漏点，便于局部维修。

（11）防火设计规范的规定：

允许采用防火等级 B2 级喷涂硬泡聚酯，ELASTOSPRAY 喷涂硬泡聚氨酯防火等级达到 B1 级。

（12）单层使用：

喷涂Ⅲ型硬泡聚氨酯作为屋面防水保温层使用时，可作为一道防水层。

2. 适用范围

（1）建筑屋面（含种植屋面）、水池等防水保温工程。

（2）明挖法地下建筑顶板（含种植顶板）防水保温工程。

（3）既有建筑屋面翻修及节能改造工程。

3. 性能指标

执行国家标准：《硬泡聚氨酯保温防水工程技术规范》GB 50404—2017。

4. 使用注意事项

（1）喷涂硬泡聚氨酯的施工环境温度不宜低于 10℃；

（2）风力不宜大于三级；

（3）空气相对湿度宜小于 65％；

（4）严禁在雨天、雪天施工；

（5）当施工中遇下雨、下雪时作业面应采取遮盖措施。

二、防腐工程修缮材料——喷涂聚脲弹性体防水涂料

1. 主要特点

（1）不含催化剂，快速固化，可在任意曲、斜面及垂直面上喷涂成型，不产生流挂现象，5s 凝胶，1min 即可达到步行强度；

（2）对湿气、温度不敏感，施工时不受温度、湿度的影响；

（3）双组分，固体含量高，不含任何挥发性有机物（VOC），无污染；

（4）可按 1∶1 体积比进行喷涂或浇筑，一次施工的厚度范围可以从数毫米到数厘米，克服了以往多次施工的弊病；

（5）优异的理化性能，如抗拉强度、伸长率、柔韧性、耐磨性、耐老化、防腐蚀等；

（6）具有良好的耐热性，可在 120℃下长期使用，可承受 350℃的短时热冲击；

（7）可以像普通涂料一样，加入各种颜、染料，制成不同颜色的制品；

（8）配方体系任意可调，手感从软橡皮（邵 A30）到硬弹性体（D65）；

(9) 原形再现性好，涂层连续、致密，无接缝，美观实用。

2. 适用范围

(1) 建筑屋面（含种植屋面）、水池等防水、防腐工程；
(2) 明挖法建筑地下建筑顶板（含种植顶板）、侧墙防水工程；
(3) 既有建筑屋面翻修工程；
(4) 混凝土结构加固、混凝土结构防侵蚀、防腐工程。

3. 性能指标

执行国家标准：《喷涂聚脲防水涂料》GB/T 23446—2009。
地方标准：《聚脲弹性体防水涂料施工技术规程》DB11/T 851—2011。

4. 使用注意事项

(1) 聚脲反应时固化速度比较快，对基层的含水率、平整度、强度要求较高。基层清理打磨、裂缝、气孔修补、刷底漆是必须工序，影响成品质量，因此不能省略。
(2) 本产品为双组分快速反应型，在使用时必须使用专用设备。
(3) 严禁使用包装已破损的产品。使用前目测涂料的外观状态应为均匀、无凝胶、无杂质的可流动液体，如果发现涂料中有结块、凝胶或黏度增大现象，严禁使用。
(4) 配套底漆、面漆、找平腻子均为双组分，在使用时应现配现用，以免浪费。
(5) 施工人员必须配备劳动防护用品。施工现场要保证有良好的通风，同时要隔绝火源、远离热源。喷涂时如果溅到皮肤上应立即用自来水冲洗。如果不慎有涂料溅入眼中，应立即用自来水对眼部进行清洗，并速去就医。
(6) 注意保护施工场所的所有设备、墙面等，以免被飘散的涂料污染后难以清洗。

三、主要业绩

清华大学理科楼屋面防水改造、阿里巴巴张北云计算数据中心、新航城安置房项目榆垡组团、北京 CBD 核心区 Z13 地块商业金融项目、君熙太和项目地下室顶板（种植屋面）工程、刚果（布）外交部、马拉维会议大厦、乌兰察布阿里巴巴数据中心、中国佛教学院、丽泽商务中心、唐山君熙太和、沈阳绿城全运村、联想总部、新机场安置房、刚果（布）外交部、马拉维会议大厦、总参二部住宅。

江苏邦辉防水防腐保温工程有限公司

一、防水防潮工程修缮材料——水性喷涂持粘高分子防水涂料

1. 主要特点

本材料采用专用设备喷涂，瞬间破乳析水，快速形成持粘满粘防水涂层，粘结性能和耐热性能优异，适应基层变形能力强，有效解决窜水问题；待析出水分挥发干燥后，与各类防水卷材复合，可显著提高防水工程质量，适用于工业与民用建筑、桥梁、隧道等防水工程。

（1）水性环保，生产和使用过程中，无有害物质排放；

（2）涂层持粘性能优异，满粘不窜水；耐酸碱盐性能好；

（3）采用专用设备常温喷涂施工，无需加热，安全高效快捷。

2. 适用范围

（1）地下工程防水：建筑地下室、地铁车站、隧道、市政地下综合管廊等；

（2）屋面防水：混凝土平屋面、坡屋面、金属屋面彩钢夹心保温板、石板瓦等；

（3）地下通道、废水处理厂、游泳池内外防水及防腐。

3. 性能指标

执行团体标准：《水性喷涂持粘高分子防水涂料》T/CECS 10084—2020。

4. 使用及注意事项

（1）喷涂作业前，应对材料进行缓慢、充分搅拌。桶内剩余材料应及时封闭，以免混入杂质造成浪费。

（2）喷涂作业时，喷枪宜垂直于喷涂基层，距离适中，均匀移动。应按照先细部构造后大面喷涂的顺序连续作业，一次多遍、交叉喷涂达到厚度要求。在立面或坡面施工时，喷枪应按照从下向上、由低到高的方向顺序喷涂。

二、主要业绩

郑州市龙湖金融中心、南京金融城二期、深圳地铁5号线、无锡地铁3号线、4号线。

北京新亿科化土建工程咨询有限公司

一、防水防潮工程修缮材料——全水样渗透结晶防水材料（淼结晶）

1. 主要特点

全水样渗透结晶防水材料是以其内含的特殊"活性物质"渗入混凝土基体后，与混凝土中钙和其他成分产生化学反应，生成具有强度、不分解的永久型结晶体，其单晶体约一个纳米级，可有效封堵基体内的微孔隙，达到可抗水压之高强度防水效果。针对混凝土中大量存在的 $Ca(OH)_2$ 和游离 CaO 等碱性物质而提出 $Ca(OH)_2$ 是水泥水化产物中的薄弱环节，较多的 $Ca(OH)_2$ 存在对混凝土的强度和耐久性不利。其材料中的活性化学物质溶于水后向混凝土内部渗透，渗透过程中与 $Ca(OH)_2$ 和游离 CaO 发生反应，随即在裂缝或孔隙中形成结晶体，则是经由化学反应在混凝土成分粒子上衍生出与混凝土同质性的抗水性结晶物质，结晶一旦生成就与原混凝土粒子混成一体，不存在新老界面，以此使得混凝土结构的全躯体起到整体性防水效果。起到填充、密实作用。

本产品由无机物配置而成，为纯绿色无毒无味无色。

（1）是纯水性、无 VOC、无重金属、无毒、无味。

（2）深层渗透、全墙体防水且透气。

（3）可密封 0.4mm 以下毛细管和裂缝。

（4）潮湿及新旧混凝土均可施工，正、背水面也可以施工。

（5）具有永久性；表面受损也不影响整个墙体防水及耐久性。

（6）自愈性；缝隙内未反应本材料，在接触渗漏水时可自动启动结晶堵漏功能。

（7）提高混凝土强度及硬度、表面不必另做防护处理。

（8）施工表面无膜，对表面后续施工没有影响。

（9）抗紫外线、抗溶剂、对酸碱和盐等抗腐蚀性佳；抑制混凝土老化并保护钢筋。

（10）本材料只需局部修复，无需大面积破拆处理。

（11）综合造价比传统防水材料便宜 20％。

2. 适用范围

（1）地域：既适应高寒高海拔等高原气候，也适合于北方寒冷南方炎热的地区的工程类型。

（2）高强水压环境，如隧道、水坝、大型水槽、地下工程等的防水或渗漏水修补。

（3）无法自迎水面而必须由背水面做逆向防水情形，如水罐、水槽、堤坝、隧道、地铁等的渗漏水修补。

（4）处理渗漏水并需同时改善受损混凝土结构，高寒地区冻融造成混凝土受损渗漏水，受盐害受损混凝土结构和受酸雨受害的公路桥墩等。

（5）工程部位：混凝土基面的洞库、隧道、地下室等有水压部位和普通混凝土外墙、卫生间、盥洗室，屋顶、屋面等。

3. 性能指标

执行企业标准和建材行业标准：

《全水样渗透结晶防水材料》Q/wdpcs—2019；

《水性渗透型无机防水剂》JC/T 1018—2020。

4. 使用注意事项

（1）避免在室外雨中施工，施工环境温度不能低于 4℃。

（2）在无明水流的情况下养护，喷涂后 2~3h 之间以雾状水进行一次养护。

（3）有明水流的情况下，必须先阻断水源后，再按上述无明水流之步骤进行（有明水流时，"U" 形槽需较深，建议至少为 50m²/kg 深）。

（4）建议淼结晶使用量约为 5m²/kg。

二、主要业绩

（1）全水样无机渗透结晶型防水材料已经应用于北京地铁、合福高铁闽赣段等国内多个著名建筑项目，包括北京地铁机场线隧道盾构管片漏水修缮、北京地铁亦庄线铁轨基坑渗漏修缮等。

（2）北京中国尊地下室渗漏修缮。

（3）国防大学联合勤务学院家属区配电室、地下室、营房宿舍、军体馆、地下车库等渗漏修缮。

（4）新疆军区某部卫生间屋面渗漏水、新疆某部老旧营房盥洗室渗漏修缮。

（5）参加北京地铁盾构隧道维修养护标准编制、央视走近科学以水治水节目编制。

（6）参与完成《全水样渗透结晶型防水材料混凝土抗渗试验研究报告》课题。

陕西上坤蓝箭科技有限公司

一、防水防潮工程修缮材料

1. SDM-103 高渗透环氧树脂加固灌浆材料

1.1　主要特点

（1）固结体强度高，不仅能够有效封堵渗漏水，还具有较高的抗压强度及拉伸强度，保障了对裂缝、蜂窝等混凝土缺陷部位的加固补强；

（2）黏度小，可灌性好，具有很好的渗透性，可以灌注 0.1mm 左右的细缝中；

（3）不含挥发性的溶剂，固化收缩小；浆液具有亲水性，对潮湿基面的亲和力好。

1.2　适用范围

（1）适用于公路、桥梁、地铁、隧道、渠道、民用建筑等混凝土裂缝小于 0.1mm 的注浆修复补强加固工程；

（2）水库大坝和其他工程构筑物基础的防渗补强加固处理；

（3）可作为碳纤维粘贴配套底胶使用。

1.3　性能指标

执行国家标准：《工程结构加固材料安全性鉴定技术规范》GB 50728—2011。

1.4　使用注意事项

（1）配制的浆液应一次性用完；

（2）施工现场要保持空气流通，并要戴好劳保用品；

（3）灌浆后应及时清理机具；

（4）该产品置于阴凉、通风处保存。

2. SDM-104 柔性潮湿型改性环氧结构密封胶

2.1　主要特点

（1）具有非常好的弹性，在 25℃下伸长率可以达到 80％，在大应力、高振动场合中能很好地跟随变形，不会因为环境温度变化以及车辆碾压冲击及列车高频振动等造成开裂和粘结失败；

（2）具有较好的粘结强度，也可在潮湿界面施工；

（3）抗老化和耐酸碱性能优越；

（4）有很好的调胶操作性，涂覆在混凝土立面和仰面上都不会产生流挂。

2.2　适用范围

（1）适用于高铁、地铁隧道、桥梁等混凝土体的大应力开裂及变形的修复；

（2）适用于水泥以及沥青路面的破损坑洞修补；

（3）隧道、桥梁伸缩缝、变形缝环氧覆层密封施工。

2.3　性能指标

执行国家标准：《工程结构加固材料安全性鉴定技术规范》GB 50728—2011。

2.4　使用注意事项

（1）该材料在混合后会开始逐渐固化，其黏稠度会逐渐上升；

（2）混合在一起的胶量越大，其反应就越快，固化速度也会越快，在施工现场应尽量在短时间内使用完。

3. SDM-107 抗振动扰动永不固化防水灌浆材料

3.1　主要特点

（1）不固化、固含量大于 99％，施工后始终保持原有的弹塑性状态。

（2）粘结性强、可在潮湿基面施工，也可带水堵漏作业，与基材保持良好粘结。

（3）柔韧性好，对基层变形、开裂适应性强，在变形缝处使用有明显优势。

（4）自愈性能强，施工时材料不会分离，可形成稳定、整体无缝的防水层，施工及使用过程中即使出现防水层破损也能自行修复，阻止水在防水层流窜，保持防水层的连续性。

（5）无毒、不燃烧，耐久性能强。

（6）优异的抗老化性、低温柔性、耐腐蚀性。

（7）施工简单，可在常温和 0℃施工。

3.2　适用范围

（1）适用于基层起伏较大、应力较大的基层和可预见发生和经常性发生形变的部位，适应复杂的施工作业面。

（2）广泛用于地铁、隧道、地下空间等隐蔽工程。

（3）工业民用建筑及种植屋面施工工程。

（4）变形缝、沉降缝等各种缝隙灌缝密封。

3.3　性能指标

执行建材行业标准：《非固化橡胶沥青防水涂料》JC/T 2428—2017。

3.4　使用注意事项

该材料可根据施工环境以及施工需求选择合适的施工方法，可以选择喷涂、刮涂的方式对结构表面进行大面积施工；也可针对地铁、隧道、地下空间等隐蔽工程的灌浆处理。

4. SDM-108 改进型丙烯酸盐灌浆材料

4.1　主要特点

（1）可灌性好。黏度极低，小于 10mPa·s。

（2）施工性能好。固化时间可调，快速固化小于 2min，慢速固化的大于 10min。

（3）凝胶体具有一定的弹性。延伸率大于 100％，有效地解决了结构的伸缩变形问题。

（4）粘结性能好。与混凝土面具有极佳的粘结性能，粘结强度大于自身凝胶体的强度。

（5）抗渗性好。固结体具有极高的抗渗性，抗渗系数小于 10^{-6}cm/s。可用于各种混凝土裂缝（0.2mm 以上）防渗堵漏。

4.2 适用范围

（1）适用于混凝土结构伸缩缝、沉降缝渗漏止水灌浆。

（2）水库大坝地基基础防渗帷幕灌浆。

（3）铁路隧道道床板基底灌浆。

（4）固结疏松的土壤和砂子。

4.3 性能指标

执行建材行业标准：《丙烯酸盐灌浆材料》JC/T 2037—2010。

4.4 使用注意事项

浆液要随配随用，尤其是使用时才能够将 B 加入 A 液中，C 才能够配成水溶液，否则会影响浆液凝胶时间和存储。

5 SDM-702 高渗透改性环氧防水涂料

5.1 主要特点

（1）安全环保：无任何 VOC 挥发性溶剂，施工无刺激。

（2）具有很好的渗透性，能渗透到小于 0.1mm 的混凝土裂缝中。

（3）基面要求低：潮湿基面可施工，无需等待基面完全干燥。

（4）粘结力超强：本涂料对市面上 90％的建筑材料均有很强的粘结力，不脱层起皮。

5.2 适用范围

（1）迎水型：Ⅰ型，固化速度适中，弹性较好，可用于屋面、地下室等的迎水面防水，可长期耐水泡，特别适合地下空间长期泡水的应用领域。

（2）背水型：Ⅱ型，固化速度较快，强度较高，有一定的弹性，与各类基面都有优异的附着力，特别适用于隧道、涵洞、高速公路地下通道等背水面的防水。

5.3 性能指标

执行国家标准：《喷涂聚脲防水涂料》GB/T 23446—2009。

5.4 使用注意事项

该材料施工需要分两步完成，第一步涂刷底涂液，底涂配比为 1：4；第二步涂刷面涂材料，面涂配比为 1：1。

二、主要业绩

我公司"SDM"堵漏系列产品已被陕西西延铁路公司选定为单一来源采购，并在铁路系统大力推广及应用；同时，我公司是陕西高速建设集团、陕西交通建设集团指定专业堵漏修缮单位之一，在高速公路以及铁路领域有大量成功的施工案例。主要工程如下：

甘终线程家坂隧道渗漏水病害整治工程，包西线吉家河特大桥裂缝渗水病害整治工程，包西线新九燕山隧道翻浆冒泥病害整治工程，咸阳公路局礼泉至乾县段108国道倒虹吸管道接口防渗水处理工程，福银高速西张堡过水涵洞病害治理、补强加固工程，福银高速六村堡地下通道防水堵漏工程，甘终线 593＋900 桥涵脱落掉块病害整治工程，机场高速收费站地下通道渗漏水病害整治工程，汉中桑园坝水电站防水堵漏工程，甘终线弥家河隧道渗漏水病害整治工程，包西线下行冒天山隧道衬砌脱落掉块整治工程，陕西高速集团渭南东、渭南西收费站地下通道防渗水治理工程，渭南东、渭南西收费站大棚屋面防渗水维修工程，福银高速长武收费站地下通道防水堵漏工程，西安科技大学高新学院教学楼顶板裂缝防水堵漏、补强加固工程，太白印象城地下商场、停车场防渗水堵漏工程，机场高速桥面、路面病害治理，连霍高速潼关收费站地下通道防渗水堵漏工程，西宝高速陈仓收费站地下通道防水堵漏工程，西宁跨铁路桥涵伸缩缝防水堵漏工程。

河南东骏建材科技有限公司

一、防水防潮工程修缮材料

1. 聚合物防水砂浆

1.1 主要特点

JS 防水砂浆（通用型）是以丙烯酸为主要原材料，配以多种助剂，是一种有机材料，该产品有优异的防水性能，弹性高，耐久性好等优点，是理想的新一代环保防水材料。

（1）水性料，无毒无害，无污染；

（2）具有较高的抗拉强度，耐水，耐候性好；

（3）可在潮湿基材施工并粘结牢固；

（4）耐老化性能优异；

（5）冷施工，操作方便，基材含水率不受限制，可缩短工期。

1.2 适用范围

隧道、桥梁、涵洞、地下防水、管廊、屋面、厨卫等。

1.3 性能指标

执行建材行业标准：《聚合物水泥防水砂浆》JC/T 984—2011。

1.4 使用注意事项

墙面必须平整，施工温度高于5℃；粉料充分兑水搅拌均匀；防水作用需铺抹 2～3 层，防潮作用只需要铺抹 1 层。

2. DJ-901-水泥基渗透结晶型防水剂（内掺型）

2.1 主要特点

DJ-901-水泥基渗透结晶型防水剂（内掺型）是本公司在吸收国外先进技术的基础上自主研发的高新技术产品，是掺和在混凝土中使用的专用防水材料，具有促进水泥粒子界面活性和优越的防水性能，在和水泥、水的化学反应中吸收氢氧化钙，反应生成硅酸钙凝胶体，填塞了水与空气所占的空隙部分，形成自愈性能，增加了混凝土的密实度，使混凝土产生自身躯体结构防水和微裂缝修复，达到长久防水效果。

（1）具有抵抗海水侵蚀性能；

（2）提高、改善混凝土、砂浆的防水性能；

（3）减少裂缝收缩，增强中后期强度及密实度；

（4）具有优异的环保性能。

2.2 适用范围

适用于所有地下混凝土构筑物、水库、水池、水槽、地铁、隧道、桥梁，海中、水中建筑、地下室的防水工程以及其他适合混凝土浇筑的防水、抗渗工程。

2.3 性能指标

执行国家标准:《水泥基渗透结晶型防水材料》GB 18445—2012。

2.4 使用注意事项

(1) 基面处理:浇捣前,应将杂物清理干净;

(2) 混凝土浇筑完后应避免日光直晒,8h 初凝后进行撒水保养,可使用塑料薄膜、土工布覆盖保湿 7d。

3. DJ-无机速凝路桥修复材料

3.1 主要特点

(1) 绿色环保;

(2) 高强的抗压强度、抗折强度;

(3) 施工简单、性能卓越;

(4) 施工速度快、投入使用快;

(5) 表面可以做其他地面材料。

3.2 适用范围

适应于破损路面、桥梁、广场地面、码头地面、大型停车场、地下车库等。

3.3 性能指标

执行建材行业标准:《地面用水泥基自流平砂浆》JC/T 985—2017。

执行国家标准:《水泥胶砂强度检验方法(ISO 法)》GB/T 17671—1999。

3.4 使用注意事项

(1) 有空鼓、起皮的地面要剔除该隐患地面,然后进行施工;

(2) 有油污等残留物在地面上应进行铣刨、打磨处理,处理掉油污层;

(3) 原地面强度不够的位置采用钻孔做桩的方式,打磨原地面,原地面相对平整后,采用钻头的钻枪在地面上每隔 10cm 钻一个孔,孔深 2cm 以上;

(4) 把孔全部处理完毕后,清理干净所有的浮灰、砂粒;

(5) 材料施工前地面无明水、地面保持潮湿,即可施工。

二、主要业绩

青岛海州重工新厂房建设、罗山县城市管理局垃圾周转站改造、青岛海利斯新厂区建设、肖河河道防水修复工程等。

通普科技（北京）有限公司

一、防水防潮工程修缮材料——易空间（ES）特种涂料

1. 主要特点

易空间特种涂料是由通普科技（北京）有限公司高新技术材料专家研发团队经过多年自主研发的科技成果。它是由性能优异的水性高分子聚合物为基料，特种反射隔热新材料、石英砂、碳酸钙等为主要原料，经独特工艺精制而成的新型高科技环保节能涂料。

（1）无毒无味；

（2）集隔热、防水、防腐（防锈）、防潮（霉菌）、抗冻、防静电、不燃（防火）等功能于一体；

（3）一次施工、全面防护；

（4）具有施工方便快捷、见效快的特性，是安全环保、有效节约能源的高科技产品；

（5）该产品除具有传统涂料功能外，还起到节约能源，降低能耗，提高经济效益的作用。

1）超强防水性能。

涂料涂层具有超强的硬度及韧性，不龟裂、不起泡、不脱落、粘结力强，性能稳定、耐老化性优良、防水寿命长；材料与水泥基面粘结强度可达 0.5MPa 以上，可经受各种气候环境，有效防止水渗漏，耐水冲刷，是传统防水材料的理想换代产品。

与传统防水涂料（防水基材）相比较，无论是环保性、防水效果性能，还是从经济角度看，都具有以下明显优势：

① 产品无毒、无味、安全环保，解决了因采用沥青、焦油等溶剂型防水材料所造成的环境污染以及施工中对人体健康的危害。

② 附着力强，对各种混凝土、金属结构等材料均具有很强的粘合力。

③ 耐各种气候环境、耐洗刷、疏水性强、封闭性好，防水功能极佳。

④ 可塑性强，能有效修补基层的龟裂。

⑤ 经济环保，无论是施工还是维护，其综合性价比要低于传统防水材料。

2）隔热性能。

涂料涂层通过反射太阳光的热量，减少物体表面对太阳光的吸收来达到隔热降温的效果，易空间特种涂料产品符合国家建筑反射隔热涂料标准，涂料涂层具有高热反射、低导热、热量屏蔽等特性，对太阳光热反射率高达91%，能对太阳光进行高反射，同时隔绝热量向物体内部传输，不让太阳照射的热量在物体表面进行累积升温，从而达到隔热的功效，经国家建筑材料测试中心检测，太阳光反射比、半球发射率等性能指标均处于国际领先水平，在建筑、运输、仓储、交通、船舶等工业与民用领域具有广泛的应用范围，完全

能够满足各种环境下的隔热降温要求。

经实际使用检测，夏天时涂层降温可以达到13℃左右，空间温度可以降低3～8℃，而且太阳光越强越热，涂层降温温差就越明显。涂料施工后光滑自洁，能长久保持涂层的高效热反射性。

3）超强防腐（防锈）功能。

易空间特种涂料集防腐、隔热、防水等功能于一体，可为工业、商业设备和建筑提供优异的防腐蚀保护，如钢结构桥梁、管道和储罐、船舶、设备、化工和机械厂房等。

根据国家建筑材料测试中心对涂层进行抗腐蚀性能评定，产品顺利通过了500h盐雾试验，涂层附着力强，耐磨、抗冲击，具有耐候性（耐温热、耐紫外线、耐酸、耐碱、耐多种化学介质）、抗老化、其电阻率可满足防静电要求，又能保证涂层的长寿命。

产品使用高效方便性能优异：

① 防腐性能优：附着力好，防腐性能优，寿命长。

② 施工性能优：能像常规防腐涂料那样，常温快速固化，施工简便。

③ 环保性能优：传统的溶剂型防腐涂料多数含有化学溶剂以及各种金属元素，易空间涂料经检测，不含甲醛、VOC以及铅、镉等重金属元素，展示出良好的环保性能。

4）超强抗冻性（零下40℃不开裂）。

由于产品的超高附着力和材料本身的特殊性、即使温度达-40℃也不会有裂纹，脱落、掉皮或粉化现象发生。

5）防潮（防霉菌）。

领先的材料技术和防霉配方，即使在潮湿环境下，仍然能阻止水汽凝结，保持干燥，隔离水汽，避免潮湿对物体的侵蚀，有效抗击微生物和防止霉菌生长，同时可以吸附室内异味、改善室内空气质量，产品经检测耐霉菌级别为0级（0级为最高级），符合国际环境监测标准。

6）不可燃性（防火性）。

涂料具有防火A级阻燃性能，施用于可燃性基材表面或建筑构件上，用以改变材料表面燃烧特性，阻止燃烧。

7）防静电性。

涂料涂层本身超高的表面电阻及体积电阻，能有效防止物体表面及装饰地面静电产生。

8）安全环保性。

产品无毒无味，不含有铅、镉等重金属成分、无甲醛、无VOC、无任何挥发性物质，属于水性环保产品，不管是涂料自身还是在使用中、使用后都不会对环境造成污染。

9）超强耐候性。

产品具有超强的耐候性能，有效抵抗冷热、风雨、细菌等造成的综合破坏。在海滨环境下，腐蚀是材料或其性能在其环境的作用下引起的破坏或变质。大多数的腐蚀发生在大气环境中，大气中含有氧气、湿度、温度变化和污染物等腐蚀成分和腐蚀因素。而成易空间特种涂料产品在海滨环境下，耐盐雾方面具有独特高效。

10）耐盐雾性。

在海滨环境下，腐蚀是材料或其性能在其环境的作用下引起的破坏或变质。大多数的腐蚀发生在大气环境中，大气中含有氧气，湿度、温度变化和污染物等腐蚀成分和腐蚀因素。而易空间特种涂料产品在海滨环境下，在耐盐雾方面独特高效。

11）产品优势。

与传统各种功能的涂料相比，产品优势体现在以下几方面：

① 技术领先、功能齐全：一种涂料，具备多种涂料功能（隔热、防水、防潮、防腐、防静电、不燃烧、抗冻等）。

② 使用寿命长：涂料涂层寿命是传统涂料的 3～5 倍，可长达 10 年及以上。

③ 节省投资建设成本：防水、隔热、防潮等功能一次完成，无需重复投资。

④ 节省运营成本：节能降耗，维护费用低，节约支出。

⑤ 施工方便高效：工艺简单、节省人力需求、缩短工期。

2. 适用范围

可广泛用于建筑、石油化工、冶金、电力、仓储、运输、船舶、交通、航天等行业。

（1）地域。

使用地域不受限制，易空间特种涂料无论是在干燥少雨的北方还是炎热潮湿的南方均可以使用，而且不影响使用效果。

（2）应用介质。

易空间特种涂料涂刷的材质可以是混凝土、钢铁、镀锌板、铝、不锈钢、彩钢板、石头、木质、石棉、各类纤维板表面等。

（3）应用行业。

1）建筑行业：建筑外墙装饰（建筑外墙涂料使用）、室内、屋顶、人防工程，其主要作用是外观装饰、防水、防潮、隔热等。

2）石油化工行业：石油精制设备、石油贮存设备（油管、油罐）、管道等。

3）交通运输行业：高速公路护栏、桥梁、地下隧道、船艇、集装箱、冷链运输车、火车及铁道设施、汽车、机场设施。

4）电力行业：电塔、输变电设备、厂房等。

5）工业企业：化工设备、化工、钢铁、石化厂的管道、水泥厂设备、有腐蚀介质的地面、墙壁、水泥构件。

6）农业仓储：粮库、粮仓等设施。

3. 性能指标（表 1）

执行建筑隔热行业标准：《建筑反射隔热涂料》JG/T 235—2014。

执行国家标准：《色漆和清漆 涂层老化的评价 缺陷的数量和大小以及外观均匀变化程度的标识 第 3 部分：生锈等级的评定》GB/T 30789.3—2014。

易空间（ES）特种涂料性能指标表　　　　　　　　　　　　　　　　表 1

序号	试验项目	技术指标
1	产品外观	成品无毒无气味
2	密度（g/cm³）	2.63

续表

序号	试验项目		技术指标
3	吸水率（%）		1.40
4	透水率（%）		5.85
5	抗拉强度（MPa）		3.16
6	抗压强度（MPa）	7d	11.1
		14d	17.0
		28d	21.7
7	VOC 含量（g/kg）		4.4
8	游离甲醛含量（mg/kg）		0
9	重金属（mg/kg）（铅、镉、汞、六价铬）		0
10	耐霉菌等级		0
11	耐酸性（10%H_2SO_4，96h）		无起泡、无脱落、无生锈无开裂
12	耐盐水性（3%NaCl，120h）		无起泡、无脱落、无生锈无开裂
13	耐中性盐雾性（起泡等级/剥落等级/开裂等级/生锈等级）		0（S0）/0（S0）/0（S0）/Ri0
14	耐温变性（5 次循环）		无起泡、无脱落、无开裂
15	表面电阻（100V，23℃，50%RH）		$6.49 \times 10^8 \Omega$
16	体积电阻（100V，23℃，50%RH）		$8.01 \times 10^7 \Omega$

4. 使用注意事项

（1）施工期务必要清理施工表面层，保证干净。

（2）表面裂缝大于 1.5mm 时务必要做基层修补处理后方可施工。

（3）详细施工方法详见产品包装使用说明。

二、防腐工程修缮材料——易空间（ES）特种涂料

本涂料为特种涂料，一次施工就包含了多种功能，因此，防腐工程材料特点介绍、产品性能指标、适用范围以及使用方法与第一节相同。

三、主要业绩

易空间特种涂料为新型产品，于 2019 年正式生产上市，产品开始用于混凝土建筑物屋面、工厂彩钢板屋面、高铁车站、户外铁塔，加油站等，充分发挥了涂料的防水、隔热、防腐、防潮、阻燃以及抗静电作用，主要竣工项目有：

（1）广东揭阳五金制品总厂屋面防腐隔热工程（总施工面积：5800m²）；

（2）昆明市中华小学楼屋面防水维修工程（总施工面积：6900m²）；

（3）昆明万兴花园小区屋面防水维修工程（总施工面积：约 40000m²）。

其余高铁车站、公交集团等项目均在施工中。

云南围城新材料科技有限公司

一、防水防潮工程修缮材料

1. WCP-205 非固化橡胶沥青防水涂料

1.1 主要特点

非固化橡胶沥青防水涂料是我公司运用技术再创新，用优质石油沥青作为主要成分，辅以多种功能高分子改性剂及添加剂，并经过特殊生产工艺制成，在一种应用状态下长期保持黏性膏状体并具有蠕变性的新型防水材料。对于建筑工程变形缝等特殊部位的防水处理有突出的效果，广泛使用于非外露建筑防水工程。

（1）本产品可很好地适应结构变形，当基层开裂、拉伸防水层时，由非固化橡胶沥青防水层吸收应力，封闭基层的微细裂缝，确保整个防水系统长期保持完整性。

（2）本产品具有极强的自愈合能力，当防水层受到外力作用被戳破时，破坏点不会扩大，防水层底部也不会发生窜水现象，而且材料的蠕变性能自愈轻微的渗漏问题，提高了防水层的可靠性，减少了工程维护成本。

（3）优异的抗老化性、低温柔性、耐腐蚀性。

（4）粘结力强：可与不同基层粘结，即使在潮湿基面也有很好的粘结力。

（5）非固化橡胶沥青防水涂料的加入，实现防水卷材和防水涂料复合使用，材料及施工相容性俱佳，能充分发挥两类材料优点，优势互补，起到"1+1>2"的防水效果。

（6）非固化防水涂料的自愈性、蠕变性、不固化性、持粘特性，外加卷材的抗老化、抵抗紫外线特性，将水挡在建筑之外，长久可靠地保持防水效果。

1.2 适用范围

（1）工业民用建筑屋面及侧墙防水工程，种植屋面防水工程。

（2）地下结构、地铁车站、隧道等防水工程，道路桥梁、铁路等防水工程。

（3）堤坝、水利设施等防水工程，变形缝、沉降缝等各种缝隙注浆灌缝。

1.3 性能指标

执行建材行业标准：《非固化橡胶沥青防水涂料》JC/T 2428—2017。

1.4 使用注意事项

不得在潮湿基面上施工。

2. WCP-101 聚合物水泥防水涂料

2.1 主要特点

聚合物水泥防水涂料是一种以聚合物乳液与各种添加剂组成的有机液料，再以水泥、石英砂、轻重质碳酸钙等组成的无机粉料通过科学配比、复合制成的一种双组分、水性建筑防水涂料。该产品涂刷后可形成高强坚韧的防水涂膜并可配制成各种颜色，具有多种防水用途，是重点推广的绿色环保防水涂料。

本产品由有机物和无机物配制而成，为纯绿色无毒无味无色。

（1）能在潮湿或干燥的多种材质基面上施工，立面不流淌，附着力强。

（2）涂层坚韧高强，耐水性、耐候性、耐久性能优异。

（3）水性涂料，涂膜无毒无污染，保护环境。

（4）可加颜料，形成彩色涂层。

（5）具有永久性；表面受损也不影响整个墙体防水及耐久性。

（6）施工简单、干燥快、工期短。

（7）涂层具有一定的透气性，即使基层潮湿也不会发生防水层起鼓现象。

2.2　适用范围

（1）地域：既适应高寒高海拔等高原气候，也适合于北方寒冷南方炎热地区的工程类型。

（2）适用于各类建筑屋面防水、地下室、厕浴间、水池、隧道、网球场、游泳池等。

（3）可作为弹性腻子，用于外墙的防水、抗裂、抗渗，还可作为粘结密封材料用于粘贴瓷砖。

（4）工程部位：混凝土基面的卫生间、厨房、阳台、盥洗室、屋面等。

2.3　性能指标

执行国家标准：《聚合物水泥防水涂料》GB/T 23445—2009。

2.4　使用注意事项

避免在室外雨中施工，施工环境温度不能低于4℃。

3. CRS-405 强效反应粘结型防水卷材

3.1　主要特点

强效反应粘结型高分子防水卷材是我研发中心运用技术再创新，用优质石油沥青作为主要成分，辅以多种新型功能改性剂及添加剂，并经过特殊生产工艺改良后制成。卷材表面覆以丁基橡胶等多种高分子材料。多种材料互相作用后产生强大的粘结力，能应用于各种结构复杂的基面，尤其适用于阴阳角、沟檐等常规卷材难以施工的细部位置。本产品与基面结合能力极强，在结构复杂的情况下降低施工难度，同时弥补防水施工中易出现的防水隐患，防水性能极佳。

（1）自粘胶层含有特殊活性物质，能与水泥胶或混凝土相结合，形成整体。

（2）有效防止窜水，实现真正意义上的满粘贴。

（3）有极强的自愈性和抗穿刺能力，极大提高卷材的防水性能。

（4）剥离强度＞2.0，是标准卷材的两倍以上。

（5）拥有耐酸、耐碱、耐高温及抗老化性能，增加了卷材的防水寿命。

（6）遇水不影响粘结性能，能够带潮施工，在结构复杂的细节部位也能粘结牢固。

（7）具有很高的拉伸强度和延展性能。

（8）本材料只需局部修复，无需大面积破拆处理。

3.2　适用范围

（1）地域：既适应高海拔等高原气候，也适合于北方寒冷南方炎热地区的工程类型。

（2）高强水压环境；如隧道，水坝，大型水槽，地下工程等的防水或渗漏水修补。

（3）适用于旧房改造、屋面翻修等防水工程。

（4）特别适用于不宜动用明火的粮库、油库等防水工程。

（5）工程部位：地下室底板、侧墙、顶板、屋面、地铁、地下综合管廊、隧道等。

3.3 性能指标

执行国家标准：《湿铺防水卷材》GB/T 35467—2017。

执行企业标准：《CRS 强效反应粘结型高分子防水卷材》Q/WCP 002—2020。

3.4 使用注意事项

避免在室外雨中施工，施工环境温度不能低于 4℃。

二、主要业绩

WCP-101 聚合物水泥防水涂料已经应用于云南省、四川省、贵州省等国内多个著名建筑项目，尤其适用于旧屋面维修改造。主要工程如下：

镇雄县 2018～2020 年度易地扶贫搬迁工程防水工程（二标段）、福贡县脱贫攻坚基础设施及公共服务配套补短板项目（EPC）指挥田安置点、泸水市上江镇大练村城墙坝易地扶贫搬迁安置点项目、中共曲靖市委党校新校区建设项目（一期）（一标段）、兰坪县新增易地扶贫搬迁城镇化安置兰坪县城集中安置点建设项目县城城北片区三小东地块、昆明船舶设备集团有限公司职业生活区（电子公司、机械公司、教培中心）物业分离移交维修改造项目、云南玉龙湾鹭屿住宅小区二期工程、五华区龙院、上峰村城中村改造项目 A6-1 地块、万辉星城紫荆堡二期工程、澄江纳东花园一期工程等、澄江县广龙旅游小镇（抚仙湖北岸生态湿地移民搬迁安置片区建设项目）7 号地块施工总承包、勐腊县跨境肉牛疫病区域化管理试点项目屠宰加工一体化项目·一期工程、虹桥汽车财富中心（A4 地块）防水工程、龙悦华府项目二期（西地块）二标段施工总承包等。